教育部高等学校电子信息类专业教学指导委员会规划教材

高等学校电子信息类专业系列教材

FPGA Modern Digital System Design
Based on Xilinx Programmable Logic Device and Vivado Platform

FPGA现代数字系统设计教程

基于Xilinx可编程逻辑器件
与Vivado平台

孟宪元　编著

Meng Xianyuan

清华大学出版社

北京

内 容 简 介

本书是以 Xilinx 公司全可编程 FPGA 和 SoC 为基础，针对最新的设计工具软件——Vivado 介绍 FPGA 设计现代数字系统的理论与设计方法。

全书分为 6 章，内容包括现代数字系统设计概论、可编程逻辑器件、Verilog HDL 硬件描述语言、Vivado 设计工具、数字系统的高级设计与综合，以及综合性设计项目实例。各章都安排了针对性强的已验证过的设计实例，便于读者二次开发使用。

本书可作为高等院校电子、通信、自动化、计算机等专业本科"数字电路与逻辑设计""EDA 技术""综合电子系统设计"等课程的教学参考教材，也可作为信息类专业研究生和数字系统设计人员的参考书。

图书在版编目（CIP）数据

FPGA 现代数字系统设计教程：基于 Xilinx 可编程逻辑器件与 Vivado 平台/孟宪元编著.—北京：清华大学出版社，2020.1（2024.1 重印）

高等学校电子信息类专业系列教材

ISBN 978-7-302-54109-7

Ⅰ．①F…　Ⅱ．①孟…　Ⅲ．①可编程序逻辑器件—系统设计—高等学校—教材　Ⅳ．①TP332.1

中国版本图书馆 CIP 数据核字（2019）第 241874 号

责任编辑：盛东亮
封面设计：李召霞
责任校对：白　蕾
责任印制：刘海龙

出版发行：清华大学出版社
　　　　　网　　　址：https://www.tup.com.cn，https://www.wqxuetang.com
　　　　　地　　　址：北京清华大学学研大厦 A 座　　　　邮　　编：100084
　　　　　社 总 机：010-83470000　　　　　　　　　　　邮　　购：010-62786544
　　　　　投稿与读者服务：010-62776969，c-service@tup.tsinghua.edu.cn
　　　　　质量反馈：010-62772015，zhiliang@tup.tsinghua.edu.cn
　　　　　课件下载：https://www.tup.com.cn，010-83470236
印 装 者：三河市龙大印装有限公司
经　　销：全国新华书店
开　　本：185mm×260mm　　印　张：25.5　　　　　字　　数：622 千字
版　　次：2020 年 1 月第 1 版　　　　　　　　　　　印　　次：2024 年 1 月第 4 次印刷
定　　价：69.00 元

产品编号：080429-01

高等学校电子信息类专业系列教材

序

FOREWORD

我国电子信息产业销售收入总规模在 2013 年已经突破 12 万亿元，行业收入占工业总体比重已经超过 9%。电子信息产业在工业经济中的支撑作用凸显，更加促进了信息化和工业化的高层次深度融合。随着移动互联网、云计算、物联网、大数据和石墨烯等新兴产业的爆发式增长，电子信息产业的发展呈现了新的特点，电子信息产业的人才培养面临着新的挑战。

（1）随着控制、通信、人机交互和网络互联等新兴电子信息技术的不断发展，传统工业设备融合了大量最新的电子信息技术，它们一起构成了庞大而复杂的系统，派生出大量新兴的电子信息技术应用需求。这些"系统级"的应用需求，迫切要求具有系统级设计能力的电子信息技术人才。

（2）电子信息系统设备的功能越来越复杂，系统的集成度越来越高。因此，要求未来的设计者应该具备更扎实的理论基础知识和更宽广的专业视野。未来电子信息系统的设计越来越要求软件和硬件的协同规划、协同设计和协同调试。

（3）新兴电子信息技术的发展依赖于半导体产业的不断推动，半导体厂商为设计者提供了越来越丰富的生态资源，系统集成厂商的全方位配合又加速了这种生态资源的进一步完善。半导体厂商和系统集成厂商所建立的这种生态系统，为未来的设计者提供了更加便捷却又必须依赖的设计资源。

教育部 2012 年颁布了新版《高等学校本科专业目录》，将电子信息类专业进行了整合，为各高校建立系统化的人才培养体系，培养具有扎实理论基础和宽广专业技能的、兼顾"基础"和"系统"的高层次电子信息人才给出了指引。

传统的电子信息学科专业课程体系呈现"自底向上"的特点，这种课程体系偏重对底层元器件的分析与设计，较少涉及系统级的集成与设计。近年来，国内很多高校对电子信息类专业课程体系进行了大力度的改革，这些改革顺应时代潮流，从系统集成的角度，更加科学合理地构建了课程体系。

为了进一步提高普通高校电子信息类专业教育与教学质量，贯彻落实《国家中长期教育改革和发展规划纲要（2010—2020 年）》和《教育部关于全面提高高等教育质量若干意见》（教高【2012】4 号）的精神，教育部高等学校电子信息类专业教学指导委员会开展了"高等学校电子信息类专业课程体系"的立项研究工作，并于 2014 年 5 月启动了《高等学校电子信息类专业系列教材》（教育部高等学校电子信息类专业教学指导委员会规划教材）的建设工作。其目的是为推进高等教育内涵式发展，提高教学水平，满足高等学校对电子信息类专业人才培养、教学改革与课程改革的需要。

本系列教材定位于高等学校电子信息类专业的专业课程，适用于电子信息类的电子信息工程、电子科学与技术、通信工程、微电子科学与工程、光电信息科学与工程、信息工程及其相近专业。经过编审委员会与众多高校多次沟通，初步拟定分批次（2014—2017 年）建设约 100 门课程教材。本系列教材将力求在保证基础的前提下，突出技术的先进性和科学的前沿性，体现创新教学和工程实践教学；将重视系统集成思想在教学中的体现，鼓励推陈出新，采用"自顶向下"的方法编写教材；将注重反映优秀的教学改革成果，推广优秀的教学经验与理念。

　　为了保证本系列教材的科学性、系统性及编写质量，本系列教材设立顾问委员会及编审委员会。顾问委员会由教指委高级顾问、特约高级顾问和国家级教学名师担任，编审委员会由教育部高等学校电子信息类专业教学指导委员会委员和一线教学名师组成。同时，清华大学出版社为本系列教材配置优秀的编辑团队，力求高水准出版。本系列教材的建设，不仅有众多高校教师参与，也有大量知名的电子信息类企业支持。在此，谨向参与本系列教材策划、组织、编写与出版的广大教师、企业代表及出版人员致以诚挚的感谢，并殷切希望本系列教材在我国高等学校电子信息类专业人才培养与课程体系建设中发挥切实的作用。

吕志伟 教授

前 言
PREFACE

由 Xilinx 公司发明的 FPGA 技术,按照摩尔定律已经历了 30 多年的发展历程。它的可编程特性使其成为电子产品设计和验证不可或缺的手段,在数字信号处理(DSP)系统和嵌入式系统等设计领域也得到日益广泛的应用。为了适应迅速发展的技术进步,培养符合新时代要求的合格人才,近年来大学教育利用 FPGA 的可编程特性进行了广泛的探索,也取得了令人瞩目的成果,例如得到教育部认可的口袋实验板,以及贯穿式教育和工程实训等教改措施。

根据近期在多个大学进行数字系统和嵌入式系统工程实训的经历,结合国家对新型人才培养的要求,以及根据读者对利用 FPGA 设计现代数字系统的需求,选取目前流行的 FPGA 器件、设计工具和设计语言编写了此书。作为教程本书选用 Xilinx 公司 7 系列全可编程 FPGA,2017x 最新版本的 Vivado 设计工具,以及在许多大学得到广泛应用的依元素公司开发的 EGO1 开发板,作为学生的口袋实验板随身携带,不仅可以使设计项目在 FPGA 硬件上运行,也可以通过实验验证、理解和运用所学知识。

Verilog HDL 是设计者们喜爱的语言,与 VHDL 相比,更节省代码,更接近 C 语言,适合有 C 语言基础的读者学习,因此被业界广泛使用,也为本书所采用。

本书是在《FPGA 现代数字系统设计》基础上,结合高校教学需求改编而成。全书共 6 章。

第 1 章介绍现代数字系统设计概论,包括现代数字系统层次化的设计概念、多种描述方法和 IP、SoC 概念。本章使初学者对现代数字系统设计有一个整体的认识。

第 2 章介绍历代 FPGA 器件的结构特点、硬件资源和配置方法,为进一步的设计和优化奠定必要的器件基础。

第 3 章介绍 Verilog HDL 的基本语法和设计实例,是全书的设计语言基础教程。

第 4 章介绍 Vivado 工具编程、仿真、综合和实现的设计流程,以及测试诊断工具和 IP 集成工具等。

第 5 章比较深入地介绍了高级设计与综合技术,包括 Verilog HDL 的编程风格、综合优化、同步设计、高级综合与系统综合。本章介绍了较复杂数字系统的重要设计知识与设计技巧。

第 6 章针对通常的数字系统设计给出四个综合设计实例。

为了方便读者,本书编写了 Verilog HDL 手册、EGO1 开发板资料和参考文献供查阅。

本书具有如下三个特点:

1. 内容完整,包含设计理论、器件知识、设计语言、基本设计工具,还包括高级设计与综合技术和综合设计实例。为初学者提供了完整的学习内容和丰富的参考资料。

2. 注重读者的认识规律,由浅入深,循序渐进,既有深入的内容,又使初学者能很快入门;既有数字技术的理论知识,又有指导实践的实验实例。

3. 书中涉及的所有程序均已经过调试,在教学过程中可以放心地使用和验证。在应用时,请注意读者的开发板的系统时钟频率和复位信号极性可能不一致带来的问题。

当然,现代数字系统设计涉及广泛和深入的知识,不可能在一门课程中全部解决。我们希望能帮助初学者尽快入门,更深入的研究和专门的设计知识可在后续课程和设计实践中不断积累和完善。现代数字系统设计对理论和实践的综合要求都是比较高的,建议使用本书的老师在介绍基本的设计基础后,尽量安排学生通过实验来发现和解决更多的问题,以提高实践能力。

由于 FPGA 技术发展迅速,设计工具的版本每年都有若干次更新,作者水平有限,编写时间仓促,书中的疏漏之处请读者予以指正。

感谢清华大学出版社对本书的出版给予的关心和支持!

孟宪元

2019 年 10 月

目 录
CONTENTS

第 1 章　现代数字系统设计概论

CHAPTER 1

在介绍如何利用 FPGA 技术设计现代数字系统之前,先回顾一下数字技术发展的过程。在遵循摩尔定律的进程中克服了一系列的技术瓶颈后,现今,数字化技术正在成为当代社会的主要发展方向,以数字技术为手段,可将图、文、声、像等信息进行数字化的存储、处理和传播,使数字技术的产品渗透到社会生活的各个领域,进入数字化的时代。

而数字系统设计这门课程正是促使数字技术发展的基础,并随着社会进入数字化时代,数字化应用的需求又推动嵌入式系统的发展以及软硬件协同设计技术的提升,数字化设计的发展历程正相当于现代信息技术在产品设计领域中的应用不断发展的过程。

1.1　概述

微电子技术的高速发展是信息技术发展最重要的动力,信息技术蓬勃发展又带来集成电路行业的飞跃性进步,在 21 世纪,集成电路(IC)设计和制造技术都将会有一个前所未有的发展。

由于数字系统可被软件和硬件共同控制,因此数字系统远比模拟系统灵活。从产品开发时间和产品定义的角度来看,采用数字设计技术,将使开发产品的速度大大加快。同时,数字系统不容易受到干扰,没有信号失真、衰变等缺陷,可以采用标准化的逻辑部件来构成各种各样的数字系统,因此数字化产品备受欢迎。

一切数字化产品的核心,应该归功于基于半导体技术高度发展的专用集成电路(Application Specific Integrated Circuit,ASIC),归功于系统的单芯片集成技术——片上系统(System on Chip,SoC)。在半导体技术的推动下,数字系统的性能、功能、体积和功耗不仅得到显著改善,而且价格不断降低。数字系统的半导体技术含量不断增加。例如,硅芯片的价格将占据 DVD 播放机和机顶盒成本的 40%。如今,计算机、通信和其他功能之间的融合正以前所未有的速度向前发展,价格也逐渐向消费电子产品靠近。可以相信,在半导体技术的推动下,产品的功能、成本和开发时间将会有质的飞跃。

片上系统的出现和发展大大加速了人类社会的信息化进程,它已经成为信息产业乃至新世纪知识经济实现的关键技术基础之一。片上系统已在国际学术界和工业界受到广泛关注。片上系统的大量生产和应用,可以为工业界创造大量的商业机会,同时也为研究领域对片上系统的设计方法学和测试方法学提出许多新的研究课题。

纵观信息产业的发展,一直遵从著名的"摩尔定律",每 18 个月,单片集成电路的晶体管的数目就会翻一番,同样规格的芯片的成本便会降低一半。在过去的半个世纪中,这条定律一直有效,它表现为芯片制造技术发展迅速。在 Intel 公司联合创始人戈登·摩尔提出这个规律的 1965 年,每个芯片才容纳 50 个晶体管,到了 1970 年,每个芯片能够容纳 1000 个元器件,每个晶体管的价格降低 90%。

1970 年之后的 30 年时间里,工艺尺寸呈简单的几何比例缩小,从而使芯片上所有元器件越来越小,保证了器件规模稳速地增长,验证了摩尔定律的预测。

实际上,工艺尺寸按比例地缩减也经历了两个阶段,在工艺尺寸达到 $0.5\mu m$ 之前,工艺尺寸是按照电压值不变的"固定电压缩尺"进行的,由于电源电压保持 5V 不按比例缩减,尽管器件的工作速度因此得到提升,但是产生的最大问题是器件密度造成功耗的增加,因为功耗与电压 V 的二次方以及工作频率 f 和分布电容 C 等因素成正比,即有关系式:

$$P = CV^2 f$$

所以,在工艺尺寸达到 $0.5\mu m$ 之后,为了解决功耗的问题,不得不按比例降低电源电压,进入"全电压缩尺"阶段,以芯片的内核电压为例,$0.35\mu m$ 工艺的电压为 3.3V,$0.25\mu m$ 工艺的电压为 2.5V,到 90nm 内核电压在 1V 左右。降低电压是减少功耗的有效措施但也受到限制,即过度降低电压将造成逻辑 1 和逻辑 0 之间的电压差别无法保持,以及抗噪能力减弱。

随着器件速度的提高,芯片内部电源电压的降低,满足各种应用要求的芯片之间的接口也进一步复杂化,需要为不同电源电压的集成电路之间提供兼容的 I/O 电平建立标准。

由联合电子器件工程协会(JEDEC)制定的标准接口电平包括小信号振幅和全信号振幅的变换。短线串联端接逻辑(SSTL)、高速收发逻辑(HSTL)和注射收发逻辑(GTL)都规定相对于参考电压的小幅度电压振幅。低压 CMOS(LVCMOS)和低压晶体管-晶体管逻辑(LVTTL)利用无端接电源到地电压转换,在包括 LVTTL 和 ECL(发射极耦合逻辑)在内的某些逻辑系列的信号电平最初是对双极型或 biCMOS 输出电路定义的,CMOS 输出电路可以适应这些接口要求的兼容性。

在工艺线宽按比例缩减期间,集成电路除了 ASIC 之外,20 世纪 80 年代还推出了现场可编程门阵列(FPGA)和复杂可编程逻辑器件(CPLD)的可编程器件。尤其是 FPGA,它的可编程特性使得设计者可以在现场按照用户的需求设计数字系统,FPGA 利用查找表实现逻辑功能,Fabless 的代加工和依托 SRAM 工艺等实现可编程技术都是其重要的特性。而且早期的 FPGA 中,器件的规模受到集成的内部逻辑限制(Logic Limit),器件内部元件的密度不可能太大,仅包含基本的逻辑部件。而工艺线宽缩小后,能够集成的逻辑规模不断增加,要求的焊盘数量也显著增加,器件的规模变为受四周的外部焊盘限制(Pad Limit)。此时,被四周焊盘围起来的器件内部,在扩充逻辑部件的同时,还有空间可以集成块存储器、数字信号处理模块和微处理器等新的模块,它们的规模也随着工艺的变化而不断增加。

到了 2000 年,再单纯地做几何比例缩减不能解决功耗等问题,但是静态功耗与工艺的特性关系比较密切,所以与工艺有关的各种技术手段的发明使得器件的发展继续遵从摩尔定律。在工艺达到 90nm 时,采用了"应变硅"技术,纯硅在发生原子间力的应变后晶体结构线性扩展,提高了功耗的容限;在 45nm 的工艺时,增加每个晶体管电容的分层堆积在硅上的新材料得到应用；到 22nm 工艺时，三栅极晶体管的出现保证了功耗和性能适应尺寸的缩小。

工艺线宽的不断缩小，产生的最大问题是器件本身的功耗和散热。

在降低功耗的措施上，考虑按性能要求一再提升工作频率不是出路，改为保持一定的时钟频率，限制微处理器执行计算机指令的速度；并将集成电路分成多个核，可降低每个核的功率和发热，出现了同构或异构的多核处理器芯片。

一个异构多处理系统由不同类型的多个单核或多核处理器构成，异构多核处理系统最简单的形式是由一个多核处理器和 GPU 组成。然而，现代科技让一颗芯片上的异构多处理系统包含以下模块：

(1) 多核应用处理器(Multicore Applications Processors)，例如 2/4 核 cortex A53；

(2) 多核图形处理器(Multicore Graphics Processors)，例如 ARM Muli400 MP2；

(3) 多核实时处理器(Multicore Real-Time Processors)，例如 2 核 cortex R5；

(4) 平台级管理单元(Platform Management Unit)；

(5) 配置和安全系统(Configuration and Security Unit)；

(6) 在 FPGA 可编程逻辑上实现特定多核处理器。

为什么多核处理器要与 FPGA 集成在一起来构成多处理器片上系统(MPSoC)的一部分？因为添加了 FPGA 之后，相当于给用户提供了一个可以定制的广义的处理器系统，以适应更广泛的应用要求，特别是需要利用硬件来实现的高速处理功能，利用此多核异构处理平台可实现自适应智能计算的多种应用。例如 UltraScale＋ MPSoC 器件在可编程逻辑 PL 部分采用高清视频理念设计，集成 H264/H264 视频编解码器，是多媒体、汽车高级驾驶辅助系统(ADAS)、安全监控及其他嵌入式视觉应用的理想选择。UltraScale＋ RFSoC 器件也是异构多核为基础，在 PL 部分集成高达 6 千兆直接射频采样的数据转换器和软判决前向纠错(SD-FEC)。作为单芯片的自适应射频平台，将 A/D 及 D/A 靠近天线，模拟/RF 信号处理转移至数字域，实现具有更高灵活性及更高可编程性的 5G 解决方案，以及雷达和通信等军事应用的价值。

20 世纪 90 年代，国际上电子和计算机技术较先进的国家，一直在积极探索新的电子电路设计方法，并在设计方法、工具等方面进行了彻底的变革，取得了巨大成功。在电子技术设计领域，可编程逻辑器件(如 CPLD、FPGA)的应用已得到广泛普及，这些器件为数字系统的设计带来了极大的灵活性。可编程逻辑器件可以通过软件编程对其硬件结构和工作方式进行重构，从而使得硬件的设计可以如同软件设计那样方便快捷。这一切极大地改变了传统的数字系统设计方法、设计过程和设计观念，促进了现代数字系统设计技术的迅速发展，实现了电子设计的自动化(Electronic Design Automation，EDA)，它是在 20 世纪 90 年代初从计算机辅助设计(Computer Auxiliary Design，CAD)、计算机辅助制造(Computer Auxiliary Manufacture，CAM)、计算机辅助测试(Computer Auxiliary Test，CAT)和计算机辅助工程(Computer Auxiliary Engineering，CAE)的概念发展而来的。EDA 技术就是以计算机为工具，设计者在 EDA 软件平台上，用硬件描述语言 (Hardware Description Language，HDL)完成设计文件，然后由计算机自动地完成逻辑编译、化简、分割、综合、优化、布局、布线和仿真，直至对于特定目标芯片的适配编译、逻辑映射和编程下载等工作。利用 EDA 工具，电子设计师可以从概念、算法、协议等开始设计电子系统，可以通过计算机完成大量工作,并可以将电子产品从电路设计、性能分析到 IC 或 PCB 设计的整个过程通过计算机自动处理完成。EDA 技术的出现,极大地提高了电路设计的效率和可靠性,减轻了设计者的劳动强度。

掌握科学的设计方法,恰当地选择设计工具是现代电子工程师最基本的素质。本章首先对基本数字系统的设计方法作初步介绍。

1.2　数字系统的层次化结构

为了进行复杂的数字系统设计,人们常采用分层次的方法,将系统设计的技术要求分别在行为域、结构域和物理域来考虑和描述,把问题由大化小、由复杂变简单,以便控制复杂度,减少每次处理的数量,也便于采用模块化设计。

在行为域,强调的是行为,它说明电路的功能,即电路输入/输出(I/O)的关系,但与该行为的实现无关,也可以说"如何实现"在行为域中被隐蔽起来了;在结构域,则对组成电路的各部件及部件间的拓扑连接关系进行描述,给出互连功能部件的层次关系;而在物理域,则要提供生产和制造物理实体所需要的信息,例如几何布局或拓扑约束等,即空间的物理布局和物理特性,没有任何功能部件的概念。如图 1-1 所示,常采用电子设计 Y 图表示各域相互之间的关系,对行为域、结构域、物理域的抽象层次一般按照结构描述从低至高分为五级:开关电路级、逻辑门级、寄存器传输级、硬件模块级(强调算法综合,又称算法级)和处理机系统级。

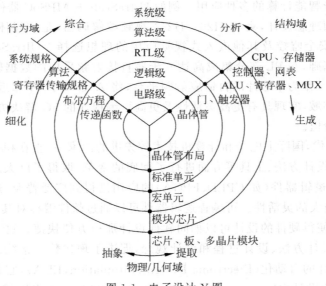

图 1-1　电子设计 Y 图

在实际应用时,可根据系统的复杂程度适当取舍。此时,各个域之间,又通过综合(Synthesis)与分析(Analysis)、抽象(Abstraction)与细化(Refinement)、生成(Generation)与提取(Extraction)分别实现行为域与结构域、物理域与行为域、结构域与物理域之间的转换。

本节主要依照层次结构分析数字系统的构成。

1.2.1　开关电路级的基础——CMOS 反相器

按照当前的半导体工艺技术,无论多么复杂的数字系统,其设计基础都是 CMOS 反相器。图 1-2(a)、图 1-2(b)、图 1-2(c)分别给出了 CMOS 反相器的电路图、输入/输出电压的特性曲线图和 CMOS 掩模图。这三张图实际上就是从结构域、行为域和物理域来描述反相器。

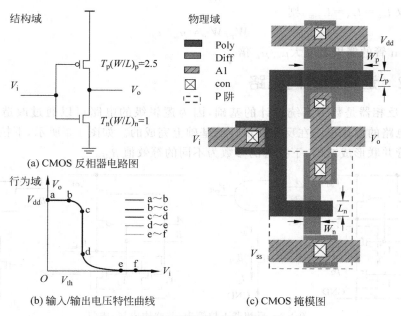

图 1-2　CMOS 反相器在各个域中的表示

结构域的电路图说明反相器由上拉管和下拉管两部分组成,当输入电压从地电平跳到电源电压时,下拉管导通;输出端分布电容上的电压要通过下拉管放电,从电源电压降为地电压,是输入信号的反相。当输入电压从电源电压跳到地电平时,上拉管导通,输出端分布电容上的电压要通过上拉管充电,从地电压上升到电源电压,也是输入信号的反相。反相器的晶体管工作于完全截止和充分导电两个极端状态,相当于开关的通断,所以又称开关管。

根据 CMOS 反相器的输入/输出特性可以得出行为域中反相器的工作特性。CMOS 反相器有以下优点:

(1) 传输特性理想,过渡区比较陡;

(2) 逻辑摆幅大,输出高电平 $V_{oh}=V_{dd}$,输出低电平 $V_{ol}=0$。

物理域中上拉管和下拉管的宽度和长度,是指工艺在实现反相器时 n 管与 p 管扩散区的沟道宽度和长度,它们是反相器设计的主要参数,决定反向器的直流特性和交流特性。

CMOS 反相器的直流特性包括 nMOS 管的 $(W/L)_n$、pMOS 管的 $(W/L)_p$、功耗及直流输入与输出特性。

CMOS 反相器具有如下交流特性:

(1) 输出电容 $C_{out}=G_{GDn}+C_{GDp}+C_{DBn}+C_{DBp}+C_{line}+C_{in}$;

(2) 开关时间 $\tau_n=C_{out}/\beta_n(V_{dd}-V_{Tn})$,$\tau_p=C_{out}/\beta_p(V_{dd}-|V_{Tp}|)$;

（3）一般阈值电平 V_{th} 位于电源 V_{dd} 的中点，即 $V_{th}=V_{dd}/2$，因此噪声容限很大；

（4）只在状态转换为 b～e 段时两管才同时导通，才有电流通过，因此功耗很小；

（5）CMOS 反相器是利用 p、n 管交替通、断来输出高、低电压的，而不像单管那样为保证 V_{ol} 足够低而确定 p、n 管的尺寸。

关于 CMOS 反相器的阈值电平 V_{th}，为了获得良好的噪声容限，应要求 $V_{th}=V_{dd}/2$，假设 $\beta_n=\beta_p$ 且 $V_{th}=|V_{tp}|$，则有 $V_{th}=V_{dd}/2$。所以，为了满足 $\beta_n=\beta_p$，即为了提高电路的工作速度，一般取 $L_p=L_n=L_{min}$，则

$$W_p/W_n=\mu_n/\mu_p$$

即 p 管要比 n 管的栅极宽度大 μ_n/μ_p 倍。

1.2.2 逻辑级的门电路

CMOS 反相器是数字系统设计的基础，因为逻辑级的电路可以通过改造反相器来实现，而逻辑电路的设计也是在反相器设计的基础上完成的。如图 1-3 所示，下拉管串联形成与门，下拉管并联形成或门，下拉管的参数为不同的等效值 β_{eff}。

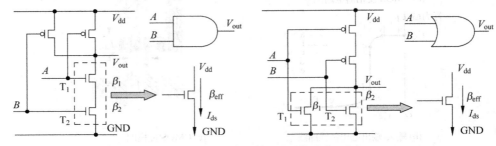

图 1-3 反相器下拉管串/并联构成与/或门

在一个组合逻辑电路中，为了使各种组合门电路之间能够很好地匹配，各个逻辑门的驱动能力都要与标准反相器相当。也就是说，在最坏工作条件下，各个逻辑门的驱动能力要与标准反相器的特性相同。

组合逻辑电路的设计可以被视为对标准反相器的改造。由于电子和空穴的迁移率有 $\mu_n\approx2.5\mu_p$ 的关系，所以 p 沟电阻约为 n 沟电阻的 2.5 倍。

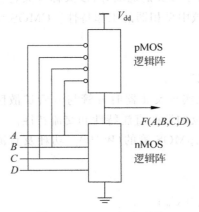

图 1-4 CMOS 组合逻辑

如图 1-4 所示，CMOS 组合逻辑形成规则如下：

（1）nMOS 晶体管串联，实现 AND 运算；

（2）nMOS 晶体管并联，实现 OR 运算；

（3）并联 nMOS 的分支，OR 各个分支的函数；

（4）逻辑函数串联是函数 AND 在一起；

（5）输出是 nMOS 逻辑的补；

（6）pMOS 电路是 nMOS 电路准确的对偶。

在构成 CMOS 组合逻辑时，串联支路的影响必须考虑，因为 MOS 管的等效电阻也是串联的，使得时间常数加大，而影响性能，所以设计中要加宽沟道宽度，减少相应的等效电阻值。因此，复杂逻辑门电路的设计如下：

（1）对电路估计输出分布电容 C_{out}，设计一个满足瞬态响应要求的反相器，分别计算 $(W/L)_{\text{n inv}}$ 和 $(W/L)_{\text{p inv}}$。

（2）构造 nMOS 逻辑块，考虑最大可能的串联晶体管数 m，选择每个器件是相同的，

$$(W/L)_{\text{n}}=m(W/L)_{\text{n inv}}$$

（3）构造 pMOS 逻辑块，考虑最大可能的串联晶体管数 k，选择每个器件是相同的，

$$(W/L)_{\text{p}}=k(W/L)_{\text{p inv}}$$

一个数字系统不论多么复杂，在其结构中都不可能不包括组合逻辑，已有成熟的理论和方法可以有效地表达、变换和简化组合逻辑。

通常可以利用由字母 A、B……表示的逻辑变量集，由常量 0 和 1 表示的逻辑状态，以及由与、或、非三种运算所构成的逻辑代数，通过逻辑运算的表达式表示数字系统组合逻辑的逻辑关系，如表 1-1 所示。

表 1-1　逻辑运算关系式

序号	变量类型	运　　算	或	与
1	单变量	0-1 律/有界律	$x\,\|\,0=x,x\,\|\,1=1$	$x\,\&\,1=x,x\,\&\,0=0$
2		互补律	$x\,\|\,\sim x=1$	$x\,\&\,\sim x=0$
3		幂等律/重叠律	$x\,\|\,x=x$	$x\,\&\,x=x$
4		还原律/对合律	$\sim\sim x=x$	
5	双或三变量	结合律	$x\,\|\,(y\,\|\,z)=(x\,\|\,y)\,\|\,z$	$x\,\&\,(y\,\&\,z)=(x\,\&\,y)\,\&\,z$
6		交换律	$x\,\|\,y=y\,\|\,x$	$x\,\&\,y=y\,\&\,x$
7		吸收律	$x\,\|\,(x\,\&\,y)=x,x\,\&\,(x\,\|\,y)=x$	
8		分配律	$x\,\&\,(y\,\|\,z)=(x\,\&\,y)\,\|\,(x\,\&\,z),x\,\|\,(y\,\&\,z)=(x\,\|\,y)\,\&\,(x\,\|\,z)$	

所有的逻辑函数，不管其逻辑关系多么复杂，都可以由积之和表达式或者和之积的形式来描述，因此可以转换成两级与-或逻辑来实现。

所以，组合逻辑也可以由一个可编程逻辑阵列（PLA）来实现，将不规则的组合逻辑映射到规整的结构中（见第 2 章图 2-6）。

PLA 的规整结构中，与阵列和或阵列二者都是可编程的，特别适用于半导体工艺，达到缩小面积的目的。实际上，常常采用 PLA 实现组合逻辑，详见第 2 章。

采用可编程逻辑器件（PLD）和可编程门阵列（FPGA）实现数字系统，给系统的设计带来很多方便，省去了掩模图设计和投片等工作，既节省费用，又能使产品尽快面市。选用 FPGA 进行数字系统设计已成为越来越广泛的趋势。

1.2.3　寄存器传输级的有限状态机

由组合逻辑的运算单元产生的数据需要存储和转移，这是由触发器构成的寄存元件来完成的。在众多的触发器类型中，较常利用的是 D 型触发器，其特点如下：

（1）在时钟上升沿前接收到输入信号，并满足建立时间 $T_{\text{set}}\geqslant 2T_{\text{pd}}$；

（2）为保证触发器由时钟上升沿触发翻转，对于 $D=0$ 的情况，要求保持时间 $T_{\text{hl}}\geqslant T_{\text{pd}}$，对于 $D=1$ 的情况，要求 $T_{\text{hh}}=0$。

触发器的输出状态变化比输入端的状态变化延迟，这就是 D 型触发器的由来。其延迟时间与电平变化有关，即电平由高变低时 $T_{\text{phl}}=3T_{\text{pd}}$，由低变高时 $T_{\text{plh}}=2T_{\text{pd}}$。

在时钟的控制下,触发器的输出状态与 D 端输入的状态是相同的,即 $Q^{n+1}=D$。由时钟、时钟使能、置位和复位构成触发器的控制信号,置位和复位的控制有同步控制和异步控制两种不同的方式。图 1-5 所示为 D 型触发器的逻辑电路图和逻辑符号。

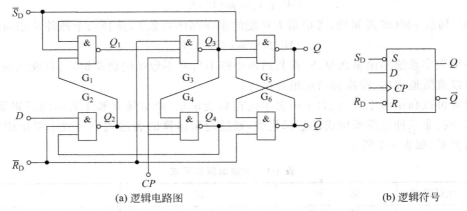

(a) 逻辑电路图   (b) 逻辑符号

图 1-5   D 型触发器的逻辑电路图和逻辑符号

对于组合逻辑电路,它的输出只与施加到输入端的信号值有关,但是时序电路的输出不仅与当前的输入信号有关,还与电路过去的行为有关,所以电路包含触发器等存储元件,并且认为存储元件所保存的内容代表电路的状态。

实际上,时序逻辑电路的输入来自组合逻辑电路的一部分输出,它的存储元件的输出在时钟控制下又反馈到组合逻辑电路的输入端,由此构成了时序逻辑电路的一般模型,常常将馈送到存储元件输入端的组合逻辑输出信号称为"次态"或"下一状态"信号,而将反馈到组合逻辑输入端的存储元件输出信号称为"现态"或"当前状态"信号,如图 1-6 所示。因为这种电路可以用有限数目的状态表征其功能行为,所以又称为有限状态机(FSM)。

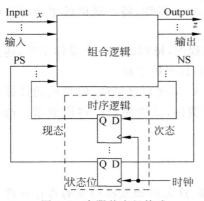

图 1-6   有限状态机构成

有限状态机由功能单元和存储单元组成。其中,功能单元执行数据值的变换,又称为数据通道,由纯组合逻辑的电路构成;而存储单元在时钟控制下保存要变换的数值或变换后的数值,称为有限状态机的控制单元。

由于每个触发器只能够存储和传输一位的数据信息,当利用 n 个触发器来存储 n 位的二进制信息时,这些触发器被称为寄存器,一个寄存器中的每个触发器都由一个公用的时钟信号控制。所以,存储单元实质上是由一组触发器构成的寄存器。

数据通道的运算操作和输出都是由一些交互连接的寄存器和组合逻辑电路组成的,寄存器传输级用于描述这样组成的电路对数据的传输操作。要对存储在寄存器中的信息进行传输和处理必须满足三个条件:

(1) 数字系统中包含一组寄存器;

(2) 包括对存储在寄存器中的数据进行操作的处理;

(3) 在控制单元中有操作顺序的控制信号。

所以,构成寄存器传输级(RTL)的基本模型如图1-7所示。

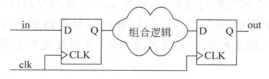

图1-7　RTL级的基本模型

可以利用硬件描述语言对数字系统的寄存器传输级(RTL)进行描述,定义由硬件执行的寄存器操作和组合逻辑功能。对寄存器的操作包括不改变数据的传输操作,以及会改变被传输数据的算术操作、逻辑操作和移位操作等。系统中的寄存器操作都设计成与系统时钟同步,每个触发器的输入端D是要传输到输出端的数据,与其他触发器输入端的数据无关。

有限状态机常由如图1-8所示的数据通道+控制单元的结构来表示,称为带数据通道的有限状态机(FSMD)。

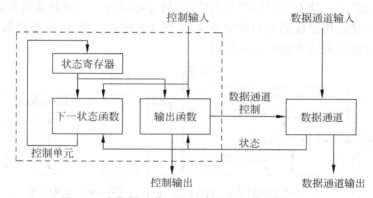

图1-8　由数据通道+控制单元构成的有限状态机

将有限状态机划分成数据通道和控制单元可以使系统结构清晰,简化系统设计,数据通道可被看作一个执行部件,可用数据流图方便地描述;控制单元可被看作一个有限状态机,可用算法的状态转移图直观地描述。也可利用硬件描述语言的两个进程对有限状态机进行行为描述:

(1)第一个进程描述从下一状态到当前状态的转换,与时钟沿同步;

(2)第二个进程描述当前状态的输出数值和对下一状态的描述,进程敏感清单仅与组合逻辑的全部输入信号有关,应该包括输入的全部现态信号。

在FSMD中,可在数据通道引入一组在寄存器、寄存器堆和存储器中存储的整数或浮点变量,每个变量代替了上千的状态,即可以不用考虑数据位变化所决定的状态,从而免除了数据通道可观的状态数目,使得FSMD适用于复杂的数字系统设计,其中控制单元的作用是确定输出函数和状态函数,数据通道的作用是进行数值的运算和变换。

数据通道依据控制单元给予的控制信号处理输入的数据,或者将输入数据直接送往输出端,或者经过运算操作后才送往输出端,产生的状态信号反馈到控制单元,以更新控制单元的动作。所以,数据通道通常包含寄存器、多路选择器、译码器,以及进行算术和逻辑处理的组合逻辑电路,数据通道的寄存器只能决定什么寄存器存储哪些数据,不带有任何时序信息,所有时序信息由控制单元通过状态机来提供,但是数据通道要将各种条件标志等输出信号送入控制单元。

控制单元则按照一个固定的时序信号,产生系统需要的控制信号,如寄存器的加载信号 load,多路选择器的选择信号 select 等,以引导和控制数据通道的操作,同时也接收由数据通道所反馈的状态信号,修正控制单元内部的动作,从而改变控制信号。所以,控制单元通常包含有限状态机。

大多数数据通道包括算术单元,如算术累加单元 ALU、加法器、乘法器、移位电路等,把这些执行算法的部件集中起来可以构成处理器单元,数据通道要顺序完成的操作和执行的指令直接影响状态控制器的构成。存储器的加入和状态机的出现,使得数字系统发生了质的变化,在此基础上,才有可能出现以处理器为核心的现代数字计算机。

1.2.4 数字系统的系统级构成

在数字系统的设计中,有限状态机是一个重要的部件,位于层次结构中的多个有限状态机,每个状态机的"下一状态"信号和"当前状态"信号可以通过相应的通信方式相互作用,构成由嵌套的有限状态机组成的复杂数字系统,如图 1-9 所示。所以,复杂的数字系统可以归结为由多个分层次嵌套的有限状态机构成。

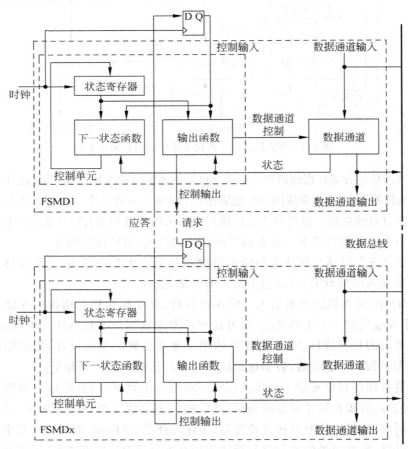

图 1-9 嵌套的有限状态机构成复杂的数字系统

实际上,每个数字系统可以用一组过程、程序和函数来描述。这样一个系统描述可以进行分解,由一组元件通过互连组成,这些元件包括处理器、存储器控制器、总线判决器、DMA控制器和接口逻辑等,每个元件可以用一个或多个相互通信的 FSMD 实现,信号数目和信号之间在通信期间的相互关系称为通信协议。最常用的通信协议是请求和应答的握手协议。

在数字系统中常常包含用来存储数据的寄存器。为了能够从任何 n 位的寄存器将数据转移到其他寄存器,可以将每个寄存器连接到公用的 n 个导线上,利用构成的总线方式方便地分配数据信号和控制信号。所以,数字系统的总线实现多个设备之间的连接,能够将设备的输入数据从总线中读出,也能由总线写入数据到相应的设备,不对总线上的设备进行数据的读写操作时,总线应处于高阻状态。

对数据通道的综合是将数据处理的功能单元与数据通道的资源结合起来,并对其使用的资源进行调度。常常不会将数据处理的功能单元分割成一个接一个顺序执行的功能块,而是采用如图 1-10 所示的总线方式或寄存器方式,使功能单元按调度的要求执行多次操作来节省资源。采用插入寄存器的流水线结构来缩短关键路径,或者增加功能单元处理的并行度,二者都能提高系统的性能,但以增加硬件资源为代价。

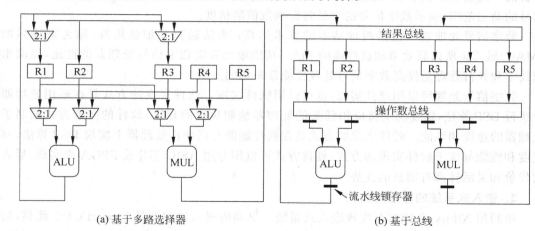

(a) 基于多路选择器   (b) 基于总线

图 1-10 数据通道的结构形式

数字系统可以分为以控制为主的系统或以数据为主的系统,前者是对外部事件作出反应的控制系统,后者是对高速存取的数据进行运算和传输的信号处理系统。

在数字系统的实现中,可以采用通用处理器编制软件来实现,通用处理器可以完成很复杂的功能,如除法和浮点运算等,但是处理速度远低于硬件逻辑。硬件逻辑的处理速度很高,只是付出的成本和代价也高,对于需要进行高速信号处理的系统,只能采用硬件逻辑来实现,处理器完成系统管理、配置、与其他控制单元通信等功能。

1.2.5 复杂系统的算法级设计

概括上面的描述,数字系统可以由处理器、存储器和控制器三部分组成,对于典型的数字系统,由于有确定的结构形式,所以设计时可以直接从 RTL 来进行描述。但是,随着数字系统复杂度的增加,高级设计涉及要在通用处理器上执行程序来实现算法的结构设计。

高级设计要完成两个基本的任务：

（1）由系统技术条件构造可实现系统行为特性的算法；

（2）将算法映射到可用硬件电路实现此算法要求的结构。

对于相同的行为特性可能会有不同的算法，而实现同一种算法也可能有不同速率和延时的多种结构形式。算法处理器由可以在相同数据流环境中执行的功能单元组成，处理器既可以是专门设计的功能单元，也可以是通用处理器单元。

对于一种算法，运算与数据的依赖关系和时间顺序可以用数据流图来表示。系统设计从数据流图开始，对数据通道执行的高级综合任务是将算法的数据流图转换成一个由处理器、数据通道和寄存器组成的结构，再根据转换成的结构，用 HDL 设计一个可综合的 RTL 模型来实现系统。

同一种算法可以用不同的结构来实现，不同结构之间不仅可以通过其数据通道的资源来区分，也可以通过使用资源的时间调度来区分。

1. DSP 系统的算法与结构

数字信号处理器就是一类对信号的数字表示进行转换的功能单元。数字信号采用有限字长的二进制数来表示，在处理过程中会出现数字信号被截断、舍入或溢出等误差，当给定信号的动态范围，表示数字信号的字长将影响数值的精度。

数字信号处理通常包括两种基本的算术运算：乘法运算和加法运算，称为乘法累加（MAC）运算。所以高效率和高性能的 MAC 功能单元决定数字信号处理器的性能，而流水线技术和并行处理是提高数字信号处理性能常采用的方法。

数字信号处理可以用硬件实现，也可以用软件实现。软件实现的方式是在通用处理器上执行 DSP 算法，需要为支持应用任务的处理器编制执行的程序，软件的实现方式限制了处理器的速度和性能。硬件实现的方式是在高性能的专用硬件处理器上实现 DSP 算法，其速度和性能都优于软件实现的方式，硬件方式可以用专用 ASIC 芯片或 FPGA 来实现，后者的代价和灵活性都有明显的优势。

2. 嵌入式系统的算法与结构

可利用 Xilinx 的 FPGA 实现嵌入式系统。早期的嵌入处理器是 PowerPC405 硬核，后来又推出了 MicroBlaze 软核，新的 7 系列 FPGA 已集成了 ARM 处理器 CortexA9 双硬核，最新的 UltraScale＋已经集成了 1.1 节介绍的 MPSoC，包含了应用、实时和图像等异构的多个硬核，并开发了 AXI4 的总线架构，保证了片内数据的高速交换。图 1-11 是 Zynq-7000 片上嵌入式系统的结构。

在片上系统的时代，嵌入式系统的设计常采用层次结构的片上总线，由高速系统总线连接 RISC 处理器、DSP、DMA 等处理单元和高带宽的外设，而由低速外设总线连接优先级较低或带宽受限的外设，如 UART、INTC 等，低速外设总线通过总线桥与高速系统总线连接，实现相互之间的协议转换，并有效地减轻高速系统总线的负载。

ARM 公司研制的 AMBA 总线由先进高性能总线 AHB、先进系统总线 ASB 和先进外设总线 APB 组成，分别适用于高时钟频率的系统模块、高性能外设和低带宽外设。IBM 公司的 CoreConnect 总线类似于 AMBA，包括高性能的处理器局部总线 PLB、低性能的片上外设总线 OPB 和设备控制寄存器总线 DCR，PLB 和 OPB 之间有总线桥。

因此，对于复杂数字系统的结构，在设计的起始阶段是不明确的，对于包括 DSP 模块、

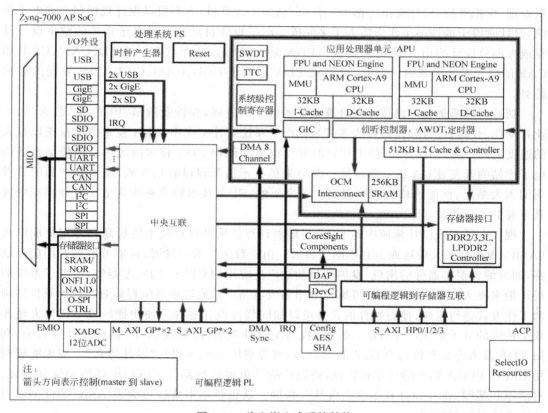

图 1-11 片上嵌入式系统结构

嵌入式处理器等构成的复杂系统,在进行系统设计时,首先要避开结构上的考虑,而从由系统技术要求确定其算法着手,建立执行系统算法的模型,对模型进行仿真和优化之后,再转换成寄存器传输级的描述,按照层次设计的方法完成整个系统的设计。

所以,为适应"逻辑设计与数字电路"等课程的改革要求,本教材将按照典型数字系统、结构层次,分别介绍利用 FPGA 实现现代数字系统的设计方法。EDA 技术已经为相应的数字系统设计提供快速实现的方法。

1.3 数字系统设计的描述方法

随着电子计算机技术的迅猛发展,计算机辅助设计技术深入人类经济生活的各个领域,电子 CAD 就是应用计算机辅助设计技术来进行电子产品的设计、开发、制造。根据采用计算机辅助技术的介入程度,电子系统的设计可以分为人工设计方法和电子设计自动化(Electronic Design Automation,EDA)方法。

人工设计方法是一种传统的设计方法,从方案的提出、验证和修改均采用人工手段完成,尤其是系统的验证,需要经过实际由简到繁搭建电路来完成,设计的过程是自底向上。因此,这种方法花费大、效率低、制造周期长。

早期的电子 CAD 方法,是人和计算机共同完成电子系统的设计,借助计算机来完成数据处理、模拟评价、设计验证等部分工作,即借助于计算机,人们可以设计规模稍大的电子系统,设计阶段中的许多工作尚需人工来完成。电子设计自动化是指电子系统的整个设计过程或大部分设计均由计算机来完成。EDA 是 20 世纪 90 年代初从 CAD、CAM、CAT 和 CAE 的概念发展而来的。因此,可以说 EDA 是电子 CAD、CAM、CAT、CAE 发展的必然趋势。

随着大规模集成电路技术和计算机技术的不断发展,在涉及通信、国防、航天、医学、工业自动化、计算机应用、仪器仪表等领域的电子系统设计工作中,EDA 技术的含量正以惊人的速度上升;电子类的高新技术项目的开发也更加依赖 EDA 技术的应用。即使是普通的电子产品的开发,EDA 技术常常使一些原来的技术瓶颈得以轻松突破,从而使产品的开发周期大大缩短、性能价格比大幅提高。不言而喻,EDA 技术将迅速成为电子设计领域中极其重要的组成部分。

现代电子系统设计领域中的 EDA 是随着计算机辅助设计技术的提高和专用集成电路(ASIC)规模的扩大应运而生并不断完善的。由于数字技术的发展,其中可编程专用集成电路,即可编程逻辑器件的出现,发展到目前被广泛应用的 CPLD/FPGA 器件,为电子系统的设计带来极大的灵活性。由于可编程专用集成电路可以通过软件编程而对器件的硬件结构和工作方式进行重构,使得硬件的设计可以如同软件设计那样方便快捷。这一切极大地改变了传统的电子系统设计方法、设计过程乃至设计观念,甚至在 ASIC 器件设计过程中,利用 EDA 技术完成软件仿真后,在投片之前,可先利用 FPGA 进行"硬件仿真"。如果能够利用 CPLD/FPGA 器件的可编程特性,把设计的结果加载到器件中进行硬件的调试和验证,对学习和掌握 EDA 设计技术也是极其有益的。这也是本书选择可编程 ASIC 器件来学习数字系统设计的原因。

EDA 技术就是以计算机为工具进行电子设计。现代的 EDA 软件平台已突破了早期仅能进行 PCB 设计的局限,它集设计、仿真、测试于一体,配备了系统设计自动化的全部工具,配置了多种能兼用和混合使用的逻辑描述输入工具;同时还配置了高性能的逻辑综合、优化和仿真模拟工具。EDA 大大减轻了电路图设计和电路板设计的工作量和难度;同时,基于可编程逻辑器件的设计能够大大减少系统的芯片数量,缩小系统的体积,提高系统的可靠性。

目前,大规模 PLD 系统正朝着为设计者提供系统内可再编程(或可再配置)能力的方向发展,即只要把器件安装在系统电路板上,就可对其进行编程或再编程,这就为设计者进行电子系统设计和开发提供了可实现的最新手段。采用系统内可再编程的技术,使得系统内硬件的功能可以像软件一样通过编程来配置,从而可以使电子系统的设计和产品性能的改进及扩充变得十分简单。采用这种技术,对系统的设计、制造、测试和维护也产生了重大的影响,给样机设计、电路板调试、系统制造和系统升级带来革命性的变化。

EDA 软件平台的另一特点是日益强大的仿真测试技术。所谓仿真(Simulate),就是设计的输入、输出(或中间变量)之间的信号关系由计算机根据设计人员提供的设计方案,从各种不同层次的系统性能特点完成一系列准确的逻辑和时序验证。测试技术在完成实际系统的安装后,只需通过计算机就能对系统上的目标器件进行所谓边界扫描测试。EDA 仿真测试技术极大地提高了大规模系统的电子设计自动化程度。

现代数字系统设计离不开 EDA 工具。优秀的 EDA 软件平台集成了多种设计入口(如图形、HDL、波形、状态机),而且还提供了不同设计平台之间的信息交流接口和一定数量的功能模块库供设计人员直接选用。设计者可以根据功能模块的具体情况灵活选用。

下面介绍几种常用的较为成熟的设计描述方法。

1.3.1 原理图设计

原理图设计是 EDA 工具软件提供的基本设计方法。该方法选用 EDA 软件提供的器件库资源,并利用画电路图的方法,进行相关的电气连接而构成相应的系统或满足某些特定功能的系统或新元件。这种方式大多用在对系统及各部分电路很熟悉的情况,或用在系统对时间特性要求较高的场合。它的主要优点是容易实现仿真,便于信号的观察和电路的调整。原理图设计方法直观、易学。但当系统功能较复杂时,原理图输入方式的效率较低,它适应于不太复杂的小系统和复杂系统的综合设计,与其他设计方法进行联合设计。Xilinx的 Vivado 2017.1 设计软件的原理图编辑器窗口如图 1-12 所示。

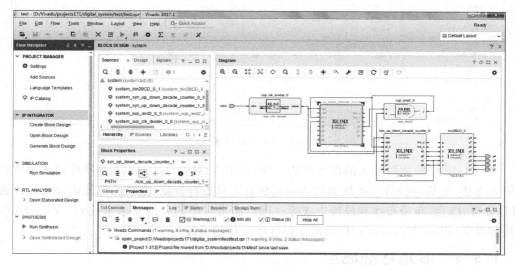

图 1-12 原理图编辑窗口

1.3.2 程序设计法

程序设计是使用硬件描述语言(Hardware Description Language,HDL),在 EDA 软件提供的设计向导或语言助手的支持下进行设计。HDL 设计是目前电子工程设计最重要的设计方法之一。程序设计的语言种类较多,近年来广泛使用的有 ABEL、VHDL 和 Verilog HDL。下面对 Verilog HDL 作简单介绍,第 3 章将进行专门的讲解。

Verilog HDL 早在 1983 年就已推出,至今已有三十多年的历史,因而 Verilog HDL 拥有广泛的设计群体,成熟的资源比 VHDL 丰富。Verilog HDL 与 VHDL 相比最大的优点是,它是一种非常容易掌握的硬件描述语言,而掌握规范严格的 VHDL 设计技术会困难一些。只要有 C 语言的编程基础,一般经过 2~3 个月的认真学习和实际操作就能掌握这种设计技术。并且,完成同一功能描述,Verilog HDL 的程序条数一般仅为 VHDL 的 1/3。而 VHDL 设计技术不是很直观,需要有 EDA 编程基础,通常需要有多达半年的专业培训才能掌握这门技术。可见,用 Verilog HDL 更有优越性。

目前版本的 Verilog HDL 和 VHDL 在行为级抽象建模的覆盖范围方面也有所不同,

一般认为 Verilog HDL 在系统抽象方面比 VHDL 强一些，Verilog HDL 较为适合算法级（Algorithem）、寄存器传输级（RTL）、逻辑级（Logic）、开关级（Switch）设计，而 VHDL 更适合特大型的系统级（System）设计。但是，随着设计技术向系统集成方面发展和应用的要求不断提高，程序设计语言的版本也在不断升级，以满足技术的发展和要求。

图 1-13 给出了用 Verilog 语言描述的 PS2 控制器的部分程序示例。

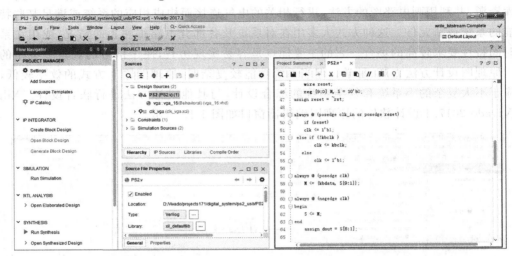

图 1-13　Verilog 程序设计

与图 1-12 的原理图输入的设计方法一样，利用 VHDL 或 Verilog 等硬件描述语言的设计输入方法，所描述的数字系统的功能利用仿真工具进行验证，系统的性能由设计软件通过 RTL 分析、综合、布局布线和位流生成等过程以满足时序约束的要求来达到。图 1-13 左边的流程导引（Flow Navigator）栏给出了设计所经历的步骤。

1.3.3　IP 模块的使用

具有知识产权的 IP 模块的使用是现代数字系统设计中最有效的方法之一。IP 核是满足特定规范，并能在设计中复用的功能模块。根据功能不同，IP 核可以进行参数化，也可不进行参数化，但 IP 核供应商必须提供相关的文档以及 IP 核功能验证的方法。

IP 模块一般是比较复杂的模块，IP 功能块提供中央处理器（CPU）、DSP、外设接口（PCI）和通用串行总线（USB）等足够可靠的各种功能的功能块。由于这类模块设计工作量大，设计者在进行设计、仿真、优化、逻辑综合、测试等方面花费大量劳动，供应商在提供 IP 模块时，已经排除了语言描述的冗余性，并且经过验证，所以系统设计者采用 IP 功能块进行设计时，可以集中精力去解决系统中的重点课题，并可以将优化的 IP 功能块合并到其核心电路中来进行逻辑合成。因此，各 EDA 公司芯片制造商均设有 IP 中心，在网上为设计者服务。网络上已有丰富的各类 IP 出售，甚至提供成套的解决方案，使设计者之间资源共享，从而加快产品设计，降低产品设计风险。可以预料，在未来的设计中，网上 IP 资源将会越来越丰富，IP 的使用将会更加广泛。

由于 IP 已成为芯片设计的一项重要内容，因此业界成立了不同的组织以推动设计复用标准的发展，目标是开发一套业界标准，促进 IP 使用并简化 IP 与内部设计之间的接口。

　　1.4 节对 IP 设计及应用有专门的介绍。图 1-14 是 Xilinx FPGA 中定制 IP 模块的设计窗口。

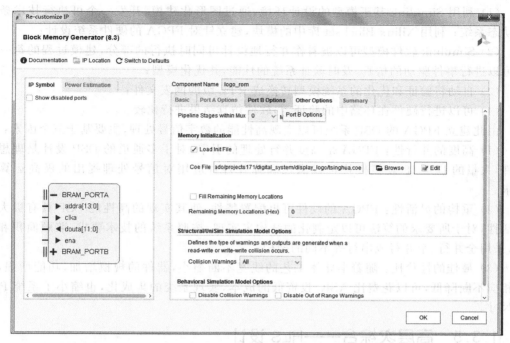

图 1-14　定制 IP 模块设计窗口

1.3.4　基于模型的设计技术

　　利用 MATLAB 及其 Simulink 的 Xilinx Blockset,可以进行基于模型的设计技术完成以算法为主的数字信号处理系统。基于模型的设计技术,如图 1-15 所示。

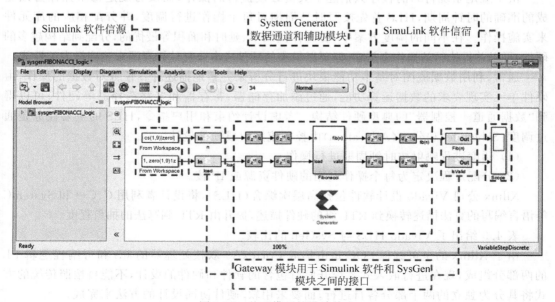

图 1-15　基于模型的设计技术

Xilinx 公司 Vivado 设计软件包括基于模型设计技术的 System Generator(简称 SysGen),具有以下特性:

(1) 利用 Simulink 基于模型的设计环境,通过图形化建模,开发一个可执行技术条件的动态系统;利用 Xilinx Blockset 库中的模块,建立针对 FPGA 的硬件系统设计;

(2) Simulink 软件模型可以被看作并行地设计可同时执行的部分,建模过程的每一步都可以进行事件驱动的仿真,及时验证系统的性能,并优化模型;

(3) 自动将验证和优化的系统模型转换成 RTL 级的网表文件;

(4) 可以进行硬件在环路中的验证,与软件仿真结果进行比较。

由此建立 FPGA 的 DSP 系统可以实现高性能的数字信号处理,主要基于三个因素:

(1) 高度的并行性:FPGA 是高度并行处理的引擎,对于多通道的 DSP 设计是理想的器件,大量的 DSP 48 硬核模块可以满足和弥补各种应用对信号处理提出的极高运算量要求;

(2) 重构的灵活性:FPGA 的硬件可再配置特性,使其实现的高性能 DSP 具有极大的灵活性,对于所要求的算法可以定制化的结构来实现,按照系统的技术要求,兼顾面积和速度,采用全并行、半并行或串行等不同的架构;

(3) 最佳的性价比:随着半导体工艺的线宽不断缩小,器件的规模增加,功能增强,价格相应不断降低,可以花费比 ASIC 投资低的成本,实现系统的集成化,也缩小了系统 PCB 的尺寸。

1.3.5   高层次综合——HLS 设计

为了增强设计性能和提高生产效率,工业界的发展趋势是利用硬件进行加速,CPU 密集型的任务会卸载到硬件加速器,一般硬件加速器要求有更多的时间来理解和设计。

高层次综合是根据对系统行为的描述来构造寄存器传输级,即将基于 C 语言设计流程编写的算法描述变换到 RTL 级能够实施的硬件结构的描述。

由于规定系统行为的程序只描述了大量必须执行的操作,而没有规定每个操作必须完成的准确的时钟周期,HLS 首先按照时钟周期对每个操作进行调度,并分配相应的库元件来实施操作。在不同的调度方案中,要选择使成本、延时和面积等最优的,分配到结构越多的硬件,可以并行执行的操作也越多,但要以最小的硬件成本分配计算资源来达到最大的性能。

通常,利用数据流图对基本功能模块进行分析来完整地描述计算任务对数据的操作,由硬件单元实现要求的数据运算功能,通过添加存储器、寄存器和多路选择器等硬件,可以得到"数据通道+控制器"的典型硬件结构。考虑设计约束和用户指令,HLS 的主要任务是通过调度(Schedule)和分配(Allocation)由控制流图生成硬件设计:

(1) 调度进程映射按时钟周期进行操作;

(2) 分配进程决定为每个操作利用的硬件资源或 IP 核。

Xilinx 公司 Vivado 设计软件包括高层次综合(HLS),将设计者利用 C、C++和 SystemC 等语言编写的算法描述转换到 RTL 级的硬件描述,提升由 RTL 到算法的抽象程度。

表 4.3 给出了 Vivado HLS 与 SysGen 的比较。

由于 Xilinx 的全可编程 SOC 是由集成 CortexA9 双核处理器的 PS 和可编程逻辑 PL 的两部分组成,现在进行嵌入式系统开发所包含的软件和硬件的设计,不能再按照传统的方式将其分为独立的两个部分各自进行,而要采用软/硬件协同设计的方法来完成。

嵌入系统的软件部分包括板级支持包 BSP、实时操作系统 OS、协议堆栈、外设驱动和应用程序等。为了决定软件的关键路径,要利用软件性能分析工具 Profiling 测量 CPU 在每个线程或函数上花费的时间,被调用的次数,类似于对硬件性能进行时序分析。得到的结果告知系统设计师那些花费时间又频繁调用的线程或算法可以选出由硬件进行加速处理,移到硬件中去。

而由 C 语言编程要硬件加速的函数和算法要利用 HLS 进行分析,生成 RTL 级的网表文件,再由硬件实现。

1.3.6　脚本设计技术

FPGA 现在可以利用 TCL 语言编写脚本文件,采用类似 ASIC 的设计方式进行数字系统的设计,此时所有的指令是对当前在存储器中的网表文件在线进行单线程的操作,网表文件可以被修改或替换,由于只利用内存,可以不与硬盘交换数据,所以设计的速度加快,要求的资源也减少。而且,所有的输入和输出由人工执行,可以交互地或通过脚本来完成,包括读入源文件、报告文件和生成设计结果的 checkpoint 文件,需要时也可以启动 GUI(图形用户界面)观察设计各个步骤的结果。Vivado 设计软件也集成了进行脚本文件设计的组件。图 1-16 是利用脚本文件设计的例子。

```
read_vhdl -library bftLib [ glob ./Sources/hdl/bftL
read_vhdl ./Sources/hdl/bft.vhdl
read_verilog [ glob ./Sources/hdl/*.v ]
read_xdc ./Sources/bft_full.xdc
synth_design -top bft -part xc7k70tfbg484-2 -flatte
write_checkpoint -force $outputDir/post_synth
report_utilization -file $outputDir/post_synth_util
report_timing -sort_by group -max_paths 5 -path_typ
opt_design
power_opt_design
place_design
phys_opt_design
write_checkpoint -force $outputDir/post_place
report_clock_utilization -file $outputDir/clock_uti
report_utilization -file $outputDir/post_place_util
report_timing -sort_by group -max_paths 5 -path_typ
route_design
start_gui
stop_gui
write_checkpoint -force $outputDir/post_route
report_timing_summary -file $outputDir/post_route_t
report_timing -sort_by group -max_paths 100 -path_t
report_utilization -file $outputDir/post_route_util
report_power -file $outputDir/post_route_power.rpt
report_drc -file $outputDir/post_imp_drc.rpt
write_verilog -force $outputDir/bft_impl_netlist.v
write_xdc -no_fixed_only -force $outputDir/bft_impl
write_bitstream -bitgen_options {-w -d -g compress
```

图 1-16　利用脚本文件设计示例

1.4　IP 技术

1.4.1　IP 知识产权模块

IP 核,有时也称为虚拟元件或宏单元。IP 核的英文全称为 Intellectual-Property Core,即知识产权产品核。在 SoC 设计中,IP 核特指可以通过知识产权贸易在各设计公司间流通的完成特定功能的电路模块。从电路设计的角度来看,IP 核与公司内部自行建立的可重复使用模块差别很小,同样要求 IP 核有完整的功能说明文档、测试文档及接口文档。由于 IP

核的生产与贸易涉及利润问题,所以一般 IP 核的规模都比较大,如 CPU 核、DSP 核、完成复杂计算功能的模块、存储器模块、复杂接口模块等。规模过小的模块由于设计相对容易,但质量验证困难,很难在贸易中取得相应的利润,所以很少在公司间进行流通,这类模块一般是通过芯片物理设计服务的方式体现其价值。

IP 核的设计与贸易目前并不成熟,除应用较广泛的 CPU、DSP 这类 IP 核和存储器 IP 核外,大部分的 IP 核都存在功能验证与可测性问题。

在 SoC IC 的设计技术中,IP Core"重用"是一个非常重要的概念。

"重用"(Reuse)指的是在设计新产品时采用已有的各种功能模块,即使进行修改也是非常有限的,这样可以减少设计人力和风险,缩短设计周期,确保优良品质。

1.4.2　IP 模块的种类与应用

IP 核的有效形式有软核、固核和硬核三种。

1. 硬核

硬核(Hard Core)是一些已经对性能、尺寸和功耗进行优化的可重用的 IP 模块,并对一个特定的工艺技术进行映射,作为完全布局和布线的网表或以规定的布图格式(如 GDS Ⅱ 格式)提供。因此,在系统设计时,硬核只能在整个设计周期中被当成一个完整的库单元处理。在 ASIC 设计中,硬核以设计的最终阶段产品——掩膜提供,在 FPGA 中是已经用硬件实现并可以直接应用的功能模块。

2. 固核

固核(Firm Core)是软核和硬核的折中,也是完成了综合的可重用 IP 模块,这些模块已经在结构上和拓扑上对性能和面积通过平面布图和布局的优化,可以在一定的工艺技术范围内使用,作为可综合的 RTL 代码或作为通用库元件的网表文件提供,系统设计者可以根据需要对固核的 IP 模块进行改动。如果客户使用与固核同一个生产线的单元库,IP 模块的成功率会更高。

3. 软核

软核(Soft Core)是以可综合的 RTL 描述或通用库元件的网表形式提供的可重用的 IP 模块,与具体的实现工艺无关,增大了 IP 的灵活性和适应性。所以软核的使用者要负责实际的实现和布图,它的优势是对工艺技术的适应性很强,应用新的加工工艺或改变芯片加工厂家时,很少需要对软核进行改动。原来设计好的芯片可以方便地移植到新的工艺中,但也会有一定比例的后续工序无法适应软核设计,从而造成一定程度的软核修正。软核的主要缺点是缺乏对时序、面积和功耗的预见性。

1.4.3　片上系统和 IP 核复用

对于片上系统,单个芯片内可能集成通用处理器核(MCU Core)、专用数字信号处理器核(DSP Core)、嵌入式软件/硬件、数字/模拟混合器件、RF 处理器等。这些模块可能由片上系统设计者自行开发,也有可能是购买其他第三方拥有知识产权的 IP 模块。可综合的寄存器传输级(RTL)模型是 IP 模块的一种重要表述形式。这些模型可以方便地从一种工艺技术转换到另一种工艺技术,也很容易从一种应用转换到另一种应用。对于存储器、DSP或者 MCU 等模块,通常是以版图的形式表述,这使得模块与工艺条件密切相关,从而可以在芯片面积、速度和功耗方面达到优化。对于模拟 IP 模块,如 RF 模块,通常也以与工艺条件密切相关的版图数据表述。

设计片上系统过程中面临的最大问题就是设计方法学问题,需要研究如何重复使用过去的设计模块,如何使新的设计能够具有可重复使用性、可重复综合性、可重复集成性以及如何进行系统级验证。IP核的重复使用分以下三个层次:

(1) 软件宏单元(Soft Macro Unit),即综合之前的寄存器传输级(RTL)模型;

(2) 固件宏单元(Firm Macro Unit),即带有平面规划信息的网表;

(3) 硬件宏单元(Hard Macro Unit),即经验证的设计版图。

从完成IP模块设计所花费的代价来讲,硬件宏单元代价最高;从IP模块的使用灵活性来讲,软件宏单元的可重复使用性最高。一个IP模块的价值,不仅与模块本身的用途和设计复杂性有关,而且与其可重复使用性程度、设计完成的程度有关。从期望IP模块的价值最高的角度出发,期望将IP核进行到物理设计,但会使IP模块的可重复使用性降低。

寄存器传输级的硬件描述语言模型的可再用性和价值都较为适中,是片上系统设计常用的基本单元。

集成电路产业与传统工业产业最大的差别,是集成电路加工技术的发展极为迅速,按照著名的摩尔定律,芯片的集成度和性能不断地得到改进。当前,集成电路的加工工艺的线宽已经达到了深亚微米,但目前集成电路的设计能力却一直落后于加工技术的发展,无法全面地利用加工技术发展的成果。

集成电路行业的另一特点是产品更新换代的周期很短。对于大部分的设计公司,产品面市时间(Time to Market)的长短是公司生存的关键,中等规模的ASIC电路的设计时间一般为2~3个月,复杂CPU电路的设计时间也不超过1年。据估算,产品面市时间晚2~3个月,将使产品生命周期的利润总和降低一半左右。因此,如何更快地完成大规模电路的设计是当前整个行业面临的重要问题。但对于每个集成电路设计师来说,每天所能处理的工作量却无法有很大的提高,如果按每天处理100门电路来计算,一个人设计百万门的电路将耗费掉数百年的时间。而且随着芯片集成度的提高,芯片的复杂程度也相应地提高,在单芯片上可能需要集成各种不同功能的电路,如图像处理、加密电路、接口电路、模拟电路等。设计芯片所需要的技术种类比较繁杂,而且必须适用于各种严格的工业标准。对于单个的设计公司来说,掌握这些不同领域的技术很困难。

在这种形势下,基于IP核的集成电路设计方法得到了高度重视。对于集成电路设计师来说,IP核则是可以完成特定电路功能的模块,在设计电路时可以将IP核看作黑匣子,只需保证IP模块与外部电路的接口,而无须关心其内部操作。这样,在设计芯片时所处理的是一个个模块,而不是单个的门电路,可以大幅度地降低电路设计的工作量,加快芯片的设计流程。利用IP核还可以使设计师不必了解设计芯片所需要的所有技术,降低了芯片设计的技术难度。利用IP核进行设计的另一好处是消除了不必要的重复劳动。IP核与工业产品不同,复制IP核是不需要花费任何代价的,一旦完成了IP核的设计,使用的次数越多,则分摊到每个芯片的初始投资越少,芯片的设计费用也因此会降低。

1.5 全可编程FPGA/SoC实现智能化系统

FPGA技术自从1984年由Xilinx发明以来,经历了多代演进。第一代实现数字技术的黏附逻辑;第二代实现数字系统级的功能;第三代作为FPGA平台可实现高性能的可再编程片上系统(SoPC);第四代是以 Xilinx 7 系列为代表的全可编程 FPGA 和 SoC;当前是以 MPSoC 为代表的具有 ASIC 特性的第五代 FPGA。第 3 章将介绍 Xilinx FPGA 所经历的各代器件的结构特点。

本节对 FPGA 的未来和应用作一简单的描述。

1.5.1　软件智能化和硬件最佳化

预测到 2020 年将有超过 500 亿台机器和设备会实现互联。由于这些设备和机器构成的系统和网络对所处环境有极高的敏感度,要求硬件设备必须具有足够的安全措施以防止受到直接攻击,因此系统必须拥有更多的可编程硬件和智能化软件才能适应必须应对的环境和要求。

未来的 5G 通信设施可以在任何地方快速而可靠地互联数十亿设备,因此 5G 网络必须具有可以扩充、智能和异构的能力。分布式的小型基站、支持数百个天线的海量 MIMO、通过云无线接入网 CloudRAN 进行的集中式基带处理等技术将显著扩大覆盖范围和数据流量。网络需要通过回程和光前向回传实现安全连接的处理。Xilinx 全可编程技术可以帮助解决容量、连接以及性能挑战,并灵活支持多标准、多频带和多子网,实现许多不同的物联网驱动的 5G 应用。

系统和网络也必须是可扩充的,更多的功能被虚拟化,有效地映射到共享的计算资源中,因为传感器和摄像机到处捕获数据和视频,必须使这些机器能够识别、解释、判决和动作。嵌入式视觉是当今科技最活跃的领域之一,也是未来无处不在的电子技术产业之一。

能够看见、感知和立即响应外部世界的机器为系统差异化创造了机遇,但也产生了挑战,即设计人员如何创建新一代架构并将其投入市场。集成包括视频及视觉 I/O 与多个图像处理流水线等不同的子系统,使这些嵌入式视觉系统能够执行基于视觉的实时分析,是一项需要软硬件团队紧密协作的复杂任务。为了保持市场的适时性和相关性,领先开发团队正在探索 Xilinx 全可编程器件对其新一代系统具有器件可编程硬件、软件及 I/O 的功能优势。

未来的系统和网络也必须满足最终用户和实时场景增长的要求,达到即时和低时滞响应,在后台系统必须处理指数级增长的数据、包和像素,运行更灵活的算法同时消耗最低的功率。处于竞争激烈和成本敏感的世界市场,系统必须有明显的差别,要靠软件的智能化和硬件的最优化相结合和随处的连接才能完成。

工业物联网(IoT)正在推动第四轮工业革命。它极大地改变着制造、能源、交通运输、城市、医疗以及其他工业行业。大多数专家相信,IoT 时代已悄然来到,带来了很切实可测量的业务影响。IoT 可帮助企业从传感器收集、融合和分析数据方面,使机器效率以及整个操作的流量最大化。应用包括运动控制、机器与机器通信、预测性维护、智能能源/电网、大数据分析以及智能互联医疗系统等。Xilinx 提供了面向工业物联网的灵活的标准化解决方案,包括全可编程、实时处理、硬件优化和针对保密和安全的"任意"互联。Xilinx SDAccel、SDSoC 和 Vivado HLS 可帮助客户快速开发更智能的互联差异化应用。

数据中心需要工作负载优化,对来自宽泛的虚拟化需求软件应用可以快速适应不断变化的流量、时滞和功率需求。这些应用包括机器学习、视频转码、图像和语音识别、CloudRAN 和大数据分析,以及存储与网络加速和高度灵活的高性能连接。Xilinx 可使服务器通过工作负载优化,以类似 CPU 和 GPU 方案的 1/10 时延及功耗实现 10 倍吞吐量。采用 OpenCL、

C 和 C++等语言编写要求的应用。灵活的、基于标准的解决方案,融软件可编程能力、负载优化和高性能数据中心互联为一体,与保密性紧密结合在一起满足下一代云计算的需求。

表 1-2 列出了 5G、嵌入式视觉、IoT 和云计算等未来技术的相应要求和全可编程解决方案。

表 1-2　未来技术的全可编程解决方案

	5G	嵌入式视觉	IoT 互联网	云 计 算
技术要求	① 云无线接入网(Cloud-RAN) ② 海量 MIMO(Massive MIMO) ③ 回程(Backhaul) ④ 前传(Fronthaul) ⑤ 基带(Baseband) ⑥ 小型基站(SmallCell)	① 先进驾驶辅助系统(ADAS) ② 机器视觉(Machine Vision) ③ 8KB 显示和传输(8KB Display & Transport) ④ 监控(Surveillance) ⑤ 医疗成像(Awareness/Military Medical Imaging)	① 运动控制(Motion Control) ② 机器与机器通信(Machine-to-Machine) ③ 预测性维护(Predictive Maintenance) ④ 智能电网(Smart Grid) ⑤ 智能医疗(Smart Medical) ⑥ 实时处理和分析(Real-time Proc. & Anal.)	① 云无线接入网(CloudRAN) ② 深度神经网络(Deep Neural Networks) ③ 图像/语音识别(Image/Speech Recognition) ④ 云视频(Video in the Cloud) ⑤ 大数据分析(Big Data Analytics) ⑥ 数据中心互连(Data Center Interconn.) ⑦ SSD 存储(SSD Storage)
解决方案	① SDSoC/SDAccel 环境 ② VivadoHLS ③ 多层次安全性(Multi-level Security) ④ UltraScale+ MPSoC ⑤ UltraScale	① UltraScale+ MPSoC ② SDSoC SDAccel ③ Media Over Network Codecs ④ 实时视频引擎(Realtime Video Engine) ⑤ 图像/视频库(Image/Video Libraries)	① 功能安全认证(Function Safety Certif.) ② 多层次安全性(Multi-level Security) ③ 媒体跨接网络(Media Over Network) ④ SDSoC SDAccel ⑤ VivadoHLS ⑥ Zynq MPSoC	① SDAccel 加速板卡(SDAccel Acceleration Boards) ② 部分重配置(Partial Reconfiguration. ralion) ③ 加速库(Acceleration Libraries) ④ 自适应互连(Adaptive Connect.) ⑤ 超规模嵌入式 HEVC(UltraScale Embedded HEVC)

1.5.2　在线可重构技术

当前的半导体工艺水平已经达到了纳米级程度,芯片的集成度超过 1 亿门,时钟频率也在向 1GHz 以上发展。因此,未来的微电子技术的发展趋势,是把整个系统集成到一个芯片上,这种芯片被称为片上系统。片上系统比起当今的超大规模集成电路(VLSI)来说,无论是从集成规模和运行速度来说,都有极大的改进。采用具有系统性能的 CPLD 和 FPGA 实现可编程片上系统(System-on-Programmable-Logic-Chip)也是今后的一个发展方向。在互联网时代,利用在线可重构技术设计一个可以远程修改和升级的"通用"硬件系统,可以满足未来不断发展的要求,同时为应用技术的发展开辟了一个新领域。

由于 FPGA 集成了专门的功能并扩充了性能容量,可以利用其作为先进电子系统的核心,FPGA 相对于 ASIC 的灵活特性和能力都有提升,特别是在产品开发周期的压力下加速了系统中利用多个 FPGA 作为核心逻辑。此外,FPGA 设计成新系统的平均密度也是快速地增长。

广泛利用 FPGA 也导致针对 FPGA 配置的设计增长,当系统中仅仅利用一个或两个 FPGA 时,只要一个配置位流和一个专用的配置 PROM,是快速和简单的配置方案。每个系统的 FPGA 数量、位流的尺寸、配置可灵活地随需求增长,不再利用多个专用的 PROM。而利用一个集中资源来配置所有的 FPGA 会更有效,一般情况下,设计者常常利用由处理器或 PLD 控制的板卡上商用的 Flash 存储器,当利用处理器时,配置数据直接从系统存储器跨存储器总线拉出,经过边界扫描接口馈送到 FPGA 链。

在线可重配置是指由 FPGA 实现的系统在运行期间,随时可以通过对 FPGA 的重新配置来改变系统的逻辑功能,而且不会影响系统的正常运行,FPGA 逻辑功能的改变在时间上保持动态连续。

1. System ACE

Xilinx 提供系统高级配置环境(System ACE)是为了满足多 FPGA 的空间有效性、高密度,是配置解决方案的需要。该配置方案仅支持 FPGA,而不支持 CPLD 和 PROM。System ACE 是一种全新的在系统可编程配置解决方案。合理利用此技术可以方便地实现全局动态可重配置,实现 FPGA 的时分复用,提高资源利用率。System ACE CF 解决方案包括 System ACE 控制器和普通商用的 CF 卡两部分。图 1-17 所示为 System ACE CF 控制器框图。System ACE 控制器有 4 个接口,其中 Compact Flash 接口、MPU 接口、Test JTAG 接口都可以通过 Configuration JTAG 接口来配置 FPGA。这里主要采用 Compact Flash 接口的多个位流配置文件来实现 FPGA 的重配置。Compact Flash 接口兼容标准的 CF 卡(最大 8GB)和日立的微驱动器件(最大 6GB)。

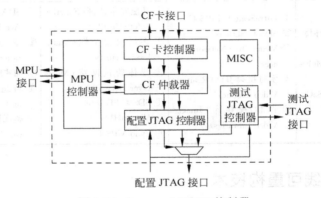

图 1-17　System ACE CF 控制器

2. 实现动态可重配置的硬件设计及原理

System ACE 和 FPGA 的 JTAG 连接方式如图 1-18 所示,JTAG 下载线端口连接 System ACE 的 Test JTAG 端,FPGA 的 JTAG 端口连接 System ACE 的 Configuration JTAG 端,使用中 FPGA 选择 JTAG 配置模式。CF 卡存放要配置的位流文件,最多可以存储 8 个不同的位流配置文件,配置文件的选择由地址线 CFGADDR[2:0]决定,3 位地址线可以无冲突地选择配置 8 个配置文件中的一个。

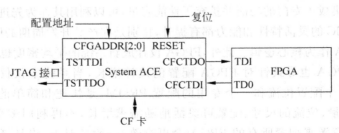

图 1-18　System ACE 与 JTAG 连接

当需要对 FPGA 重配置时,只需要调整配置地址线 CFGADDR 的状态,使其指定相应的配置文件,然后拉低 RESET 引脚,使 System ACE 控制器复位,System ACE 控制器就会按照新指定的配置地址重新读取配置文件并通过 Configuration JTAG 接口配置 FPGA。

实际应用中,可以使用用户定义逻辑的可编程逻辑器件 CPLD 通过重配置转移条件来控制 CFGADDR 和 RESET 的状态,自动地实现重配置,也可以使用外部拨码开关,手动控制 CFGADDR 和 RESET 来实现重配置。

1.5.3 可重配置加速堆栈

数据类型复杂的工作负载加速,是超大规模云、电子商务和社交网络数据中心正越来越多面临的难题,例如 4KB 视频和自然语言。这类数据处理往往超出了传统 CPU 的处理能力。号称"超七大"数据中心公司的阿里巴巴、亚马逊、百度、脸书(Facebook)、谷歌、微软和腾讯对这个问题特别敏感。在这些公司中,这些新应用往往需要数千台加速的应用服务器来支持。

虽然 GPU 和专用集成电路(ASIC)等特殊用途的硬件能有效地为这些代码加速,但快速变化的先进算法会让一款专用加速器刚一完成开发、测试、投产,就很快过时。对 ASIC 来说,过时最容易。因此,许多超大规模数据中心公司把目光投向了现场可编程门阵列(FPGA)。这是一种专用可重编程硬件,能通过低功耗、高度灵活的硬件平台提供专用加速器的性能优势,支持更快创新。

为了更好地满足这一新兴市场需求,Xilinx 近期宣布推出可重配置加速堆栈,初步针对三大计算密集型应用:机器学习、数据分析和流媒体视频直播。借助这些新型解决方案,Xilinx 旨在通过提供用于超大规模数据中心中部分增长速度最快的工作负载的各种库、开发工具和参考设计,降低阻碍 FPGA 通用的编程门槛,并帮助 Xilinx 客户加速产品上市进程。

图 1-19 所示为可重配置加速堆栈。将它称为堆栈是因为它包含一个开发板和顶级的用于超大规模云计算的 FPGA。另外,还包括库和主要框架集成,并支持 OpenStack,所以可以更加方便地进行加速资源的配置和管理。打造这一堆栈的目的就是要帮助企业加速利用 FPGA 来处理云计算、嵌入式视觉、机器学习、5G、IoT 等工作负载,甚至还有一些工作负载是企业当前没有想到的,但是由于 Xilinx 的产品具有可重配置的功能,所以就保留了以后可以为其他不同工作负载进行配置的灵活性。

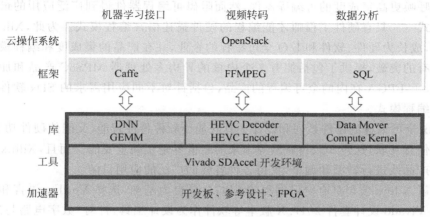

图 1-19 可重配置加速堆栈

1.5.4　自适应计算加速平台

Xilinx 的自适应计算加速平台（Adaptive Compute Acceleration Platform，ACAP）是一个完全支持软件编程的异构计算平台，可以面向多种不断变化的计算，包括数据中心、有线网络、5G 无线通信、汽车辅助驾驶等高性能计算。Xilinx 的 Versal ACAP 作为一种新器件，提供了与下一代可编程逻辑（PL）紧密耦合的一流的矢量与标量处理单元，通过与高带宽片上网络（NoC）联通，提供如图 1-20 所示的三种处理单元类型的存储器映射访问。这种紧密耦合的混合架构比任何一种单独架构的实现都支持更高的定制水平和性能提升，支持用户利用这三大可编程要素定制自己的专用架构（DSA）。它解决了传统的通用型 CPU 只能进行标量处理，利用 DSP 和 GPU 的大型矢量处理技术灵活性欠佳及低效率存储器带宽等问题。ACAP 探索了具有可编程特性的 FPGA 的新发展思路，将标量引擎、自适应引擎和智能引擎相结合，实现性能的显著提升，其速度远超当前最高速的 FPGA 与 CPU。

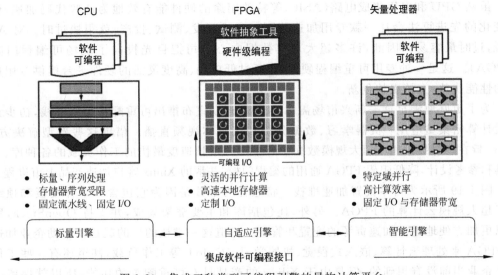

图 1-20　集成三种类型可编程引擎的异构计算平台

市场呼唤更高集成度的可编程器件，然而阻碍可编程器件得到广泛应用的最大障碍就是编程模式——只有硬件工程师才能编程的硬件描述语言编程模式。为此，Xilinx 公司完成了转型，成长为硬件、软件和 I/O 全可编程的企业，并在产品的集成度和编程模式上实现了前所未有的突破，提供了包括拥有 7 个内核的异构多处理器 MPSoC 产品和加速增强型 UltraScale＋ FPGA 在内的全可编程的产品，包括针对不同应用需求的 SDx 软件定义的全可编程的编程模式。

Xilinx 全可编程的器件系列和设计工具既能使软件特性智能，又能使硬件功能优化，并能够实现任意互联，这对 5G、物联网等未来的新世界是至关重要的。而且，Xilinx 还会不断对自己的产品线进行转型和调整，支持各种各样的广泛的应用目的。

本书以 Xilinx 公司具有全可编程的 FPGA 平台为基础，选择 Verilog 语言和 Xilinx 公司最新的 Vivado 设计套件 2017.X 版本等软件作为设计工具，针对"数字电路与逻辑设计"等高校本科课程教学要求介绍现代数字系统的电子设计自动化新技术。

本章小结

本章从数字系统的结构出发,介绍了典型数字系统到复杂数字系统的结构组成,概略地介绍了 EDA 技术设计数字系统采用的方法,由 IP 核实现的 SoC 系统,以及 FPGA 实现 SOPC 的优越性和发展趋势。

需要说明的是,本书是采用 Vivado 2017 版本的 FPGA 教材。选用本书作为教材的高校教师可以到网站 http://e-elements.readthedocs.io/zh/ego1_v2.1/EGO1.html#id12 获取实验的详细资料及演示资料(需获准)。

习题

1.1　数字系统的层次化结构中,层次是如何划分的? 在行为域、结构域和物理域中各个层次有什么特点?

1.2　什么是带数据通道的有限状态机 FSM? 将有限状态机划分成数据通道和控制器两部分组成的结构有什么好处?

1.3　什么是 DSP? 硬件实现 DSP 有什么好处? FPGA 实现 DSP 有什么特点?

1.4　嵌入式系统的结构特点是什么? 以片上系统实现时的片内总线的结构和特点是什么?

1.5　什么是 IP 核,以及 IP 核的分类和相应的特点?

1.6　什么是基于平台的设计方法? 软/硬件协同设计在基于平台的设计方法中有什么作用?

1.7　软/硬件协同设计比传统的设计方法有什么优点? 软/硬件协同设计的主要步骤是什么?

1.8　什么是 MPSoC? 为什么在 MPSoC 异构多核处理器要与 FPGA 集成在一起?

1.9　FPGA 在当前发展的各种技术应用中起何作用?

第 2 章

可编程逻辑器件

可编程逻辑器件(PLD)自 20 世纪 70 年代出现以来发展迅速,得到了广泛的应用。可编程逻辑器件的逻辑功能由用户通过编程设定,它既具有硬件电路的工作速度,又具有软件可编程的灵活性,而且设计简单,可靠性高。FPGA/CPLD 是目前广泛采用的 PLD 器件,具有较高的集成度,设计人员通过编程就可把数字系统集成到单个芯片上,实现各种复杂的专门用途的集成化数字电路,即所谓的可编程 ASIC。

本章介绍 PLD 器件的基本工作原理,包括基于乘积项结构的 PAL、GAL 和 CPLD 等工作原理。按照 FPGA 各个发展阶段的特征和应用,将 FPGA 器件分为逻辑级、系统级、平台级、全可编程和 ASIC 架构等,以 Xilinx 公司 FPGA 器件为例,介绍各个时代 FPGA 器件的结构特点和工作原理,也介绍几种常用的 FPGA 配置方式和流程。

2.1 概述

2.1.1 可编程逻辑器件概述

当前是数字集成电路广泛应用的时代,即由早期的电子管、晶体管、中小规模集成电路,发展到超大规模集成电路,以及许多具有特定功能的专用集成电路。但是,随着微电子技术的发展,设计与制造集成电路的任务已不完全由半导体厂商来独立承担。系统设计师们更愿意自己设计实现各种复杂的专门用途的集成化数字电路芯片,即专用集成电路(Application Specific IC,ASIC),并且立即投入实际应用之中。

目前,数字集成电路的设计方法可以分为可编程和非可编程集成电路的设计方法。

非可编程集成电路的设计又可以分为全定制设计(或基于标准单元的设计)和半定制设计(或基于标准门阵列的设计)。

1. 全定制设计(或基于标准单元的设计)

真正意义的全定制设计是通过对每一个晶体管进行优化设计实现的。所有的工艺掩模都需要从头设计,这种设计方式可以最大限度地实现电路性能的优化。然而,由于其设计周期很长,设计时间和成本非常高,市场风险也非常大,因此多用于一些特殊部件(如微处理器、高压器件、A/D 转换器等)的设计。为了减少设计周期和设计成本,在外部尺寸规范条件下对各种常用的逻辑功能单元(各种组合逻辑或时序逻辑单元)进行设计,形成标准单元;在考虑标准单元设计时,通常按照性能优化原则,根据特定的工艺条件,通过调整每个晶体管的宽度,可以在性能和面积上做到最大限度的优化;标准单元设计完毕可以形成对应的工艺掩模文档,可以在以后的设计中重复使用(IP 复用)。所以从严格的意义上讲,基于标准单元的设计应归属半定制设计。

2. 半定制设计(或基于标准门阵列的设计)

为了简化版图设计,提高设计效率,可以采用标准门阵列进行初步设计,待设计通过验证后,再对各局部功能单元进行优化;对于产量规模不大的器件,也可以直接采用这种方式进行生产。标准门阵列是在硅片上按照某种规范的方式制造出大量的标准门(晶体管阵列),但没有进行相互的连接;用户在设计时,根据电路的功能要求,将对应的逻辑关系表达为晶体管的互连关系,再将这种互连关系转换为连线版图,从而在门阵列基础上实现所设计的电路。

尽管可以在设计过程中采用各种模型对设计进行仿真检查,但一种设计是否正确,最终需要以产品质量来评定;在上述设计过程中,需要投入大量的成本和时间,制作出全套的工艺掩模和相关的工艺检测系统。一旦产品检验不合格,设计需要修改,则已经投入的成本全部作废,需要从头开始,因而可编程逻辑器件(Programmable Logic Device,PLD)应运而生,出现了基于可编程逻辑器件的可编程的数字集成电路的设计方法。

为了避免设计的风险,采用可编程逻辑器件进行初步设计以验证系统设计的正确性,已经成为一种标准的方法。可编程逻辑器件设计不需要制作任何掩模,基本不考虑布局布线问题,设计成本低;由于可编程器件的编程工艺都可以反复擦写,设计中存在任何问题可以马上进行修改,不需要付出硬件代价,设计的风险低。可编程逻辑器件的逻辑功能由用户通过编程设定,它既具有硬件电路的工作速度,又具有软件可编程的灵活性,而且设计简单,可靠性高。有些 PLD 的集成度很高,设计人员通过编程就可把数字系统集成在一片 PLD 芯片上,实现各种复杂的专门用途的集成化数字电路,即所谓的可编程 ASIC,它使得传统的集成电路设计走出象牙塔来到了普通的电路设计师中间,并大大加快了电子产品更新换代的速度。

PLD 自 20 世纪 70 年代出现以来发展得很快,近年来得到了广泛应用。目前可编程器件的设计主要采用复杂可编程逻辑器件(CPLD)或现场可编程门阵列(FPGA)。在需要的产品数量很少、对时序性能要求不高时,也可以直接以这种方式进行小批量生产。

进入 20 世纪 90 年代后,伴随着微处理器硅芯片技术的发展,可编程逻辑器件在体积与性能上得到了更加良好的体现。近十余年来,可编程逻辑器件作为 ASIC 的一个重要分支,其制造技术和应用技术都取得了飞速的发展,主要表现在如下几个方面。

1. 器件密度大

工艺上深亚微米技术的采用,器件结构本身的改进,都使可编程片上系统的器件密度有极大的提高,如出现了集成度超过千万门的可编程逻辑器件。更高密度的芯片还会不断出现,提供了将更大的数字系统集成在一个芯片内的可能。因此,未来的集成电路技术的发展趋势,是把整个系统集成在一个芯片上,即 SoC 系统。

2. 工作速度高

当前的半导体工艺水平的提高,时钟频率也在向千兆赫以上发展,数据传输位数达到每秒几十亿次。现在许多可编程逻辑器件由引脚到引脚(Pin-To-Pin)间的传输延迟时间仅有数纳秒。这将使由可编程逻辑器件构成的系统具有更高的运行速度。

3. 测试技术新

20 世纪 80 年代后期,对电路板和芯片的测试出现了困难。随着集成电路密度的提高,集成电路的引脚也变得越来越密,测试变得很困难。例如,TQFP 封装器件,引脚的间距仅有 0.6mm,这样小的空间内几乎放不下一根探针。以往在生产过程中对电路板的检验是由人工或测试设备进行的,现在已很难办到。

为了提升 PCB 组件的密度和复杂性,使电路板和元器件的测试工作面临着非常大的困难,尤其是面对空间受到限制的 PCB 组件。边界扫描技术正是在这种背景下产生的,主要解决芯片的测试问题。IEEE 1149.1 协议是由 IEEE 组织联合测试行动组(JTAG)在 20 世纪 80 年代提出的边界扫描测试技术标准,用来解决高密度引脚器件和高密度电路板上的元件的测试问题。标准的边界扫描测试只需要 4 根信号线,能够对电路板上所有支持边界扫描的芯片内部逻辑和连接引脚进行测试。应用边界扫描技术能够增强芯片、电路板甚至系统的可测试性。边界扫描技术有着广阔的发展前景。现在所有新开发的可编程逻辑芯片都支持边界扫描技术。

4. 系统内可编程

编程是把系统设计的程序化数据,按一定的格式装入一个或多个可编程 ASIC 器件的编程存储单元,定义内部模块的逻辑功能以及它们的相互连接关系。目前广泛采用的在系统可编程技术可以实现系统内可配置。所谓系统内可配置是指可编程逻辑器件除了具有为设计者提供系统内可再编程的能力,还具有将器件插在系统内或电路板仍然可以对其进行编程和再编程的能力。采用这项技术,就可以像软件一样通过编程来配置系统内硬件,从而引入"软"硬件的全新概念。这为系统设计师提供了方便,为许多复杂的信号处理和信息加工的实现提供了新的思路和方法。近年来出现的许多公司生产的可编程逻辑器件均支持系统内可编程技术。

上述边界扫描测试协议(IEEE 1149.1)也适用系统内编程。IEEE 1149.1 测试标准能够通过一台智能化外部设备,对组装在电路板上的逻辑器件或者闪存器件进行编程。这种编程设备通过标准的测试访问口与电路板形成连接界面。采用 IEEE 标准的最大优点之一就在于,它可以对在同一块 PCB 上由不同供应商提供的各种各样的元器件进行编程。这样就可以降低整个编程时间,简化生产制造流程。

5. 工具方式多

现代的 EDA 软件平台已突破了早期仅能进行 PCB 设计的局限,它集设计、仿真、测试于一体,配备了系统设计自动化的全部工具,配置了多种能兼用和混合使用的逻辑描述输入工具。例如,既支持功能完善的硬件描述语言(如 VHDL、Verilog HDL 等)作为文本输入,又支持逻辑电路图、工作波形图等作为图形输入。同时还配置了高性能的逻辑综合、优化和仿真模拟工具。例如,超高速集成电路硬件描述语言 VHDL 就为设计者提供了这样一个优化的设计环境。它具有多层次描述系统硬件功能的能力,从系统的数学模型到门级电路都可以进行描述,而且可以将高层次的行为描述与低层次的 RTL 描述和结构描述混合使用。

6. 设计周期短

由于可编程逻辑器件的逻辑功能由用户编程设定,设计中出现问题可以马上进行修改。在设计中主要考虑逻辑功能的实现,不需要考虑具体单元器件的实现;设计人员只需将设计描述输入计算机,设计综合工具自动将其转换为适当的物理实现,提高了设计效率,缩短了设计周期,使开发的产品很快上市。

当今 Internet 发展迅速,可编程逻辑设计所要使用的 EDA 工具和元件模块均可在网上传送。具有知识产权的 IP 模块(Intelligence Property Core)的使用是将来可编程逻辑器件设计中最有效的方法之一。IP 模块一般是比较复杂的模块,如数字滤波器、总线接口等,由于这类模块设计工作量大,设计者在设计、仿真、优化,逻辑综合、测试等方面花费大量劳动,各 EDA 公司和芯片制造商均设有 IP 中心,在网上为设计者服务。销售方可利用 Internet 传播其 EDA 工具与 IP 模块,甚至提供成套的解决方案,使设计者之间资源共享,从而加快产品设计,降低产品设计风险。此外,基于 Internet 的虚拟设计组亦已出现,因而可将世界范围内最优秀的设计人才资源恰当地组合起来,解决日益复杂的电子系统设计问题。

2.1.2 可编程逻辑器件分类

目前,可编程逻辑器件已经是一个非常庞大的家族,其生产厂家众多,制造工艺和结构也不尽相同。例如,目前生产 PLD 的厂家主要有 Xilinx、Intel(Altera)、Lattice、Actel、QuickLogic、Atmel、AMD、Cypress、Motorola、TI(Texas Instrument)等。各厂家又有不同的系列和产品名称,器件结构和分类更是不同。目前,常见的可编程逻辑器件有 FPGA、CPLD、GAL、PAL 等。可编程逻辑器件因历史的原因命名不很规范,可以有多种分类方法,没有统一的分类标准。本节介绍其中几种比较通行的分类方法。

1. 按集成度分类

集成度是集成电路一项很重要的指标,如果从集成密度上分类,可分为低密度可编程逻辑器件和高密度可编程逻辑器件。通常,当 PLD 中的等效门数超过 500 门,则认为它是高密度 PLD。如果按照这个标准,PROM、PLA、PAL 和 GAL 器件属于低密度可编程逻辑器件,而 CPLD 和 FPGA 属于高密度可编程逻辑器件。

2. 按互连结构分类

按互连结构可将 PLD 分为确定型和统计型两类。

确定型 PLD 是指互连结构每次用相同的互连线实现布线,所以线路的时延是可以预测的,这类 PLD 的定时特性常常可以从数据手册上查阅而事先确定。这种基本结构大多为与或阵列的器件,它能有效地实现"积之和"形式的布尔逻辑函数,包括简单 PLD 器件(PROM、PLA、PAL 和 GAL)和 CPLD。目前除了 FPGA 器件外,基本上都属于这一类结构。确定型 PLD 是通过修改有固定连线的内部电路的逻辑功能来编程。

统计型结构的典型代表是 FPGA。它是指设计系统每次执行相同功能,都能给出不同的布线模式,一般无法确切地预知线路的时延。所以,设计系统必须允许设计者提出约束条件,如关键路径的时延。统计型结构的 PLD 器件主要通过改变内部连线的布线来编程。

3. 按编程元件分类

1) 熔丝(Fuse)或反熔丝开关

熔丝开关是最早的可编程元件,由熔断丝组成。在需要编程的互连节点上设置相应的熔丝开关。在编程时,需要保持连接的节点保留熔丝,需要去除连接的节点熔丝用电流熔断,最后留在器件内的熔丝模式决定相应的器件逻辑功能。它是一次可编程器件,缺点是占用面积大、要求大电流、难以测试。使用熔丝开关的可编程逻辑器件有 PROM、PAL 等。

反熔丝元件克服了熔丝元件的缺点,在编程元件的尺寸和性能上比熔丝开关有显著的改善。反熔丝开关通过击穿介质达到连通线路的目的。反熔丝在硅片上只占一个通孔的面积,因此反熔丝占用硅片面积小,对提高芯片的集成密度很有利。

2) 浮栅编程技术

浮栅编程技术包括紫外线擦除、电编程的 UVEPROM,以及电编程的电可擦可编程只读存储器(EEPROM)和闪速存储器(Flash Memory)。它们都用悬浮栅存储电荷的方法来保存编程数据。所以在断电时,存储数据不会丢失。GAL 和大多数 CPLD 都用这种方式编程。

3) SRAM 配置存储器

使用静态随机存储器(SRAM)存储配置数据,称为配置存储器。目前 Xilinx 公司生产的 FPGA 主要采用了这种编程结构。这种 SRAM 配置存储器具有很强的抗干扰性。与其他编程元件相比,具有高密度和高可靠性的特点。

熔丝与浮栅编程技术类器件在编程后,即使掉电配置数据仍保持在器件上,称为非易失性器件;SRAM 配置的可编程器件称为易失性器件,因掉电后配置数据会丢失,每次上电时要重新配置。

4. 按可编程特性分类

按可编程特性可将 PLD 分为一次可编程和重复可编程两类。由于熔丝或反熔丝器件只能写一次,所以称为一次性编程器件,其他方式编程的器件均可以多次编程。一次可编程的典型产品是 PROM、PAL 和熔丝型 FPGA。在重复可编程的器件中,用紫外线擦除的产品的编程次数一般在几十次的量级,采用电擦除方式的次数稍多些,采用 EECMOS 工艺的产品,擦写次数可达上千次,而采用 SRAM 结构,则被认为可实现无限次的编程。

5. 按 FPGA 发展阶段分类

FPGA 器件是目前发展速度最快、应用最为广泛的可编程逻辑器件。按照 FPGA 发展各个阶段的特征和应用,到目前为止,可以将其分为以下五代。

第一代 FPGA 器件是早期的 FPGA 器件,只具备基本的三种可编程资源,即可编程逻辑单元、可编程布线通道和可编程 I/O 单元,只能实现简单的数字逻辑电路的设计。此时的 FPGA 器件称为逻辑级 FPGA 器件,如 Altera 公司的 FLEX8000 系列,Xilinx 公司的 XC3000 系列等。

第二代 FPGA 器件是在 20 世纪 90 年代,随着可编程逻辑器件的集成度越来越高、运行速度越来越快、Block RAM 的出现、I/O 的支持标准越来越丰富、各种数字时钟管理电路(如锁相环)的出现,可编程逻辑器件能实现整个系统的各种资源,并支持各种 I/O 标准的外围器件。此时的 FPGA 器件具备系统的集成能力,称为系统级 FPGA 器件,例如 Xilinx 公司的 Virtex 和 Spartan 系列,Altera 公司的 Cyclone 和 Stratix 系列。

到了 21 世纪,FPGA 器件提供的硬件资源越来越多,如乘法器件、DSP 模块以及各种高速的 I/O 接口。该阶段的 FPGA 集成了各种 IP 的软核和硬核,结构的可编程特性减少了系统开发时间,单个平台 FPGA 就能对多种应用进行集成。此时是第三代 FPGA 器件,称为平台级 FPGA 器件。平台级 FPGA 器件能适合视频和图像处理、高速数字通信、其他高性能数字信号处理以及嵌入式系统的应用,如 Xilinx 公司的 Virtex-4/5 LX 和 Spartan3 系列,Altera 公司的 Stratix II/III 和 Cyclone II/III FPGA 系列。

当前第四代 FPGA 是硬件、软件和 I/O 都可编程的全可编程 FPGA 器件,并有集成了

ARM 处理器硬核的全可编程 SoC。

工艺进入 20nm 之后,FPGA 的结构可以进一步按照 ASIC 的方式在布线资源、时钟电路和多核处理器等方面提高性能,成为最新一代具有 ASIC 性能的 FPGA。

本章着重以 Xilinx 的 FPGA 器件介绍可编程逻辑器件的结构,在简单介绍 CPLD 器件的结构和工作原理后,以前后五代 FPGA 器件的结构特性介绍每一代器件在前一代器件的基础上所具有的新的硬件资源,最后列表给出该公司各个系列的不同型号典型器件硬件资源的数量。既反映了前后五代 FPGA 器件的发展历程,又避免了按照系列介绍器件结构造成的重复,同时对最新的 FPGA 器件的特性作了简单介绍。

2.2 CPLD 的结构和工作原理

早期的可编程逻辑器件只有可编程只读存储器(PROM)、紫外线可擦除只读存储器(EPROM)和 EEPROM 三种。由于结构的限制,它们只能完成简单的数字逻辑功能,又称为简单 PLD 器件。其后,出现了结构上稍复杂的可编程芯片,即 PLD,它能够完成各种数字逻辑功能。这一阶段的产品主要有可编程阵列逻辑(PAL)和通用阵列逻辑(GAL)。20世纪 80 年代中期,随着半导体工艺的不断完善,用户对器件的集成度要求不断提高。Altera 和 Xilinx 分别推出了类似于 PAL 结构的扩展型复杂可编程逻辑器件(Complex Programmable Logic Device,CPLD)和与标准门阵列类似的现场可编程门阵列(Filed Programmable Gate Array,FPGA),它们都具有体系结构和逻辑单元灵活、集成度高以及适用范围宽等特点。这两种器件兼容了 PLD 和通用门阵列的优点,可实现较大规模的电路,编程也很灵活。与门阵列等其他 ASIC 相比,它们又具有设计开发周期短、设计制造成本低、开发工具先进、标准产品无须测试、质量稳定以及可实时在线检验等优点,因此被广泛应用于产品的原型设计和产品生产(一般在 1 万件以下)。

CPLD 是由简单 PLD 的结构演变而来的,为了更好地理解 CPLD 的结构,首先介绍简单可编程逻辑器件的原理。

2.2.1 简单可编程逻辑器件原理

简单 PLD 的结构框图如图 2-1 所示。

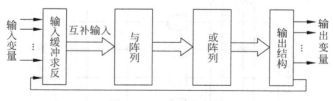

图 2-1 PLD 结构框图

典型的 PLD 由一个"与"阵列和一个"或"阵列组成,第 1 章中已说明任意一个组合逻辑都可用"与-或"表达式来描述,所以简单 PLD 能以积或和的形式完成大量的组合逻辑功能。

1. PLD 的表示方法

阵列规模庞大的 PLD 使用了一种新的表示方法,它在芯片的内部配置和逻辑图之间建立了一一对应的关系,并使逻辑图和真值表结合起来。

1）连接方式

PLD 的门阵列的交叉点上的连接方式，即固定连接单元、可编程连接单元和被编程擦除单元的符号如图 2-2 所示。

(a) 固定连接　　　　(b) 可编程连接单元　　　(c) 被编程擦除单元

图 2-2　PLD 的连接点表示符号

2）基本门电路的 PLD 表示方式

PLD 中门电路的惯用表示方法如图 2-3 所示。

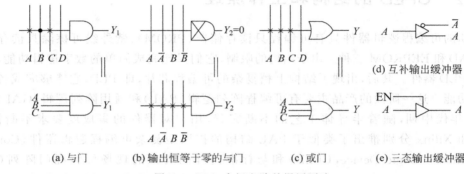

(a) 与门　　　　(b) 输出恒等于零的与门　　　(c) 或门　　　(e) 三态输出缓冲器

图 2-3　PLD 中门电路的惯用画法

3）PLD 电路表示法

PLD 编程后的电路如图 2-4 所示。PLD 电路由与阵列和或阵列组成。连线交叉点"×"表示与门的一个输入端与另一个输入相连接，或门阵列的几列连线交叉点"·"表示一个或门可以和几个与门输出端相连接。通过编程使可编程连接单元某些点连接，某些点断开，输入输出形成以下逻辑关系，就构成了同或门 Y_1 和异或门 Y_2：

$$Y_1 = AB + \overline{A}\,\overline{B}$$

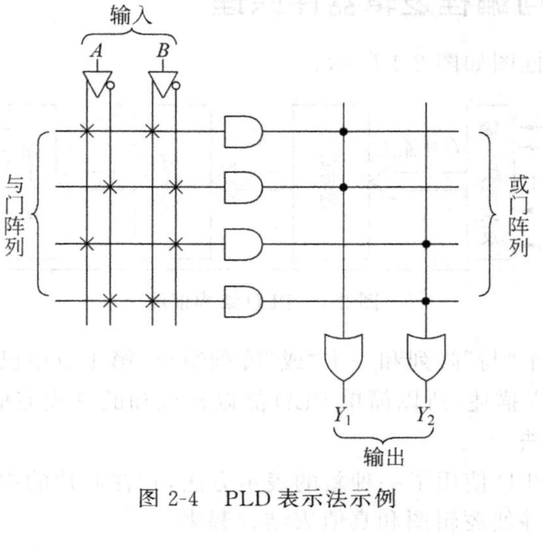

输入

与门阵列　　　或门阵列

Y_1　Y_2

输出

图 2-4　PLD 表示法示例

$$Y_2 = \overline{A}B + A\overline{B}$$

2. 可编程阵列逻辑器件（PAL）

可编程阵列逻辑器件 PAL 是 20 世纪 70 年代后期推出的 PLD。PAL 由一个可编程的"与"阵列和一个固定的"或"阵列构成，或门的输出可以通过触发器有选择地被置为寄存状态。PAL 器件是现场可编程的，它的实现工艺有反熔丝、EPROM 和 EEPROM 等技术。

还有一类结构更为灵活的逻辑器件，即可编程逻辑阵列 PLA，它也由一个"与"阵列和一个"或"阵列构成，但是这两个阵列都是可编程的，通过对与逻辑阵列编程和触发器输出到与逻辑阵列的反馈线可实现组合和时序逻辑电路。PLA 器件既有现场可编程也有掩膜可编程。

PAL 的基本结构如图 2-5 所示。由可编程的与门阵列和固定连接的或门阵列以及其他附加的输出电路组成。在尚未编程前，与逻辑阵列所有的交叉点均有快速熔丝连通。编程时将有用的熔丝保留，无用的熔丝熔断，就得到所需的电路。图 2-6 是编程后的 PAL 电路图。它实现的逻辑函数为

$$F_1 = \overline{B}C + ACD$$

$$F_2 = A\overline{B}C + B\overline{C}$$

$$F_3 = \overline{B}\,\overline{C}D + B\overline{C}\,\overline{D} + BC\overline{D}$$

$$F_4 = \overline{B}C\overline{D} + BD + CD$$

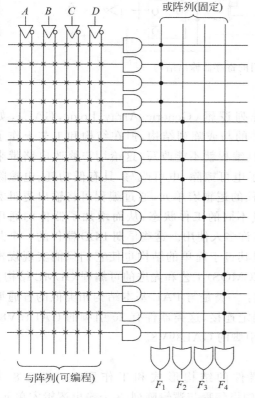

图 2-5 PAL 的电路结构

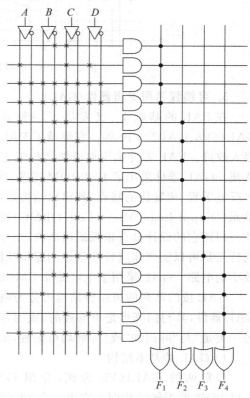

图 2-6 编程后的 PAL 电路

如图 2-6 所示，PAL 器件内部只有"与"阵列和"或"阵列，这类器件适合构成组合逻辑电路。除此以外，还有多种形式的输出、反馈电路结构。其中，PAL 的寄存器输出结构如图 2-7 所示。它在输出三态缓冲器和与或逻辑阵列输出之间串入了由 D 触发器组成的寄存器，并将触发器输出状态反馈到"与"逻辑阵列的输入端，从而使 PAL 电路具有记忆功能，并能方便地组成各种时序逻辑电路。该电路在 D 触发器和"与-或"逻辑阵列之间还可增设异或门，不仅可实现对数据的保持操作，而且可对"与-或"逻辑阵列输出的函数求反。在图 2-7 所示的编程情况下，当 $I_1=0$ 时，$D_1=Q_1$，当 $I_1=1$ 时，$D_1=\overline{Q_1}$，Q 在时钟信号 CLK 到来后翻转，即 $Q_1^{n+1}=\overline{Q_1^n}$。而对下一个触发器，当 $I_1=0$ 时，$D_2=Q_2 I_2+Q_1\overline{Q_2}$；当 $I_1=1$ 时，$D_2=\overline{Y_2}=\overline{Q_2 I_2+Q_1\overline{Q_2}}$，即 Y_2 取反。PAL 有多种品种，用户可根据使用需要，选择其阵列结构大小、输入输出的方式，以实现所需的各种组合逻辑功能和时序逻辑功能。

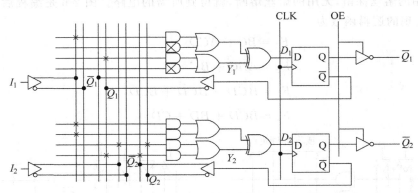

图 2-7　PAL 的带异或门的寄存器输出结构

3. 可编程通用逻辑器件（GAL）

在 PAL 的基础上，又发展了一种通用阵列逻辑（Generic Array Logic，GAL），如 GAL16V8、GAL22V10 等。它继承了 PAL 器件的与或阵列结构，但在结构和工艺上作了很大改进。PAL 器件采用双极性熔丝工艺，一旦编程就不能改写，这给用户修改电路带来不便。GAL 器件采用了 EEPROM 工艺，实现了电可擦除、电可改写，具有低功耗、电擦除可反复编程、速度快的特点，其输出结构是可编程的逻辑宏单元，通过编程可将输出逻辑宏单元（Output Logic Macro Cell，OLMC）设置成不同的工作状态，从而增加了器件的通用性。因而它的设计具有很强的灵活性，至今仍有许多人使用。这些早期 PLD 器件的一个共同特点是可以实现速度特性较好的逻辑功能，但其过于简单的结构也使它们只能实现规模较小的电路。GAL 采用了电可擦除 CMOS（EECMOS）工艺和先进的可编程 OLMC 结构。

GAL 按门阵列的可编程结构可分为两大类：一类是与 PAL 基本结构相类似的普通型 GAL 器件，其与门阵列是可编程的，或门阵列固定连接，这类器件有 20 引脚的 GAL16V8；另一类是"与"阵列和"或"阵列均可编程，如 24 引脚的 GAL39V8。

1）GAL 的基本结构

以常见的 GAL16V8 为例，介绍 GAL 器件的结构形式和工作原理。图 2-8 为 GAL16V8 的逻辑结构图。它由一个 32×64 位的可编程与逻辑阵列、8 个输出逻辑宏单元、10 个输入缓冲器、8 个三态输出缓冲器和 8 个反馈/输入缓冲器等电路组成。

GAL16V8 的每个输入正负信号和对应的反馈正负信号四列构成一个组，共 8 行输入，

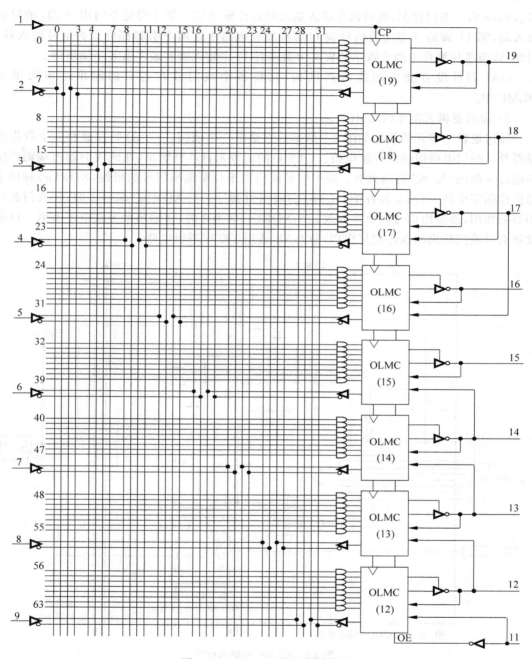

图 2-8　GAL16V8 的逻辑结构图

32 列。每个 OLMC 有 8 个与门输入，共计 64 项。通过这样一个矩阵就可以把任何一个输入信号连同它的极性连接到要输出的任何一个与门上。与逻辑阵列的每个交叉点设有 EECMOS 编程单元。对 GAL 的编程就是对这个与阵列的 EECMOS 编程单元进行数据写入，实现相关点的编程连接，得到所需的逻辑函数。

在 GAL16V8 中，引脚 2～9 作固定输入，引脚 15、16 作固定输出。而引脚 12、13、14、

17、18、19 由三态门控制,既可以作输入端又可以作输出端。第 1 脚是专门用于 CK 的时钟输入端,第 11 脚是三态选通信号端 OE,在组合电路中这两个引脚都可作为信号输入端。因此,这类芯片型号中两个数字的含义为最多有 16 个输入脚和最多有 8 个输出脚。

GAL 器件没有独立的或阵列结构,它将各个或门放在各自的输出逻辑宏单元 OLMC 中。

2) 输出逻辑宏单元(OLMC)

输出逻辑宏单元的结构如图 2-9 所示。它是由一个或门、一个 D 触发器和 4 个数据选择器及一些门电路组成的控制电路。OLMC 的前级来自阵列输出,在或门的输出端能产生不超过 8 项的"与-或"逻辑函数。图中的异或门用于控制输出信号的极性,XOR(n)对应于结构控制字中的一位,n 为各个 OLMC 的输出引脚号。当 XOR(n)端为 1 时,异或门起反相器的作用,使输出信号高电平有效;当 XOR(n)端为 0 时,使输出信号低电平有效。D 触发器对异或门输出状态作记忆作用,使 GAL 适用于时序逻辑电路。

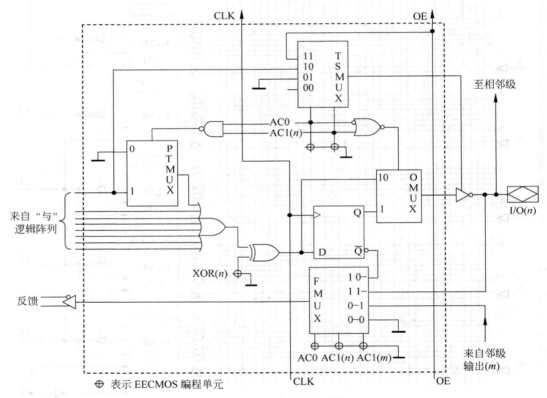

图 2-9 OLMC 的结构框图

每个 OLMC 有 4 个多路选择器:PTMUX 用于控制来自门阵列的 8 个乘积项中第 1 个乘积项的作用;TSMUX 用于选择输出三态缓冲器的选通信号;FMUX 决定反馈信号的来源;OMUX 则用于选择输出信号是组合的还是寄存的。这些多路选择器的输出取决于结构控制字 AC0、AC1(n)和 AC1(m)。

3) GAL 的结构控制字

GAL16V8 的结构控制字如图 2-10 所示。结构控制字共 82 位,其中 AC0、AC1(n)、

SYN、XOR(n)是 OLMC 的控制信号，XOR(n)和 AC1(n)、AC1(m)每路输出一位，n 为对应的 OLMC 的输出引脚，而 m 代表与 n 相邻一位，即 $n+1$ 和 $n-1$。AC0 只有一个，为各路所公有。AC0、AC1(n)和 AC1(m)均为结构控制位，决定 4 个多路选择器输出的状态。SYN 为同步位，它决定 GAL 是纯粹组合型输出（当 SYN=1 时），还是具有寄存器型输出能力（当 SYN=0 时）。结构控制字中还有乘积项禁止位，共 64 位，分别控制 64 个乘积项（PT0～PT63），以屏蔽某些不用的乘积项。

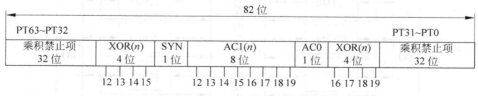

图 2-10　GAL16V8 的结构控制字

GAL 的各种编程工作模式均由结构控制字来控制。不同的结构控制字对应不同的OLMC 的编程工作模式。OLMC 的编程工作模式如表 2-1 所示。

表 2-1　OLMC 的编程工作模式

SYN	AC0	AC1(n)	XOR(n)	工 作 模 式	输出极性	备　　注
1	0	1	—	专用输入	—	1 和 11 脚为数据输入，三态门禁止
1	0	0	0	专用组合输出	低电平有效	1 和 11 脚为数据输入，三态门选通
			1		高电平有效	
1	1	1	0	反馈组合输出	低电平有效	1 和 11 脚为数据输入，三态门的选通信号是第一乘积项；反馈信号取自 I/O 端
			1		高电平有效	
0	1	1	0	时序电路中的组合输出	低电平有效	1 脚接 CK，11 脚接 OE，至少另有一个 OLMC 是寄存器输出模式
			1		高电平有效	
0	1	0	0	寄存器输出	低电平有效	1 脚接 CK，11 脚接 OE
			1		高电平有效	

GAL 的结构控制字是由编译器按用户输入的方程式经编译而成的，并由编程器写入。使用者通常首先应用某种编程语言编制描述其逻辑功能的程序，然后在相应语言的开发系统中生成标准格式的数据文件，最后使用专用编程器写入 GAL 芯片，即可实现特定的逻辑功能。

2.2.2　CPLD 的结构和工作原理

基于乘积项的 CPLD 是由简单 PLD 的结构演变而来的。CPLD 是由多个类似 PAL 的逻辑块组成的，每个逻辑块相当于一个 PAL/GAL 器件，逻辑块之间使用可编程内部连线实现相互连接。但基于乘积项的 CPLD 比 PAL/GAL 在集成规模和工艺水平上有了很大的提高，出现了大批结构复杂、功能更多的逻辑阵列单元形式，如 Altera 公司的 EPM 系列器件；Atmel 公司的 ATV5000 系列器件采用多阵列矩阵（Multiple Array Matrix，MAX）结构的大规模 CPLD，Xilinx 公司曾有的 XC7000 和 XC9500 系列产品采用通用互连矩阵（Universal Interconnect Matrix，UIM）及双重逻辑功能块结构的逻辑阵列单元。生产这种

CPLD 的公司有多家,各个公司的器件结构千差万别,但一般情况下,都至少包含了三种结构:可编程逻辑块、可编程 I/O 单元和可编程内部连线。可编程逻辑块是基于简单 PLD 的乘积项结构,包含乘积项、宏单元等,能有效地实现各种逻辑功能。每个逻辑块相当于一个 PAL/GAL 器件,逻辑块之间使用可编程内部连线实现相互连接。CPLD 的基本结构如图 2-11 所示。

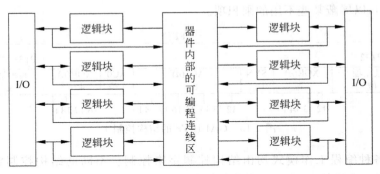

图 2-11 CPLD 的基本结构图

CPLD 采用 EPROM 或 EECMOS 工艺,断电后编程数据不会丢失,因此不需要外部存储器,而且这种 CPLD 中设置有加密单元,加密后可以防止编程数据被读出。以 MAX7000 系列为例,它的 CPLD 大部分采用基于乘积项的 PLD 结构,具体结构如图 2-12 所示。

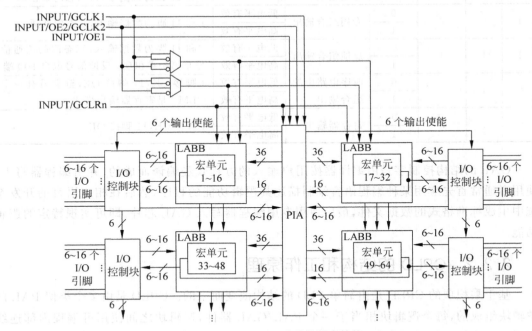

图 2-12 MAX7000 系列的基本结构

从图 2-12 可看出,这种 PLD 主要由三部分组成:宏单元、可编程连线阵列(PIA)和 I/O 控制块。其中,宏单元是 CPLD 的基本结构,用它来实现基本的逻辑功能;每 16 个宏单元组成一个逻辑阵列 LAB,复杂的 LAB 通过可编程连线阵列连接在一起。全局总线由所有专用输入、I/O引脚和宏单元馈入信号。PIA主要是用于连接各个模块,负责信号的传输。I/O控制块的作用是进行输入输出方式控制。INPUT/GCLK1、INPUT/GCLRn、INPUT/OE1、INPUT/OE2是全局时钟、清零和输出使能信号。这几个信号有专门的连线与PLD中的宏单元相连,使得信号到每个宏单元的延时相同且最短。下面对CPLD的三个组成部分进行说明。

1. 宏单元

CPLD的宏单元同I/O引脚制作在一起,称为输出逻辑宏单元,通常CPLD的宏单元在内部,称其为内部逻辑宏单元。宏单元可以独立地配置为时序逻辑和组合逻辑工作方式。它主要由逻辑阵列、乘积项选择矩阵和可编程寄存器三个功能模块组成。MAX7000E和MAX7000S系列的CPLD的宏单元结构如图2-13所示。

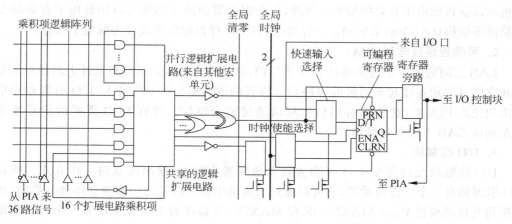

图2-13 MAX7000系列的宏单元结构

图2-13的左边是乘积项逻辑阵列,是一个"与或"阵列。它的右边是其两个扩展乘积项。最右端的可编程D触发器的编程方式可以通过两种方式进行;一种是使用全局清零和全局时钟;另一种是使用乘积项逻辑阵列实现时钟的生成与清零。如果不需要D触发器,可将其旁路掉,将信号直接送入PIA或I/O引脚。

逻辑阵列可以为每个宏单元提供5个乘积项,它用来完成组合逻辑。乘积项选择矩阵是实现"或门"和"异或门"组合功能的主要逻辑输入,或者用作宏单元寄存器的二次输入:清零、置位、时钟和时钟使能控制。其中,有两种可扩展乘积项可补充宏单元逻辑资源:

(1)共享扩展项。它是反馈到逻辑阵列中的反向乘积项。每个LAB有16个共享扩展项,它可以被视作每个宏单元的单一乘积项,用非门反馈到逻辑阵列中。每一个共享扩展项可以被LAB中任意一个或所有宏单元使用、分享以建立复杂的逻辑功能,当可分享的乘积项被使用时,会发生一个小的延时。

(2)并行扩展乘积项。它是由邻近宏单元借来的乘积项。并行扩展乘积项是没有被使用的乘积项,可以被分配到邻近的宏单元实现快速、复杂的逻辑功能。并行扩展允许多达20个乘积项直接连接到宏单元"或"逻辑上。其中,宏单元提供5个乘积项,LAB中的邻近宏单元提供15个并行扩展项。

每一个宏单元触发器都可以独立编程以实现带有可编程时钟控制的 D、T、JK 或 SR 操作，为了实现组合逻辑操作，也可将其旁路掉。

每个可编程寄存器(图 2-13 中右边的 D 触发器)有三种不同的时钟模式：

(1) 利用全局时钟信号。这种模式可以实现快速的时钟到输出的性能。

(2) 利用全局时钟信号和一个高电平触发的使能端。这种模式实现了快速的时钟到输出的性能，同时它为每个触发器提供了一个使能信号。

(3) 利用乘积项实现时钟阵列。这种方式是利用隐含的宏单元或 I/O 引脚信号对触发器进行时钟控制。

每个寄存器都有异步置位和清零的功能。乘积项选择矩阵通过分配乘积项来控制这些操作。虽然寄存器的乘积项驱动置位和清零是高电平有效，但是在逻辑阵列中通过信号转换也可以获得低电平有效的结果。另外，每个寄存器的清零功能可以用低电平有效的专用全局清零引脚(GCLRn)来驱动。一经通电，每个寄存器都将被设置为低电平状态。

2. 可编程连线阵列(PIA)

LAB 之间的逻辑布线是通过 PIA 进行的，这种全局总线是可以将器件上的任意信号资源和它的目的地连接起来的可编程路径。所有的 MAX7000 专用输入、I/O 引脚和宏单元输出均注入 PIA 上，这使得有用信号可以通过整个器件。仅有 LAB 需要的信号才进行 PIA 到该 LAB 上的布线操作。

3. I/O 控制块

I/O 控制块允许每个 I/O 引脚被独立地配置为输入、输出或双向工作方式。所有的 I/O 引脚都有一个三态缓冲器，它可以通过全局输出使能信号之一来独立地进行控制，或者直接将其接地或接 V_{cc}。MAX7000E 和 MAX7000S 器件的 I/O 控制块有 6 个全局输出使能信号，它们来自两个输出使能信号、I/O 引脚的子集或是 I/O 宏单元的子集。

当三态缓冲器的控制端接地时，输出是三态(高阻态)，这时 I/O 引脚可以作为专用输入引脚；当三态缓冲器的控制端接 V_{cc} 时，输出为普通输出。

MAX7000 结构提供了双向 I/O 反馈，其中宏单元和引脚反馈是独立的。当 I/O 引脚配置成输入时，与其相关联的宏单元可以用作隐含逻辑。从设计优化的角度考虑，CPLD 逻辑块以内的编程连接可以被看作标准的短线连接，而逻辑块外的连接则为标准的长线连接。每根连接线的电容及延迟是固定的。在设计时，应该适当分割逻辑功能，以减少长线的用量。

CPLD 设计组合逻辑的功能比较强，但因每个宏单元通常只有一个触发器，时序的功能相对较弱；使用 CPLD 设计时序电路时，应从设计途径上尽量减少触发器的使用量。例如设计一个检测特定 8 位数据的串行数据检测器，当采用移位寄存器进行串并转换需要 8 个触发器和一个 8 输入与门；而采用 FSM 进行设计，只需要 3 个触发器；后者适用 CPLD 设计。

2.3　FPGA 的结构和工作原理

20 世纪 80 年代，Xilinx 公司的 Ross Freeman 发明了现场可编程门阵列(Filed Programmable Gate Array，FPGA)，在当时的工艺条件下，FPGA 由可编程的布线资源分隔的可编程逻辑单元(或宏单元)构成阵列,又由可编程 I/O 单元围绕阵列构成整个芯片,排成阵列的逻辑单元由布线通道中的可编程内连线连接起来实现一定的逻辑功能,如图 2-14 所示。

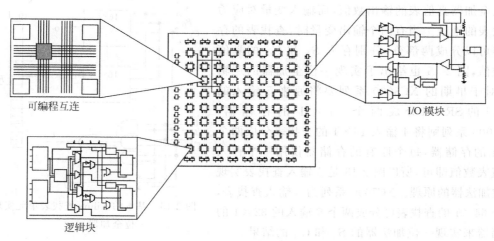

可编程互连

I/O 模块

逻辑块

图 2-14 FPGA 三个最基本的可编程资源

FPGA 的主要结构特性为类似门阵列的连线通道和逻辑功能块结构,逻辑资源和通信资源明显是分开的和性质不同的,反映在 CAD 系统中,布局逻辑阵列上逻辑功能块和功能块之间的布线是作为设计的不同阶段来处理的。

这种在排成阵列的可编程逻辑单元之间存在布线通道的 FPGA 构成通道型 FPGA。

通道型 FPGA 按照其可编程的方式和逻辑功能块的类型主要有两类逻辑块的构造:

(1) SRAM-查找表类型:编程方式是掉电丢失的静态存储器和采用查找表实现逻辑。

(2) 反熔丝的多路开关类型:编程方式是一次性的反熔丝和采用多路开关实现逻辑。

Xilinx 提供基于静态存储器单元的 FPGA,属于 SRAM-查找表类型,它们允许内连的模式在器件被制造以后再被加载和修改,因此具有可再编程和系统内再编程(ISP)的性能。但是,由于决定器件逻辑功能和互连关系的配置程序是存储在 SRAM 中的,掉电时静态存储器的内容会丢失,因此每次加电时要把配置程序加载进芯片中。

Actel 的 ACT 系列和 QuickLogic 的 pASIC 系列 FPGA 为反熔丝多路开关类型,由于反熔丝是双端非丢失的一次性可编程元件,所以它们是一次性可编程的 FPGA。

2.3.1 SRAM-查找表类型

查找表类型 FPGA 的可编程逻辑单元是由功能为查找表的 SRAM 构成函数发生器,由它来控制执行 FPGA 应用函数的逻辑。M 个输入的逻辑函数真值表存储在一个 $2^M \times 1$ 的 SRAM 中,SRAM 的地址线对应输入信号的取值,SRAM 的输出为逻辑函数值,由此输出状态控制传输门或多路开关信号的通断,实现与其他功能块的可编程连接。

图 2-15 说明用查找表结构的 FPGA 实现一位全加器的方法,当输入信号为 A_0、B_0 和进位输入 C_1 时,全加器的输出 S_0 和 C_0 的逻辑方程为

$$S_0 = (A_0 \oplus B_0) \oplus C_I$$
$$C_O = (A_0 \oplus B_0)C_I + A_0 B_0$$

表 2-2 列出了一位全加器的输入和输出关系真值表,在 FPGA 的 SRAM 查找表中存储的是全加器真值表的输出数值,而输入变量对应为查找表的地址。当有两个输出变量时,查找表的存储器可以分成两部分,分别存入 S_0 和 C_O 的真值表数值,图 2-15 也给出了实现一位全加器的逻辑图,对于早期的 XC3000 系列要将原来 5 输入的 32×1 的 SRAM 分成两个 16×1 的存储器,XC4000 系列则将 4 输入 16×1 的查找表分成两个 8×1 的存储器,每个原有的存储器仅用一半存入真值表数值即可,所以图 2-15 是 5 输入查找表实现一位加法器的原理。XC7000 系列为 6 输入查找表,一个 64×1 的查找表可分成两个 5 输入的 32×1 的存储器来实现一位加法器的 S_0 和 C_O 的结果。

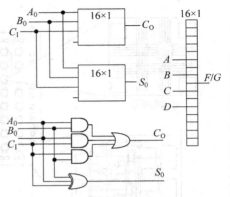

图 2-15　基本的 Xilinx 查找表单元实现一位全加器

表 2-2　输入输出关系真值表

A_0	B_0	C_I	S_0	C_O
0	0	0	0	0
1	0	0	1	0
0	1	0	1	0
1	1	0	0	1
0	0	1	1	0
1	0	1	0	1
0	1	1	0	1
1	1	1	1	1

2.3.2　反熔丝多路开关类型

在 Actel 的多路开关型结构中,基本的积木块是一个多路开关的配置。利用多路开关的特性,当多路开关的每个输入接到固定电平或输入信号时,可实现不同的逻辑功能。大量的多路开关和逻辑门连接起来,可以构成实现大量函数的逻辑块。

Actel 的 FPGA ACT-1 由三个两输入多路开关和一个或门组成的基本积木块,如图 2-16(a)所示。这个宏单元共有 8 个输入和一个输出,可以实现的函数为

$$f = \overline{(s_3 + s_4)}\,(\overline{s_1}w + s_1 x) + (s_3 + s_4)(\overline{s_2}y + s_2 z)$$

当设置每个变量为一个输入信号或一个固定电平时,可以实现 702 种逻辑函数。

例如,当设置 $w = A_0, x = \overline{A_0}, s_1 = B_0, y = \overline{A_0}, z = A_0, s_2 = B_0, s_3 = C_i, s_4 = 0$ 时,S_0 为实现的全加器求和的逻辑函数。

$$S_0 = (A_0 \oplus B_0) \oplus C_i = \overline{(C_i + 0)}(\overline{B_0}A_0 + B_0\overline{A_0}) + (C_i + 0)(\overline{B_0 A_0} + B_0 A_0)$$

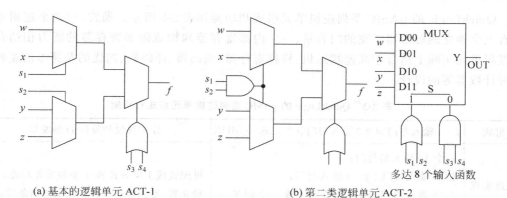

(a) 基本的逻辑单元 ACT-1　　　　　　　　(b) 第二类逻辑单元 ACT-2

图 2-16　Actel 多路开关型逻辑单元

当设置 $w=0, x=C_i, s_1=B_0, y=C_i, z=1, s_2=B_0, s_3=A_0, s_4=0$ 时，C_0 为实现的全加器进位的逻辑函数：

$$C_0 = (A_0 \oplus B_0)C_i + A_0 B_0 = \overline{(A_0+0)}(\overline{B_0}0+B_0 C_i) + (A_0+0)(\overline{B_0}C_i+B_0 1)$$

ACT-2 逻辑块类似于 ACT-1，仅将第一行分开的两个多路选择器选择端接到一个两输入的与门，如图 2-16(b) 所示，ACT-2 的组合逻辑模块执行 4 到 1 线的多路开关作用，可实现 766 种函数。给定一个多路开关型结构，必须选择一组 2 到 1 线的多路开关作为基本的函数，然后再相应地对它们进行编程，相同的函数可用不同的形式来实现，取决于输入选择控制和输入数据的选择。

Actel 的 FPGA 中，每行逻辑块由组成布线线路的布线通道和时钟分布网线分隔开。

QuickLogic 的 FPGA 是采用 ViaLink 反熔丝的通道型结构，如图 2-17 所示。

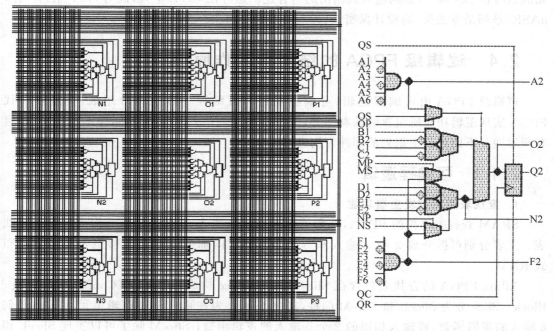

图 2-17　QuickLogic 的 pASIC 的逻辑单元阵列和布线通道

QuickLogic 的 pASIC 系列逻辑单元组成和功能如表 2-3 所示。通常,每两个逻辑单元可有三个独立的触发器。宽的门容量、一个内部寄存器和构成附加寄存器的能力相结合使得逻辑单元实际上适合于高速状态机、移位寄存器、编码器、译码器、判优的及算术的逻辑和各种计数器等的设计。

表 2-3　QuickLogic 的 pASIC 系列逻辑单元组成和功能

组成	2×6 输入与门、4×2 输入与门、6×二选一 MUX	异步置位和复位 D 触发器
可以实现的函数和功能	一个 16 输入的与门; 2×6 输入与门+2×4 输入与门; 2×6 输入与门+2×x 二选一或一个四选一 MUX 一个 5 输入异或门; 一个 3 输入异或门和一个 2 输入异或门; 高达 16 输入或 16 乘积项的大量积之和函数	可配置成 J-K、S-R 和 T 型触发器功能; 独立置/复位输入可异步控制输出条件; 用逻辑单元的 MUX 构成附加触发器; 两个逻辑单元可有三个独立的触发器
	约 15 个可用等效门的逻辑容量,适合高达 16 个同时输入的宽范围的函数	有包含寄存器控制线在内的 29 个扇入

逻辑单元可以由成行和成列的金属布线和金属-金属可编程通孔反熔丝 ViaLink 配置和互连,在采用三层金属工艺之后,使 ViaLink 金属的优点进一步增强,允许所有的布线和可编程元件放置在逻辑单元之上,而不是与逻辑单元相邻,这个方法使得小的芯片尺寸上可以有丰富的互连资源,以较低的成本为用户提供 100% 的布通率和引脚锁定能力。

编程的 ViaLink 反熔丝具有极低的电阻,与灵活的逻辑单元结构结合,使其内部逻辑单元的延时在 2ns 以下,总的输入到输出的组合逻辑延时在 6ns 以下,因此与 ACT 系列一样,pASIC 系列是非丢失、高设计保密性、无配置加载时间和一次编程的 FPGA 之一。

2.4　逻辑级 FPGA 的结构和工作原理

逻辑级 FPGA 由可编程逻辑、可编程互连和可编程 I/O 三部分组成,是最早一代 FPGA 实现逻辑功能所包含的基本部件,这些部件在新的几代 FPGA 同样不可缺少,而且有所发展。下面均以 7 系列的部件为例进行说明。

2.4.1　可编程逻辑

1. 查找表的函数发生器功能

SRAM 查找表结构的 FPGA,早期采用 4 输入查找表,6 系列之后结构为 6 输入查找表。二者分别可拆分成 2 个 3 输入和 5 输入的 LUT,都能部分实现移位寄存器和分布式 RAM。

Xilinx FPGA 的查找表包含在 Slice 中,2 个 Slice 构成一个 CLB(Configurable Logic Block),Slice 分为 SliceL 和 SliceM 两种,其中,SliceL 为普通的 Slice 逻辑单元,可实现任何 6 输入的逻辑函数,或输入相同的 2 个 5 输入的逻辑函数;SliceM 除了可以实现 SliceL 相同的逻辑功能之外,还能扩展实现分布式 RAM 或移位寄存器的功能。

如图 2-18 所示,CLB 呈对称分布,每一列 CLB 具有独立的数据通道,但与之前的器件不一样,时钟布线资源是共享的,这样就可以提高设计资源的使用密度,节省更多的布线资源。

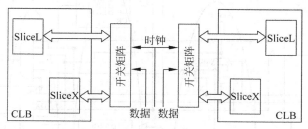

图 2-18 对称分布的 CLB

在所有 Slice 资源中,有 3/4 是 SliceL,因此一个 CLB 可以由 2 个 SliceL 或者 1 个 SliceL、1 个 SliceM 组成。图 2-19 所示为 Slice 的内部结构。其中,圈 1 包含 4 个 6 输入 LUT;圈 2 为由 XOR 和 MUX 组成的进位链;圈 4 为多路复用器;圈 3 和圈 5 为 8 个寄存器。圈 1 中的 LUT 增加时钟 CK 和写技能 WEN 信号时,即成为 SliceM。

(1) 6 输入 LUT:6 输入 LUT 内部可分成 2 个 5 输入 LUT,有两个输出分别对应 O_6 和 O_5。在设计中,如果综合后需要使用相同的 5 输入实现 2 个不同的逻辑功能,Vivado 综合器会根据所选策略做选择。如果是面向 Area 的设计目标,则将这 2 个 5 输入 LUT 合并在一个 6 输入 LUT 中实现,相当于以速度换面积,随之逻辑延时将增大。

(2) 寄存器:由于每个 LUT 有 2 个输出,所以 1 个 LUT 对应了 2 个 register,每个输出都可与寄存器连接。从图 2-19 中可以发现,圈 5 的第 2 列 register 比圈 3 的第 1 列多了 FF/LAT 这个选项,这表示第 1 列的 register 只能作为 Flip-Flop 使用,而第 2 列的 register 既能作为 Flip-Flop,也能作为 Latch 使用。另外,还有 INIT0、INIT1、SRLO 和 SRHI 四个选项,其中 INIT0 和 INIT1 配对,表示通过 GSR 全局复位/置位,此复位/置位网络为异步的;而 SRLO 和 SRHI 配对,表示高电平有效信号 SR 驱动的复位/置位,此信号可以配置成异步或者同步,但这 8 个 register 共用一个 CLK/CE/SR 信号,根据此特性,建议写代码时,尽量使用相同的时钟和控制信号,并且复位/置位/使能方式选择同步高电平有效。

查找表和进位链结合可以实现各种运算函数的功能。表 2-4 给出了一位全加器的例子。

表 2-4 查找表和进位链实现一位全加器的逻辑关系

查 找 表			进 位 链					
LUT			XOR			MUX		
A_0	B_0	$A_0 \oplus B_0$	$A_0 \oplus B_0$	C_0	S_0	Sel $A_0 \oplus B_0$	In	C_{out}
0	0	0	0	0	0	0	A_0/B_0	0
1	0	1	1	0	1	1	C_0	0
0	1	1	1	1	0	1	C_0	1
1	1	0	0	1	1	0	A_0/B_0	1

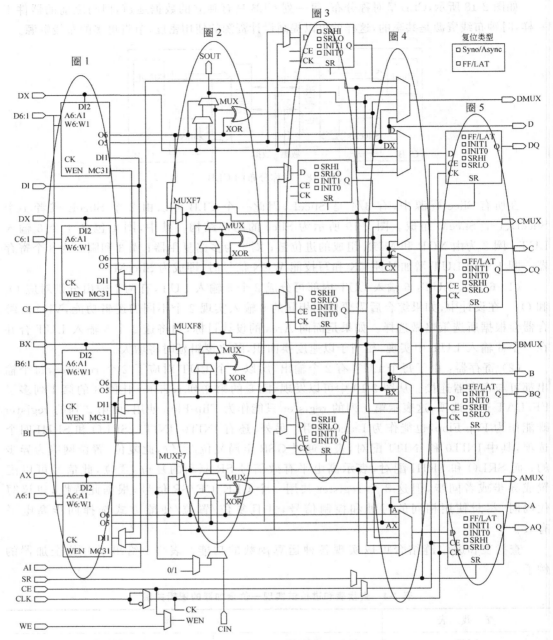

图 2-19   Slice 的结构性电路图

　　除了基本的 LUT,逻辑片包含多路选择器 MUXF7 和 MUXF8,采用这些多路选择器可在一个 CLB 中组合多达 8 输入的函数发生器,提供 6、7、8 或 9 输入的任何函数,MUXFX 按照在 CLB 中逻辑片的位置是 MUXF7、MUXF8 或 MUXF9,也可以利用 MUXFX 来映射任何 6、7 或 8 输入的函数和选择更宽的逻辑函数。高达 9 输入的函数可以利用 MUXFX 在一个 CLB 中实现,宽函数多路选择器可以有效地组合相同或跨越不同 CLB 内的 LUT,使逻辑函数有更多的输入变量。

2. 移位寄存器功能（仅 SliceM 有效）

另外，SliceM 可以配置为移位寄存器（SRL）和分布式 RAM。下面先对 SliceM 扩展成移位寄存器做重点说明，如图 2-20 所示，Slice 中的每个 LUT 可配置成 32 位的 SRL，因此 1 个 Slice 最多可扩展成 128 位的 SRL。其操作模式为 1 个时钟周期移一位，由 A[6:2] 的 5 位地址选择 32 位中的任一位从 O_6 进行输出，最后 1 位通过 MC31 输出。

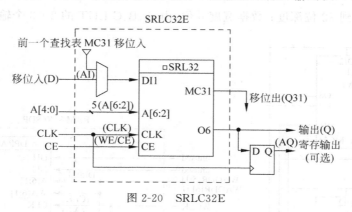

图 2-20　SRLC32E

移位寄存器的可编程延时可以利用来平衡数据流水线的时序。要求延时或时滞补偿的应用利用这些移位寄存器来开发有效的设计，移位寄存器在同步 FIFO 和内容可寻址存储器 CAM 设计中也是有用的。为了快速产生不利用触发器的移位寄存器，可以利用 CORE GENERATOR 的基于 RAM 移位寄存器的模块。

移位寄存器可以配置成静态地址方式和动态地址方式两种输出模式。这两种模式的不同之处在于静态地址方式是同步输出，在 SRLC32E 输出端 Q 后可接入一个 FF 作为同步输出，可将移位增加到 33 位，提高了资源利用率；而动态地址方式是异步输出，即没有后接的 FF，直接从 SRLC32E 的 Q 端输出。

根据 SliceM 的结构，其中 LUT 是没有同步复位控制输入端的，所以综合器无法将包含复位的程序代码综合成 LUT 实现的 SRL 结构，因此程序代码必须根据 FPGA 硬件相应的结构来编写，才能有效地利用资源。

3. 分布式 RAM 和存储器功能（仅 SliceM 有效）

与移位寄存器扩展类似，分布式 RAM 也是以 LUT 作为其存储单元。如图 2-21 所示，SliceM 中有 4 个 LUT，每个 LUT 都有如下几个端口：

（1）地址输入：A6:A1，W6:W1；

（2）数据输入：DI1，DI2；

（3）时钟输入：CK；

（4）写使能：WEN；

（5）数据输出：O6，O5；

（6）移位输出：MC31（在此处不使用）。

　　仔细研究可发现，D LUT 和 A、B、C LUT 有所区别，其地址输入都由 D[6:1]驱动，而其他 LUT 的地址输入除了 W[6:1]统一由 D[6:1]驱动，A[6:1]分别由 A[6:1]、B[6:1]、C[6:1]驱动，因此 D LUT 只能作为单端口 RAM 使用，而 A、B、C LUT 除了能作为单端口 RAM 使用之外，还能作为双端口 RAM。如图 2-22 所示，以简单双端口 32×6 位 RAM 为例，深度为 32 位，每个 LUT 都有 6 输入，将地址最高位置 1，使两个输出 O_6、O_5 有效，剩下 5 根地址线可得到 32 位深度；数据宽度 6 位，由 A、B、C LUT 的 2×3 个输出组成。

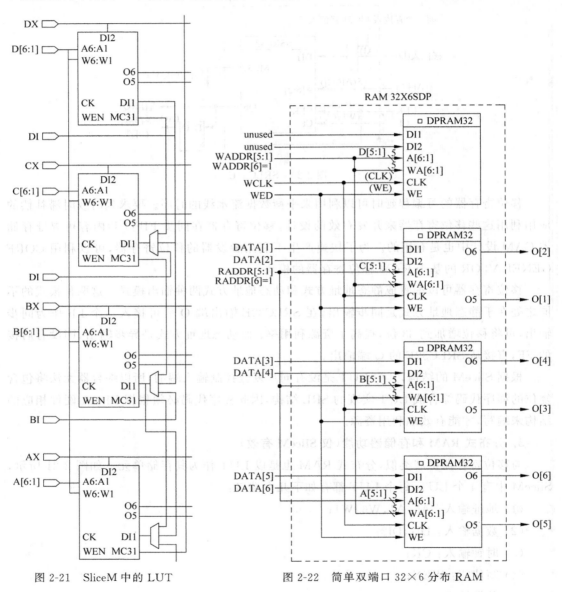

图 2-21　SliceM 中的 LUT　　　　图 2-22　简单双端口 32×6 分布 RAM

　　与移位寄存器类似，XST 综合器能自动将规范的程序代码综合成分布式 RAM 来实现。

2.4.2　可编程互连线

1．宽门和长线

在 SRAM 可编程 FPGA 技术中,利用这些结构代替更通常的互连资源提供短延时。基本资源是长金属线,有可能连接到功能块和 I/O 块,长线通常水平地或垂直地跨过整个阵列,但也有只跨过半个阵列的长线。长线和单元输入之间的连接代价是低的,因为它们仅要求在多路开关上附加一个端口,所以长线通常有输入连接到所用相邻的单元和 I/O 块。长线和单元输出之间的连接代价是高的,因为至少要求 RAM 的一位选择地把单元输出连接到长线。单元和长线之间允许缓冲,可以提供附加的灵活性,例如线或非(可编程上拉电阻的逻辑乘)或三态(第二个数据信号用来控制缓冲器)等协定的利用。

长线的速度优点取决于长线的相对大的电容负载快速转换,它要求一个大的缓冲器,这意味着大的动态功耗。静态功耗将导致线逻辑的情况更复杂。当一根线由几个大缓冲器驱动时,确保这些缓冲器之间不存在竞争是重要的,最坏情况下,当一半缓冲器迫使公共线为低,而另一半缓冲器迫使其为高时,竞争可能损坏器件。接到公共线的输出越多,情况变得越坏。在三态协议时情况更复杂,此时使能信号由用户逻辑产生,需要确保在配置之前器件控制存储器中包含随机值时不出现竞争,做到这一点的方法是提供迫使所有缓冲器为高阻状态的全局信号。多资源长线的这些问题对计算的全局特别重要,此时控制存储器经常被再编程,必须尽可能容忍不正确的配置。

按照器件面积考虑,多个源的长线是相对昂贵的,因为要附加控制存储器和相对大的缓冲器。因此,它们通常缩短提供。即使一根长线横跨整个芯片,如果在阵列的一边由逻辑使用,在其他边由不同的逻辑使用,它将是无效的。因而提供可以按要求将长线分段的可编程断点在结构上是吸引人的。不幸的是,在 SRAM 可编程的结构中实现此分段的唯一方法是在此线的两金属段之间放置传输管开关。当此开关接通时,在开关一边的缓冲器必须通过它的串联电阻对开关另一边的电容充电或放电,这个效应使金属长线的性能优点丧失,虽然对单个断点来说可以接受。

2．开关和开关盒

开关是最简单的布线资源,按照实现的技术,它可以采用由 RAM 单元控制传输晶体管、熔丝或反熔丝、可擦除的可编程 ROM(EPROM)单元等形式。开关允许信号按两个方向通过,虽然开关有高阻抗(如传输晶体管),为存储逻辑电平的缓冲电路将迫使信号为一个方向。一个开关要求控制存储器的单个位来控制。

SRAM 可编程 FPGA 中开关盒利用横跨的水平和垂直通道结构来达到类似掩膜编程器件中有效的布通率。但是,与掩膜编程技术中所跨位置上采用的接触、通孔和金属连线的缝隙相比,RAM 单元要大得多,所以必须做一些综合的考虑。仅可以实现小部分可能的变更,因为连接期望的信号到跨过的端口不能保证达到它们之间要求的连接。事实上,在开关盒中有限的灵活性引起的布线失败是经常的事。

图 2-23 给出了在 Xilinx FPGA 器件中,由开关矩阵提供布线选择的示例,开关矩阵结合到通用互连线的末端,通用互连线由构成栅格形的水平和垂直金属线段组成,位于 CLB 和 IOB 的行和列之间,开关矩阵允许毗邻行和列的金属线段之间的可编程互连。

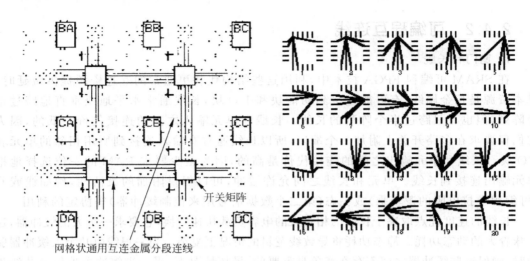

图 2-23　Xilinx FPGA 的通用互连和开关矩阵互连的选择

未编程器件的开关都是不导通的。通过开关盒的连接可以采用自动布线器来实现。图 2-23 也给出了对于每个引脚合法的开关矩阵组合。

一个附加的因素是传输晶体管将信号削弱，即使信号只通过少数几个管子（接近三个）也必须恢复它们的电平。电平恢复缓冲器通常放置在开关盒的边缘，这些缓冲器增加了信号的延时，要求使用开关本身的控制存储器和单方向的信号。

3. 多路选择器

在基于 RAM 的技术中，多路选择器是普通的布线结构，它的主要优点是允许控制存储器的单个位来控制几个开关，可以较有效地利用它的 RAM。例如，一个四选一选择器可以用带两位 RAM 的多路选择器来实现，此多路选择器的原理图如图 2-24 所示。如果相同的选择器利用开关来构造，则要求四位的 RAM。在设计多路选择器时，有各种面积和性能舍取的可能，特别是当通过一个多路选择器的所有通道不需要有相同的延时时。例如，在一个格形结构中，长线对应的多路选择器中的直线通道通常在速度上是最直接和最优的。

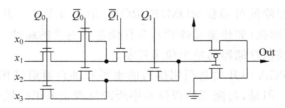

图 2-24　Xilinx FPGA 简单的传输门多路选择器

4. 分段布线

在逻辑功能和系统频率 f 确定后，芯片的功耗 P 与分布电容 C、工作电压 V^2 和频率 f 成正比，见 1.1 节的关系式。所以，在工艺的线宽缩小时，降低工作电压来减少器件的功耗是最有效的办法，因为功耗与电压的二次方成正比，而工作的电压和频率确定之后，分布电容 C 直接影响器件的功耗，分布电容小，不仅器件功耗减少，而且性能也提高，低功耗使得

器件温度较低,也使器件工作更可靠。

布线是产生分布电容的主要因素之一,所以必须采取措施降低互连布线造成的分布电容,分段布线可以成比例地降低互连布线的分布电容,当线宽缩小、器件密度迅速提高时,尤为明显。与没有采用分段互连的布线情况相比,分段布线不仅减少互连线的延时,提高器件的性能,而且降低器件功耗,增加器件工作的可靠性。

对于 Xilinx 低电压的 XL 系列,在规定的 50pF 外部负载时,输入信号过渡时间上升沿是 2.4ns,下降沿是 2.0ns,而附加的电容负载,使过渡时间的上升沿增加 60ps/pF,下降沿增加 40ps/pF。输出信号的延时,上升沿延时 3.0V 增加 30ps/pF,3.6V 增加 23ps/pF,下降沿延时任何电压都增加 25ps/pF。计算时要考虑 $\pm 20\%$ 的余量。例如,外部电容为 200pF,3.0V 的上升沿延时增加$(1.2\times150\times30)$ns=5.4ns,上升沿过渡时间为$(2.4+1.2\times150\times60)$ns=13.2ns。

2.4.3 可编程 I/O

ASIC 和 FPGA 的输入/输出焊盘设计必须考虑许多要求,有时是相互冲突的要求。例如:

(1) 支持 TTL 和 CMOS 电压级的输入;

(2) 支持双向、输入、输出、集电极开路和三态输出模式;

(3) 提供高驱动电流输出与双极逻辑接口,直接驱动例如 LED 器件和快速开关电容负载;

(4) 限制输出驱动减少功率消耗,防止过冲和减少电源噪声,在利用高扇出 FPGA 和大量输出可能瞬时转换的应用中是特别重要的;

(5) 与晶体接口提供晶振,而不需要外部专门的芯片;

(6) 有片内布线资源接口,对于许多 FPGA 结构,与阵列边缘的片内布线连线相比,有相当少的片外连接,选择哪种布线资源与焊盘连接对器件的性能和灵活性有重要的影响;

(7) 提供简单的模拟接口能力,器件的可编程滞后特性和电源级敏感特性可以用在某个独立配置中构造简单的模拟功能;

(8) 与同一厂家的其他 FPGA 芯片接口有效兼容,可以用多个芯片构成阵列。

具有许多 I/O 连接的灵活的 I/O 结构装置对 FPGA 的性能有重要的意义,并能减少对片内长线的要求。例如,通常的技术是一个关键的输入信号连接到器件上不止一个输入焊盘(可能是阵列的一边)来减少长度和减少输入与所用门之间的内部连接延时。

图 2-25 给出了 Xilinx FPGA 的可编程 I/O 模块。FPGA 器件的功耗通常由所用 I/O 引脚决定。当利用高引脚数的 FPGA 时,必须考虑推荐的 I/O 配置的潜在功耗(瞬态和静态)及 I/O 块的有效性。如果忽略了这方面设计,因功耗熔化一个 FPGA 是完全可能的,尤其是塑封器件。

随着半导体工艺的线宽不断缩小,从器件功耗的要求出发,器件的内芯必须采用低电压。这就要求 I/O 块的结构能够兼容多个电压标准,既能接收外部器件的高电压输入信号,又能驱动任何高电压的器件。I/O 块与内芯供电电压也可能不同。

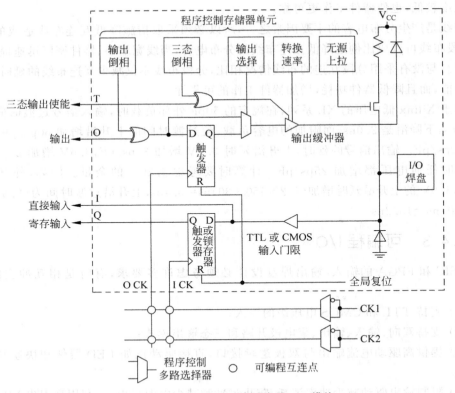

图 2-25 Xilinx FPGA 的可编程 I/O 模块

2.5 系统级 FPGA 的结构和工作原理

20 世纪 90 年代,随着大规模集成电路加工技术(即半导体工艺技术)的发展,在硅片单位面积上,可集成更多的晶体管,可编程逻辑器件的运行速度越来越快,集成电路的设计在不断地向超大规模、极低功耗和超高速的方向发展;专用集成电路的工艺线宽不断降低,现代集成电路已经能实现单片电子系统的功能。

这一阶段的可编程逻辑器件为设计者提供了有效的嵌入式门阵列和灵活的可编程逻辑,出现了嵌入式的 Block RAM 资源,它能够实现各种存储器和复杂逻辑功能。另外,系统级 FPGA 能通过外部配置 EPROM 或集成嵌入式微处理器在电路中进行配置。此阶段的器件还提供多电压(Multivolt)I/O 接口操作,它允许器件桥架在以不同电压工作的系统中;器件还提供数字时钟管理,如时钟自举锁相环(PLL 或 DLL)、时钟锁定等电路,提供了系统级集成所需的性能的效率。下面仍以 7 系列器件为例分别介绍系统级 FPGA 主要特征模块的结构和工作原理。

2.5.1 片上存储器及接口

在逻辑设计中,通常需要在 FPGA 内部缓存一些数据,或者在两个时钟域之间做数据的交换或数据位宽的变换,或完成一些较复杂的逻辑功能等,都对片上存储器提出了需求。

1. Block RAM/FIFO

所有 7 系列器件都具有相同的 Block RAM/FIFO 资源,如图 2-26 所示,所有操作都是同步的,并且都是锁存输出,在完全同步的操作下,具有以下特性:

(1) 两个具有独立地址、时钟、写使能和时钟使能信号的端口存取共同的数据;

(2) 每个端口具有单独的数据宽度;

(3) 具有多个配置模式:真正双端口,简单双端口,单端口;

(4) 具有单独的 Vbram 供电,使 Block RAM 能在低功耗模式-1L 运行;

(5) 未使用的 Block RAM 可由配置比特流关闭供电,从而节省 FPGA 功耗;

(6) 内置集成 64K×1 级联逻辑,级联两个垂直相邻的 32K×1Block RAM;

(7) 集成控制信号用于快速高效的 FIFO;

(8) 内置可选的集成 64/72 位汉明纠错码,校正所有单位错误,检测不校正双位错误。

所有的 BRAM 可配置如表 2-5 所示的真正双端口、简单双端口、单端口等多种模式。

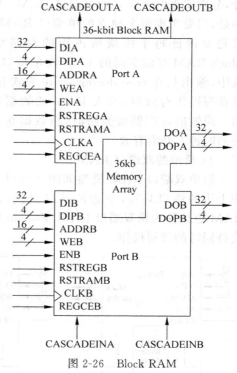

图 2-26 Block RAM

表 2-5 Block RAM 配置模式

配置模式	18Kb	36Kb	特 性
单端口	16K×1,8K×2,4K×4,2K×9,1K×18	32K×1,16K×2,8K×4,4K×9,2K×18,1K×36	一个读/写端口; 读或写同步操作在一个周期内完成
真正双端口	16K×1,8K×2,4K×4,2K×9,1K×18	32K×1,16K×2,8K×4,4K×9,2K×18,1K×36	两个完全独立的读/写端口; 任意两个同步操作一个周期内完成
简单单端口	16K×1,8K×2,4K×4,2K×9,1K×18,512×36	32K×1,16K×2,8K×4,4K×9,2K×18,1K×36,512×72	一个读端口和一个写端口; 读和写同步操作在一个周期内完成
FIFO	4K×4,2K×9,1K×18,512×36	8K×4,4K×9,2K×18,1K×36,512×72	同步或异步读和写时钟; Full Empty、可编程 Almost-Full/Empty

每一个 Block RAM 都可配置为 1 个 36Kb BRAM 或 1 个 36Kb FIFO;同时也可将其配置为 2 个单独的 18Kb BRAM 或 1 个 18Kb BRAM+1 个 18Kb FIFO,如图 2-27 所示。

1) 单端口 RAM 模式

单端口 RAM 的模型如图 2-28(a)所示,只有单个读和写端口,CLKA 为时钟源,WEA 为写使能信号,SSR 为清零信号,ADDRA 为地址信号,DIA 和 DOA 分别为写入和读出数据信号。

单端口 RAM 模式支持非同时的读写操作。同时,每个 Block RAM 可以被分为两部分，分别实现两个独立的单端口 RAM。需要注意的是，当要实现两个独立的单端口 RAM 模块时，首先要保证每个模块所占用的存储空间小于 Block RAM 存储空间的 1/2。在单端口 RAM 配置中，输出只在 read-during-write 模式有效，即只有在写操作有效时，写入 RAM 的数据才能被读出。当输出寄存器被旁路时，新数据在其被写入时的时钟上升沿有效。

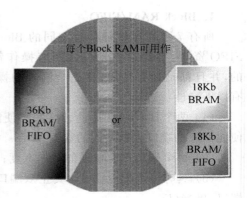

图 2-27　Block RAM 配置

2) 简单的双端口 RAM

简单双端口 RAM 模型如图 2-28(b)所示，图中上边的端口只写，下边的端口只读，因此这种 RAM 也被称为伪双端口 RAM(Pseudo Dual Port RAM)。这种简单双端口 RAM 模式也支持同时的读写操作。

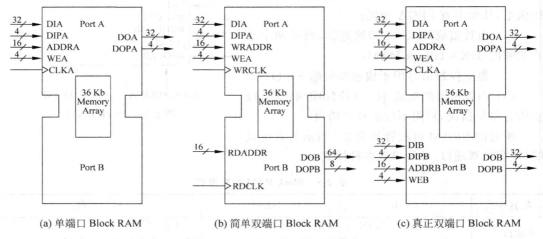

(a) 单端口 Block RAM　　　　(b) 简单双端口 Block RAM　　　　(c) 真正双端口 Block RAM

图 2-28　Block RAM 的三种模式

Block RAM 支持不同的端口宽度设置，允许读端口宽度与写端口宽度不同。这一特性有着广泛的应用，例如不同总线宽度的并串转换器等。在简单双端口 RAM 模式中，Block RAM 具有一个写使能信号和一个读使能信号。当读使能信号为高电平时，读操作有效；当读使能信号无效时，当前数据被保存在输出端口；当读操作和写操作同时对同一个地址单元时，简单双口 RAM 的输出或者是不确定值，或者是存储在此地址单元的原来的数据。

3) 真正双端口 RAM 模式

真正双端口 RAM 模型如图 2-28(c)所示，图中上边的端口 A 和下边的端口 B 都支持读写操作，WEA、WEB 信号为高时进行写操作，低为读操作。同时，它支持两个端口读写操作的任何组合：两个同时读操作、两个端口同时写操作或者在两个不同的时钟下一个端口执行写操作，另一个端口执行读操作。

真正双端口 RAM 模式在很多应用中可以增加存储带宽。例如，在包含嵌入式处理器 MicroBlaze 和 DMA 控制器的系统中，采用真正双端口 RAM 模式会很方便；相反，如果在这样的一个系统中，采用简单双端口 RAM 模式，当处理器和 DMA 控制器同时访问 RAM 时，就会出现问题。真正双端口 RAM 模式支持处理器和 DMA 控制器同时访问，这个特性避免了采用仲裁的麻烦,同时极大地提高了系统的带宽。

　　一般来讲,在单个 Block RAM 实现的真正双端口 RAM 模式中,能达到的最宽数据位为 36b×512,但可以采用级联多个 Block RAM 的方式实现更宽数据位的双端口 RAM。当两个端口同时向同一个地址单元写入数据时,将会发生写冲突,这样存入该地址单元的信息将是未知的。要实现有效地向同一个地址单元写入数据,A 端口和 B 端口时钟上升沿的到来之间必须满足一个最小写周期时间间隔。因为在写时钟的下降沿,数据被写入 Block RAM 中,所以 A 端口时钟的上升沿要比 B 端口时钟的上升沿晚到来 1/2 个最小写时钟周期,如果不满足这个时间要求,则存入此地址单元的数据无效。

　　4) ROM 模式

　　Block RAM 还可以配置成 ROM,可以使用存储器初始化文件(.coe)对 ROM 进行初始化,在上电后使其内部的内容保持不变,即实现了 ROM 功能。

　　5) Block RAM 配置为 FIFO

　　FIFO 即先入先出,其模型如图 2-29 所示。在具体实现 FIFO 时,数据存储的部分是采

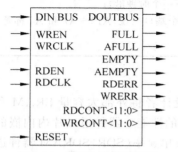

用简单双端口模式操作的,一个端口只写数据而另一个端口只读数据,另外在 RAM(Block RAM 和分布式 RAM)周围加一些控制电路来输出指示信息。FIFO 最重要的特征是具备"满"(FULL)和"空"(EMPTY)的指示信号,当 FULL 信号有效时(一般为高电平),就不能再往 FIFO 中写入数据,否则会造成数据丢失;当 EMPTY 信号有效时(一般为高电平),就不能再从 FIFO 中读取数据,此时输出端口处于高阻态。

图 2-29　FIFO 模块模型图

　　另外,在这里探讨一下使用 Block RAM 中常遇到的一个问题:在地址重叠的某些情况下可能会导致 Block RAM 内容损坏。

　　只有在为 Block RAM 的 CLKA 和 CLKB 配置了不同时钟的情况下,使用下列任何一种设置时才会出现此问题:①RAMB36E1 或 RAMB18E1 组件设置为简单双端口(SDP)模式,包括错误纠正代码(ECC)实现;②设置为真正双端口(TDP)模式,其中 WRITE_MODE = READ_FIRST。图 2-30 表示地址冲突的情况。

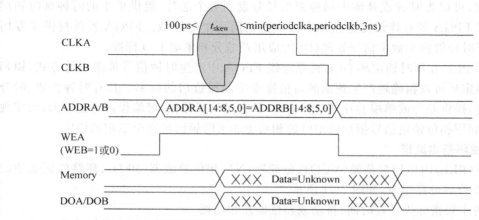

注意:如果上升沿 CLKB 在上升沿 CLKA 之前出现, 在相同的 t_{skew} 时间或 WEA=1 或 0 时,
　　　将与 WEB=1 时发生相同的情况。

图 2-30　地址冲突

在某个重叠地址上,当一个端口在执行写操作而另一个端口在尝试进行后续的读操作时,读操作可能会失败,并且被写入的存储器位置的内容可能会损坏。如果 Block RAM 的 CLKA 和 CLKB 受同一个时钟驱动,那么将不会发生冲突,并且可以成功执行读写操作而不会发生存储器损坏。

表 2-6 给出了 RAMB36E1 和 RAMB16E1 产生地址冲突的条件。

表 2-6　地址冲突条件

Â	RAMB36E1 原语	RAMB18E1 原语
地址冲突	在满足下列所有条件时才会发生地址冲突: ① 同时启用了两个端口(ENA＝1 和 ENB＝1); ② 两个端口使用的不是同一个时钟(CLKA ≠CLKB); ③ 时钟之间的相位偏移介于 100ps 和 3ns 之间(或下一个时钟沿); ④ 对于两个端口来说,A14～A8、A5 和 A0 都是相同的	在满足下列所有条件时才会发生地址冲突: ① 同时启用了两个端口(ENA＝1 和 ENB＝1); ② 两个端口使用的不是同一个时钟(CLKA ≠CLKB); ③ 时钟之间的相位偏移介于 100ps 和 3ns 之间(或下一个时钟沿); ④ 对于两个端口来说,A13～A7 和 A4 都是相同的

2. 专用外部存储接口电路

系统级 FPGA 器件提供了先进的外部存储接口,允许设计者将外部大容量 SRAM 和 DRAM 器件集成到复杂的系统设计中,而不会降低数据存取的性能。器件通过片内内嵌的专用接口电路实现与双速率(DDR)SDRAM 和 FCRAM 以及单速率(SDR)SDRAM 器件进行快速可靠的数据交换,还可用 IP 核将 SDRAM 和 FCRAM 合并到一个系统中。

2.5.2　数字时钟管理

时钟设计是同步设计中最重要、最敏感的部分。在一些复杂设计中,往往有许多功能模块。这些功能模块的时钟源或工作频率都不一样,因此每一个模块都需要一个独立的时钟网络。在系统级 FPGA 中往往有多个全局时钟网络,在低偏移时钟的配合下,在器件内进行时钟分配,可以将时钟或其他全局控制信号分发到整个芯片,提供更小的时钟延时和摆率。系统级 FPGA 的互连结构能在每个区域内访问多个时钟域。FPGA 器件提供了专用的功能用于时钟管理和数字信号处理(DSP)应用及差分和单端 I/O 标准。

锁相环 PLL 和延时锁定环 DLL 是系统级 FPGA 中产生时钟信号最常用的方式,锁相环和延时锁定环可以精确地产生预期的高精度参考晶振数倍的频率。具有时钟合成、时分复用的功能,提供差分或单端的片外时钟输出,具有可编程移相、可编程占空比能力,可实现频率合成,利用相位锁定信号指示输出时钟相对于参考时钟已经完全稳定的锁定。

1. 锁相环基本原理

锁相环(PLL)由压控振荡器(VCO)、分频器(N)、相位检波器(PFD)、环路的低通滤波器(LF)和 2 分频电路组成,如图 2-31 所示。

PLL 的主要指标为锁定时间、抖动或相位误差和功耗。

(1)锁定时间。PLL 在一定的频率容错范围内产生预期频率输出花费的时间,通常表示为 PLL 在规定的频率精度内产生输出频率的时间。例如,要求的输出频率是 500MHz,

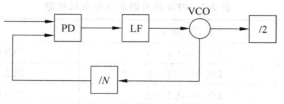

图 2-31 基本的 PLL 配置

要求的频率精度为 1kHz,锁相时间可以规定 1kHz 分辨率 50μs。

(2) 抖动或相位误差。首先分析加性噪声和相位误差的差别,由于 PLL 中电子器件的热噪声,余弦波信号可能被加性噪声和相位误差所污染,加性噪声只是对信号幅度产生影响,相位误差使信号的水平行踪发生变化。

(3) 功耗。在便携式应用中 PLL 的功耗是特别重要的指标。

在 PLL 中为了获得有限的捕获范围,环路滤波器必须利用有源滤波器,但是对于低抖动要求的应用,这是不恰当的结构,因为有源的环路滤波器引入大量的噪声,替代的办法是利用电荷泵。由电荷泵组成的锁相环电路如图 2-32 所示,电路中各模块的作用如下所述。

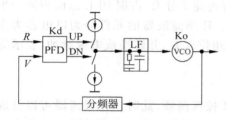

图 2-32 电荷泵组成的锁相环电路
PFD—相频检波器;LF—低通滤波器;
VCO—压控振荡器

1) 相频检波器(PFD)

相频检波器是特殊类型的能够检测两个输入之间相位差的相位检波器,输出正比于这个相位差,其最简单的实现方式是异或门。相频检波器能够检测相位和频率二者的差别,相频检波器的概念性原理如图 2-33 所示。输入 V 是来自分频器的信号,输入 R 是外部输入的参考信号,如果 R 滞后于 V,则表示由 VCO 产生的信号有太高的频率,DN 信号被使能,并注入电荷泵器件,使环路滤波器电压通过放电降低,这也是 VCO 的输入电压,所以 VCO 的电压按预期降低,频率变低。相反地,如果 R 领先于 V,UP 信号使能,并注入电荷泵器件,使环路滤波器电压通过充电提高,VCO 的电压按预期增加,频率变高。

图 2-33 中有两个触发器,所以有 4 个可能的状态。表 2-7 中只列出 3 个有效的状态。

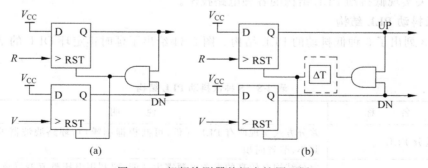

图 2-33 相频检测器的概念性原理图

表 2-7　PFD 触发器的 3 个有效状态

状　态	状　态　条　件	含　义
−1	DN=1,UP=0	VCO 频率太高
0	DN=0,UP=0	PLL 处于相位锁定
1	DN=0,UP=1	VCO 频率太低

2）电荷泵

电荷泵位于相频检波器和环路滤波器之间,电荷泵负责在正比于相位误差时间周期内注入恒定量的电流到环路滤波器,而它的输入来自相频检波器,如图 2-32 所示。

如果 UP=1,则电流是注入环路滤波器,所以横跨环路滤波器的电压增加。

如果 DN=1,则等量的电流是从环路滤波器流出,所以横跨环路滤波器的电压减少。

3）环路滤波器

环路滤波器(Loop Filter)对 PLL 的动态特性、性能和面积有较大的影响,它一般作为无源的环路滤波器来实现,注入环路滤波器的电流借助一个电容转换成电压,利用这个电压控制压控振荡器。如图 2-32 所示,LF 中的电阻是为了环路的稳定,输出端的电容是为了滤除电荷泵周期性地注入电荷产生的波纹。主要的电容可能十分大,占据 PLL 总面积的一半之多,在 SoC 应用中,环路滤波器完全集成在芯片内。环路滤波器的元件分为以电容为主的积分元件和以电阻为主的比例元件,积分元件累加相位误差,并转换成电流脉冲,表示为电压。

4）压控振荡器(VCO)

对 SoC 应用,PLL 通常采用基于环形振荡器的压控振荡器,此时压控振荡器可以分成两级,电压到电流的转换(V2I)和电流控制振荡器(ICO),因为环形振荡器的增益和频率更容易利用电流控制信号调节。利用 N 级反相器组成的环形振荡器必须产生 360° 的相移,要求 CMOS 反相器每级要产生 180°/N 的相移,选取 $N=3$ 是因为反相器一般容易产生 60° 相移。

5）分频器

在 SoC 的 PLL 中,常利用一个异步计数器将 VCO 信号分频一个固定的整数后,再与输入的参考频率比较来达到频率的倍乘。在上述通用的电荷泵 PLL 结构基础上,需要进一步考虑有关实现低抖动 PLL 结构的各种电路技术。

2. 低抖动 PLL 结构

表 2-8 列出了 5 种低抖动的 PLL 结构。图 2-34 给出了延时锁定环 DLL 的基本组成原理图。

表 2-8　5 种低抖动 PLL 结构

序号	名　　称	说　　明
1	差分 PLL	差分方式实现所有 PLL 元件,可共模抑制噪声,环路滤波器的电容尺寸减小,节省面积
2	电源整流 PLL	差分结构有较高的参考电源寄生性能,要利用电压整流器隔离电源起伏,减少电源电压跳动对 PLL 抖动性能的影响

续表

序号	名　称	说　明
3	自适应 PLL	电源噪声和固有的 VCO 噪声对 SoC 应用的锁相环是主要噪声源,自适应带宽可优化环路带宽来平衡各噪声源引起的抖动和锁定时间
4	无电阻环路 PLL	比例元件无积分元件的记忆,直接把相位误差脉冲转换成电压脉冲,可去除为稳定闭环响应的电阻,把这个电流脉冲直接加进 VCO 中
5	延时锁定环 DLL	倍乘器由 PFD、电荷泵、环路滤波器和压控延时线(VCDL)等组成,与 PLL 的主要差别是利用 VCDL 代替 VCO,没有频率倍乘器

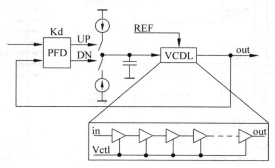

图 2-34　基本的 DLL 原理图

DLL 的压控延迟线(VCDL)是由级联在一起的缓冲器级组成的,每个缓冲器级可以由简单的反相器或对称负载组成,它的输入是参考时钟,PFD 比较这个相同的输入时钟和 VCDL 输出的延迟时钟。

表 2-9 专门对 PLL 和 DLL 的一般特性进行了比较。

表 2-9　PLL 和 DLL 的一般特性比较

特　性	PLL	DLL	说　明
抖动性能	√	√	PLL 可以滤去抖动,DLL 在数字噪声环境有较低抖动
时钟网去偏移		√	DLL 优化对精确的零延时缓冲
持续期控制		√	DLL 有灵活的持续期校正和控制
精确相位控制		√	PLL 精度由频率限制,DLL 精度仅由抽头尺寸限制
高频率	√		模拟振荡器可以是十分快速的
频率综合	√		PLL 频率倍乘更方便
方便板级设计		√	PLL 要求额外的 PWR/GND 引脚
噪声容限		√	模拟电路有高灵敏度
可测性		√	数字控制对仿真和测试更容易

3. 时钟管理 Tile(CMT)

通常,系统要求来自相同时钟源的多个时钟频率,减少振荡器的数目可以降低系统的成本,而且外部的时钟源常常是带噪声的,过滤抖动可以净化时钟来展宽数据的有效窗口。许多电路为了确保准确的操作,要求定时在相同的时间,去偏移和对准的时钟可以消除保持时间的问题和竞争的条件。

每个时钟管理的 CMT 中包括一个混合模式时钟管理器(MMCM)和一个 PLL,要执行频率综合、时钟去偏移和抖动过滤,具有高的输入频率范围。

每个器件有多达 24 个时钟管理 CMT,有两个形式的原语,即只有基本端口的原语 *_BASE 和提供全部端口存取的 *_ADV,如图 2-35 所示。PLL 主要是为高速存储器控制器的 I/O 移相器的使用准备的。MMCM 是用户时钟的主要时钟源。

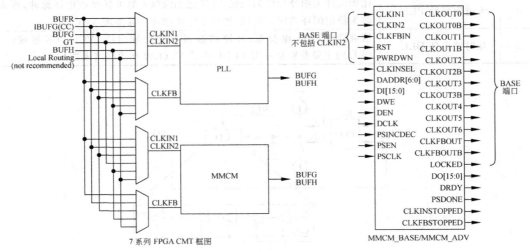

图 2-35 CMT 框图和 MMCM 两种原语

图 2-36 是 MMCM 的结构图,PLL 的结构图与其类似,但不包括图 2-36 中的阴影部分,即一个可变的相位抽头和 O6,以及 O0～O3 和 M 中带 B 的输出。PLL 可以为多达 6 个不同的输出进行频率综合。通常设计时利用时钟 IP 核来生成设计项目要求的时钟信号。

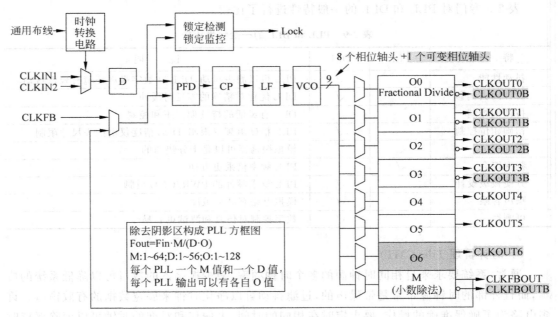

图 2-36 MMCM 的结构图

2.5.3 时钟资源

数字电路中,时钟是整个电路最重要、最特殊的信号。

第一,系统内大部分器件的动作都是在时钟的跳变沿上进行,这就要求时钟信号时延差要非常小,否则可能造成时序逻辑状态出错。

第二,时钟信号通常是系统中频率最高的信号。

第三,时钟信号通常是负载最重的信号,所以要合理分配负载。

出于这些考虑,在 FPGA 这类可编程器件内部一般都有数量不等的专门用于系统时钟驱动的时钟网络。这类网络的特点是:①负载能力特别强,任何一个全局时钟驱动线都可以驱动芯片内部的触发器;②时延差特别小;③时钟信号波形畸变小,工作可靠性好。

7 系列器件的时钟网络可分为三种:全局时钟网络(BUFG、BUFH)、区域时钟网络(BUFR、BUFMR)和 I/O 时钟网络(BUFIO)。如图 2-37 所示,不同容量的器件拥有不同数量时钟区域,每个时钟区域的大小与 I/O bank 一样,有 50 个 CLB 高度,50 个 I/O 高度。

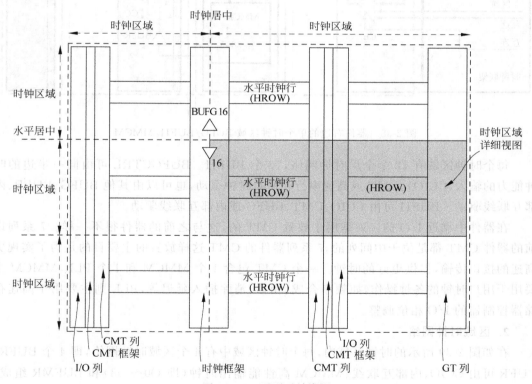

图 2-37 7 系列时钟资源

1. 全局时钟网络

全局时钟网络主要由 BUFGCTRL(或 BUFG)和 BUFH 联合驱动,BUFGCTRL 位于器件中间列,共有 32 个(最小的 Artix-7 系列器件仅有 16 个),用于驱动垂直列;BUFH 位于器件水平行,用于将全局时钟拉到某个时钟区域中,如图 2-38 所示。

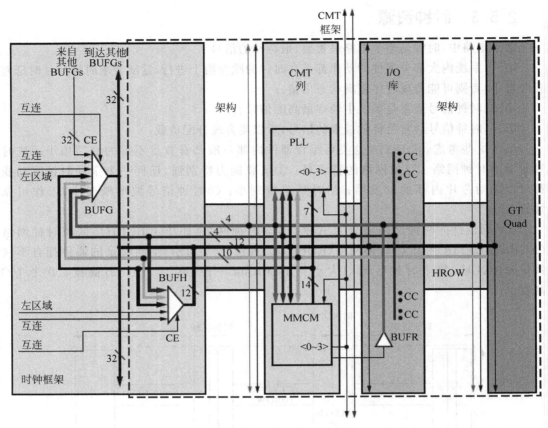

图 2-38　器件右边的单个时钟区域 BUFG/BUFH/MMCM

每个时钟区域有 12 个全局时钟网络,12 个 BUFH。BUFGCTRL 可由同一半边的时钟能力的输入(CCIO)、CMT 或高速串行收发器时钟驱动,也可以由其他 BUFG、BUFR、内部互联线驱动。BUFH 可由 CCIO、CMT、BUFG 或内部互联线驱动。

在器件中靠近 I/O 的一列是用于放置 CMT 的,这与之前的器件很不一样。7 系列以前的器件 CMT 都是位于中间列的,7 系列器件的 CMT 这样放置的主要目的是为了实现更高速的接口传输,提供更好的时钟。一个 CMT 包含 1 个 MMCM 和 1 个 PLL,MMCM 主要用于用户时钟的各种操作,如频率合成、相移、消除插入延迟等,PLL 则主要用于高速存储器控制器的 I/O 相位调整。

2. 区域时钟网络

在如图 2-39 所示的时钟区域内,每个时钟区域中有 4 个区域时钟网络,即 4 个 BUFR。BUFR 可由 CCIO、内部互联线、MMCM 高性能输出时钟(即 O0～O3)和 BUFMR 组成。BUFR 还可以提供最多 1/8 的时钟分频。

每个时钟区域中有 2 个 BUFMR,可用于驱动同一个区域和相邻区域的 BUFR 和 BUFIO。7 系列器件的 BUFR 不可以直接驱动相邻区域的资源,这个跟之前的器件不一样,比如 Virtex-6 器件的 BUFR 则可以直接驱动相邻区域的资源。BUFMR 可由 MRCC I/O 和高速串行收发器时钟驱动。

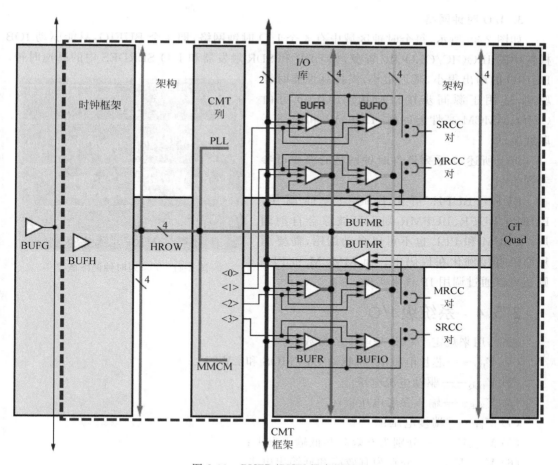

图 2-39　BUFR/BUFMR/BUFIO

在每个时钟区域有 12 个水平行的全局时钟网络和 4 个区域时钟网络,全部 16 个时钟成为在此区域内的时钟资源,如图 2-40 所示,16 个时钟网络只有 12 个可以在时钟区域的上半部和下半部进入对称分布的 CLB 的两列中。因此,16 个时钟网络的任意 12 个对于水平行上部的一对列的 50 个 CLB 是有效的,16 个时钟网络的任意 12 个对于水平行下部的一对列的 50 个 CLB 是有效的。

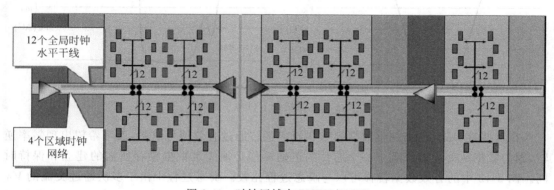

图 2-40　时钟区域内 BUFH/BUFR

3. I/O 时钟网络

如图 2-39 所示,每个时钟区域中有 4 个 I/O 时钟网络,即 4 个 BUFIO,只能驱动 IOB 模块中的 ILOGIC/OLOGIC 资源,如 DDR 和 SDR 触发器和 I/O SERDES 中的高速时钟。BUFIO 的扇出很小,延迟很小,支持高性能时钟驱动,适用于源同步接口应用。BUFIO 可由 CCIO、MMCM 高性能时钟、BUFMR 和内部互联线驱动。

综上所述,7 系列器件时钟网络的概要可参考图 2-41。

BUFG、BUFH 可由代码综合而调用,BUFIO、BUFR、BUFMR 则不可被综合自动调用,MMCM 和 PLL 也不可以自动调用,需要调用原语直接例化在代码中。而 MMCM 和 PLL 则还可以通过调用 IP 核来实现。

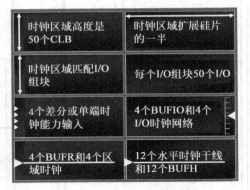

图 2-41 7 系列时钟网络概要

2.5.4 系统级 I/O

通常,用来规定 I/O 信号电平的参数是:

(1) V_{DD}——芯片电源电压,驱动 LVCMOS 和 LVTTL;

(2) V_{DDQ}——驱动电源电压;

(3) V_{REF}——输入参考电压;

(4) V_{TT}——端接电压;

(5) V_{IH}、V_{IL}——分别为有效高和低输入电平;

(6) V_{OH}、V_{OL}——分别为有效高和低输出电平。

这些参数通常是对交流和直流电平规定的。如图 2-42 所示,实线表示对一个有效数据转移并叠加虚线表示的参考电平。

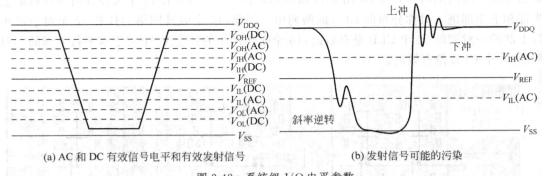

(a) AC 和 DC 有效信号电平和有效发射信号   (b) 发射信号可能的污染

图 2-42 系统级 I/O 电平参数

在这些接口定义中,完整数据要求零斜率逆转通过有效信号电平,而不希望出现斜率逆转,因为数据从一个芯片到下一个芯片的正确转移必须满足数据锁存所需的建立和保持时间。图 2-42 中的有效数据转移可以与瞬态过程比较。瞬态过程中由于多次通过交流的 V_{IL} 电平而导致转移数据的污染。这样的斜率逆转在高频通信网络中要特别注意,因为传输线效应可能产生明显的信号反射,并超过信号本身。上冲和下冲也在图中说明,它们可能引起数据畸变和超时、I/O 器件性能降低等。

在许多应用中,有效信号电平和完整的接口协议是标准化的。

当从发送芯片到接收芯片的往返传播延时比发送信号的上升时间大时,传输线效应变成主要的因素,对现代基于 CMOS 的数字系统这个条件也总是满足的。发送源、传输线和负载之间阻抗失配时信号线上出现反射是不"隐藏"在其源端的信号前沿中。这些反射是叠加在传输的信号上,引起明显的上冲、下冲和宽范围系统噪声,这导致传输脉冲相对系统时钟的有效数据窗口减少。

I/O 的系统级考虑包括如下内容:

(1) 接口时序、有效信号电平和信号协议;

(2) 芯片到芯片的通信网络;

(3) 封装约束和寄生参数;

(4) 静电放电保护;

(5) 电压转换和过压保护;

(6) 接收和片外驱动电路拓扑;

(7) 外部和自身引入的噪声源。

好的接口设计要在这些系统之间考虑平衡或作舍取,在数据率达到 1GHz 或更高时,如果不仔细检查接口电路和封装连接的初始设计,系统噪声成为接口性能的主要问题,因此要使驱动和接收电路性能对系统噪声的影响最小。

点到点的网络由单个驱动和接收对组成,在系统中驱动和接收之间的距离可以保持很短,源和负载的阻抗可以仔细地控制,这些网络是串行端接的,如图 2-43(a)所示,串行端接是所期望的,因为在信号网络中没有直流功耗产生。只要往返的传输线延时小于传输数据脉冲宽度的一半,驱动到接收的距离就足够短,就可以利用点到点的串行端接网络。

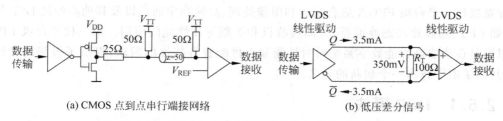

(a) CMOS 点到点串行端接网络　　　(b) 低压差分信号

图 2-43　CMOS 点到点串行端网络与低压差分信号

理想上,串行端接传输线的远端是无限大的阻抗,这十分接近 CMOS 电路的情况。

任何驱动电路的实现都要考虑通过此驱动器的最小延时对存取时间的好处与需要低的瞬时开关噪声和匹配高到低及低到高转移的关系。

输出驱动运行在内部低电源电压时,输出电压转换有两个不同的问题,一是驱动输出到比内部供电电压大的电平;二是当连接几个器件的一条总线外部被比片上输出驱动电源大的电压驱动时,要防止高阻驱动状态的漏泄电流。

(1) 低的 V_{DD} 到高的 V_{DDQ} 的变换:利用交叉耦合的 P 型场效应管实现从低的内部电平到高的外部电平的电压转换。

（2）多级总线驱动：当不同工艺制造的几个器件必须利用相同数据总线通信的混合电压接口时，片外的驱动必须能够保持与加到其输出结点电压无关的高阻状态。悬浮电位 N 阱驱动电路常应用于多级总线网络。

由于接收的输入器件尺寸仅为输出驱动尺寸的 10% 或更小，使得它们的瞬时开关是相对小的噪声源。两个最通常的 CMOS 接收电路是单端和差分接收。与单端接收电路相比，利用 N 型或 P 型场效应管的差分放大器能够显著地减少其对电源和输入噪声的敏感度。互补自偏置差分放大器则能进一步改进对接收正负电源噪声的抗扰性能。图 2-43（b）的点到点低压差分信号（LVDS）接口有比单端接口高的噪声抗扰性，可实现板级间的高速数据传送。

为实现系统级集成，FPGA 和 CPLD 等的 I/O 接口要满足以上高速 CMOS 设计的要求。

2.6 平台级 FPGA 的结构和工作原理

现场可编程门阵列（FPGA）在经历第一代实现粘合逻辑和第二代实现系统级宏单元之后，进入平台级 FPGA（Platform FPGA）。采用 $0.1\mu m$ 六层铜金属连线，1000 万系统门的 FPGA 的出现，使 FPGA 的生产厂商可以与处理器、EDA 和 DSP 工具等巨头公司合作，提供了基于 FPGA 平台的开发平台。

平台级 FPGA 集成了各种 IP 的软核和硬核，结构的可编程特性减少了系统开发时间，单个平台 FPGA 就能对多种应用进行集成。FPGA 平台通过嵌入式乘法器、DSP 块、扩充的存储器和增强算法功能，可以达到每秒超过几千亿次的乘法累加运算，支持 18 位带符号和 17 位不带符号数的乘法运算，并可以级联支持更大的数字。根据数位宽度的不同，完全组合式乘法器的运算速度达到几百兆赫。平台级 FPGA 的 I/O 接口不仅适应各种新涌现的接口标准，并且能够支持快速存储器、时钟和背板等接口标准，也提供网络和通信系统的高带宽接口。平台级 FPGA 适合视频和图像处理、高速数字通信以及其他高性能 DSP 等应用，如 FFT、超高速动态滤波器、分离接收机和扩频等高性能的应用。第三代平台级 FPGA 可以满足在集成高性能数字系统时对性能和可再配置等特性的需求，提供了极强的设计平台，开创了电子技术一个崭新的未来。

2.6.1 DSP 模块

所有 7 系列器件都带有相同的 DSP48E1 模块，只是数量和性能因不同的系列而不同。DSP48E1 模块的基本结构如图 2-44 所示，是由一个 25×18 位的乘法器和加减法器/累加器组成的，配合内部的流水线（Pipeline）寄存器，可实现高速的并行运算，消除传统 DSP 处理器的性能瓶颈。DSP48E1 基本运算由 4 位 ALUMode 控制码来控制 $X/Y/Z$ 这三个复用器进行相关运算得到最终结果输出。其控制模式如表 2-10 所示。同时，$X/Y/Z$ 这三个复用器的数据输入及其对应的输出则由 7 位 OpMode 控制实现。每个 DSP 模块都有独立的 OpMode，并且可以实时改变，即可以在每个时钟周期按需改变其功能。具体控制如表 2-11 所示。

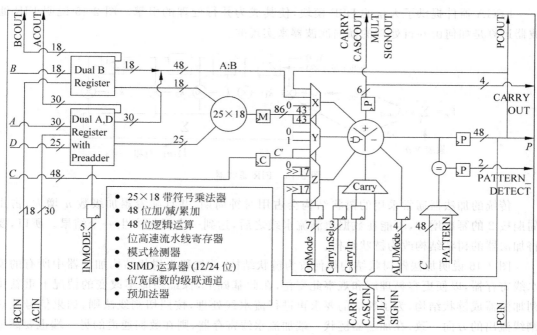

图 2-44　DSP48E1 模块的基本结构

表 2-10　ALUMode 控制模式

累 加 模 式	运　　算	累 加 模 式	运　　算
0000	$Z+X+Y+\mathrm{CIN}$	0011	$Z-(X+Y+\mathrm{CIN})$
0001	$-Z+(X+Y+\mathrm{CIN})-1$	其他	逻辑运算
0010	$-Z-X-Y-\mathrm{CIN}-1$		

表 2-11　OpMode（控制 X、Y 和 Z 多路选择器行为）

Z			Y		X		选　择	说　　明
6	5	4	3	2	1	0		
X	x	x	x	x	0	0	0	默认
X	x	X	0	1	0	1	倍增器输出（A×B）	必须满足 Y[3:2]＝01
X	x	x	x	x	1	0	P	—
X	x	x	x	x	1	1	AB	48 位宽
x	x	X	0	0	x	x	0	默认
x	x	X	0	1	0	1	倍增器输出（A×B）	必须满足 X[1:0]＝01
x	x	X	1	0	x	X	48′hFFFF_FFFF_FFFF	按位逻辑操作
X	x	X	1	1	X	X	C	—
0	0	0	X	x	X	x	0	默认
0	0	1	X	X	X	X	PCIN	—
0	1	0	X	X	X	X	P	—
0	1	1	X	X	X	X	C	—
1	0	0	X	X	X	X	P	MACC 扩展
1	0	1	X	X	X	X	对 PCIN 移位	移 17 位
1	1	0	X	X	X	X	对 P 移位	移 17 位
1	1	1	x	X	x	X	—	非法选择

FPGA 器件提供了大量的 DSP 模块,使其成为并行处理的引擎。图 2-45 说明 FIR 滤波器运算是如何由并行处理的横向滤波器来实现的。

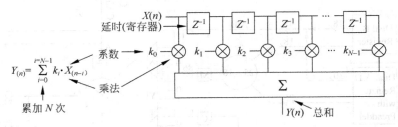

图 2-45　FIR 滤波器

传统的加法器通常采用的树状结构会占用时钟周期,并且随着累加级数 n 增大,占用周期按 2 的幂次增加,不能在数据填满流水线之后,达到一个时钟产生一个结果。所以,要将加法器的树状结构改为链状结构。

图 2-46 说明加法器树状结构如何改为链状结构,首先移去树状结构加法器中所有的流水线寄存器,以便更容易理解和观察此变化,在此基础上,保证功能不改变的情况下重新排列加法器成链状结构,为了性能的要求再进行流水线处理,按照切割线法则,如果信号从切割线流出的方向一致,在加法器链状一端加流水线寄存器,则在数据通道的另一端也要添加

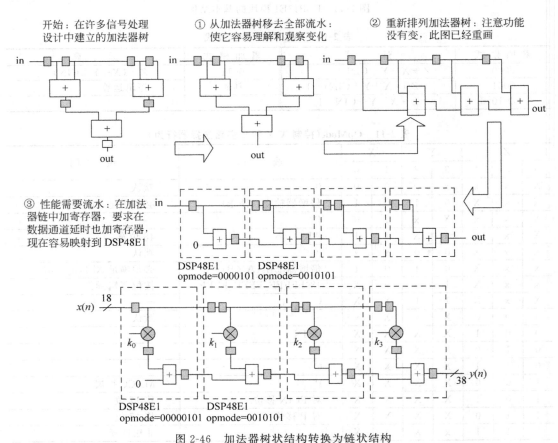

图 2-46　加法器树状结构转换为链状结构

寄存器,才能使功能不改变。这样在数据通道要求对输入数据进行二级延时,DSP48E1 模块的输入有二级寄存功能可以满足此要求,而不需要占用另外的资源。图 2-46 的底部给出了在 DSP48E1 中以加法器链实现的 FIR 滤波器的结构。

7 系列 DSP48E1 模块还有一个重要特性就是具有 25 位的预加器,主要适用于对称滤波器设计、复数乘法等。

如图 2-47 所示,对称滤波器运算中,$tap_{13} + tap_{17}$ 可由预加器来实现,这样就可以加倍处理速度,节省一半的 DSP 模块的资源。

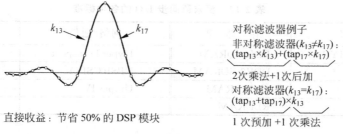

图 2-47　对称滤波器示例

运用 DSP 模块实现数字信号处理,一般建议使用 IP 核,如实现 FFT、FIR、DDS 等。

2.6.2　高速串行接口

源同步可以实现精确的延迟线位对准、带字对准的 SERDES 以及高速的差分时钟。

当一个系统要求的低偏移时钟数比单个缓冲器可以驱动的时钟数多时,就需要多个缓冲器。这时,部件与部件的偏移成为限制的因素,而不是单个缓冲器的输出与输出偏移。

不存在时钟树偏移和抖动成为调谐频率的决定因素,输入保持时间的要求通常才是时钟偏移的主要限制。低于一定的频率,偏移测算由输入保持时间的要求所限制。

由建立时间限制的时钟偏移是从有效时钟沿开始直到目的触发器输入改变的最坏延时来计算的,最坏延时是源触发器的 t_{CO} 和引线最大传播延时之和。为了满足目的触发器必须把 t_{SU} 加入,从实际的时钟周期 T 减去整个延时限制得到时序的余量,时钟偏移必须小于这个余量,即

$$t_{\text{SKEW}} < T - (t_{CO} + t_{\text{DATA DELAY}} + t_{SU})$$

但是随着运行频率的提高,这种时序分析方法因为无法达到测算的时钟偏移,而失去效用。由于引线延时和时钟树偏移不随半导体工艺进展缩减,所以传统的同步时钟在高频时不能工作。源同步总线时钟结构能够在超过 100MHz 的频率很好地运行,这个结构可移去时序分析中作为变量的纯引线延时和时钟树偏移,源同步接口把时钟和数据分布在一起,而不是按传统的同步时钟树设计将二者分开。数据源或发送端发送一个与数据同相的时钟,好像时钟只是同步接口的另一个信号,这样做后,时钟和数据有接近匹配的延时通过 IC 输出电路和封装。信号在电路板上按照长度匹配进行布线,使得接口部件的每根引线有近似一致的传播延时。在信号到达接收端的 IC 时,时钟和数据是带一定偏移误差对准相位的,该误差只是发送端输出到输出偏移和印制板引线延时失配的函数。该偏移远小于传统同步接口的偏移和引线延时。只允许很小的有限偏移和开关时间,几乎整个时钟周期可以用来

满足输入触发器的建立时间和保持时间要求,这也是为什么高性能逻辑接口和存储器(如DDR SDRAM)等可以在几百兆赫运行的原因。

目前在高速应用中,许多协议和标准需要源同步的 I/O,对于 1GHz 的信号,时序要求成为关键,会出现内部频率降低、通道到通道偏移和建立及保持时间不能保证等问题,要达到如此高的性能是对设计者的挑战。

FPGA 提供了实现 SERDES 的逻辑资源,包括输入的串到并变换器 ISERDES 和输出的并到串变换器 OSERDES。表 2-12 是要求源同步 I/O 的各种标准。

表 2-12   要求源同步 I/O 的各种标准

网络/通信	存　储　器	网络/通信	存　储　器
SPI-4.2(POS-PHY L4)	DDR SDRAM	HyperTransport	FCRAM
SFI-4	DDR2 SDRAM	NPSI(CSIX)	
XSBI	QDR SRAM	Utopia IV	
RapidIO	RLDRAM		

1. 输入串到并逻辑资源

FPGA 的 ISERDES 是带有规定的时序和逻辑特性的专门串到并变换器,设计成适合高速源同步应用的实现。

ISERDES 的特性包括:

(1) 专门的去串行化/串到并变换器:ISERDES 去串行化不要求 FPGA 架构匹配输入数据频率就能传输高速数据,这个变换器支持单数据率(SDR)和双数据率(DDR)模式,在SDR 模式串到并变换器产生 2、3、4、5、6、7 或 8 位宽并行字;在 DDR 模式串到并变换器产生 4、6、8 或 10 位宽并行字。

(2) 数字可控延时元件 IDELAY:每个 ISERDES 模块包含一个可编程绝对延时元件——IDELAY,它是一个 64 抽头缠绕延时元件,带有固定的和确保的抽头精度。它可以应用于组合输入通道、寄存输入通道或二者兼有,有三个运行模式:①缺省模式:零保持时间延时模式;②固定模式:延时数值设置在 IOBDELAY_VALUE 中的数值;③可变模式:延时数值可以操纵一组控制信号在运行时间改变。

(3) Bitslip 子模块:所有 ISERDES 模块包含一个 Bitslip 子模块。Bitslip 子模块用于源同步网络化类型应用的字对准目的,允许设计者重新对进入 FPGA 架构的并行数据流顺序排序,可用来训练源同步接口,它包含一个训练方式。图 2-48 表示两个 ISERDES 模块配置为 Bitslip 模式。

(4) 专门的支持基于选通的存储器接口:ISERDES 包含专门的电路(包括 OCLK 输入引脚)管理在 ISERDES 模块内横跨整个模块的选通到 FPGA 的时钟域,可以允许高性能和简化实现。

2. 输出并到串逻辑资源

FPGA 的 OSERDES 是带有规定的时序和逻辑特性的专门并到串变换器,设计成适合高速源同步接口的实现。每个 OSERDES 模块包含数据和三态控制的串行化。数据和三态串行化可以配置成 SDR 和 DDR 模式,数据串行化可以达到 6∶1,OSERDES 宽度扩展时,达到 10∶1,三态串行化可以达到 4∶1,如图 2-49 所示。

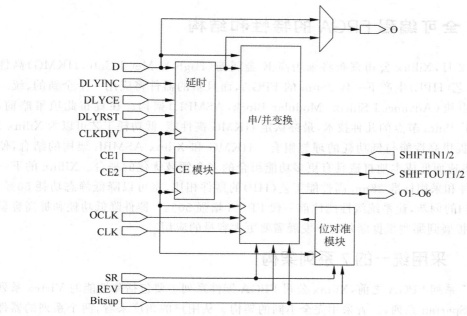

图 2-48　ISERDES 模块

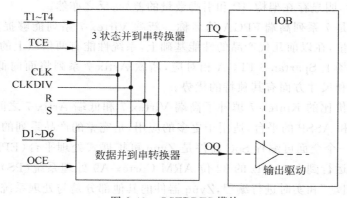

图 2-49　OSERDES 模块

1) 数据并到串变换器

在一个 OSERDES 模块中,数据并到串变换器接收来自 FPGA 架构的 2～6 位的并行数据(如果利用 OSERDES 宽度扩展时,为 10:1),串行化此数据,把它送到 IOB,通过 OQ 输出。并行数据从最低阶数据输入最高阶串行化。数据并到串变换器两种模式是有效的: 单数据率(SDR)和双数据率(DDR)模式。

OSERDES 利用两个时钟 CLK 和 CLKDIV 进行数据速率变换,CLK 是高速串行时钟, CLKDIV 是分频的并行时钟。

2) 三态数据并到串变换器

除了数据的并到串变换器,OSERDES 模块也包含用于 IOB 三态控制的并到串变换器,不像数据变换,三态变换只可以串行化高达 4 位的并行三态信号。三态变换器不可以级联。

2.7 全可编程 FPGA 的特性和结构

2010 年 2 月,Xilinx 公司宣布将采用高 K 金属栅(High K Metal Gate,HKMG)高性能、低功耗工艺(HPL)生产下一代 28nm 的 FPGA,而且新的器件将应用一个全新的、统一的高级硅模组块(Advanced Silicon Modular Block,ASMBL)架构。在宣布此项策略前,Xilinx 评估了 28nm 节点的几种技术,最终认定 HKMG 高性能、低功耗工艺可以为 Xilinx 7 系列 FPGA 提供高性能与低功耗的理想组合。HKMG 和 Xilinx ASMBL 架构的结合,使 Xilinx 能够迅速而低成本地打造具有更多功能组合的多个领域优化的平台。Xilinx 的下一代 7 系列器件和采用标准 28nm 高性能工艺(HP)的器件相比,将可以降低静态功耗 50%,还将通过架构的创新,让系统级性能比前一代 FPGA 增强 50%。器件降低功耗和提高容量使 FPGA 可扩展到那些根据摩尔定律发展需要更大容量的应用。

2.7.1 采用统一的 7 系列架构

在推出 7 系列 FPGA 之前,Xilinx 公司 FPGA 器件系列主要包括高性能的 Virtex 系列和大批量的 Spartan 系列,二者采用完全不同的架构。从用户的角度来看,两个系列的器件对应的 IP 和使用时的设计体验都存在差异。如果想把终端产品的设计从 Spartan 设计扩展到 Virtex 设计,明显存在架构、IP 和引脚数量的差异,反之亦然。

Virtex 仍然是 7 系列高端 FPGA 的名称。新款 Virtex-7 系列能够提供多达 200 万逻辑单元的惊人容量,在以前几代产品的性能基础上,系统性能有两倍以上的提升。

与低成本市场上 Spartan-6 FPGA 相对应,新款 Artix-7 系列将面向低成本、低功耗应用,在价格、功耗和尺寸方面有其独特的优势。

具有优异性价比的 Kintex-7 填补了高端 Virtex-7 和低端 Artix-7 之间的空白,是用于替代主流 ASIC 和 ASSP 的平台,适用于更多的应用,是完整的产品系列的中坚者。

7 系列的另一个全面可编程 SoC 器件是 Zynq 可扩展式处理平台(EPP)。该器件的主要模块是两个能运行到 800MHz 的 32 位 ARM Cortex-A9 处理系统(PS)。此处理系统加电后能够"自行启动"和实时进行编程,Zynq 器件的其他部分是与处理系统紧密连接的可编程逻辑(PL)扩展块,使设计人员能够根据系统要求对硬件和软件功能进行分配。用户可以在可编程逻辑扩展块内实现不同的功能,以创建高度优化的专用 SoC。因为 PL 部分的结构采用与 7 系列器件完全相同的 Virtex 逻辑架构,客户还可以把 7 系列上的设计模块移植到可扩展式处理平台 EPP 的逻辑部分。此外,该通用逻辑架构还支持 ARM AXI4 高级可扩展接口协议。这意味着 Xilinx 的内部 IP 开发人员和数以百计的 IP 合作伙伴可以更加方便地就 Xilinx FPGA 选用并实施兼容于 AXI 的 IP。如果许多客户已经构建了兼容于 AXI 的 IP,就能更方便地把设计从 ASIC 或者 ASSP 移植到 7 系列 FPGA。

除了能够给客户和 IP 合作伙伴带来重用优势,7 系列的统一架构还能让 Xilinx 今后的开发工作更加重点突出、分工明确。客户能够更加方便地在系列之间移植设计,重用其 IP。

ASMBL 架构是一种新的模块化架构,将功能模块分布成可互换的列,而不是栅格平面。利用这种结构,设计新的专用 FPGA 器件只需要更换成列状的 IP 模块,而无须对整个芯片重新设计。这可以加快针对特定应用开发出能满足其独特需求的产品,与此同时,这样的产品又具备足够的广泛性，可以被许多客户采用。

在物理上，ASMBL 模块被分成等宽的垂直列，其高度与裸片相同。每列可能包含可编程逻辑结构或硬 IP，例如存储器、DSP 模块、高速 I/O、串行/解串行模块、通用可编程 I/O、微处理器内核或任何其他能布置在这种纵横比（指高与宽之比）空间中的 IP，大尺寸 IP 宽度可能占几个列，但一些可编程逻辑单元及稍小一点的 IP 按适当的列布局，如图 2-50 所示。

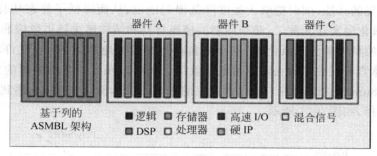

图 2-50　ASMBL 模块布局

采用 ASMBL 模块的 FPGA 仍然采用九层金属工艺，在 9 个金属层中，1~4 层金属层专门用于列中的电路，但上面的金属层是供 FPGA 的分段式可编程互连结构使用的。I/O、电源和时钟连接不是置于裸片的外围，而是被制作在列内的基板栅格阵列上，然后通过倒装芯片技术绑定到封装上。

新架构的目标是为了能快速地创建具有特定资源组合的 FPGA，其步骤只是装配已知的列，做全局布线，然后在投片前进行一次最终检验。列架构提供的统一几何布线还能为 Xilinx 的软件开发团队以及第三方软件和 IP 开发商提供一个稳定的模型。这能促使业界迅速对新芯片提供软件支持，并促使第三方 IP 不断增加，以便为该架构带来新的列。

2.7.2　高性能和低功耗结合的工艺

7 系列 FPGA 的另一个重要特性是在功耗、容量和性能等几方面做到了完美的兼顾。Xilinx 通过与台湾晶圆厂 TSMC 合作，引入了最新优化的 HKMG 高性能、低功耗（HPL）工艺，完成了制造策略的调整，使之进一步与现代 IC 设计的实际情况相结合。

过去，FPGA 厂商都是在晶圆厂推出最新的半导体工艺后，立即在其性能最高的变种上实施设计。但是，从 90nm 工艺开始，漏电流就成为一个严重的问题，65nm 和 40nm 工艺漏电流更为严重。在 28nm 工艺节点上，如果不加以处理，漏电电流将占器件功耗的 50% 以上。动态功耗指的是一个器件在执行设计任务时所消耗的电能，而静态功耗除了在器件没有工作的时候耗用电能，运行时的漏电流还会产生额外的热量，并进一步加重漏电流。特别是在连续使用的高性能应用中，这种恶性循环会缩短器件的寿命，导致灾难性的 IC 故障，严重影响在给定应用中使用 FPGA 的可行性和系统的可靠性。

传统的 FPGA 工艺已经达到功率的极限，所以性能也受到限制。为了制造更快的晶体管，在工艺尺寸不断缩小的同时，栅极介质层的厚度也持续地减小，由于通过介质层的隧道效应和栅极下面自身的漏电流，变薄的介质层厚度会导致漏电流的增加。从 90nm 工艺开始,一直到 40nm 工艺,Xilinx 成功地利用创新的"三栅极氧化层"电路控制隧道电流效应。"三栅极氧化层"是指采用不同的晶体管栅极氧化层厚度。I/O 晶体管必须可以承受 3.3V 的电压,因此使用相对较厚的氧化层,但是逻辑和其他核心功能所使用的超高速晶体管则一般采用超薄氧化层。问题是超薄氧化层和超低阈值电压不可避免地带来较高的泄漏电流。然而,Xilinx FPGA 率先采用了第三种中间厚度的栅极氧化层,专门针对这一类晶体管。这种三栅极氧化层方法允许对器件电路的性能和功耗进行微调。它使得 Virtex-5/6 器件可以提供业界领先的性能,同时能够大幅度降低泄漏电流,从而降低了静态功耗。到了 28nm 工艺时,栅极氧化层实在太薄了,必须用新的栅极材料和结构解决隧道效应和泄漏电流。这个新的栅极介质材料称为二氧化铪,这个材料具有高的介电常数 K,它允许增加栅极的厚度,从而使晶体管可以更多地去除隧道电流效应。例如,40nm 工艺中采用的二氧化硅的 K 值是 3.9,在 28nm 工艺采用的二氧化铪提供的 K 值是 25,所以在 28nm 达到高性能和低功率均最佳的选择,如图 2-51 所示。

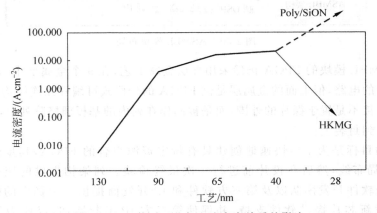

图 2-51 K 值对工艺与电流密度关系的影响

在限制 28nm 的高性能工艺的漏电问题上,晶圆厂已经取得了重大进展。Xilinx 与其新的晶圆厂合作伙伴 TSMC 合作,针对 7 系列对该厂的新款 HKMG 的高性能低功耗(HKMG HPL)工艺进行了优化,重点是在缩小几何尺寸的同时提高容量和系统性能,也同时降低功耗。

通过用 HPL 工艺取代高性能(HP)工艺,Xilinx 可以将功耗降低 50%,而性能方面的降幅只有 3%。通过融合 HPL 工艺与在 7 系列中实现的综合性强化节能措施,与上一代密度相同的产品相比,可以让总体能耗下降 50%。

50% 的能耗下降可以带给设计小组两个选择:在 7 系列中以此前一半的功耗实现类似规模的 Virtex-6 或者 Spartan-6 设计,或者在新设计中以相同的功耗实现双倍的逻辑功能。采用 HPL 工艺后,可以为客户提供更加具有可用性的性能和更多的逻辑门,以便在设计中实施更多的功能。

通过选择更高容量但更低功耗的 28nm 工艺产品,Xilinx 跟上了微处理器行业的步伐,进而引领 FPGA 行业的发展。大约 10 年前,MPU 制造商就认识到采用更新的工艺来提升时钟频率会造成严重的漏电问题,从而导致耐热性差的器件损坏。微处理器行业的经验是,在目前的工艺条件下,更高的集成度和效率是实现性能的最佳途径,而非仅仅提高器件的运行速度。采用当前的工艺,如果只是单纯地提高运行速度,会消耗更多的功率,并带来散热问题,从而恶化功耗水平和性能。必须高度关注最终用户应用,确保在满足系统的低功耗要求和系统需求之间寻得合理的平衡。7 系列 FPGA 的推出,将很好地解决低功耗和高性能的矛盾。

如果 Xilinx 采用 HP 工艺实现增量时钟加速,与功耗的大幅度增加相比,性能的增加将显得微不足道,从而迫使用户在设计中把许多精力放在功耗和散热问题上。他们可能需要在最终的系统中采用复杂的散热装置,甚至风扇或者水冷系统以及相关的供电线路,从而造成额外的系统成本。

HPL 只是 Xilinx 用于降低 7 系列功耗的十多种技术之一。例如,Xilinx 把配置逻辑电压从 2.5V 降低到 1.8V,同时使用 HVT、RVT 和 LVT 晶体管来优化 DSP、Block RAM、SelectIO 及其他硬件块,实现在优化性能和占位面积的同时降低静态功耗。因此,每个 DSP 片消耗的电力是等效逻辑实施方案的 1/12。通过优化 FPGA 线路中的高度集成硬件块的比率,Xilinx 能够在保持灵活性的同时,实现最高的性能和最低的功耗。

客户还可以使用 Vivado 设计套件中引入的智能时钟门控技术,让 7 系列的动态功耗进一步下降 20%。最终,通过使用 Xilinx 的第四代部分再配置技术来有效地"关闭"设计中未使用的部分,用户可以大幅度地降低功耗。

总之,通过采用 HPL 工艺,加上其他降低功耗的措施,同时以统一架构推出新器件,Xilinx 现在能够推出全面的 FPGA 产品线,从大批量低功耗产品线到具有业界迄今最大容量和最高性能的产品线,应有尽有。

2.8 ASIC 架构的 UltraScale 系列

Xilinx UltraScale 架构在前一代完全可编程的架构中应用了前沿 ASIC 技术,支持电路智能处理速率的系统性能从每秒数百 Gb,扩展至 Tb 乃至每秒万亿次的水平。基于此 ASIC 级架构,Kintex UltraScale 和 Virtex UltraScale 器件进一步扩大了公司市场领先的 FPGA 和 3D IC 系列范围,并支持新一代更智能系统的全新高性能架构要求。UltraScale 系列可从 20nm 平面扩展至 16nm FinFET 乃至更高技术,从单片向 3D IC 扩展。

2.8.1 UltraScale 架构

UltraScale 架构的核心技术包括新一代布线、类似 ASIC 的时钟和逻辑基础设施改进功能,消除了高级技术节点最重要的互联瓶颈,从而能改进性能、提高器件利用率,同时加速设计时序收敛。基于 UltraScale 架构 ASIC 级的性能优势,UltraScale 系列实现了 Vivado Design Suite 的协同优化,而且采用 UltraFAST 设计方法加速产品上市进程。

为了高效地接收、缓冲、处理和传输大量的数据,满足新一代系统和应用的需求,UltraScale 架构在 28nm 工艺的基础之上实现了一些关键架构的增强功能。随着设计变得越来越复杂,内部数据总线越来越宽,片上高速串行收发器数量大幅度地增加,造成要处理的物理数据信号越来越多,一系列挑战变得尤为突出:

(1) 布线延迟在系统整体延迟中占主要部分;

(2) 时钟偏移消耗大量可用的时序裕量;

（3）次优化的逻辑封装降低系统性能。

1）互联架构针对海量数据流进行优化

随着逻辑资源的容量按 N 次方增幅达到 ASIC 的水平，传统以纵横布局的互联矩阵增幅仅为 N 倍，成为限制布线成功的主要因素。UltraScale 架构增加互联资源数量和更多的直接布线，给设计软件更多选项来连接逻辑资源，以满足 Gb 量级智能包处理和 Tb 量级数据链的海量数据流，如图 2-52（a）所示。

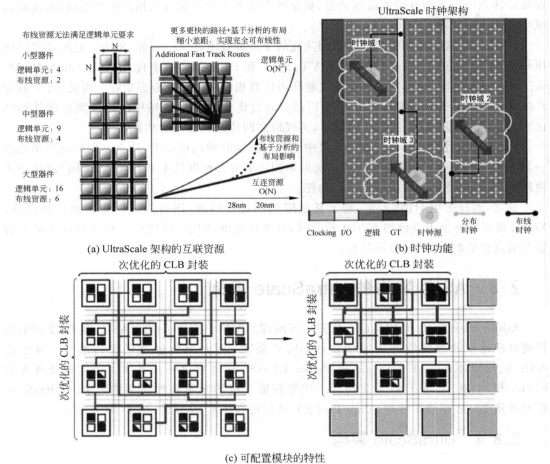

(a) UltraScale 架构的互联资源

(b) 时钟功能

(c) 可配置模块的特性

图 2-52　UltraScale 架构特性

2）类似 ASIC 的时钟功能

系统时钟从芯片中心扇出运行很高频率时，在海量数据流上累积的时钟偏斜程度增大到接近一半时钟周期，传统的靠大量流水线保证性能已不可行。UltraScale 架构提供类似 ASIC 的多区域时钟功能，增加具有全局功能的时钟缓冲器数量超过 20 倍，系统时钟放在芯片任何最佳位置上，实现最低偏移和最快速度的时钟网络，节省了功耗，如图 2-52（b）所示。

3）CLB 结构多变的灵活性

每个 6 输入查找表 LUT 与两个触发器结合使用，每个触发器都有专门的输入和输出，可支持所有组件一起使用或彼此完全独立使用,因复位可倒相,在相同 CLB 中可同时实现高和低电平有效的触发器复位,时钟使能信号数量翻倍,移位寄存器和分布式 RAM 提供额外的时钟信号。这些架构变化增加了封装选项的灵活性。利用布线资源的数量增加和时钟架构的高度灵活性,CLB 的连接功能可显著提升,支持高性能紧密型设计,提升器件利用率,并降低整体功耗,如图 2-52(c)所示。

4)提供超大 I/O 带宽

UltraScale 架构采用两类串行收发器,GTH 收发器的数据传输速率高达 16.3Gb/s,提供主流串行协议所需的全部性能。VirtexUltraScale 采用一个 GTY 收发器,对芯片到芯片和芯片到光纤应用的数据速率达 32.75Gb/s,提供 28Gb/s 背板支持。所有收发器的连续自适应接收器具有连续自适应均衡功能,包含自动增益控制 AGC、连续时间线性均衡器 CTLE 和多抽头判决反馈均衡器 DFE 等。

5)实现快速、智能的处理

智能信息处理除了上述超大 I/O 带宽和宽扇出低偏移的时钟之外,还要求高吞吐量的 DSP 模块和高带宽存储器接口。UltraScale 架构的 DSP48E2 DSP 模块包含 27×18 位乘法器,与 DSP48E1 相比,实现 IEEE Std754 双精度算法可减少 2/3 的模块。非 DSP 运算的错误校正与控制 ECC、循环冗余校验 CRC 和前向纠错 FEC 等,因为包含宽 MUX 和宽 XOR 函数,DSP 模块成为高速和硬化的宽逻辑模块而增强性能和降低功耗。存储器带宽方面提供超过 1Tb/s 的 DDR SDR 带宽,重新设计的片内 BRAM 支持高速存储器级联,消除了 DSP 与包处理中存在的瓶颈,FIFO 可以支持不同宽度的输入和输出端口,有利于跨时钟域应用,且支持很多个时钟域。

6)低功耗

BRAM 专用数据级联布线和输出多路复用功能可构建低动态功耗的快速大型阵列,运行中可关闭,且启动时间极短;增强的 DSP 功能可降低运行所需 DSP 的总数量,显著降低静态和动态功耗。最新时钟布局仅在需要位置驱动时钟,细粒度门控能为小部分逻辑关闭时钟。

Xilinx 公司同台积电公司合作成功地开发了高性能和低功耗 28HPL 工艺技术,在 20nm 工艺节点上,UltraScale 架构采用 20SoC 工艺,更多模块层次的创新能优化大规模数据流的关键路径,并降低各层级的功耗。

两款高性能 FPGA 系列产品 Kintex UltraScale 和 Virtex UltraScale 均以 UltraScale 架构为基础,能充分满足一系列中高端系统和应用需求。这两种器件系列虽然采用相同的架构,但可提供不同的资源组合(DSP、BRAM、CLB 等)。由于采用相同的底层架构,因此 DSP、BRAM、CLB 等模块能够实现相同的高性能。

例如,利用 DSP 优化的 Kintex UltraScale 20nm 产品系列能充分满足大规模信号处理的要求,其 DSP 功能远远超越了 Kintex-7 和 Virtex UltraScale FPGA。Kintex UltraScale FPGA 采用多达 64 个收发器、800 多组 I/O、79 Mb 的 BRAM,是前一代高端 FPGA 器件才能支持相关应用的理想解决方案。

Virtex UltraScale FPGA 采用多达 104 个收发器,数据传输速率高达 32.75 Gb/s,并且结合强大的片上和片外存储器功能,从而实现前所未有的系统连接功能和吞吐量。此外,Virtex UltraScale 系列还包含全球最大容量 FPGA——VU440,它具有超过 440 万个逻辑单元、高达 89 Mb 的 BRAM 以及 1400 多组用户 I/O。

Xilinx 7 系列 28nm 中高端器件和 UltraScale 器件共同构成多工艺节点产品组合。设计人员可根据系统要求选择具体的 28nm 或 20nm 器件系列，从而确保实现系统性能、功耗和成本的最佳平衡。

2.8.2　SSI 互连技术

Xilinx 的堆叠硅片互连(Stacked Silicon Interconnect，SSI)技术是在无源硅中介层上并排连接几个有源的硅切片，该切片再由穿过其中介层的金属连接，与印制电路板上不同 IC 通过金属互连通信的方式类似，Xilinx 利用 SSI 技术使器件的集成超过了摩尔定律的速度。

单片 FPGA 设计流程的典型步骤包括产生高层次的描述、综合成 RTL 的描述匹配硬件资源、执行物理的布局和布线以及产生位流以编程 FPGA。

当设计采用多个 FPGA 时，设计梯队必须跨 FPGA 分割网表，以多个网表工作意味着开放和管理多个项目，每个用它自己的设计文件、IP 库、约束文件和封装信息等。

多 FPGA 设计的时序收敛也可能是极其有挑战性的，计算和累计通过板到其他 FPGA 的传播延时具有新的和复杂的问题。类似地，诊断通过多个 FPGA 中多个局部网表的设计可能极其复杂和困难。

对比之下，SSI 技术布线对用户是透明的，用户执行单个设计会导出和诊断采用标准的综合和时序收敛流程。Vivado 设计套件是支持当前和未来高容量器件设计的开放环境。采用 SSI 技术的新器件突破单片 FPGA 的限制，扩充了它们在一些最高要求的应用中的价值，例如下一代通信和网络系统、ASIC 的原型设计等。此外，SSI 技术的 FPGA 器件具有大量的高速串行收发器和上千的 DSP 处理单元，使其在航天和国防等领域得到应用。

上述内容介绍了 Xilinx FPGA 器件发展过程中，经历的逻辑级、系统级、平台级、全可编程和 ASIC 架构等阶段的器件所具有的新的特性。表 2-13 对各个阶段典型器件的性能指标进行了比较，新一代器件在增加新的资源满足新的需求的同时，由于集成度的提高，将前一代的已经具有的资源作了扩充，提高了性能。

表 2-13　Xilinx FPGA 典型器件资源比较

器件资源	逻辑级		系统级		平台级		全可编程		ASIC 架构	
代表型号	XC3195	XC4085	3S5000	5 Vlx330	6Slx150	6 Vlx550	7K480T	7VX1140	KU115	VU160
等效逻辑单元	—	7448	74 880		147 443	549 888	477 760	1 139 200	1 451 100	2 026 500
LUT I/O 数	5/2	4/1	4/1	4	4	6/2	6/2	6/2	6/2	6/2
CLB	22×22	56×56	104×80	240×108	—	—	37 325			
Flip-Flop	1320	7168	—		184 304				1 326 720	1 852 800
水平长线	44									
CMT	—	—	4DCM	6	6	9	8	24	24	28
分布 RAM/Kb	—	—	520	3420		6200	6788	17 700	18 360	28 700

续表

器件资源	逻辑级		系统级	平台级			全可编程		ASIC 架构	
代表型号	XC3195	XC4085	3S5000	5Vlx330	6Slx150	6Vlx550	7K480T	7VX1140	KU115	VU160
BRAM/Kb	—	—	1872	10 368	4824	22 752	34 380	67 680	75 900	88 600
DSP	—	—	乘法器	48E	48A1	48E1	48E1	48E1	48E1	48E1
DSP48	—	—	104	192	180	864	1920	3360	5520	2880
峰值 DSP 性能 (GMACs)	—	—					2845	5335	8180	4268
收发器数量	—	—	—	—	—	36	32	96	64	104
峰值收发器线速/(Gb·s^{-1})							12.5	28.05	16.3	32.75
峰值收发器带宽/(Gb·s^{-1})							800	2784	2086	5101
PCIe 模块						2	1	2	6	4
100G 以太网模块								2	7	9
150G Interlaken 模块								2	0	8
存储器接口性能/(Mb·s^{-1})							1866	1866	2400	2400
I/O 引脚	176	448	633	1200	540	1200	500	1100	832	1456

表 2-13 中的逻辑单元是由一个查找表 LUT 和一个触发器组成的,而等效逻辑单元的计算增加一个等效系数,即

$$等效逻辑单元=CLB×8LUT/CLB×1.125$$

查找表的输出为 2 时,查找表都可以拆分为 2,在其中实现输入相同的两个逻辑函数。

时钟管理模块 CMT 由混合模式时钟模块 MMCM 和锁相环 PLL 组成

$$1CMT=1MMCM+2PLL$$

2.9 FPGA 的配置

从以上几节可以看出,PLD 的各种逻辑功能的实现都是由内部控制的编程存储单元的数据决定的。例如,编程存储单元的数据定义查找表、多选一输入或内部跨接的开关晶体管的功能。编程存储单元的数据又是通过编程把系统设计的一定的格式的程序化数据加载进去,去定义内部模块的逻辑功能以及它们的相互连接关系。

随着 PLD 集成度的不断提高,设计的工作量越来越大,PLD 的编程日益复杂,PLD 的编程必须在开发系统的支持下才能完成。PLD 的开发系统包括硬件和软件两部分,硬件包括计算机和专用的编程电缆或编程器,软件是指各种开发软件。

器件编程需要满足一定的条件,如编程电压、编程时序和编程算法等。传统的编程技术是将 PLD 插在编程器上进行,例如简单 PLD 大多使用这种方式编程。目前,许多新型的 CPLD/FPGA 的编程采用了系统内可编程技术(ISP),系统内可编程技术是指未编程的器件可以直接焊接在印制电路板上进行编程或反复编程的能力。编程既不需要使用编程器,也不需要将它从电路板上取下,用户通过计算机和专用的编程电缆,可以对目标器件的逻辑功能进行随时方便地修改,简化了 PLD 器件的编程和目标系统的升级维护工作。

在本章前两节举例介绍的 CPLD 和 FPGA 都具有系统内可编程特性。由于工艺不同,不同工艺的系统内可编程器件表现出不同的性能。基于乘积项的 CPLD 采用 EPROM 或 EECMOS 工艺,如 LATTICE 公司的 *ispLSI 1016* 器件的可编程存储单元均为 EECMOS 结构,编程过程就是把编程数据写入 EECMOS 单元阵列的过程。而基于查找表的 CPLD 和 FPGA,可编程存储单元为 SRAM 结构,SRAM 中的数据理论上允许在器件被烧制以后被无限次加载和修改,因此不仅具有系统内可编程性能,而且具有无限次动态重编程的功能。但是 SRAM 工艺的可编程单元掉电后数据丢失,因此需外部存储器,每次上电需要重新编程。本节主要介绍具有 ISP 特性的 FPGA/CPLD 的编程。

2.9.1　编程原理简介

编程数据存储单元以阵列形式分布在 FPGA 中,编程数据存储单元阵列结构如图 2-53 所示。存储单元为 5 管 SRAM 结构,只有一根位线。其中,T 管为本单元控制门,由字线控

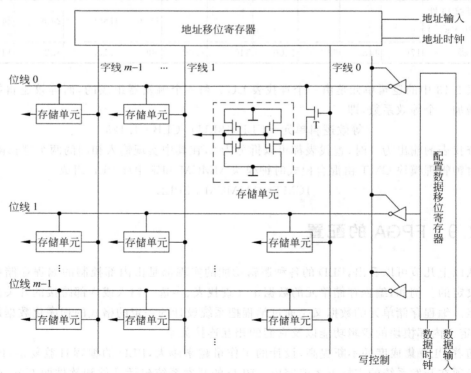

图 2-53　编程数据存储单元阵列结构

制。数据以串行方式移入移位寄存器,而地址移位寄存器顺序选中存储单元的一根字线,当某列字线为高电平时,该列存储单元的 T 管导通,从而与位线接通,在写信号控制下将数据移位寄存器中一个字的数据通过各列位线写入该列存储单元。

编程数据按照一定的数据结构形式组成数据流装入 FPGA 中,编程数据流由开发软件自动生成。开发软件将设计转化成网表文件,它自动对逻辑电路分区、布局和布线和校验FPGA 的设计,然后按 PROM 格式产生编程数据流并形成编程数据文件,最后还可将编程数据文件存入 PROM 中。

另外,除了对单个的系统内可编程器件能够进行在系统编程外,还可以将印制电路板上的多个系统内可编程器件以串行的方式连接起来,一次完成多个器件的编程。这种编程模式被称为菊花链编程模式。

下面以 7 系列 FPGA 为例介绍其编程原理。

7 系列 FPGA 由专用的配置数据——位流加载到内部的存储区而被配置,可以从一个外部的非易失的存储器来配置,也可以由外部的微处理器、DSP、微控制器、计算机或板级测试仪等智能信源来配置。在任何情况下,有两个常用的配置数据通道,第一个是串行数据通道,它要求器件引脚可以最小化;第二个数据通道是 8 位、16 位或 32 位的数据通道,可用于更高的性能或链接到工业标准接口,例如处理器等外部数据源,x8 或 x16 并行 Flash 存储器。对于处理器和处理器外设,Xilinx FPGA 可以在系统内无次数限制地按照需要被编程。

因为 Xilinx FPGA 的配置数据存储在 CMOS 配置锁存器(CCL)中,在断电之后,它必须被重新配置,位流每次通过专门的配置引脚加载进器件,对于大量不同的配置模式,这些配置引脚起着接口的作用。

专门的配置模式是通过设置专用的模式引脚 M[2:0]为相应的电平来选择的。M2、M1和 M0 模式引脚应该设置在固定的直流电平,或者通过上拉或下拉电阻(≤1kΩ),或者直接连接到地或 V_{cco_0}。模式引脚在配置期间和配置后不应该被栓死。

术语主(Master)和从(Slave)参考于配置时钟 CCLK 的方向:

(1) 在 Master 配置模式中,7 系列器件有一个内部的振荡器驱动 CCLK,为了选择期望的频率,利用位流的-g ConfigRate 选项,配置之后关闭 CCLK,除非选择保留 persist 选项。CCLK 引脚由一个弱上拉成为三态。

(2) 在 Slave 配置模式,CCLK 是输入信号。

JTAG 的边界扫描接口总是有效的,与模式引脚的设置无关。

2.9.2 编程模式

FPGA 和 CPLD 器件的编程模式分为主模式和从模式两大类。主模式由起主导作用的 FPGA 或 CPLD 器件引导编程操作过程,而从模式由计算机、微处理器或其他主导可编程器件控制编程的过程。根据数据线的多少将编程分为并行模式和串行模式两类。这些不同模式分类相互组合可以形成主串模式、主并模式、从串模式和从并模式等多种模式。

Xilinx FPGA 正常工作时,配置数据存在 SRAM 的配置存储器中,每次加电期间,配置数据必须重新配置。因此,FPGA 的配置数据,即位流文件通常需要存放在一片外置的 EPROM 中。

7 系列可以通过配置模式引脚(M2、M1 和 M0)选择四种编程主模式,控制模式引脚 MODE 在开始配置前被采样,配置后,MODE 失效。MODE 引脚在配置期间有一个上拉电阻。表 2-14 给出了可选择的模式。

表 2-14　7 系列 FPGA 配置模式

配　置　模　式	M2	M1	M0	CCLK 方向	总线宽度	备　　　注
串行主模式	0	0	0	输出	x1	—
SPI 主模式	0	0	1	输出	x1,x2,x4	最高 4 位数据总线从 SPI Flash 读取
BPI 主模式	0	1	0	输出	x8,x16	—
	0	1	1	—		
SelectMAP 主模式	1	0	0	输出	x8,x16	
边界扫描模式	1	0	1	无应用电缆	x1	
SelectMAP 从模式	1	1	0	输入	x8,x16,x32	x6 和 x32 不支持 AES
串行从模式	1	1	1	输入	x1	模式引脚内部上拉的默认模式

下面介绍常用的串行主/从模式,如图 2-54 所示。

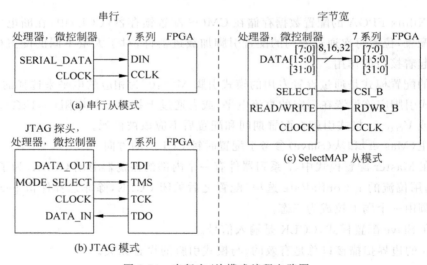

图 2-54　串行主/从模式编程电路图

除了 Master BPI-Down 模式外,7 系列器件支持 Virtex-6 FPGA 支持的相同的配置接口。7 系列 FPGA 不支持 Master BPI-Down 模式。此外,少数配置接口由于使能更快速地配置特性而性能提高。

1. Master 模式

一般称为 Master 模式的 FPGA 自加载配置模式对于串行或并行数据通道是有效的,它依靠各种非易失存储器存储 FPGA 的配置信息。FPGA 配置位流一般保存在相同板卡上的非易失存储器,它通常在 FPGA 器件外部。FPGA 在内部振荡器产生一个配置时钟,驱动配置逻辑,由 FPGA 控制配置过程。

2. Slave 模式

Slave 模式是由外部控制加载 FPGA 的配置模式,也是对串行或并行数据通道有效的。在 Slave 模式,一个外部的"智能体"(Intelligent Agent)如处理器、微控制器、DSP 处理器或测试仪等下载配置映像成 FPGA,如图 2-54 所示。Slave 配置模式的优点是 FPGA 的位流可以存放在整个系统的任何地方,位流可以随处理器的代码存放在板卡上的 Flash 中,也可以存放在硬盘中。它可以起源于横跨网络连接或另一类桥接的任何地方。

Slave 串行模式是极其简单的,仅有一个时钟和串行输入数据组成。JTAG 模式也是简单的串行配置模式,流行于原型设计,广泛应用于板卡测试。Slave SelectMAP 模式是一个宽 x8、x16 或 x32 位处理器外设接口,包含一个片选输入和一个读/写控制输入。

3. JTAG 连接

四个引脚的 JTAG 接口通常为板卡测试和硬件诊断接口,实际上,7 系列 FPGA 采用 Xilinx 编程电缆作为原型设计的下载和诊断的 JTAG 接口。不论应用中最终采用的配置模式是什么,为了方便设计开发,最好包括 JTAG 配置通道。

4. 基本配置方案

在基本配置方案中,在加电时,FPGA 自动地从 Flash 存储器中重新获得它的位流文件。FPGA 有一个串行外设接口(SPI),通过它 FPGA 可以从标准的 SPI Flash 存储器器件读位流文件。

如果系统中已经有空闲的存储器,位流镜像可以存储在系统存储器中,甚至存储在硬盘驱动器或跨网络连接的下载存储器中。因此,下载模式应该考虑 Master BPI 模式和 Slave Serial 模式或 JTAG 配置模式和边界扫描。

有些 FPGA 配置模式和方法会比其他模式快一些,配置时间包括初始化时间和配置时间,而配置时间取决于器件的尺寸和配置逻辑的速度。时钟频率相同时,并行配置模式显然比串行模式更快,因为并行模式一次以 x8、x16 或 x32 位进行编程。

配置一个 FPGA 显然比在一个菊花链中配置多个 FPGA 要快。在涉及配置速度的多 FPGA 设计中,每个 FPGA 应该分别和并行地配置。

在 Master 模式中,FPGA 内部产生配置时钟,并从 CCLK 引脚将其输出。默认的 CCLK 频率开始输出较低,但是位流选项可以增加内部产生的 CCLK 频率,或从 EMCCLK 引脚转换 CCLK 的源到一个外部的时钟源。CCLK 的最大支持频率设置取决于所加的非易失存储器的读技术条件,较快速的存储器使得配置更快速。当利用内部振荡器作为 CCLK 源时,输出频率可以随工艺、电压和温度改变,EMCCLK 时钟源选项可能成为最佳的配置性能的精确的外部时钟源。

Slave 模式或 Master 模式采用 EMCCLK 选项,能够获得更好的容差和更快的时钟。

电压配置可以通过在 Vivado 工具中设置 CONFIG_VOLTAGE 或 CFGBVS 特性来实现,此外,CONFIG_MODE 特性可以定义,以使工具识别利用哪些配置引脚。

2.9.3 典型的配置电路

1. 串行从模式

串行从模式配置一般用于串行菊花链的器件或单个器件配置,由外部的微处理器或

CPLD 控制。通常设计考虑 Master 串行配置。FPGA 的 CCLK 必须由一个外部的时钟源驱动，如图 2-55 所示。

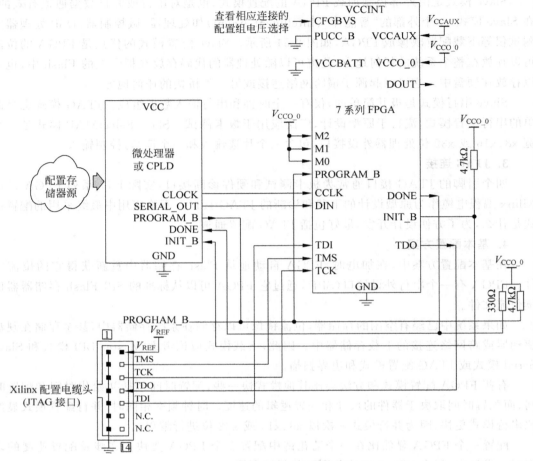

图 2-55 串行从模式配置示例

2. 单个从器件 SelectMAP 配置

SelectMAP 配置如图 2-56 所示。

对于利用微处理器或 CPLD 来配置单个 7 系列器件的定制应用，Master SelectMAP 模式或 Slave SelectMAP 模式是可以选择的。

3. Master SPI 配置模式

7 系列 FPGA Master SPI 配置模式使得能利用低引脚数的工业标准 SPI Flash 器件来存储位流，FPGA 支持直接连接标准 4 引脚接口的 SPI Flash 器件来读出存储的位流，如图 2-57 所示。

2.9.4 编程流程

FPGA 器件的编程流程如图 2-58 所示。编程开始后，在加电和编程命令下，内部复位电路被触发，开始清除编程数据存储器。当 $\overline{\text{INT}}$ 为高电平时，电路自动测试 MODE 引脚状

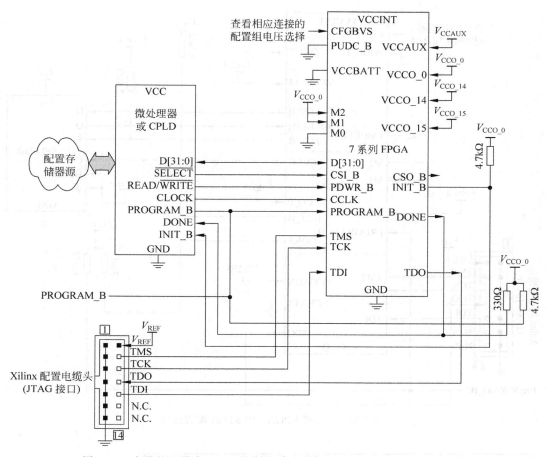

图 2-56 由微处理器或 CPLD 控制的单个器件 Slave SelectMAP 配置示例

态,以确定装载模式,然后启动数据读入操作。编程开始时,编程数据以一段起始码开头,其中包括编程数据的长度计数,接着便是设计文件的编程数据。当存储器初始化后所加的编程时钟总数等于编程数据的长度计数值时,数据装载完,DONE 被置为高电平,电路开始进入用户状态。

2.9.5 部分重配置

FPGA 提供了在系统内编程和再编程的灵活性,不需要返回制造场所去修改设计。部分重配置(Partial Reconfiguration,PR)进一步扩充了这个灵活性,允许加载部分配置文件来修改一个运行的 FPGA 设计,通常为部分位流文件。当 FPGA 配置了完整的位流文件后,部分位流文件可以下载到 FPGA 中要修改的配置区域,并不影响没有重配置的器件其他部分运行应用的完整性。

在重配置模块 A 中实现的功能是通过下载几个部分位流文件 A1.bit、A2.bit、A3.bit和 A4.bit 等中的一个来修改的。FPGA 设计中的逻辑分为两个不同的类型:可重配置逻辑和静态逻辑。静态逻辑保持其功能,并不受加载部分位流文件的影响;可重配置逻辑由部分位流文件的内容所替换。

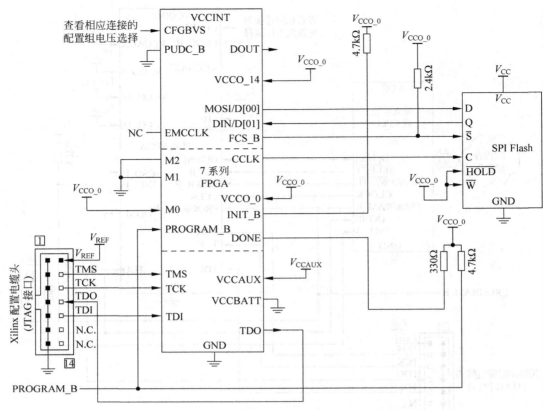

图 2-57 7 系列 FPGA SPI x1/x2 配置接口

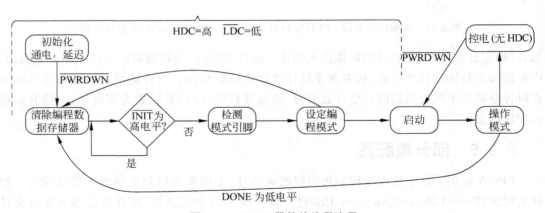

图 2-58 FPGA 器件的编程流程

在单个 FPGA 中动态地按时间转换硬件能带来的好处如下：

(1) 减小实现给定功能要求的 FPGA 的尺寸，从而减少成本和功耗；

(2) 为选择对应用有效的算法或协议时提供了灵活性；

(3) 在设计安全性方面能使用新的技术；

(4) 改善 FPGA 的容错性能；

(5) 加速可配置的计算。

所以,除了减少尺寸、重量、成本和功耗之外,部分重配置可实现一个新的 FPGA 设计类型,这是其他配置方式不可能实现的。

部分重配置的基本前提是器件的硬件资源可以时分复用,类似于微处理器的转换任务的能力。因为是在硬件中转换任务,因此具有软件实现的灵活性和硬件实现的性能强两方面好处。

一个广泛类型的设计可以从此基本前提获得好处。例如,软件定义无线电 SDR 是其应用之一,它有相互转换的功能,当这个功能被多路复用时,可看作动态改善灵活性和资源利用率。

部分重配置在以下两方面不同于串接(Tandem)的配置:

(1) 具有部分重配置的配置过程是通过压缩做成更小和更快的完整器件的配置,跟随由部分位流覆盖黑匣子区域来完成全部配置,串接配置是两级配置,其中某个配置帧准确地编程一次。

(2) 对于 7 系列器件的串接配置,不允许动态地重配置用户的应用。利用部分重配置,动态区域可以采用不同的用户应用或实地的更新加载。对于 UltraScale 器件串接配置,允许实地更新,与部分重配置通常是兼容的,整个流程中串接配置为两级初始加载,跟随部分重配置动态地更改用户的应用。

一个封装的处理器可利用部分重配置基于所接收处理器类型快速改变处理器的功能。

有一些新的应用中,没有部分重配置也是不可能的,当部分重配置和非对称加密组合时,可以为保护 FPGA 的配置文件构建一个十分安全的非对称密钥的加密方法。

本章小结

本章介绍了可编程逻辑器件的结构,并按发展历程对逻辑级、系统级、平台级、全可编程和 ASIC 架构等五代 FPGA 器件包含的主要模块和结构以 7 系列为例进行了较深入地分析,给出了最新 FPGA 器件的主要特性。最后介绍了 FPGA 的配置技术。

习题

2.1　试分析题 2.1 图所示电路,写出 F 的逻辑函数表达式。

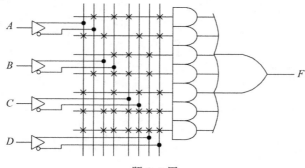

题 2.1 图

2.2 GAL 器件的结构控制字是如何影响 OLMC 的工作状态的？假设 SYN＝1，AC0＝0，AC1(n)＝1，请画出引脚 I/O(n)的 OLMC 的等效电路图。

2.3 按照编程方式不同，PLD 器件可以分为哪几类？

2.4 CPLD 的结构由哪几部分组成？每部分实现什么功能？

2.5 逻辑级 FPGA 的结构由哪几部分组成？每部分实现什么功能？

2.6 基于查找表的 FPGA 和 CPLD 系统结构和性能有何不同？

2.7 为什么在 FPGA 构成的数字系统中要配备一个 PROM 或 EEPROM？

2.8 说明三代 FPGA 的结构特征和应用范围的不同，说明 FPGA 的发展趋势。

2.9 针对几个典型的 Altera 器件系列的结构对所属的三代 FPGA 中的结构特点进行举例说明。

2.10 说明 FPGA 配置有哪些模式，主动配置和被动配置的主要区别是什么？各种配置模式的主要特点是什么？

2.11 说明 FPGA 配置流程的步骤。

（2）HDL 支持设计者从开关、门级、RTL、行为级等不同抽象层次对电
路进行描述，并支持不同抽象层次描述的电路组合为一个电路模型，HDL 支持系统的层次
化设计，支持元件库和功能模块的可重用设计。用 HDL 设计数字电路系统是一种贯穿于

第 3 章

CHAPTER 3

Verilog 硬件描述语言

硬件描述语言（Hardware Description Language，HDL）是一种国际上流行的描述数字
电路和系统的语言，可以在 EDA 工具的支持下，快速实现设计者的设计意图。

常用的硬件描述语言有 Verilog HDL 和 VHDL 两种。本章介绍 Verilog 语言的语法
和使用规则。

3.1　硬件描述语言概述

Verilog HDL 是由 GDA（Gateway Design Automation）公司的 Philip R. Moorby 于
1983 年首创的，最初只设计了一个仿真与验证工具，之后又陆续开发了相关的故障模拟与
时序分析工具。1985 年 Moorby 推出商用仿真器 Verilog-XL，获得了巨大的成功，从而使
得 Verilog HDL 迅速得到推广应用。1989 年 CADENCE 公司收购了 GDA 公司，Verilog
HDL 成为该公司的独家专利。1990 年 CADENCE 公司公开发表了 Verilog HDL，成立
OVI（Open Verilog International）组织，并推动 Verilog HDL 的发展。IEEE 于 1995 年制
定了 Verilog HDL 的 IEEE 标准，即 Verilog HDL1364-1995，2001 年发布了 Verilog
HDL1364-2001，目前已发布 Verilog HDL 2003。

VHDL 是 VHSIC Hardware Description Language 的缩写，其中 VHSIC 是 Very High
Speed Integrated Circuit 的缩写，美国国防部为解决项目的多个承包人的信息交换困难和
设计维修困难的问题，提出了 VHDL 构想，由 TI、IBM 和 INTERMETRICS 公司完成，并
于 1987 年作为 IEEE 标准，即 IEEE Std 1076-1987[LRM87]，后来又进行一些修改，成为新
的标准版本，即 IEEE Std 1076-1993[LRM93]。

VHDL 和 Verilog HDL 这两种语言的主要功能差别并不大，它们的描述能力也类似，
相比于 Verilog HDL，只是 VHDL 的系统描述能力稍强，而 Verilog HDL 的底层描述能力
则更强。

3.1.1　硬件描述语言特点

硬件描述语言（HDL）有不同于其他软件语言的特点：

（1）功能的灵活性。HDL 支持设计者从开关、门级、RTL、行为级等不同抽象层次对电
路进行描述，并支持不同抽象层次描述的电路组合为一个电路模型，HDL 支持系统的层次
化设计，支持元件库和功能模块的可重用设计。用 HDL 设计数字电路系统是一种贯穿于

设计、仿真和综合的方法。

(2) HDL 支持高层次的设计抽象,可应用于设计复杂的数字电路系统。HDL 设计和传统的原理图输入方法的关系如同高级语言和汇编语言。原理图输入的可控性好、实现效率高,比较直观,但在设计大规模 CPLD/FPGA 时显得很烦琐,有时甚至无法理解。而设计者使用 HDL 进行设计,可以在非常抽象的层次上对电路进行描述,将烦琐的实现细节交由 EDA 工具辅助完成,实现"自顶向下"的层次化设计,缩短开发周期。

(3) HDL 设计可不依赖厂商和器件,移植性好。设计者在设计时,只需在寄存器传输级(RTL 级)对电路系统的功能和结构用 HDL 进行描述,电路系统如需实现在不同器件上,也不用重复设计,只需选择相应 FPGA/CPLD 芯片的综合、布局布线的库函数,由相应的设计工具对设计描述进行重新转换即可。

3.1.2 层次化设计

随着现代控制、通信等电子行业的发展,数字电路复杂度也越来越高。集成电路制造业和 EDA 工具的快速发展,使复杂数字系统的设计实现成为可能。复杂系统的设计必然要使用层次化、结构化的设计方法,其设计思想就是"自顶向下",即"化繁为简,逐步实现",在数字系统的功能指标和端口基础上,将系统分解成多个子模块构成,然后对各个子模块作进一步分解,直到将模块分解到适中的实现复杂度或者可使用的 EDA 元件库中已有的基本元件实现为止,在设计的后期将各子模块组合起来构成一个系统。自顶向下设计示意图如图 3-1 所示。

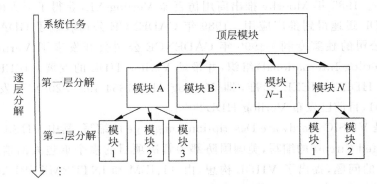

图 3-1 自顶向下设计示意图

本章介绍 Verilog 语言,将按照"先框架,再细节"的模式,即先介绍 Verilog HDL 程序的基本结构,然后介绍常用的语法,最后进行一些数字系统设计练习。

3.2 Verilog HDL 程序的基本结构

Verilog 语言作为一种用于设计数字系统的工具,可以完成以下功能:
(1) 描述数字系统的逻辑功能。
(2) 描述多个数字系统模块之间的连接,组合成为一个系统。
(3) 建立测试激励信号文件,在仿真环境中,对设计好的系统进行调试验证。
根据对电路描述的抽象程度不同,Verilog 语言描述有四个层次的模型类型。

（1）系统级或算法级：这是 Verilog 语言支持的最高抽象级别，设计者对系统行为进行描述，关注算法的实现，不关心具体的硬件实现细节，几乎可以使用 Verilog 语言提供的所有语句。

（2）寄存器传输级（RTL）：通过描述模块内部状态转移的情况来表征该逻辑单元的功能，设计者关注数据的处理及其如何在线网上、寄存器间的传递。

（3）逻辑级：调用已设计好的逻辑级门电路的基本单元（原语），如与门、或门、异或门等，描述逻辑门之间的连接，以实现逻辑功能。

（4）开关级：这是 Verilog 语言支持的最低抽象层次，通过描述器件中的晶体管、存储节点及其互连来设计模块。

上述四个抽象级别的特性、描述方法和相关的问题在表 3-1 中给出。

表 3-1　Verilog HDL 的抽象等级

模　型	特　　性	描　　述	说　　明
系统级	功能模型	利用两类过程语句表征： （1）initial 语句：常用于建立行为（仿真）模型，只运行一次； （2）always：用于行为描述和 RTL 级编码，可持续运行。 具体内容见 3.4 节	不是所有的行为模型都是可综合的
	Mux (A, B, C, D, Sel → Z)	例：always (A or B or C or D or Sel) 　begin 　case (Sel) 　2`b00: Z = A; 　2`b01: Z = B; 　2`b10: Z = C; 　2`b11: Z = D; 　default: Z = 1`bx; 　endcase 　end	注意 case 语句与 if-else if 语句的区别
RTL 级	典型的 RTL	为逻辑综合目的，可以描述组合电路的数据运算，也可描述在时钟沿之间组合逻辑的运行。数据流和行为结构连续赋值是数据流模型的基本结构，其中的表达式可利用大多数运算符。连续赋值在每个仿真周期会重新估值	连续赋值中时间延迟将被综合工具忽略
	Mux (A, B, Sel → Out1)	例：module Mux2_1 (A,B,Sel,Out1); 　output Out1; 　input A,B,Sel; 　wire N1,N2; 　assign N1 = (A & Sel); 　assign N2 = (B & ～Sel); 　assign Out1 = (N1 │ N2); 　endmodule 可用 assign out1＝(A & Sel)│(B &～Sel);	隐含的连续赋值提供更简练的编码

续表

模 型	特 性	描 述	说 明
逻辑级	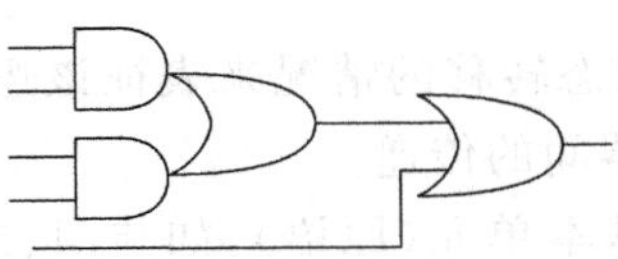 库、宏单元	Verilog 语言中,逻辑级直接利用预先定义的门电路原语构筑系统,逻辑级模型含有行为仿真时序信息,但只适应小系统的应用,对多数系统设计而言太详尽并费时	任何逻辑级模块都是可综合的
	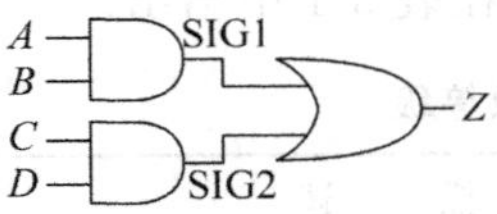	例: module AND_OR(A,B,C,D,Z); 　　input A,B,C,D; 　　output Z; 　　wire SIG1,SIG2; 　　and (SIG1,A,B); 　　and (SIG2,C,D); 　　or (Z,SIG1,SIG2); 　　… 　　endmodule;	任何延时规定,综合时将被忽略
开关级	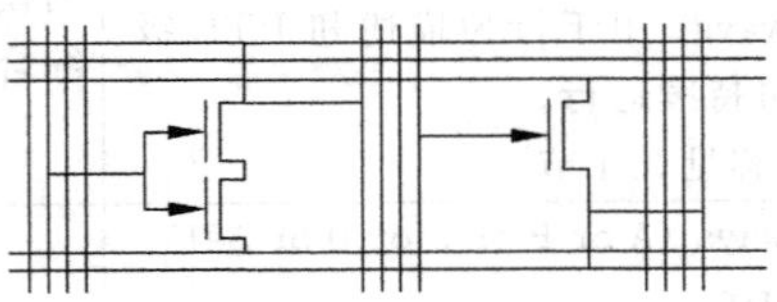	CMOS 开关电路	用 FPGA 实现数字系统,一般不采用开关级描述

一般来说,设计的抽象程度越高,设计的灵活性就越好,和工艺的无关性就越高,随着抽象程度降低,设计的灵活性和工艺的无关性变差,可移植性变差。

3.2.1　模块结构分析

下面通过一个简单的 Verilog HDL 程序来分析 Verilog HDL 程序的基本结构。

例 3-1　设计一个半加器,如图 3-2 所示。

```
module halfadder(A,B,CO,S);
input A,B;
output S,CO;
wire S,CO;
assign S = A ^B;
assign CO = A & B;
endmodule
```

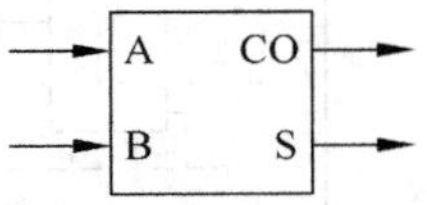

图 3-2　半加器模块图

从例 3-1 可以看到

(1) 程序文件位于关键字 module 和 endmodule 之间,module、endmodule 是关键词;

(2) 每个模块必须由一个模块名进行标识,如 halfadder;

(3) 模块的输入端口是 A 与 B,是相加的两个加数,输出端口是 S 与 CO,S 是相加的和,CO 是向高位的进位;

（4）第 5 行、第 6 行语句描述了模块的功能；

（5）模块中的每一条语句都以分号（;）结束，在模块末尾 endmodule 后不加分号。

模块（module）是 Verilog HDL 设计的基本功能单元，模块可以是一个元件，也可以是多个低层次模块的组合。一般而言，模块包含以下信息：端口名的模块声明、I/O 端口声明、各类型变量声明、模块功能说明和模块结尾。模块结构如表 3-2 所示。

表 3-2　Verilog HDL 模块结构

代码行	描　述		举　例
1	module 模块名(端口 1,端口 2,端口 3,…,端口 n);		module halfadder(A,B,CO,S);
2	输入/输出端口声明;		input A,B; output S,CO;
3	wire、reg 等各类型变量声明;		wire S,CO;
4	模块 功能说明	数据流语句(assign); 低层模块例化; always、initial 语句; 任务(task)和函数(function)	assign S = A ^B; assign CO = A & B;
5	endmodule		endmodule

1. 端口名的模块声明

module 模块名(端口 1,端口 2,端口 3,…,端口 n);

为便于工程管理，模块命名一般应和其功能相关，如 halfadder（半加器）、adder（加法器）、top（顶层模块）、testbench（测试模块）等。命名的字符应符合 Verilog HDL 对字符串的规定。

端口是模块和外界进行信息交互的接口，有些模块与外界无信息交互，则无端口列表，例如包含了待测模块和激励信号等完整的测试模块，可声明为

module testbench();

如有信息交互，则注意在括号中各端口应用逗号隔开。对于外界环境来说，模块内部是一个"黑盒子"，对模块的调用（例化）都是通过对端口的操作进行的。

2. I/O 端口声明

所有声明的端口都必须说明其端口类型、位宽等信息。根据信号的方向，端口类型有三类：

（1）输入端口：声明为 input [width−1:0]端口名 1,端口名 2,…,端口名 n。

（2）输出端口：声明为 output [width−1:0]端口名 1,端口名 2,…,端口名 n。

（3）输入/输出端口：声明为 inout [width−1:0]端口名 1,端口名 2,…,端口名 n。

如果输入、输出端口无位宽的说明，系统将默认位宽为 1。

例 3-2

```
input[7:0] data_in;          //一个名为 data_in 位宽为 8 位的输入数据
output S,CO;                 //两个名为 S 和 CO 位宽为 1 位的输出数据
```

3. 数据类型说明

对端口的信号、模块内部使用变量的数据类型说明详见 3.3.2 节。Verilog HDL 常用两大类数据类型：

（1）线网类型（net type）：表示 Verilog HDL 结构化元件间的物理连线。它的值由驱动元件的值决定。如果没有驱动元件连接到线网，线网的默认值为高阻值 z。

（2）寄存器类型（register type）：表示一个抽象的数据存储单元，它只能在 always 语句和 initial 语句中被赋值。寄存器类型变量的默认值为不确定值 x。

4. 模块功能说明

这是模块中最重要的部分，常有四类方法可以选用以完成模块编辑功能的表述，简要介绍如下：

（1）用连续赋值语句 assign 进行数据流建模。

例 3-3　　assign a = b & c;　　　　　//描述了一个二输入的与门

（2）对已定义好的元件进行调用。

例 3-4　　halfadder u1(a,b,s,co);　　//调用半加器,例化名是 u1

（3）用结构说明语句 always、initial、task 和 function 进行行为级描述。

例 3-5　　always @ (posedge clk)　　//描述了一个 D 触发器
```
          begin
             Q <= d;
          end
```

例 3-6　　initial　　　　　　　　　　//产生信号 a,b 的波形
```
          begin
            a <= 0;
            b <= 0;
           #10 begin
            a <= 1;
            b <= 1;
             end
         end
```

例 3-7　　task writeburst;　　　　　//定义一个任务 writeburst
```
           input [7:0] wdata;
             …
         endtask
             …
         writeburst(123);                //调用任务
```

例 3-8　　function max(a,b)　　　　//定义一个函数 max,求出 a,b 两数的最大值
```
             …
         endfunction
         assign c = max(data_1,data_2);  //函数的调用,将 data_1,data_2 的最大值赋给 c
```
assign、always、initial、task 和 function 的语法和应用详见 3.4 节。

5. 模块结尾

在每个模块的末尾用 endmodule 结束，其后不加分号。

从上面的分析可以看出，每个 Verilog HDL 模块实现特定的功能，其中 module、模块名和 endmodule 这三部分是模块必需的，其余如端口列表、端口声明、数据类型说明、assign 描

述、always、initial、task 和 function 等结构说明语句根据设计要求选用。

Verilog HDL 模块可分为两种类型：一种是功能模块，用来描述某种电路系统结构和功能，以综合或者提供仿真模型为目的；另一种是测试模块，为功能模块的测试提供信号源激励、输出数据监测。3.6 节中将进行介绍。

3.2.2　模块的实例化

Verilog HDL 支持层次化设计，按"自顶向下"的思路，大型的数字电路的设计可分解成多个小型模块的设计，在每个小模块的设计实现后，用顶层模块调用低层模块的方式实现整体系统功能。模块调用（也称模块实例化）的基本格式为

<模块名> <例化名>(<端口列表 >);

根据被调用的低层模块端口与在上层模块的连接端口的不同，有两种实例化方法：

（1）按端口顺序连接：低层模块定义时声明的端口顺序与上层模块相应的连接端口顺序保持一致。

格式：

模块名例化名(PORT_1,PORT_2,…,PORT_N);

（2）按端口名称连接，被调用的低层模块和上层模块是通过端口名称进行连接的。

格式：

模块名 例化名(.port_1(PORT_1),.port_2(PORT_2),…,.port_n(PORT_N));

其中，port_1，port_2，…，port_n 为被调用模块设计声明的各个端口；PORT_1，PORT_2，…，PORT_N 为上一层模块调用时对应端口名称。

这种连接端口的顺序可以是任意的，只要保证上层模块的端口名和被调用模块端口的对应即可，如果被调用模块有不需要连接的端口，该端口悬空，则可以将此端口忽略或者写成.port_n()。

例 3-9　通过调用半加器模块和或门模块来实现一位全加器。

（1）使用电路板的元件装配与 Verilog 模块例化进行类比，清楚理解模块名，例化上层模块的对应端口以及低层模块设计时声明的端口，如表 3-3 所示。

表 3-3　Verilog 语言调用和电路板元件装配的类比关系

Verilog 语言的模块调用	电路板(PCB)元件装配
已设计好的模块： （1）半加器(halfadder) A　　CO B　　S （2）或门 A 　　OUT B	已制造好的元件： （1）异或门 7486 7486 （2）与门 7408 7408 （3）或门 7432 7432

续表

Verilog 语言的模块调用	电路板(PCB)元件装配

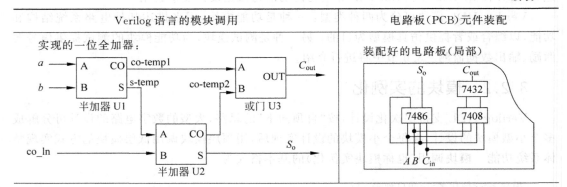

说明：

(1) 半加器模块中标识的 A、B、CO、S 和或门 A、B、OUT 是设计该模块时声明的输入、输出端口，可以类比于实现全加器的异或门、与门和或门电路元件相应的端口。

(2) 一位全加器中的 a、b、co_temp1、s_temp，……是上层模块调用低层模块时的连接端口，可以类比于 PCB 中的上述元件之间相互的连接。

(3) 一位全加器图中的 U1、U2、U3 称为半加器、或门等低层模块的例化名，可以类比于 PCB 中的电路元件，如异或门 7486、与门 7408 和或门 7432。

(4) 在 Verilog 中，逻辑级例化名是可选的(如 U3)，而用户定义的模块例化时必须指定名字(如 U1、U2)。

由于全加器的输出与输入信号有如下关系：

$$S = A \oplus B \oplus co\_in$$
$$Co\_out = A \& B + A \& co\_in + B \& co\_in = A \& B + co\_in \& (A \oplus B)$$

所以，一位全加器可以调用两个半加器模块和一个或门模块来实现，连接方式以电路板的元件装配来做类比，帮助理解。

(2) 调用设计好的低层模块，搭建上层系统。

半加器设计见例 3-1。

```
module halfadder(A,B,CO,S);
    …
endmodule
```

如果采用第一种按模块端口顺序连接的方法例化模块则全加器写成

```
module fulladder(a,b,co_in,co_out,s);
…
//调用半加器模块两次，例化名分别为 u1,u2
halfadder u1(a,b, co_temp1, s_temp);
halfadder u2(s_temp,co_in, co_temp2, s);
//调用两输入与门，例化名为 u3
and2 u3(co_temp1,co_temp2,co_out);
endmodule
```

如果采用第二种按模块端口名称连接，则

```
halfadder u1(.A(a),.B(b),.CO(co_temp1),.S(s_temp));
halfadder u2(.A(s_temp),.B(co_in),.CO(co_temp2),.S(s));
```

如果没有 co_in 输入，则半加器 u2 的调用可写为

```
halfadder u2(.A(s_temp),.CO(co_temp2),.S(s));
```

或

```
halfadder u2(.A(s_temp),.B(),.CO(co_temp2),.S(s));
```

按端口名称连接方式较按端口顺序连接有以下优点：

（1）在被调用模块有较多引脚时，根据端口名字进行信号连接，可避免因记错端口顺序而出错。

（2）在被调用模块的端口顺序发生变化时，只要端口名字含义不变，模块调用就可以不更改调整。

3.3 Verilog HDL 词法、数据类型和运算符

本节讨论 Verilog HDL 的基本词法约定、数据类型和常用运算符，这些是组成 Verilog 语言的基本元素，是后续学习的基础。

3.3.1 词法约定

Verilog HDL 中的基本词法约定与 C 语言类似，可以有空白、注释、分隔符、数字、字符串、标识符和关键字等。

1. 注释

为加强程序的可读性和文档管理，设计程序中应适当地加入注释内容。注释有两种方式：单行注释和多行注释。

（1）单行注释以"//"开始，只能写在一行中。

（2）多行注释以"/＊"开始，以"＊/"结束，注释的内容可以跨越多行。

例 3-10

单行注释：

```
assign c = a + b;              //c 等于 a,b 的和
```

多行注释：

```
assign c = a + b;         /＊ c 等于 a,b 的和,本语句可综合成一个加法器,实现加法的组合逻辑 ＊/
```

2. 数字和字符串

数字的表达方式：

<位宽>`<进制><数值>

说明：

（1）<位宽>：用十进制表示的数字位数，如果默认，则位宽由具体机器系统决定（至少为 32 位）。

（2）<进制>：可以表示二进制（b 或 B）、八进制（o 或 O）、十进制（d 或 D）、十六进制（h 或 H）。默认为十进制。

（3）<数值>：可以是所选进制内的任意有效数字，包括不定值 x 和高阻态 z。当<数值>位宽大于指定的大小时，截去高位。

例 3-11

```
8`b11001100              //位宽为 8 的二进制数，`b 表示二进制
6`O23                    //位宽为 6 的八进制数，`O 表示八进制
`hff23                   //十六进制数，采用机器的默认位宽
  123                    //十进制数 123，采用机器的默认位宽
2`b1101                  //表示的是 2`b01，因为当数值大于指定的大小时，截去高位
4`b110x                  //四位二进制数，最低位为不定值 x
6`o1x                    //位宽为六位的八进制，其值的二进制表示为 6`b001xxx
16`h1z0x                 /* 位宽为 16 位的十六进制数，其值的二进制表示为
                         16`b0001zzzz0000xxxx */
```

在书写过程中，可在数字之间使用下画线"_"对数字进行分隔，以增加数字的可读性，下画线不能作为数字的首字符，下画线在编译阶段将被忽略，如 8`b1100_1100。

字符串是双引号内的字符序列，字符串不能分成多行书写。如"INTERNAL ERROR"和"REACHED−> HERE"等。

3. 标识符

标识符（identifier）用于定义模块名、端口名、连线、信号名等。标识符可以是任意一组字母、数字、符号 $ 和_（下画线）符号的组合，但标识符的第一个字符必须是字母或者下画线，字符数不能多于 1024 个。此外，标识符区分大小写。

例 3-12

```
adder
data_in
state,State              //这两个标识符是不同的
2and,&write              //非法格式
```

4. 空白符

空白符由空格、制表符和换行符定义而成，除了出现在字符串中，Verilog HDL 中的空白符仅用于分隔标识符，在编译阶段被忽略。

5. 关键字

Verilog 语言内部已经使用的词称为关键字或保留字。关键字必须使用小写字母，说明见附表 B。

3.3.2　数据类型

Verilog HDL 中共有 19 种数据类型。Verilog HDL 允许信号具有逻辑值和强度值，以尽可能反映真实硬件电路的工作情况。逻辑值有 0、1、x、z。其中，x 表示未初始化或者未知的逻辑值；z 表示高阻状态。逻辑强度值从最强到最弱分为几种强度等级。

类似于 C 语言，数据类型也有常量和变量之分。在程序运行中，其数值不能改变的量称为常量；数值可以改变的量称为变量。下面对常用的变量数据类型 wire 型、reg 型、memory 型和常量数据类型 parameter 型进行介绍。其他数据类型的详细情况，请查阅 Verilog HDL 的相关手册。

1. 线网型（wire）

wire 型是连线型（net）中最常用的数据类型，它表示硬件单元之间的连接，常用于表示以 assign 为关键字的组合逻辑。

格式：

wire [width-1 :0]变量名 1,变量名 2,…,变量名 n;

说明：

（1）[width−1:0]指明了变量的位宽，缺省此项时默认变量位宽为 1；

（2）wire 为关键字；

（3）wire 数据默认值是 z；

（4）模块输入、输出信号的类型默认为 wire 型。

例 3-13

```
wire [7:0] a ,b;          //位宽为 8 的 wire 型变量 a 和 b
wire c;                   //wire 型变量 c,位宽为 1;
wire [3:1] data;          //位宽为 3 的 wire 型变量 data,分别为 data[3],data[2],data[1]
```

2. 寄存器型（reg）

寄存器是数据存储单元的抽象，寄存器中的数据可以保存，直到被赋值语句赋予新的值。reg 型变量只能在 initial 语句和 always 语句中被赋值。reg 的默认值是不定值 x。

格式：

reg[width-1:0]变量名 1,变量名 2,…,变量名 n;

例 3-14

```
reg [7:0] b,c;            //两个位宽为 8 的寄存器变量 b 和 c
reg a;                    //寄存器变量 a,位宽为 1
reg[3:1] d;               //位宽为 3 的寄存器变量 d,由 d[3],d[2],d[1]组成
```

3. 存储器型（memory）

memory 型数据常用于寄存器文件、ROM 和 RAM 建模等，是寄存器型的二维数组形式，它是将 reg 型变量进行地址扩展而得到的，一般格式为

reg[n-1 :0] 存储器名[N-1 :0];   //定义位宽为 n,深度为 N 的寄存器组

例 3-15

reg[7:0] mem[255 : 0];   //每个寄存器位宽为 8,共有 256 个寄存器的存储器组

对一组存储单元进行读写，必须指定该单元的地址。例如，对例 3-15 的 mem 寄存器的第 200 个存储单元进行读写操作，格式为

men[200] = 0;   //对存储器 mem 的第 200 个存储单元赋值 0

要注意的是，虽然 memory 型数据是将 reg 型变量进行地址扩展而得到的，但是 memory 和 reg 型数据有很大区别。

例 3-16

```
reg mem [N-1:0];          //N个一位的寄存器组 men
reg [N-1:0] a;            //一个N位的寄存器变量 a
```

4. 参数型(parameter)

在 Verilog HDL 中可以使用 parameter 为关键词,指定一个标识符(即名字)来代表一个常量,参数的定义常用在信号位宽定义、延迟时间定义等位置,增加程序的可读性,方便程序的更改。

格式:

parameter 标识符 1 = 表达式 1,标识符 2 = 表达式 2,…,标识符 n = 表达式 n;

表达式可以是常数,也可以是以前定义过的标识符。

例 3-17

```
parameter width = 8;         //定义了一个常数参数
input[width-1:0] data_in;    //输入信号 data_in 的位宽为 8

parameter a = 1,b = 3;       //定义了两个常数参数
parameter c = a + b;         //c 的值是前面定义的 a,b 的和
```

3.3.3　运算符

运算符按照功能分为表 3-4 所列的类型,表 3-4 也总结了运算符的优先级关系。

表 3-4　运算符的分类和优先级

分　类	运　算	运　算　符	操作数	优　先　级
逻辑/按位运算符	双目运算符(或,与)	|, &, ^	2	最高
	单目运算符(非)	~	1	
算术运算符	乘,除,取模	*, /, %	2	
	加,减	+, -	2	
移位运算符	移位	<<, >>	2	
关系运算符	关系	<, <=, >, >=	2	
等价运算符	等价	==, !=, ===, !==	2	
按位/缩减运算符	缩减	&, ~&	1	
		^, ~^	1	
		|, ~|	1	
逻辑运算符	逻辑	&&	2	
		||	2	
		!	1	
条件运算符	条件	?_:_	3	最低
拼接运算符	拼接	{,} {,{ }}	≥2	

根据参加运算的操作数数目,运算符可分为:

(1) 单目运算符:对一个操作数进行操作的运算符,例如 clock = ~clock;

(2) 双目运算符:对两个操作数进行运算的运算符,例如 $a = b \& c$;

（3）三目运算符：对三个操作数进行运算的运算符，例如

```
D_out = condition ? D_in1 : D_in2.
```

下面简要介绍常用的运算符。

1. 算术运算符

算术运算符有加法（＋）、减法（－）、乘法（＊）、除法（/）和取模（％）。

例 3-18 设 a＝ 4`b0101,b ＝ 4`b0010。

```
a + b                    //a 和 b 相加,等于 4`b0111
a * b                    //a 和 b 相乘,等于 4`b1010
a / b                    //a 除以 b,等于 4`b0010,余数部分舍弃,取整
a % b                    //a 对 b 取模,即求 a,b 相除的余数部分,结果等于 1
```

在算术运算时，如果有一个操作数为不定值 x，则运算结果全部为不定值 x。

2. 逻辑运算符

逻辑运算符有逻辑与（&&）、逻辑或（‖）、逻辑非（!）。

说明：

（1）&& 和 ‖ 是双目运算符，! 是单目运算符。

（2）逻辑运算符的计算结果是逻辑假（0）、逻辑真（1）、不确定（x）3 种情况 1 位的值。

（3）当操作数为具体数值时：①操作数不等于 0，则等价于逻辑真（1）；②操作数等于 0，则等价于逻辑假（0）；③操作数的任何一位为不确定值 x 或者高阻态 z，则等价于不确定值 x。

例 3-19 设 a＝2,b＝0。

```
a && b                   //等于 0,相当于(逻辑 1 && 逻辑 0)
a ‖ b                    //等于 1,相当于(逻辑 1 ‖ 逻辑 0)
!a                       //等于 0,相当于逻辑 1 取反
(a==3)&&(b==0)           /* 等于 0,相当于两个表达式是否成立(为真),即如果
                           a=3 成立,则(a==3)为逻辑 1,否则为逻辑 0 */
x && a                   //等于 x,相当于(x && 逻辑 1)
```

3. 按位运算符

按位运算符有取反（～）、与（&）、或（|）、异或（^）和同或（～^,^～）。

说明：

（1）取反运算是单目运算符，其余是双目运算符。

（2）按位运算对操作数中的每一位进行按位操作，如果两个数的位宽不相同，系统先将两个操作数右对齐，较短的操作数左端补 0，然后再按位运算。

（3）注意按位运算和逻辑运算的差别，逻辑运算结果是一个 1 位的逻辑值，按位运算产生一个与较长位宽操作数等宽的数值。

例 3-20 设 a＝ 4`b0011, b＝4`b1010, c＝3`b011, d ＝ 4`b11x0。

```
~a                       //按位取反,结果等于 4`b1100
b & c                    //按位与运算,结果等于 4`b0010
a^~ d                    //按位同或运算,结果等于 4`b00x0
a & b                    //按位与运算,结果等于 4`b0010
a & & b                  //逻辑与运算,等价于 1 && 1,结果等于 1
```

4. 关系运算符

关系运算符包括大于($>$)、小于($<$)、大于或等于($>=$)以及小于或等于($<=$)。

在运算中：①如果表达式成立，运算结果是真(1)；②如果表达式不成立，运算结果为假(0)；③如果操作数中某一位是不确定的，则表达式的结果是 x。

例 3-21 设 a = 4`b1010, b = 4`b0001, c = 4`b1xz0。

```
a > b                   //结果等于逻辑1
a < b                   //结果等于逻辑0
a >= b                  //结果等于逻辑1
a <= c                  //结果等于逻辑值 x
13 - a > b              /*由于算术运算优先级较高,先进行 13 - a 的计算,得到3,再和
                          b 进行比较,结果等于逻辑值 1*/
13 - (a > b)            /*由于括号表明了关系运算的优先级,a > b 成立,结果是真值为
                          1,所以算术结果等于 12*/
```

5. 等式运算符

等式运算符包括 4 种：逻辑等($==$)，逻辑不等($!=$)，case 等($===$)，case 不等($!==$)。

说明：

(1) 如果两个操作数位宽不等，则先对两个操作数右对齐，用 0 填充较短数的左边。

(2) 逻辑等($==$)和逻辑不等($!=$)中，如果两操作数中某一位是不确定的，则返回值是 x；如果两个数相同，则返回逻辑 1；如果不相同，则返回逻辑 0。

例 3-22 设 a = 4`b1010, b = 4`b1100, d = 4`b101x。

```
a == b;                 //逻辑等,结果为逻辑值 0
a != b                  //结果为逻辑1
a == d                  //结果为逻辑 x
```

(3) case 等($===$)、case 不等($!==$)与逻辑等式运算符不同，在对两个操作数进行逐位比较时，即使有 x,z 位，也要进行精确比较，只有在二者完全相等的情况下结果为 1，否则为 0，case 等式运算符的结果不可能为 x。

例 3-23 设 a = 4`b1010, b = 4`b1xzz, c = 4`b1xzz, d = 4`b1xzx。

```
a === b                 //结果为逻辑值 0
b === c                 //结果为逻辑值 1(两个数每一位都相同,包括 x,z)
b === d                 //结果为逻辑值 0 (最低的一位不同)
b !== d                 //结果为逻辑值 1
```

6. 缩减运算符

缩减运算符包括缩减与($\&$)、缩减与非($\sim\&$)、缩减或($|$)、缩减或非($\sim|$)、缩减异或($\wedge$)和缩减同或($\sim\wedge$)。

这类操作符将对操作数由左向右进行操作，它们的运算规则和按位操作符相同。注意，缩减运算符只有一个操作数，按位运算符有两个操作数。

例 3-24 设 a = 4`b1010。

```
&a                      //结果是 1 & 0 & 1 & 0 = 0
|a                      //结果是 1 | 0 | 1 | 0 = 1
```

^a   //结果是 1^0^1^0 = 0

可以看到,缩减异或、缩减同或可以产生一个向量的奇偶校验位。

7. 移位运算符

移位运算符有右移(>>)、左移(<<)。右移(>>)、左移(<<)将操作数向右、向左移动指定的位数,空出的位置用 0 补足。

例 3-25　设 a = 4`b1010。

b = a >> 1;   //右移 1 位,结果是 b = 4`b0101
b = a << 2;   //左移 2 位,结果是 b = 4`b1000

使用移位运算符可以将乘法转换成移位相加来完成,还可以进行移位寄存器的移位操作等,这在具体设计中有很多应用。

8. 拼接运算符

位拼接运算符{}可以将两个或多个操作数的某些位拼接起来成为一个操作数。进行拼接的每个操作数必须是确定位宽的,因为系统进行拼接时必须要确定拼接结果的位宽。

拼接运算时,将需要拼接的操作数按照顺序罗列出来,其间用逗号隔开,操作数的类型可以是线网变量、寄存器、向量线网或寄存器、有确定位宽的常数等。

例 3-26　设 a = 1`b1,b = 3`b101,c = 4`b1010。

X = {a,b,c}   //结果是 8`b11011010
Y = {a,b,2`b01}                      //结果是 6`b110101
Z = {b[1:0],c[1],c[0]}   //结果是 4`b0110

位拼接可以使用重复操作、嵌套的方式来简化表达式。

例 3-27

{1`b0,3{1`b1}} = 4`b0111
{1`b0,{3{2`b01}}} = 7`b0010101

9. 条件运算符

条件运算符是一个三目运算符,格式为

条件表达式?　表达式 1：表达式 2

判断过程是首先计算条件表达式：①如果条件表达式为真,则计算表达式 1 的值；②如果条件表达式为假,则计算表达式 2 的值；③如果表达式为不确定 x,且表达式 1 和表达式 2 的值不相等,则输出结果为不确定值 x。

例 3-28　assign c = a > b? a：b　//如果 a 大于 b(即(a>b)为真),c = a; 反之,c = b

3.4　Verilog HDL 行为语句

本节重点介绍 Verilog 语言的常用行为级建模编程语句。

(1) 赋值语句,包括过程赋值和连续赋值,注意理解阻塞赋值和非阻塞赋值；

(2) 顺序块和并行块语句；

(3) 过程模块的结构说明语句,即 always 语句、initial 语句、task 语句、function 语句；

（4）条件语句：if-else 语句和 case 语句；

（5）循环语句：for,forever,repeat,while；

（6）命令语句：系统任务和系统函数，以及编译预处理命令。

3.4.1 赋值语句

Verilog HDL 赋值语句中，赋值符号左边是赋值目标，右边是表达式。常用赋值方式有过程赋值和连续赋值两种。

过程赋值语句的更新对象是寄存器、整数、实数等，这些类型变量在被赋值后，可以保持不变，直到赋值进程又被触发，变量才被赋予新值。过程赋值常出现在 initial 和 always 语句内。过程赋值方式有两种：阻塞赋值和非阻塞赋值。它们在功能和特点上有很大不同。

连续赋值语句中，任何一个操作数的变化都会重新计算赋值表达式，重新进行赋值。

1. 过程赋值——阻塞赋值

阻塞赋值操作符用"="表示。

例 3-29

```
always @(posedge clk)        //当时钟上升沿到来时,触发 always 块执行
begin
  a = b + 1;
  c = a;
end
```

当上面的 always 块被触发执行时，先求解 b+1 的值，将结果赋给 a；然后再执行将 a 的值赋给 c 的操作；最后 a 和 c 的值都是 b+1。

综合出的参考电路结构如图 3-3 所示。

可以看到：

（1）阻塞赋值的执行期间不允许其他 Verilog HDL 语句的执行干扰，必须是阻塞赋值完成后，才进行下一条语句的执行。

（2）赋值一旦完成，等号左边的变量值立刻发生变化（如例 3-29 的 a 和 c）。

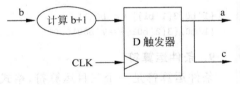

图 3-3　综合的参考电路结构

（3）使用阻塞赋值可能会得到意想不到的结果，如例 3-29，可能设计者希望得到两个触发器，现在却只得到了一个。

2. 过程赋值——非阻塞赋值

非阻塞赋值操作符用"<="表示。

例 3-30

```
always @(posedge clk)        //当时钟上升沿到来时,触发 always 块执行
  begin
    a <= b + 1;              //语句 1
  c <= a;                    //语句 2
end
```

执行时,根据时钟上升沿来到时,采样到 a 和 b 的值,并计算 b+1 的值,在 always 块结束之前,将 b+1 和 a 的值分别赋给 a 和 c,最后 a 的值是 b+1,c 的值是时钟上升沿采样的 a 的值。

综合出的参考电路结构如图 3-4 所示。

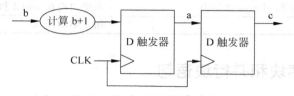

图 3-4 综合的参考电路结构

可以看到:

(1)非阻塞赋值的符号(<=)与小于或等于运算符相同,但是这二者的意义是完全不一样的,在使用中应根据使用环境、相关语句含义进行区分。

(2)非阻塞赋值在赋值开始时计算表达式右边的值,到了本次仿真周期结束时才更新被赋值变量(即赋值不立刻生效)。非阻塞赋值允许块中其他语句的同时执行。

(3)在同一个顺序块中,非阻塞赋值表达式的书写顺序不影响赋值的结果。

3. 连续赋值语句

连续赋值常用于数据流行为建模。在连续赋值中,常以 assign 为关键词。

assign 赋值语句执行将数值赋给线网,可以完成逻辑级描述,也可从更高的抽象角度对线网电路进行描述,多用于组合逻辑电路的描述。连续赋值操作符是"="。

语句格式:

assign 赋值目标线网 = 表达式;

例 3-31

```
assign a = b | c;                        //描述的是两输入的或门
assign {c,sum[3:0]} = a[3:0] + b[3:0] + c_in;//描述一个加法器
assign c = max(a,b);                     //调用了求最大值的函数,将函数返回值赋给 c
```

说明:

(1)式子左边的"赋值目标线网"只能是线网变量,而不是寄存器变量。

(2)式子右边表达式的操作数可以是线网,可以是寄存器,也可以是函数。

(3)一旦等式右边任何一个操作数发生变化,右边的表达式就会立刻被重新计算,再进行一次新的赋值。

(4)assign 可以使用条件运算符进行条件判断后赋值,例如:

```
assign data_out = sel? a : b;    /* 如果 sel 等于1,将 a 赋给 data_out,否则将 b 赋给 data_out,这
                                    实现了一个二选一的选择器电路描述 */
```

4. 过程赋值与连续赋值的区别

在 Verilog HDL 程序编写过程中,要注意过程赋值与连续赋值的区别,避免出现问题。表 3-5 列出了二者的区别。

表 3-5 过程赋值与连续赋值的区别

过 程 赋 值	连 续 赋 值
无关键字(过程连续赋值除外)	关键字 assign
用"="和"<="赋值	只能用"="赋值
只能出现在 initial 和 always 语句中	不能出现在 initial 和 always 语句中
用于驱动寄存器	用于驱动网线

3.4.2 顺序块和并行块语句

Verilog HDL 中使用块语句将多条语句组合成一条复合语句。块语句分为顺序块语句和并行块语句。

1. 顺序块

顺序块中的语句按书写顺序执行,由 begin-end 标识。顺序块的格式为

```
begin
    执行语句1;
    执行语句2;
     ⋮
end
```

或

```
begin 块名
    块内变量、参数定义;
    执行语句1;
    执行语句2;
     ⋮
end
```

说明:

(1) 块名是可选的,是一个块的标识名。

(2) 块内可以根据需要定义变量,声明参数,但这些内容只能在块内使用,类似于"局部变量"和"局部声明"。

(3) 顺序块内的语句是按照语句的书写顺序执行的。在仿真开始时执行第一条语句,后面语句开始的执行时间和前一个语句的执行时间是相关的,如有延时,延时也是相对于前一个语句执行完的仿真时间而言的。当块内的最后一条语句执行完,才跳出该顺序块。

2. 并行块

并行块中的语句并行执行,由 fork-join 标识。并行块的格式如下:

```
fork
    执行语句1;
    执行语句2;
     ⋮
join
```

或

```
fork 块名
    块内变量、参数定义语句；
    执行语句 1；
    执行语句 2；
        ⋮
join
```

说明：

（1）块名、块内声明语句的理解与顺序块相同。

（2）并行块的语句是同时执行的，可以将每一条语句看成一个独立的进程，语句的书写顺序不会影响语句的执行结果。应注意避免并行块中的多条语句对同一个变量进行改变，否则可能会引起竞争。

（3）块内每条语句的起始执行时间是相同的，当块中的执行时间最长的语句执行完，跳出并行块的执行。

3. 顺序块和并行块程序执行过程的区别

下面通过例子来说明顺序块和并行块语句的执行过程。

例 3-32

顺序块：   并行块：

```
begin                                fork
s = 0;                               s = 0;
#2 s = 1;                             #2 s = 1;
#2 s = 0;                             #4 s = 0;
#3 s = 1;                             #7 s = 1;
#1 s = 0;                             #8 s = 0;
end                                  join
```

在仿真中，"#"后的数字表示仿真时间，在顺序块中是通过顺序累加得到当前仿真时间，而并行块中是用绝对时间表示仿真时间。例 3-32 中的顺序块和并行块完成了对变量 s 相同的赋值过程，假设块语句都从仿真时刻 0 开始执行，实现的赋值过程如表 3-6 所示。

以上两个程序都产生了如图 3-5 所示的波形。

表 3-6　顺序块和并行块执行结果

仿真时刻	s 的数值
0	0
2	1
4	0
7	1
8	0

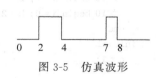

图 3-5　仿真波形

3.4.3　结构说明语句

Verilog 语言中的过程模块常使用四种结构的说明语句：always 语句、initial 语句、task 语句和 function 语句。

一个模块中可以有多个 initial 和 always 语句。每个 initial 块和 always 块代表一个独立工作的单元,不管这两种语句在模块中书写的先后顺序,在仿真一开始就同时开始执行。initial 语句只能执行一次,always 语句只要满足触发条件,就不断地重复执行,直到仿真过程结束。task 语句和 function 语句定义后,可以在模块的多处进行调用。

在较大的系统中,常需要在不同的地方实现相似的功能、操作,为了程序的简洁、易懂,在 Verilog 语言中,可以用任务和函数的形式描述这些相似的功能模块,上一层模块可以根据需要对任务和函数进行调用。任务和函数都必须在模块内部进行定义和调用,其作用范围只局限于定义它们的模块内部。熟练编写、使用任务和函数的能力是设计大型系统的基础。

下面对这四种语句分别进行介绍。

1. initial 语句

语句格式:

```
initial
 begin
   语句 1;
   语句 2;
     ⋮
 end
```

说明:

(1) 一个模块中可以包含多个 initial 语句,所有的 initial 语句都同时从 0 时刻开始并行执行,但是只能执行一次。

(2) initial 语句常用于测试文本中对信号的初始化,生成输入仿真波形、监测信号变化等。

(3) 也可以使用 fork…join 对语句进行组合。

例 3-33

```
reg [1:0] a,b;
reg c;
initial                    //第一个 initial 语句
  begin
  a = 1; b = 0;
  #10 begin a = 2; b = 3; end    //10 个单位时间后,对 a,b 进行再次赋值
  #10 begin a = 0; b = 2; end    //20 个单位时间后,对 a,b 进行再次赋值
  end
initial                    //第二个 initial 语句,只有一条执行语句,不需要顺序块语句 begin - end
  c = 1;
```

执行结果如表 3-7 所示。

表 3-7 仿真执行结果

仿真时刻(以单位时间为基准)	变 量 值
0	a=1, b=0, c = 1(信号初始化不占用仿真时间)
10	a=2, b=3, c = 1
20	a=0, b=2, c = 1

2. always 语句

语句格式：

always @ <触发事件> 语句或语句组;

说明：

（1）always 的触发事件可以是控制信号变化、时钟边沿跳变等。always 块的触发控制信号可以是一个，也可以是多个，其间用 or 连接，例如：

```
always @ (posedge clock or posedge reset)
/*当 clock 上升沿或者 reset 上升沿时,触发 always 模块执行块中的语句*/
always @ (a or b or c or d)
/*当 a,b,c,d 四个信号的任意一个电平发生变化时,触发 always 模块*/
```

（2）只要 always 的触发事件产生一次，always 就会执行一次。在整个仿真过程中，如果触发事件不断产生，则 always 中的语句将被反复执行。

例 3-34

```
reg q;
always @ (posedge clock)        //当时钟上升沿到来时,将 d 的值赋给 q
  q <= d;
```

（3）一个模块中可以有多个 always 语句，每个 always 语句只要有相应的触发事件产生，对应的语句就执行，这与各个 always 语句书写的前后顺序无关。

例 3-35

```
always @ (posedge clk)          //第一个 always 语句,当时钟上升沿来到时触发执行
  if(rst)
    counter <= 4`b0000;         //当复位信号等于 1,计数器 counter 置 0
  else
    counter <= counter + 1;     //当复位信号等于 0,对输入时钟上升沿进行计数
always @ (counter)              //第二个 always 语句,只要 counter 发生变化就触发执行
    $display ("the counter is = %d",counter);   //显示计数器 counter 的值
    …
```

通过使用两个 always 块，程序实现了一个对时钟计数到 16 的有同步复位控制的计数器及其仿真器显示。这两个 always 模块只要其触发条件成立，就执行各自相关的操作，而两个 always 块的书写顺序上的先后，不会影响执行结果，体现了 Verilog 语言描述的"并行性"。

3. 任务（task）

语句格式：

```
task 任务名;
    <输入输出端口声明>;
    <任务中数据类型声明>;
    语句 1;
    语句 2;
```

```
    …
endtask
```

说明：

（1）任务定义在关键字 task 和 endtask 之间，任务中可以包括延迟、时序控制和事件触发等时间控制语句。任务只有在被调用时才执行。

（2）任务调用与变量的传递。

格式：

任务名(端口 1,端口 2,…,端口 n);

任务的输入/输出都是局部的寄存器，执行完之后才返回结果。

（3）当任务被调用时，任务被激活。同时，一个任务可以调用其他任务或函数。

例 3-36 通过定义，调用任务，将数据送入 fifo 中。

```
module top;
    …
//例化一个 fifo
fifoctlr_cc u1 (.clock_in(clockin), .read_enable_in(read_enable), …);
/* 以下定义第一个任务 writeburst,功能是完成写入一个 8 位的数据到 fifo 中的任务 */
task writeburst;                   //定义任务 writeburst
  input [7:0] wdata;               //此 task 中局部信号
  begin
    always @(posedge clockin)
      begin
        write_enable = #2 1;       //将写控制信号置 1,有效
        write_data = #2 wdata;     //接收 wdata 数据,将其传送到 fifo 的 write_data 端口
      end
  end
endtask

initial
 begin
    writeburst(128);               //调用任务 writeburst,将数值 128 送入 fifo
    …
 end
endmodule
```

（4）任务也可以没有参数的输入，只完成执行操作。

例 3-37 将输入信号的与和或的结果分别输出。

```
module result(data_in1,data_in2,data_out1,data_out2);
input data_in1,data_in2;
output data_out1,data_out2;
reg data_out1,data_out2;
task example;                      //定义任务 example
begin
    data_out1 <= data_in1 & data_in2;
    data_out2 <= data_in1 | data_in2;
 end
 endtask
always @ (data_in1 or data_in2)
```

```
              example;                        //调用任务,任务没有输入参数//
    endmodule
```

4. 函数（function）

语句格式：

```
function <返回值的位宽,类型说明> 函数名;
  <输入端口与类型说明>;
  <局部变量说明>;
  begin
   语句;
  end
endfunction
```

说明：

（1）函数定义在关键字 function 和 endfunction 之间,函数的目的是返回一个用于表达式的值。

例 3-38

```
function[3:0] max;                  //函数名为 max,作用: 返回两个数中的最大值
input[3:0] a,b;
 begin
    if (a > b)
     max = a;
    else
     max = b;
 end
endfunction
```

函数的定义使得在模块中定义了一个和函数同名、位宽相同的寄存器类型变量,如例 3-38 中的 max。如果函数的返回值的位宽缺省时,这个变量位宽为 1。

（2）函数的调用是以函数名同名的寄存器变量作为表达式的操作数来进行调用,并根据函数输入数据的要求,携带、传送数据。如对例 3-38 中函数的调用可写成

```
c = max(10,5);                      //运行结果 c = 10
```

5. 任务和函数的比较

（1）任务和函数的定义和引用都应位于模块内部,而不是一个独立的模块。

（2）函数不能启动任务,任务可以调用函数或其他任务。

（3）任务可以没有输入变量或有任意类型的 I/O 变量,而函数允许有输入变量且至少有一个,输出则由函数名自身担当。

（4）函数通过函数名返回一个值,任务名本身没有值,只是实现某种操作,传递数值通过 I/O 端口实现。

（5）函数还可以出现在连续赋值语句的右端表达式中。

（6）任务可以用于组合电路、时序电路的描述;函数只能用于组合电路的描述,函数的定义不能包含任何的时间控制语句。

3.4.4　条件语句

1. if 语句

if 语句和它的变化形式是条件语句的常见形式,用于判断给定的条件是否满足(为真),根据判定结果,执行相应的操作。

语句格式:

(1) if(表达式)
　　<语句>;

(2) if(表达式)
　　<语句 1>;
　　else
　　<语句 2>;

(3) if(表达式 1)
　　<语句 1>;
　　else if(表达式 2)
　　<语句 2>;
　　⋮
　　else if(表达式 n)
　　<语句 n>;
　　else
　　<语句 n+1>;

说明:

(1) if 后面的表达式,可以是逻辑表达式或关系表达式。如果表达式的值是真(1),执行紧接在后的语句;如果是假(0),执行 else 后的语句。

(2) if 后的表达式还可以是操作数。如果操作数是 0、x、z,等价于逻辑假,反之为逻辑真。下式是一种表达式的简化写法:

if(reset)　等价于　if(reset == 1)

(3) else 不能作为单独的语句使用,必须与 if 语句配对使用。

(4) 如果 if 和 else 后有多个执行语句,可以用 begin-end 块将其整合在一起。

例 3-39

```
if(a > b)
    begin
    data_out1 <= a;
    data_out2 <= b;
    end
else
    begin
    data_out1 <= b;
    data_out2 <= a;
    end
```

（5）if 语句可以嵌套使用,但是在嵌套使用过程中,应注意与 if 配对的 else 语句。通常,else 与最近的 if 语句配对。

例 3-40

```
if(a > b)                      //第一个 if 语句
  if ( c )                     //第二个 if 语句
    data_out < = c + 1;
  else                         //第二个 if 语句的配对 else
    data_out < = a + 1;
else                           //第一个 if 语句的配对 else
  data_out < = b;
```

特别是当 if-else 数目不一致、if 嵌套使用等情况时,可使用 begin-end 块,如同算术表达式的括号一样,确定 if-else 的配对关系,避免逻辑描述错误。

```
if(a > b)
  begin
    if( )
      执行语句;
    else
      执行语句;
  end
else    …
```

（6）如果不正确使用 else,可能会生成不需要的锁存器。

例 3-41

```
always @ (a or b)              //当 a 和 b 的数值发生变化时,触发此 always 块
begin
  if(a)
    data_out < = a;
end
```

如果设计者的设计意图是,当 a 不为 0 时,data_out 赋值为 a,否则赋值为 b。但例 3-41的描述是：在 a 等于 0 时,没有 else 语句描述分支的操作,data_out 的值将锁定为 a。

（7）if-else 表达了一个条件选择的设计意图,它与条件操作符有重要的区别：

条件操作符可以出现在一个表达式中,而这个表达式可以使用在过程赋值中或者连续赋值中,可进行行为建模,也可以进行逻辑级建模。

if-else 只能出现在 always、initial 块语句,或函数、任务中,一般只能在行为建模中使用。

2. case 语句

if-else 语句提供了选择操作,如果选项数目较多,使用会很不方便,当 if 条件是同一个表达式时,而 case 是一种多分支选择语句,使用它就很简便。

语句格式：

```
case(控制表达式)
```

```
分支表达式 1:   语句 1;
分支表达式 2:   语句 2;
    ⋮
分支表达式 n:   语句 n;
default:   默认语句;
endcase
```

控制表达式常表示为控制信号的某些位,分支表达式表述的是这些控制信号的具体状态值。语句执行时,先计算 case 后的控制表达式,然后将得到的值与后面的分支表达式的值进行比较,当控制信号的值与某分支表达式的值相等时,执行该分支表达式后的语句;如果没有匹配的分支表达式,则执行 default 后的默认语句。

case 语句的作用类似于多路选择器。用 case 语句可以容易、简洁地实现四选一、八选一、十六选一等电路描述。

例 3-42   用 case 语句实现四选一电路。

```
module mux4(clk,rst,data_in1,data_in2, data_in3,data_in4,select,data_out);
input[3:0] data_in1,data_in2;
input[3:0] data_in3,data_in4;
input[1:0] select;
input clk,rst;
output[3:0] data_out;
reg [3:0] data_out;
always @ (posedge clk)
    if(rst)
  data_out < = 4`b0000;
    else
    case(select)
    2`b00 : data_out < = data_in1;   //如果 select = 2`b00,输出 data_in1 的值
    2`b01 : data_out < = data_in2;   //如果 select = 2`b01,输出 data_in2 的值
    2`b10 : data_out < = data_in3;   //如果 select = 2`b10,输出 data_in3 的值
    2`b11 : data_out < = data_in4;   //如果 select = 2`b11,输出 data_in4 的值
    default : $display("the control signal is invalid");
    endcase
endmodule
```

说明:

(1) 每个分支表达式的值必须是互不相同的,否则,将产生同一个控制表达式的值有多种执行语句,从而产生矛盾。

(2) case 语句执行中,逐位对控制表达式的值和分支表达式的值进行比较,每一位的值可能是 0、1、x、z。如果二者的位宽不一致,将用 0 加在数值左端的方法调整使二者位宽相等。如果多个不同的状态值有相同的执行语句,可以用逗号将各个状态隔开。

例 3-43

```
case(select)
  2`b00 : data_out < = data_in1;
```

```
    2`b01 : data_out <= data_in2;
    2`b10 : data_out <= data_in3;
    2`b11 : data_out <= data_in4;
    //如果 select 中有不确定位 x,输出值是 x
    2`b0x,2`bx0,2`b1x,2`bx1,2`bxx: data_out <= 4`bxxxx;
    //如果 select 中有高阻态位,输出值是 z
    2`b0z,2`bz0,2`b1z,2`bz1,2`bzz: data_out <= 4`bzzzz;
    default : $display("the control signal is invalid");
  endcase
```

（3）default 语句是可选的,但是一个 case 语句中只能有一个 default 选项。一般而言,建议在 case 语句中加入 default 分支,以避免因分支表达式未能对控制表达式的所有状态进行穷举而生成不需要的锁存器。如例 3-43 的四选一行为描述中没有 default 选项,如果有效控制信号中出现了 x 或 z 数值,输出端将不会产生相应的变化,原数据锁存。

（4）case 语句为表达式值存在不定值 x 和高阻值 z 位的情况提供了逐位比较和执行对应语句的操作。

case 语句还有两种变形,关键字为 casez 和 casex。这可以对比较中的不关心的值进行忽略。其中,casex 将条件表达式或者分支表达式中的不定态 x 的位视为不关心的位,casez 则将高阻态 z 视为不关心的位。这样,设计者就可以根据具体要求,只对信号的某些位进行比较。具体请查阅 Verilog HDL 相关手册。

5.1.1 节将分析 if-else 语句和 case 语句在使用上带来的不同的综合结果。

3.4.5　循环语句

循环语句只能在 initial、always 块中使用。Verilog HDL 中有 for、while、forever 和 repeat 四种循环语句,它们的语法规则类似于 C 语言的循环语句。下面分别进行介绍。

1. for 语句

语句格式:

for(表达式 1; 表达式 2; 表达式 3)语句;

说明:

（1）表达式 1 是初始条件表达式,表达式 2 是循环终止条件,表达式 3 是改变循环控制变量的赋值语句。

（2）语句执行过程:

步骤 1:求解表达式 1;

步骤 2:求解表达式 2,如果其值为真(非 0),执行 for 语句中内嵌的语句组,然后执行步骤 3;如果为假(等于 0),结束循环,执行 for 语句后的操作;

步骤 3:求解表达式 3,得到新的循环控制变量的值,转到步骤 2 继续执行。

例 3-44　用 for 语句对存储器组进行初始化。

```
reg[7:0] my_memory[511:0];        //定义一个寄存器型数组,共有 512 个变量,每个变量的位宽为 8
integer i;
initial
```

```
begin
    for(i = 0; i < 512; i = i + 1)        //把数组中所有变量赋0值
      my_memory[i]<= 8`b0;
   end
```

2. while 语句

语句格式：

```
while(条件表达式)语句;
```

说明：

语句执行过程先求解条件表达式的值，如果值为真（等于1），执行内嵌的执行语句（组），否则结束循环。如果一开始就不满足条件表达式，则循环一次都不执行。

例 3-45 用 while 语句求从 1 加到 100 的值，加法完成后打印结果。

```
module count(clk, data_out);
input clk;
output[12:0] data_out;
reg [12:0] data_out;
integer j;

initial                              //data_out 和 j 赋初值为 0
begin
  data_out = 0;
   j = 0;
end

always @ (posedge clk)
begin
    while(j < = 100)                       /* 如果 j 小于或等于100,则执行循环内容,执行100次后,即
                                              j 大于 100 后,跳出循环 */
      begin
       data_out = data_out + j;
        j = j + 1;
      end
    $display ("the sum is % d,j =  % d",data_out,j);
end
endmodule
```

在内嵌语句中应该包含使循环控制变量变化的语句，如例 3-45 的 j＝j＋1；如果没有此类语句，循环控制变量的值始终不变，循环将永不结束。

3. forever 语句

语句格式：

```
forever 语句;
```

说明：

forever 表示永久循环，无条件地无限次执行其后的语句，相当于 while(1)，直到遇到系统任务 $finish 或 $stop，如果需要从循环中退出，可以使用 disable。

forever 不能独立写在程序中,必须写在 initial 块中。

例 3-46 使用 forever 语句生成一个周期为 20 个时间单位的时钟信号。

```
reg clock;
initial
 begin
  clock = 0;
  forever #10 clock = ~clock;
end
```

这段程序常用于编写的测试程序中。

4. repeat 语句

语句格式：

repeat(表达式)语句;

说明：

repeat 语句执行其表达式所确定的固定次数的循环操作,其表达式通常是常数,也可以是一个变量,或者一个信号,如果是变量或者信号,循环次数是循环开始时刻变量或信号的值,而不是循环执行期间的值。

例 3-47 用加法和移位操作来完成两个 4 位数值的乘法运算。

```
module mux(data_in1,data_in2,data_out);
input [3:0] data_in1,data_in2;
output[7:0] data_out;
reg [7:0] data_out;
reg[7:0] data_in1_shift,data_in2_shift;

initial
begin
data_in1_shift = data_in1;
data_in2_shift = data_in2;
data_out = 0;
  repeat(4)
    begin
      if(data_in2_shift[0])
      data_out = data_out + data_in1_shift;
      data_in1_shift = data_in1_shift << 1;
      data_in2_shift = data_in2_shift >> 1;
    end
end
    endmodule
```

3.4.6 系统任务和系统函数

Verilog HDL 的系统任务和系统函数主要用于仿真,标准的系统任务和系统函数提供了显示、文件输入/输出、时间标度和仿真控制等各种功能。系统任务和系统函数前都有一个标志符 $ 加以确认,执行中如果有返回值为系统函数,否则为系统任务。

下面简单介绍几个常用的系统任务和系统函数，包括模块信息的屏幕显示 $display、信号的动态监控 $monitor、暂停 $stop、结束仿真 $finish、数据读入 $readmemb 和 $readmemh、文件打开 $fopen 以及文件关闭 $fclose 等。这些操作在系统的调试和测试过程中非常有用。其他系统任务和系统函数请参阅 Verilog HDL 手册。

1. $display

$display 用于变量、字符串、表达式的屏幕显示，格式如下：

```
$display(p1,p2,…,pn);
```

其中，p1,p2,…,pn 可以是字符串、变量名、表达式等，它的应用类似于 C 语言的 printf。

说明：

$display 可以根据显示格式的要求显示字符串、数值的内容，常用的显示格式说明见表 3-8。

Verilog 语言提供了一些特殊的字符，可以对显示格式进行调整，如表 3-9 所示。

表 3-8　$display 常用显示格式

格　式	显 示 结 果
%h 或 %H	以十六进制格式输出
%d 或 % D	以十进制格式输出
%o 或 % O	以八进制格式输出
%b 或 %B	以二进制格式输出
%c 或 %C	以 ASCII 格式输出
%s 或 %S	显示字符串
%t 或 %T	显示当前时间
%f 或 %F	输出十进制形式的实数

表 3-9　特殊字符

字　　符	显 示 结 果
\n	换行
\t	横向跳格，输出到下一个输出区
\\	显示字符\
%%	显示百分符号%

例 3-48

```
$display("TESTED COMPLETE PN SEQUENCE rolling over to test again. ");
```

显示结果如下：

```
TESTED COMPLETE PN SEQUENCE rolling over to test again.
$display("a = %d , b = %2.2f",a ,b);        //数值的显示,设 a = 5,b = 2.345
```

显示结果如下：

```
a = 5 ,b = 2.35
$display("hello \nworld);                    //特殊字符的显示
```

显示结果如下：

```
hello
world
```

2. $monitor

$monitor 函数提供了对信号变化进行监控的功能，格式为

```
$monitor(p1,p2,…,pn);
```

其中,p1,p2,…,pn 可以是字符串、变量、表达式、时间函数 $time 等。

说明：

（1）在整个仿真过程中,在任意一个时刻,只要监测的一个或多个变量发生变化,就会启动 $monitor 函数,输出这一时刻的数值情况。

（2）$monitor 函数一般书写在 initial 块中,即只需调用一次 $monitor 函数,在整个仿真过程中都有效,这与 $display 不同。

（3）在仿真过程中,如果在源程序中调用了多个 $monitor 函数,只有最后一个调用有效。

（4）Verilog 语言提供了两个用于控制监控函数的系统任务 $monitoron 和 $monitoroff。其中,$monitoron 用于启动监控任务；$monitoroff 用于关闭监控任务。在默认情况下,仿真开始时即启动了监控任务,在多模块联合调试时,为在适当的时候对各个模块的信号进行监控,就有必要将不需要的信号监控用 $monitoroff 关闭,而用 $monitoron 打开需要的信号监控。

3.　$stop 和 $finish

$stop 和 $finish 常用于文本编写中的测试,它们的格式分别为

```
$stop;
$finish;
```

说明：

$stop 暂停仿真,进入一种交互模式,将控制权交给用户；$finish 结束仿真过程,返回主操作系统。

例 3-49

```
initial
begin
#100 begin a = 1;b = 1;end
#100 $stop;                    //在 200ns 时暂停仿真,交由用户控制
#200 $finish;                  //在 400ns 时,退出仿真
end
```

4.　$readmemb 和 $readmemh

$readmemb 和 $readmemh 提供了将文件中的数据读到存储器阵列中的有效手段,这两个任务可以完成读取二进制或十六进制的数据。格式如下：

```
$readmemb("文件名",存储器名,起始地址,终止地址);
$readmemh("文件名",存储器名,起始地址,终止地址);
```

其中,文件名、存储器名是必须有的,起始地址、终止地址是可选项,这两类地址信息用十进制数表示。

说明：

（1）"文件名"是被读取文件的 ASCII 码形式,还可以增加该文件的位置信息,例如"c:/test/my_project/simulus.dat"。

（2）文件中的内容中只允许有空白（包括空格、换行）、Verilog 注释行、数据地址（为

十六进制格式)、二进制数或十六进制数，数中不能有位宽、进制的说明，对 $readmemb 而言，应为二进制数值；对 $readmemh 而言，应为十六进制数值。

例 3-50

```
module test();
reg[1:0] my_mem[7:0];                    //定义了 8 个宽度为 2 的存储器组
integer i;
initial
begin
  //将位于 D:/test 目录下的 my_data.dat 中的数据读入 my_mem 中
    $readmemb("D:/ test/my_data.dat",my_mem);
    for(i = 0;i < 8;i = i + 1)
      $display("my_mem[ % d] = % b",i,my_mem[i]);
    end
endmodule
```

其中，my_data.dat 的内容如下：   执行结果如下：

my_data.dat	执行结果
00	memory[0] = 00
01	memory[1] = 01
10	memory[2] = 10
11	memory[3] = 11
00	memory[4] = 00
01	memory[5] = 01
10	memory[6] = 10
11	memory[7] = 11

（3）数据文件中可以用@<地址>将数据存入存储器的指定位置，地址用十六进制数表示，@和<地址>间不能有空格。

例 3-51 如果例 3-50 中的 my_data.dat 为：   执行结果如下：

my_data.dat	执行结果
@1	my_mem[0] = xx
00	my_mem[1] = 00
00	my_mem[2] = 00
@6	my_mem[3] = xx
1x	my_mem[4] = xx
z1	my_mem[5] = xx
	my_mem[6] = 1x
	my_mem[7] = z1

或

```
@1
00 00
@6
1x z1
```

一般情况下，数据文件中指定的地址空间应该在存储器定义的空间范围之内，否则将提示出错信息。数据文件中的数据可以包括 x、z，存储器未赋值的位置默认为 x。

（4）语句中的起始地址和终止地址的不同定义对数据装载有如下影响：

① 未指定终止地址,执行时,将数据从指定的起始地址开始载入,如果数据文件的数据个数多于存储器可以装载的单元个数,则数据存入直到该存储器的结束地址为止;反之,未能赋值的存储器单元的值默认为 x。

② 如果任务中指定了起始地址和终止地址,在执行中,将数据从起始位置开始载入,直到该指定的结束地址。如果指定的地址空间超出了定义的存储器空间,将提示出错信息。

③ 如果在数据文件和任务定义中都给出了地址信息,那么数据文件中指定的地址必须在任务定义中的地址声明范围之内,否则执行中将提示出错信息。

5. $fopen 和 $fclose

Verilog 语言支持将仿真结果输出到指定的文件中,使用系统函数 $fopen 打开一个可以写入数据的文件;再使用系统任务 $fclose 将前面打开的文件关闭。$fopen 格式为

```
<file_descriptor> = $fopen("文件名");
```

说明:

$fopen 返回的 file_descriptor 是一个 32 位(bit)的整数,称为无符号多通道描述符,该描述符每次只有一位被设置成 1,其余位为 0,表示一个独立的输出文件通道,如果文件不能正常打开,描述符的值是 0。最低位(第 0 位)置 1 表示标准输出,第 1 位被置 1 表示第一个被打开的文件,第 2 位被置 1 表示第二个被打开的文件,依次类推。

例 3-52

```
integer file_descriptor1,file_descriptor2,file_descriptor3;
initial
begin
  file_descriptor1 = $fopen("file1.out");
  file_descriptor2 = $fopen("file2.out");
  file_descriptor3 = $fopen("file3.out");
  $display("file_descriptor1 = % h",file_descriptor1);
  $display("file_descriptor2 = % h",file_descriptor2);
  $display("file_descriptor3 = % h",file_descriptor3);
  end
endmodule
```

执行结果如下:

```
file_descriptor1 = 00000002
file_descriptor2 = 00000004
file_descriptor3 = 00000008
```

当要关闭打开的文件,采用如下格式:

```
$fclose;
```

说明:

用 $fclose 将某文件关闭后,不能再写入,无符号多通道描述符的相应位设置为 0,下次 $fopen 的调用可以再使用这一位。

3.4.7　编译预处理命令

Verilog 语言和 C 语言一样提供了一些特殊的命令，在进行 Verilog 语言综合时，综合工具首先对这些特殊命令进行"预处理"，然后将得到的结果和源程序一起再进行通常的编译处理。

编译预处理指令前有一个标志符"`"（反引号）加以确认，其作用范围是：命令定义后直到本文件结束或其他命令替代或取消该命令为止。

接下来介绍常用的 `define、`ifdef、`elsif、`else、`endif、`include、`timescale 等命令，其余的如 `default_nettype、`resetall、`unconnected_drive、`nounconnected_drive、`celldefine 和 `endcelldefine 等命令请查阅 Verilog HDL 手册。

1. 宏定义命令 `define

宏定义 `define 指定一个宏名来代表一个字符串。

语句格式：

`define　宏名　字符串

说明：

（1）为与变量名区别，建议使用大写字符定义宏名。

（2）在源文件中引用已定义的宏名时，必须在宏名前加"`"。

（3）宏定义在预编译时只将宏名和字符串进行简单的置换，不作语法检查，如有错，只在宏展开后的源程序编译时才报错。

（4）宏定义不是 Verilog HDL 语句，不必在末尾加分号，如果加了分号，则分号也将作为宏定义的字符串的内容，进行置换。

（5）`define 命令可以出现在模块定义里，也可以出现在模块定义外。宏定义的有效范围是宏定义命令后到源文件结束。

（6）宏定义可嵌套使用。

例 3-53

```
`define ADD a + b                    //用 a + b 表示 ADD 字符串
assign c = `ADD;                     //在引用宏名时,前加"`",即 assign c = a + b;
`define ADD1 a + b
`define ADD2 `ADD1 + d
assign data_out = `ADD2;             //等同于 data_out = a + b + d;
`define data "the c = %b "           //用 the c = %b 表示字符串 data
```

2. 条件编译命令 `ifdef、`elsif、`else 和 `endif

一般情况下，源程序的所有行都进行编译，但在一些特定的应用场合下，对源程序中满足指定编译条件的语句才进行编译，或者满足某条件时，对一组语句进行编译，当条件不满足时编译另一组语句。

语句格式：

```
`ifdef 宏名
  程序段 1;
```

```
`elsif
  程序段 2;
`else
  程序段 3;
`endif
```

其中，`else 和 `elsif 命令对于 `ifdef 命令是可选的。

3. 文件包含命令 `include

文件包含是指一个源文件可以将另外一个源文件的内容全部"复制"过来，作为一个源程序进行编译。可用 `include 来实现文件包含。

语句格式：

```
`include "文件名"
```

说明：

（1）该语句可以出现在 Verilog HDL 程序的任何地方。编译时，`include "文件名"这一行文字由被包含的文件内容全部代替。文件名中还可以指明该文件存放的路径名。设计中可将常用的宏定义、任务、函数组成一个文件，用 `include 命令包含到源文件中。

（2）一个 `include 只能包含一个文件，如果要包含多个文件，需要写多个 `include 命令。如果源文件 top.v 包含 source1，而 source1.v 又需要用到 source2.v 的内容，则可以将source1.v 和 source2.v 用 `include 包含到源文件中，但是 source2.v 应出现在 source1.v 之前，即

```
`include "source2.v"
`include "source1.v"
```

例 3-54

（1）将系统设计需要的宏定义写在一个模块 my_define.v 中。

```
`define GENERIC_MULTP2_32X32
`define IC_1W_8KB
`define RAMB16
```

（2）上层模块 top.v 的编译中使用 my_define.v。

```
`include "my_define.v"
module top( );
…
endmodule
```

编译预处理后，成为如下文件：

```
`define GENERIC_MULTP2_32X32
`define IC_1W_8KB
`define RAMB16
module top( );
…
endmodule
```

4. 时间尺度命令`timescale

在 Verilog HDL 模型中,所有时延都用单位时间表述。使用`timescale命令将单位时间与实际时间相关联。用于定义仿真时间、延迟时间的单位和时延精度。

语句格式:

`timescale 时间单位/时间精度

说明:

(1) 时间单位是指时间和延迟的测量单位,时间精度是指仿真过程中延迟值进位取整的精度,时间精度应该小于或等于时间单位。时间单位和时间精度由值 1、10、和 100 以及单位秒(s)、毫秒(ms,即 10^{-3} s)、微秒(μs,即 10^{-6} s)、纳秒(ns,即 10^{-9} s)、皮秒(ps,即 10^{-12} s)等组成。该命令末尾没有分号。

(2) `timescale命令在模块说明外部出现,并且影响后面所有的时延值,直至遇到另一个`timescale命令。当一个设计中的多个模块带有自身的`timescale编译命令时,仿真的时间单位与精度采用所有模块的最小时延精度,并且所有时延都相应地换算为最小时延精度。

例 3-55

```
`timescale 1ns/100ps                  //表示时间单位为 1ns,时间精度为 100ps
module testbench();
  …
initial
 begin
                   a = 0; b = 0;      //在 0 时刻,a = 0,b = 0
 #10 begin a = 4; b = 2; end          //在 0 + 10 * 1 = 10ns 时,a = 4;b = 2
 #20 begin a = 2; b = 3; end          //在 10 + 20 * 1 = 30ns 时,a = 2;b = 3
 end
endmodule
```

3.4.8 Verilog HDL 可综合设计

用硬件描述语言进行程序设计的最终目的是进行硬件实现,在硬件描述语言中,许多基于仿真的语句虽然符合语法规则,但不能用硬件来实现,即不能映射到硬件逻辑电路单元。如果要最终实现硬件设计,则必须写出可以综合的程序。

Verilog HDL 允许用户在不同的抽象层次上对电路进行建模,这些层次从逻辑级、寄存器传输级、算法级直至系统级。因此同一个电路可以有多种不同的描述方式,但不是每一种描述都可以综合。事实上,Verilog HDL 原本是被设计成一种仿真语言,而不是一种用于“综合”的语言。结果导致有些语句只满足语法,而无法映射到具体逻辑元件结构,是不可综合的,例如 initial 语句、时间声明、系统任务和系统函数等。同样,也不存在用于寄存器传输级综合的 Verilog HDL 标准子集。

由于存在这些问题,不同的“综合”系统所支持的 Verilog HDL 综合子集不同。由于在Verilog HDL 中不存在单个对象来表示锁存器或触发器,所以每一种综合工具都会提供不同的机制以实现锁存器或触发器的建模,因此各种综合工具都定义了自己的 Verilog HDL

可综合子集以及自己的建模方式。这一局限给设计者造成了严重的障碍,因为设计者不仅需要理解 Verilog HDL,还必须理解特定综合工具的建模方式,才能编写出可综合的模型。

表 3-10 列出了可被绝大多数综合工具支持的可综合语句。

表 3-10 Verilog HDL 可综合的运算符、数据类型和语句列表

语 句			可综合	说 明
运算符	逻辑/按位运算符	|, ~, &	支持	
	算术运算符	/, %	受限支持	在/和%运算中必须是除以或模 2 的幂次方
		*, +, −	支持	
	移位运算符	<<, >>	支持	
	关系运算符	<, <=, >, >=	支持	
	按位/缩减运算符	&, ~&	支持	
		^, ~^	支持	
		|, ~|	支持	
	逻辑运算符	&&	支持	
	条件运算符	?:	支持	
	拼接运算符	{ }	支持	
数据类型	网线数据类型	wire	支持	
	寄存器数据类型	reg,integer	支持	综合工具把 integer 综合成 32 位的寄存器型数据
	存储器型		受限支持	仅支持一维限定性数组
语句	连续赋值语句	assign	支持	赋值语句的左边是 wire 型,右边是 reg、integer 或 wire 型
	过程赋值语句	=, <=	支持	一般是在 always 块内,采用非阻塞赋值
	顺序块语句	begin-end	支持	
	并行块语句	fork-join	支持	
	结构说明语句	always	支持	
		function	支持	函数内循环变量的循环次数、步长和范围必须固定;不能进行函数递归调用;函数体内不能包含任何的时间控制语句;函数不能启动任务
		task	支持	任务内循环变量的循环次数、步长和范围必须固定;不能进行任务递归调用;任务体内不能包含任何的时间控制语句;任务可以启动其他任务和函数
	条件语句	if…else if	支持	
		case	支持	
	循环语句	for	受限支持	循环次数、步长和范围必须固定
		repeat	受限支持	循环次数、步长和范围必须固定
		while	受限支持	循环次数、步长和范围必须固定

3.5 Verilog HDL 设计举例

本节通过一些可综合的 Verilog HDL 设计实例介绍如何运用 Verilog 语言对组合逻辑电路和时序逻辑电路进行描述,并重点介绍有限状态机设计。

3.5.1 组合电路设计

用 assign 语句对 wire 型变量进行赋值,综合后的结果是组合逻辑电路。

用 always@(敏感信号表),即电平敏感的 always 块描述的电路综合后的结果也可以是组合逻辑电路。此时,always 块内赋值语句左边的变量是 reg 或 integer 型,块中要避免组合反馈回路。在生成组合逻辑的 always 块中被赋值的所有信号必须都在 always@(敏感信号表)的敏感电平列表中列出,否则在综合时将会为没有列出的信号隐含地产生一个透明的锁存器,这时综合后的电路已不是纯组合电路了,自 Verilog 2001 版本开始,敏感信号表可以用(*)代替,由 * 运算符自动识别所有敏感变量。

1. 编码器和译码器

编码器和译码器是常见的组合逻辑电路。组合逻辑可以使用连续赋值语句 assign,也可以使用 always 语句。在 Verilog HDL 设计中,它们有相似的设计思路,现以译码器为例讨论用 Verilog HDL 设计组合电路。

例 3-56 BCD 码将十进制数字转换为二进制,每一个十进制的数字(0~9)都对应着一个四位的二进制码,按照表 3-11 的转换关系,设计数字系统,其输出驱动信号至七段 LED 以显示相应信息。

表 3-11 十进制数与 BCD 码的转换关系

十进制数	8421BCD 码 data_in[3:0]	输出到七段 LED 的数据 data_out[6:0](共阴/共阳)	七段 LED 图例
0	0000	0111111/1000000	
1	0001	0000110/1111001	
2	0010	1011011/0100100	
3	0011	1001111/0110000	
4	0100	1100110/0011001	
5	0101	1101101/0010010	
6	0110	1111101/0000010	
7	0111	0000111/1111000	
8	1000	1111111/0000000	
9	1001	1100111/0011000	

```
module bin2bcd (data_in ,EN ,data_out );
input [3:0] data_in;
input EN;                              //系统使能信号
output [6:0] data_out;
reg [6:0] data_out;
    always @(data_in or EN )    //当 data_in 或 EN 变化时触发 always 模块,可用 always @ ( * )
```

```
begin
        data_out = {7{1`b0}};
    if (EN == 1)
      begin
        case (data_in)                    //根据共阳接法译码
         4`b0000:data_out [6:0] = 7`b1000000;
         4`b0001:data_out [6:0] = 7`b1111001;
         4`b0010:data_out [6:0] = 7`b0100100;
         4`b0011:data_out [6:0] = 7`b0110000;
         4`b0100:data_out [6:0] = 7`b0011001;
         4`b0101:data_out [6:0] = 7`b0010010;
         4`b0110:data_out [6:0] = 7`b0000010;
         4`b0111:data_out [6:0] = 7`b1111000;
         4`b1000:data_out [6:0] = 7`b0000000;
         4`b1001:data_out [6:0] = 7`b0011000;
         default:data_out [6:0] = {7{1`b0}};
        endcase
      end
end
endmodule
```

2. 数据选择器

在数字信号的传输过程中,常需要从一组输入数据中选择一个输出,这就需要设计数据选择器或多路开关的逻辑电路。

例 3-57　设计一个数据选择器,功能描述: 在选择信号 SEL、使能信号 EN 的控制下,从输入信号 IN0、IN1、IN2、IN3 中选择输出值 OUT,见表 3-12。

表 3-12　数据选择器真值表

EN	SEL	OUT
1	2`b00	OUT=IN0
	2`b01	OUT=IN1
	2`b10	OUT=IN2
	2`b11	OUT=IN3
0	任何值	OUT=0

```
`define width 8
module mux(EN,IN0,IN1,IN2,IN3,SEL,OUT );
input EN;
input [`width − 1:0] IN0,IN1,IN2,IN3;
input [1:0] SEL;
output [`width − 1:0] OUT;
reg [`width − 1:0] OUT;
always @(SEL or EN or IN0 or IN1 or IN2 or IN3 )    //或 always @ ( * )
    begin
      if (EN == 0)
OUT = {8{1`b0}};
      else
        case (SEL)
```

```
        2`b00:OUT = IN0;
        2`b01:OUT = IN1;
        2`b10:OUT = IN2;
        2`b11:OUT = IN3;
        default:OUT = {8{1`b0}};
    endcase
end
endmodule
```

也可以去掉 always 块而写成：

```
wire[width - 1:0] OUT;
OUT = (EN == 0)?8`b0:(SEL == 2`b00) ? IN0
                    :(SEL == 2`b01) ? IN1
                    :(SEL == 2`b10) ? IN2
                    :(SEL == 2`b11) ? IN3
                    :8`b0;
```

3. 数值比较器

数值比较器是数字系统常用的比较两个数大小的逻辑电路，一位的数值比较器逻辑关系较为简单，可以用原理图设计方法或调用 Verilog 语言的逻辑门等完成。随着比较的数值的位数增加，如果仍用逻辑门搭建电路则较复杂，但采用 Verilog HDL 来描述这一电路还是很容易的。程序通过改变 define 宏定义的位宽值，可以被综合工具综合成不同位宽的比较器。

例 3-58 设计比较器电路，实现两个多位数的比较，并将结果显示如下：

当 a＞b 时置 a_great 为 1，其余输出端为 0；

当 a＝b 时置 a_equal_b 为 1，其余输出端为 0；

当 a＜b 时置 b_great 为 1，其余输出端为 0。

```
`define width 8                         //定义比较数值的位宽
module compare(a,b,a_great,a_equal_b,b_great);
input[`width - 1:0] a,b;
output a_great,a_equal_b,b_great;
reg a_great,a_equal_b,b_great;
always @ (a or b)      //如果 a 或者 b 任意一个发生变化,触发执行以下操作,可用 always @ ( * )
begin
    if(a > b)
        a_great = 1;
      else
        a_great <= 0;
      if(a == b)
        a_equal_b <= 1;
      else
        a_equal_b <= 0;
      if(a < b)
        b_great <= 1;
      else
        b_great <= 0;
end
endmodule
```

3.5.2　时序电路设计

对时序电路建模时,always 语句必须用时钟信号、复位或置位信号的边沿控制触发,如用 always @ (posedge clock)或 always @ (negedge clock)块描述的电路就可综合为同步时序逻辑电路。在 always 语句中对时序电路建模时一般采用非阻塞赋值。

1. 移位寄存器

当寄存器存储的代码能够在移位脉冲的作用下依次左移或右移,就构成了移位寄存器,移位寄存器不仅可以存储代码,而且可以用来实现数据的串行到并行的转换、数值的运算以及数据的处理等。

例 3-59　设计由边沿触发结构的 D 触发器组成的 4 位移位寄存器,如图 3-6 所示。

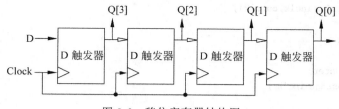

图 3-6　移位寄存器结构图

分析:当时钟 Clock 上升沿来到时,如果输入端的数据已经稳定,所有触发器的输出端按照输入端的状态翻转,加到寄存器输入端 D 的值被存入 D 触发器,按照图 3-6 的结构,相当于移位寄存器中原有的代码依次向右移了一位。经过 4 个周期时钟信号后,串行输入的 4 位代码全部移入了移位寄存器中,如果在 4 个触发器的输出端引出输出代码,就完成了串行到并行的转换。

```
module shift_flop(D,CLK,Q);
input D;
input CLK;
output [3:0] Q;
reg [3:0] Q;
always @ (posedge clk)
  begin
    Q[0] < = D;
    Q[1] < = Q[0];
    Q[2] < = Q[1];
    Q[3] < = Q[2];
    end
endmodule
```

2. 计数器

计数器是数字电路中使用广泛的时序电路,常用于脉冲计数,以控制程序执行时间,还可用于分频、定时、产生节拍脉冲等。

例 3-60　设计一个带异步复位的十六进制计数器。

```
module counter_16(clk,reset,counter_data);
input clk,reset;
```

```
reg [3:0] counter_data;
output
always @ (posedge clk or posedge reset);
  if(reset == 1)
    counter_data <= 4'b0000;                    //当复位信号为1时,计数器置位为0
  else
    counter_data <= counter_data + 1;
endmodule
```

3. 分频器

例 3-61 设有一个 50MHz 的时钟源,设计分频电路得到秒脉冲时钟信号。

分析:根据设计要求,可知分频系数应为 49999999。

```
module divider50m(inclk,outclk);
input inclk;
output outclk;
reg outclk;
reg [25:0] counter;
always @ ( posedge inclk )
    begin
        if ( count == 49999999 )
            count <= 0;
        else
            count <= count + 1;
    end
always @ ( count )
    begin
        if ( count == 49999999 )
            outclk <= 1;
        else
            outclk <= 0;
    end
endmodule
```

3.5.3 数字系统设计

在第 1 章中已指出数字系统是多个分层次嵌套的有限状态机组成,常分解成数据通道和控制单元两部分。数字系统的控制单元通常用传统的有限状态机或时钟模式的时序电路来建模。每个控制步骤可被看作一种状态,即现态,实现时该状态由一个状态寄存器来保存,与每一控制步骤相关的转移条件(即输入)确定了它将要转换的状态(即次态)。在每个时钟周期,状态寄存器中都要填入由现态和输入决定的下一个状态(次态)。

有限状态机根据其输出的逻辑关系可分为两类,当时序逻辑的输出是输入信号和当前状态的函数,且当前状态和输入信号决定了下一状态,称为 Mealy 状态机;当系统的输出只是当前状态的函数,称为 Moore 状态机。电路结构图分别如图 3-7 和图 3-8 所示。

除了根据输出信号的产生方式划分外,状态机还可以根据状态编码方式划分。常用的编码方式有二进制顺序编码、格雷码、随机码、一位有效(one-hot)编码等。

用 Verilog 语言描述有限状态机可使用多种风格。不同的风格会极大地影响电路性

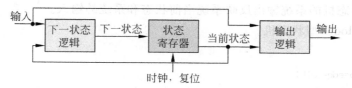

图 3-7　Mealy 状态机结构图

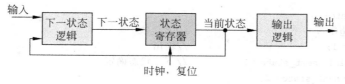

图 3-8　Moore 状态机结构图

能。通常有 3 种描述方式：单 always 块、双 always 块和三 always 块。

单 always 块把组合逻辑和时序逻辑用同一个时序 always 块描述，其输出是寄存器输出，无毛刺，但这种方式会产生多余的触发器，代码难以修改和调试，应该尽量避免使用。

双 always 块大多用于描述 Mealy 状态机和组合输出的 Moore 状态机，时序 always 块描述当前状态逻辑，组合逻辑 always 块描述下一状态（次态）逻辑并给输出赋值。这种方式结构清晰，综合后的时序性能好，资源占用少，节省面积。但组合逻辑输出往往会有毛刺，当输出向量作为时钟信号时，这些毛刺会对电路产生致命的影响。

三 always 块大多用于同步 Mealy 状态机，两个时序 always 块分别用来描述当前状态（现态）逻辑和对输出赋值，组合 always 块用于产生下一状态。这种方式的状态机也是寄存器输出，输出无毛刺，并且代码比单 always 块清晰易读，但是面积大于双 always 块。

先看两个双 always 块的 Mealy 机和 Moore 机实例，然后通过一个数字系统的设计来学习状态机的设计。

例 3-62　Mealy 型状态机。

```
...
always @(posedge clk)
    state <= next_state;
always @(state or in1 or in2)
begin
    case(state)
    2`d0: begin
        out <= in1 & in2;              //输出
        if(in1) next_state <= 1;       //下一状态确定
        else next_state <= 2;
        end
    2`d1: begin
        out <= ~in2;
        if(in2) next_state <= 2;
        else next_state <= 3;
        end
    endcase
end
```

Mealy 型状态机的系统输出反映系统当前状态和系统的输入。

例 3-63　Moore 型状态机。

```
…
always @ (posedge clk)
    state = next_state;
        always @ ( * )
    begin
    case (state)
    2`d0: begin
        out = 1;                          //输出
        if (in1) next_state = 1;          //下一状态确定
        else next_state = 2;
        end
    2`d1: begin
        if (in2) next_state = 0;
        else next_state = 3;
        end
    endcase
end
```

Moore 型状态机的系统输出反映系统当前状态，与系统的输入无关。

例 3-64　用状态机设计交通灯控制器。由一条主干道和一条支干道的汇合点形成十字交叉路口，主干道为东西向，支干道为南北向。为确保车辆安全、迅速地通行，在交叉道口的每个入口处设置了红、绿、黄 3 色信号灯。

要求：

(1) 主干道绿灯亮时，支干道红灯亮，反之亦然；主干道每次放行 35s，支干道每次放行 25s。每次由绿灯变为红灯的过程中，黄灯亮作为过渡，时间为 5s。

(2) 能实现正常的倒计时显示功能。

(3) 能实现总体清零功能：计数器由初始状态开始计数，对应状态的指示灯亮。

(4) 能实现特殊状态的功能显示：进入特殊状态时，东西、南北路口均显示红灯状态。

根据要求，交通灯的状态转换如表 3-13 所示。

表 3-13　交通灯控制器状态转换表

状　态	主干道	支干道	时间/s
0	红灯亮	红灯亮	
1	绿灯亮	红灯亮	35
2	黄灯亮	红灯亮	5
3	红灯亮	绿灯亮	25
4	红灯亮	黄灯亮	5

交通灯控制器系统框图如图 3-9 所示，包括置数模块、计数模块、译码器模块和主控制器模块。置数模块将交通灯的点亮时间预置到置数电路中，计数模块以秒为单位倒计时。当计数值减为零时，主控电路改变输出状态，电路进入下一个状态的倒计时。为了简化设计使结构清晰，将置数模块、计数模块和译码器模块视作整个系统的数据通道，与主控制器模

块构成了"数据通道＋控制器"的系统结构。因为将定时计数器划归到了数据通道,使得控制器的状态数大大减少,主控制部分可以按照有限状态机设计。下面设计主控制模块。

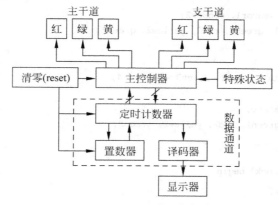

图 3-9　交通灯控制系统框图

根据对设计要求的分析,主控制单元的输入信号有:

（1）时钟 clock。

（2）复位清零信号 reset（reset＝1 表示系统复位）。

（3）紧急状态输入信号 sensor1（sensor1＝1 表示进入紧急状态）。

（4）定时计数器的输入信号 sensor2（由 sensor2[2]、sensor2[1]和 sensor2[0]三位组成,该信号为高电平时,分别表示 35s、5s、25s 的计时完成）。

输出信号有:

（1）主干道控制信号（red1,yellow1,green1）。

（2）支干道的控制信号（red2,yellow2,green2）。

（3）控制状态信号 state（输出到定时计数器,分别进行 35s、25s、5s 计时）。

主控制单元的状态转移图如图 3-10 所示。

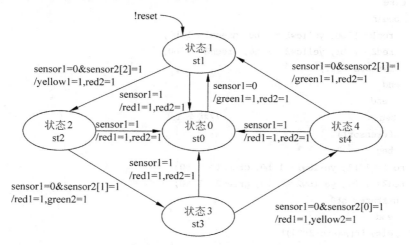

图 3-10　交通灯控制器状态转移图

注：未标出的信号灯值为 0,表示该信号灯关闭。

```verilog
module traffic_control (clock, reset, sensor1, sensor2,
            red1, yellow1, green1, red2, yellow2, green2);

input clock, reset, sensor1, sensor2;
output red1, yellow1, green1, red2, yellow2, green2;

//定义各个状态
parameter st0 = 0, st1 = 1, st2 = 2, st3 = 3, st4 = 4;

reg [2:0] state, nxstate;
reg red1, yellow1, green1, red2, yellow2, green2;

//状态更新
always @ (posedge clock) begin
    if (!reset)
     state = st1;
    else
     state = nxstate;
end

//根据当前状态和输入，计算下一个状态和输出
always @ (state or sensor1 or sensor2)
begin
    case (state)                        //依据状态转移图，完成状态跳转
    st0: begin                          //状态 0
      if(sensor1)
        begin
         nxstate = st0;
            red1 = 1`b1; yellow1 = 1`b0; green1 = 1`b0;
            red2 = 1`b1; yellow2 = 1`b0; green2 = 1`b0;
            end
       else
        begin
         red1 = 1`b0; yellow1 = 1`b0; green1 = 1`b1;
         red2 = 1`b1; yellow2 = 1`b0; green2 = 1`b0;
         nxstate = st1;
        end
          end
    st1: begin                          //状态 1
        if(sensor1)
         begin
       red1 = 1`b1; yellow1 = 1`b0; green1 = 1`b0;
       red2 = 1`b1; yellow2 = 1`b0; green2 = 1`b0;
        nxstate = st0;
         end
         else if(sensor2[2])
            begin
              red1 = 1`b0; yellow1 = 1`b1; green1 = 1`b0;
              red2 = 1`b1; yellow2 = 1`b0; green2 = 1`b0;
```

```
                    nxstate = st2;
                end
        end
    st2: begin                              //状态 2
        if(sensor1)
            begin
            red1 = 1`b1; yellow1 = 1`b0; green1 = 1`b0;
            red2 = 1`b1; yellow2 = 1`b0; green2 = 1`b0;
            nxstate = st0;
            end
            else if(sensor2[1])
              begin
            red1 = 1`b1; yellow1 = 1`b0; green1 = 1`b0;
            red2 = 1`b0; yellow2 = 1`b0; green2 = 1`b1;
                nxstate = st3;
                end
            end
    st3: begin                              //状态 3
        if(sensor1)
            begin
        red1 = 1`b1; yellow1 = 1`b0; green1 = 1`b0;
        red2 = 1`b1; yellow2 = 1`b0; green2 = 1`b0;
         nxstate = st0;
            end
            else if(sensor2[0])
              begin
        red1 = 1`b1; yellow1 = 1`b0; green1 = 1`b0;
        red2 = 1`b0; yellow2 = 1`b1; green2 = 1`b0;
         nxstate = st4;
            end
        end
    st4: begin                              //状态 4
         if(sensor1)
         begin
        red1 = 1`b1; yellow1 = 1`b0; green1 = 1`b0;
        red2 = 1`b1; yellow2 = 1`b0; green2 = 1`b0;
        nxstate = st0;
          end
        else if(sensor2[1])
            begin
        red1 = 1`b0; yellow1 = 1`b0; green1 = 1`b1;
        red2 = 1`b1; yellow2 = 1`b0; green2 = 1`b0;
         nxstate = st1;
              end
            end
        endcase
    end
    endmodule
```

3.5.4　数码管扫描显示电路

单个数码管显示器包括 7 个 LED 灯和 1 个小圆点,需要 8 个 I/O 口来进行控制。采用这种控制方式,当使用多个数码管进行显示时,每个数码管都将需要 8 个 I/O 口。在实际应用中,为了减少 FPGA 芯片 I/O 口的使用数量,一般会采用分时复用的扫描显示方案进行数码管驱动。以 4 个数码管显示为例,采用扫描显示方案进行驱动时,4 个数码管的 8 个段码并接在一起,再用 4 个 I/O 口分别控制每个数码管的公共端,动态点亮数码管。这样只用 12 个 I/O 口就可以实现 4 个数码管的显示控制,比静态显示方式的 32 个 I/O 口数量大大减少。

如图 3-11 所示,在最右端的数码管上显示“3”时,并接的段码信号为“01100001”,4 个公共端的控制信号为“1110”。这种控制方式采用分时复用的模式轮流点亮数码管,在同一时间只会点亮一个数码管,数码管扫描显示电路的时序如图 3-12 所示。分时复用的扫描显示利用了人眼的视觉暂留特性,如果公共端控制信号的刷新速度足够快,人眼就不会区分出 LED 的闪烁,认为 4 个数码管是同时点亮的。

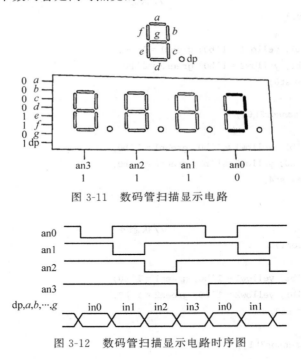

图 3-11　数码管扫描显示电路

图 3-12　数码管扫描显示电路时序图

分时复用的数码管显示电路模块含有 4 个控制信号,即 an3、an2、an1 和 an0,以及与控制信号一致的输出段码信号 sseg。控制信号的刷新频率必须足够快才能避免闪烁感,但也不能太快,以免影响数码管的开关切换,最佳工作频率为 1000Hz 左右。在设计中,利用一个 18 位二进制计数器对系统输入时钟进行分频得到所需工作频率,分频器高两位用来作为控制信号,例如 an[0] 的刷新频率为 $(50 \times 10^6 / 2^{16})$ Hz,约等于 800Hz。4 位数码管动态扫描显示电路的 Verilog 实现代码见例 3-65。

例 3-65　4 位数码管动态扫描显示电路的 Verilog HDL 描述。

```
module scan_led_disp
  (input clk,reset,
   input [7:0] in3,in2,in1,in0,
    output reg [3:0] an,
      output reg[7:0]sseg
    );
localparam N : 18;                    //对输入 50MHz 时钟进行分频(50 MHz/2^16)
reg[N-1:0] regN;
ahays @ (posedge clk,posedge reset)
if (reset)
  regN <= 0;
else
  regN <: regN + 1,
always @  *
  case (regN[N-1:N-2])
2`b00:
begin
      an = 4`b1110;
      sseg = in0;
  end
2`b01:
begin
      an:4`b1101;
      sseg:in1;
  end
2`b10:
begin
      an:4`b1011;
      sseg:in2;
  end
default:
  begin
      an = 4`b0111;
      sseg = in3;
   end
endcase
endmodule
```

当采用分时复用电路，在七段式数码管上显示十六进制数字时，还需要 4 个译码电路，另外一个更好的选择是首先输出多路十六进制数据然后将其译码。这种方案只需要一个译码电路，使四选一数据选择器的位宽从 8 位降为 5 位(4 位十六进制数和 1 位小数点)。实现代码见例 3-66。除 clock 和 reset 信号之外，输入信号包括 4 个 4 位十六进制数 hex3、hex2、hex1、hex0 和 p_in 中的 4 位小数点。

例 3-66　4 位十六进制数的数码管动态显示电路 Verilog HDL 描述。

```
module scan_led_hex_disp
      (input clk, reset,
    input [3:0] hex3, hex2,hex1,hex0,
```

```verilog
    input [3:0] dp_in,
    output reg [3:0] an,
    output reg [7:0]sseg
);
localparam N = 18;                        //对输入 50MHz 时钟进行分频(50 MHz/2¹⁶)
reg[N-1:0] regN;
reg[3:0] hex_in;
    always @ (posedge clk, posedge reset)
    if ( reset)
    regN <= 0;
else
    regN <= regN + 1;
always @ *
    case (regN[N-1:N-2])
    2`b00:
    begin
            an = 4`b1110;
            hex_in = hex0;
            dp = dp_in[0];
        end
     2`b01:
    begin
            an = 4`b1101;
            hex_in = hex1;
            dp = dp_in[1];
        end
2`b10:
begin
        an = 4`b1011;
        hex_in = hex2;
        dp = dp_int[2];
    end
default:
begin
        an = 4`b0111;
        hex_in = hex3;
        dp = dp_in[3];
    end
endcase
always @ *
begin
    case ( hex_in)
            4`h0:sseg[6:0] = 7`b1000000;
            4`h1:sseg[6:0] = 7`b1111001;
            4`h2:sseg[6:0] = 7`b0100100;
            4`h3:sseg[6:0] = 7`b0110000;
            4`h4:sseg[6:0] = 7`b0011001;
            4`h5:sseg[6:0] = 7`b0010010;
            4`h6:sseg[6:0] = 7`b0000010;
            4`h7:sseg[6:0] = 7`b1111000;
            4`h8:sseg[6:0] = 7`b0000000;
```

```
            4`h9:sseg[6:0] = 7`b0011000;
            4`ha:sseg[6:0] = 7`b0001000,
            4`hb:sseg[6:0] = 7`b0000011;
            4`hc:sseg[6:0] = 7`b1000110;
            4`hd:sseg[6:0] = 7`b0100000;
            4`he:sseg[6:0] = 7`b0000110;
            default: sseg[6:0] = 7`b0001110; //4`hf
        endcase
        sseg[7] = dp;
    end
endmodule
```

实际可在 FPGA 的电路中验证该设计,把 8 位开关数据作为两个 4 位无符号数据的输入,并使两个数据相加,将其结果显示在四位七段式数码管上。实现代码见例 3-67。

例 3-67 4 位十六进制数的数码管动态显示测试。

```
module scan_led_hex_disp_test
    (input clk,
    input[7:0] sw,
    output [3:0] an,
    output [7:0]sseg );
    wire [3:0] a,b;
    wire [7:0] sum;
    assign a = sw [3:0];
    assign b = sw [7:4];
    assign sum = {4`b0,a} + {4`b0, b};
    //实例化 4 位十六进制数动态显示模块
    scan_led_hex_disp_scan_led_disp_unit
    (.clk(clk), .reset(1`b0),
    .hex3(sum[7:4]),.hex2(sum[3:0]),.hexl(b),.hex0(a),
    .dp_in(4`b1011),.an(an),.sseg(sseg));
endmodule
```

许多时序逻辑电路一般工作在相对较低的频率,就像分时复用数码管电路中的使能脉冲一样。这可以通过使用计数器来产生只有一个时钟周期的使能信号。在这个电路中使用的是 18 位计数器:

```
localparam N = 18;
reg [N-1:0] regN;
```

考虑计数器的位数,仿真这种电路需要消耗大量的计算时间(2^{18} 个时钟周期为一个周期)。因为主要工作在于分时复用那段代码,大部分模拟时间被浪费了。更高效的方法是使用一个较小的计数器进行仿真,可以通过修改常量声明来实现:

```
localparam N = 4;
```

这样就只需要 2^4 个时钟周期为一个仿真周期,节省了大量时间,并且可以更好地观察关键操作。

最好定义参数 N,而不是将其设置为一个常量,在仿真与综合时可以方便修改代码。同时在实例化过程中,也可以对于仿真和综合设置不同的值。

3.5.5　LED 通用异步收发电路设计

通用异步收发(UART)是一种通用串行数据总线,用于异步通信。UART 能实现双向通信,在嵌入式设计中,它常用于主机与辅助设备通信。UART 是异步串行通信口的总称,包括 RS232、RS449、RS423、RS422 和 RS485 等各种异步串行通信接口标准规范和总线标准规范,它规定了通信口的电气特性、传输速率、连接特性和接口的机械特性等内容,实际上是属于通信网络中的物理层(最底层)的概念,与通信协议没有直接关系。在本案例中采用的是 RS232 通信协议。UART 传输时序如图 3-13 所示。

图 3-13　UART 传输时序

(1) 发送数据过程:空闲状态,线路处于高电平;当收到发送数据指令后,拉低电平一个数据位的时间(如图 3-13 起始位的时间);接着数据按低位到高位依次发送,数据发送完毕,接着发送奇偶校验位和停止位(停止位为高电平),一帧数据发送结束(本案例中,LED电路仅处于接收状态,关于发送功能暂时不讨论)。

(2) 接收数据过程:空闲状态,电路处于高电平;当检测到电路的下降沿,说明电路有数据传输,按照约定的波特率从低位到高位接收数据,数据接收完毕;接着接收并比较奇偶校验位是否正确,如果正确,则通知接收端设备准备接收数据或存入缓存。

此案例中波特率默认设置为 115 200b/s,时钟频率默认为 50MHz,过采样率为 16 倍波特率,因为分频数至少为 2,所以时钟频率必须至少为 32 倍波特率。Rst 是输入系统的异步复位信号,在同步逻辑中利用之前,它必须同步到时钟域 clk_rx,可以利用一个简单的固化亚稳态的方法实现。此案例主要涉及模块如图 3-14 所示。

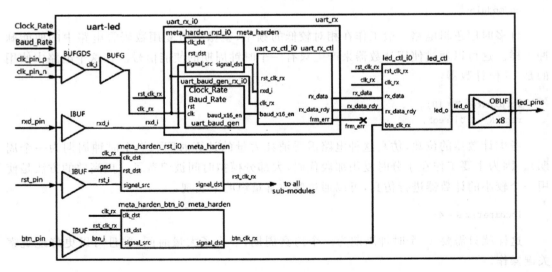

图 3-14　uart-led 组成框图

差分时钟由 IBUFGDS 缓冲把信号带进 FPGA，通过 BUFG 分布到低偏斜的内部时钟网线上。按钮的复位由 IBUF 缓冲，并馈送到 meta_harden 模块以减少其将成为亚稳态的风险，被"净化"的复位将提供其余模块。第二个按钮信号由 IBUF 缓冲，馈送到 meta_harden 模块，被同步的信号提供给 led_ctl 模块。uart_rx 捕获由 IBUF 缓冲 rxd_pin 的串行数据，将它存放到模块输出端的 rx_data 8 位总线上。信号 rx_data_rdy 持续一个时钟的脉冲为高。在这个设计中，来自 uart_rx 的帧错误信号没有利用。认定 rx_data_rdy 对 led_ctl 模块的作用，它捕获接收的字符，保持它在 LED 上显示。btn_clk_rx 交换 LED 的最高和最低有效位。最后，led_ctl 模块的输出通过 8 个 OBUF 驱动封装引脚。

时钟频率 CLOCK_RATE 和波特率 BAUD_RATE 都是通用类参数，前者以 Hz 规定，后者以波特率规定。前者的数值用于在推敲和编译期间计算与时钟频率有关的各种设置。后者的数值用于在推敲和编译期间分频时钟频率产生被选的波特率。

uart_rx 模块固化进入的串行信号防止亚稳态，传递此信号到 uart_rx_ctl 模块，同时进入的 200MHz 时钟信号被分频到 16 倍的波特率。uart_rx_ctl 模块是一个状态机，空闲的 IDLE 状态等待进入信号的下降沿，在检测到这个沿之后，它开始计数 8 个 baud_x16_en 的事件，查看固化的串行输入网线。时间延迟采样应该接近串行位的中点。如果是低电平，认为是起始位，并继续进行收集数据位；否则，认为串行线的变低数值是毛刺，返回 IDLE 状态。在串行线上采集数据并进入保持寄存器，当所有的数据被采集，在使能信号出现后或停止位的中央串行线再一次采样，一旦停止位被采集，则捕获的数据以并行的方式提供 rx_data，rx_data_rdy 持续一个时钟周期，表示新数据已经到达。在最后采样的事件中不是高电平，帧错误信号 frm_err 表示帧错误。

例 3-68 uart_led.v 通信总线模块设计。

```verilog
`timescale 1ns/1ps
module uart_led (
    //Write side inputs
    input           clk_pin_p,          //来自引脚的时钟输入
    input           clk_pin_n,          //差分对
    input           rst_pin,            //来自引脚的高电平复位
    input           btn_pin,            //高低位变换按钮
    input           rxd_pin,            //直接来自引脚的 RS232 RXD
    output          [7:0] led_pins);    //8 LED 输出

    parameter BAUD_RATE  = 115_200;
    parameter CLOCK_RATE = 200_000_000;


    //BUFG 的输出
    wire            clk_rx;
    wire            rst_clk_rx;         //同步复位
    wire            btn_clk_rx;         //同步按钮
    //Between uart_rx and led_ctl
    wire [7:0]      rx_data;            //uart_rx 的数据输出
    wire            rx_data_rdy;        //uart_rx 的数据准备输出

    clk_core clk_core_inst (
```

```
            .clk_in1_p (clk_pin_p),
            .clk_in1_n (clk_pin_n),
            .clk_out1 (clk_rx));

    meta_harden meta_harden_rst_i0 (
        .clk_dst     (clk_rx),
        .rst_dst     (1`b0),             //复位固化器上无复位
        .signal_src  (~rst_pin),   //针对 EG01 板卡复位的极性添加,如果复位不需要反相,则为 rst_pin
        .signal_dst  (rst_clk_rx));
    //输入按钮
    meta_harden meta_harden_btn_i0 (
        .clk_dst     (clk_rx),
        .rst_dst     (rst_clk_rx),
        .signal_src  (btn_pin),
        .signal_dst  (btn_clk_rx));
    uart_rx # (
        .CLOCK_RATE  (CLOCK_RATE),
        .BAUD_RATE   (BAUD_RATE))
        )
    uart_rx_i0 (
        .clk_rx      (clk_rx),
        .rst_clk_rx  (rst_clk_rx),
        .rxd_i       (rxd_pin),
        .rxd_clk_rx  (),
        .rx_data_rdy (rx_data_rdy),
        .rx_data     (rx_data),
        .frm_err     () );
    led_ctl led_ctl_i0 (
        .clk_rx      (clk_rx),
        .rst_clk_rx  (rst_clk_rx),
        .btn_clk_rx  (btn_clk_rx),
        .rx_data     (rx_data),
        .rx_data_rdy (rx_data_rdy),
        .led_o       (led_pins));

    endmodule
```

例 3-69 uart_rx.v 异步通信接收模块设计。

这是 UART 接收机的顶层,将同步 rxd_pin 的准稳态固化器、产生适合 x16 位使能的波特率产生器和 UART 自身的控制器放在一起组成一个子模块。波特率产生器生成 N 选 1 的脉冲,N 由波特率和系统时钟频率确定,此信号使能 uart_rx_ctl 模块中所有的触发器,对于波特率和系统频率的所有合理的组合,只要 $N > 2$,uart_rx_ctl 模块中所有的路径都是多周期的。

```
`timescale 1ns/1ps
module uart_rx (
    //Write side inputs
    input          clk_rx,              //时钟输入
```

```
input           rst_clk_rx,           //高电平有效复位,与 clk_rx 同步
input           rxd_i,                //直接来自焊盘的 RS232 RXD 引脚
output          rxd_clk_rx,           //同步于 clk_rx 的 RXD 引脚
output          [7:0] rx_data,        //8 位数据输出,在 rx_datardy 插入后有效
output          rx_data_rdy,          //rx_data 的准备信号
output          frm_err );            //未检测到 STOP 位

parameter BAUD_RATE = 115_200;        //波特率
parameter CLOCK_RATE = 50_000_000;

wire            baud_x16_en;          //对 uart_rx_ctl 触发器 N 选 1 使能

/* 将 RXD 引脚同步到 clk_rx 时钟域。因为 RXD 随采样时钟缓慢变化,一个简单的准稳态固化器
   就足够 */
meta_harden meta_harden_rxd_i0 (
  .clk_dst      (clk_rx),
  .rst_dst      (rst_clk_rx),
  .signal_src   (rxd_i),
  .signal_dst   (rxd_clk_rx)
);

uart_baud_gen #
( .BAUD_RATE (BAUD_RATE),
  .CLOCK_RATE (CLOCK_RATE)
) uart_baud_gen_rx_i0 (
  .clk          (clk_rx),
  .rst          (rst_clk_rx),
  .baud_x16_en (baud_x16_en));

uart_rx_ctl uart_rx_ctl_i0 (
  .clk_rx       (clk_rx),
  .rst_clk_rx   (rst_clk_rx),
  .baud_x16_en (baud_x16_en),
  .rxd_clk_rx   (rxd_clk_rx),
  .rx_data_rdy (rx_data_rdy),
  .rx_data      (rx_data),
  .frm_err      (frm_err));

endmodule
```

例 3-70 uart_baud_gen.v 波特率发生模块设计。

这个模块产生一个 16x 波特使能,当系统时钟频率和波特率的参数确定时,以 16 倍波特率产生这个信号。

```
//局部参数
//      OVERSAMPLE_RATE: 过采样率——16 x BAUD_RATE
//      DIVIDER      : 每个 baud_x16_en 的时钟数
//      CNT_WIDTH    : 计数器宽度
//说明:
//1) 分频器必须至少为 2 (因此 CLOCK_RATE 必须至少为 32x BAUD_RATE)
`timescale 1ns/1ps
```

```verilog
module uart_baud_gen (
  //写端输入
  input         clk,                    //时钟输入
  input         rst,                    //高电平有效复位,与clk同步
  output        baud_x16_en            //过采样波特率使能
);
// ***********************************************************************
//常数函数
// ***********************************************************************
  //产生基2对数的上限,即位数
  //要求持有N个值,大小为clogb2(N)的向量将持有值为0~N-1
  function integer clogb2;
    input [31:0] value;
    reg   [31:0] my_value;
    begin
      my_value = value - 1;
      for (clogb2 = 0; my_value > 0; clogb2 = clogb2 + 1)
        my_value = my_value >> 1;
    end
  endfunction
//参数定义
  parameter BAUD_RATE = 57_600;          //波特率
  parameter CLOCK_RATE = 50_000_000;
  //过采样波特率是波特率的16倍
  localparam OVERSAMPLE_RATE = BAUD_RATE * 16;
  //分频数是 CLOCK_RATE / OVERSAMPLE_RATE 的舍入
  //所以在整数除法之前,加1/2的过采样率
localparam DIVIDER = (CLOCK_RATE + OVERSAMPLE_RATE/2) / OVERSAMPLE_RATE;
  //计数器重新加载数值为 DIVIDER - 1
  localparam OVERSAMPLE_VALUE = DIVIDER - 1;
  //要求的计算器宽度为 DIVIDER 的基2对数的上限
  localparam CNT_WID = clogb2(DIVIDER);
  reg [CNT_WID - 1:0] internal_count;
  reg                 baud_x16_en_reg;
  wire [CNT_WID - 1:0] internal_count_m_1;   //减1计数
  assign internal_count_m_1 = internal_count - 1'b1;
  //从 DIVIDER - 1 到 0 计数,当 internal_count = 0 时设置 baud_x16_en_reg
  //信号 baud_x16_en_reg 必须来自触发器(因为它是一个模块的输出)
  //当下一个计数为1(即 internal_count_m_1 为0)时,安排来设置它
  always @(posedge clk)
  begin
    if (rst)
    begin
      internal_count <= OVERSAMPLE_VALUE;
      baud_x16_en_reg <= 1'b0;
    end
    else
    begin
```

```
      baud_x16_en_reg <= (internal_count_m_1 == {CNT_WID{1`b0}});
      //OVERSAMPLE_VALUE 重复计数至 0
      if (internal_count == {CNT_WID{1`b0}})
      begin
        internal_count <= OVERSAMPLE_VALUE;
      end
      else                              //internal_count 不为 0
      begin
        internal_count <= internal_count_m_1;
      end
    end
  end
  assign baud_x16_en = baud_x16_en_reg;

endmodule
```

例 3-71 led_ctl. v LED 主控模块程序设计。

```
module led_ctl (
  //写端输入
  input         clk_rx,                    //时钟输入
  input         rst_clk_rx,                //高电平有效复位,与 clk_rx 同步
  input         btn_clk_rx,                //高低位引脚变换按钮
  input     [7:0] rx_data,                 //8 位数据输出——当 rx_data_rdy 有效时
  input         rx_data_rdy,               //rx_data 的准备信号
  output reg [7:0] led_o);                 // LED 输出
  reg           old_rx_data_rdy;
  reg [7:0]     char_data;

  always @(posedge clk_rx)
  begin
    if (rst_clk_rx)
    begin
      old_rx_data_rdy <= 1`b0;
      char_data <= 8`b0;
      led_o <= 8`b0;
    end
    else
    begin
      //获取边沿检测时 rx_data_rdy 的值
      old_rx_data_rdy <= rx_data_rdy;
      //如果 rx_data_rdy 为上升沿,捕获 rx_data 的值
      if (rx_data_rdy && !old_rx_data_rdy)
      begin
        char_data <= rx_data;
      end
        //输出正常的数据以及高低位变换后的数据
      if (btn_clk_rx)
        led_o <= {char_data[3:0],char_data[7:4]};
```

```
        else
            led_o < = char_data;
        end
    end
endmodule
```

例 3-72 分析下列 uart_rx_ctrl.v 程序的状态机描述。

```
module uart_rx_ctl (    //写输入
    input              clk_rx,              //输入时钟
    input              rst_clk_rx,          //高电平有效复位——同步于 clk_rx
    input              baud_x16_en,         //16x 过采样使能
    input              rxd_clk_rx,          //RS232 RXD 引脚——同步 clk_rx 之后
    output reg [7:0]   rx_data,             //8 位数据输出,当 rx_data_rdyc 插入时有效
    output reg         rx_data_rdy,         //为 rx_data 的 Ready 信号
    output reg         frm_err );           //STOP 位不被检测
    localparam         //State encoding for main FSM
        IDLE   = 2`b00,
        START  = 2`b01,
        DATA   = 2`b10,
        STOP   = 2`b11;
    reg [1:0]          state;               //主状态机
    reg [3:0]          over_sample_cnt;     //过采样计数器——每位 16
    reg [2:0]          bit_cnt;             //We Rx 的位计数器
    wire               over_sample_cnt_done; //处于一位的中间
    wire               bit_cnt_done;        //这是最后一个数据位
    always @ (posedge clk_rx)               //主状态机
    begin
        if (rst_clk_rx)
            state < = IDLE;
        else   begin
            if (baud_x16_en) begin
            case (state)
                IDLE: begin                  //检测到 rxd_clk_rx 变低,转换到 START 状态
                    if (!rxd_clk_rx)
                    state < = START;
                end //IDLE state

                START: begin                 //在 1/2 位周期之后,重新确认 START 状态
                    if (over_sample_cnt_done)
                    if (!rxd_clk_rx)         //非毛刺的状态位
                        state < = DATA;
                    else                     //毛刺被拒绝
                        state < = IDLE;
                end //START state
                DATA: begin                  //一旦最后一位已接收,对 stop 停止位检验
                    if (over_sample_cnt_done && bit_cnt_done)
                        state < = STOP;
                    end                      //DATA state
```

```
            STOP: begin        //返回 idle
                if (over_sample_cnt_done)//过采样计数完成
                    state <= IDLE;
                end
            endcase
        end
    end
end
```

//过采样计数器:在 IDEL 状态检测到起始条件 rxd_clk_rx 为 0,预加到 7,这时处于第一位中间
//在确认 START 状态,并在所有数据位之间,预加到 15
```
always @(posedge clk_rx)
begin
    if (rst_clk_rx)
        over_sample_cnt <= 4`d0;
    else  begin
        if (baud_x16_en)  begin
            if (!over_sample_cnt_done)
                over_sample_cnt <= over_sample_cnt - 1`b1;
            else if ((state == IDLE) && !rxd_clk_rx)
                over_sample_cnt <= 4`d7;
            else if (((state == START) && !rxd_clk_rx) || (state == DATA)  )
                over_sample_cnt <= 4`d15;
        end
    end
end
assign over_sample_cnt_done = (over_sample_cnt == 4`d0);
```

//关于接收跟踪哪一位,当确认起始条件时,设置为 0,在整个 DATA 状态增量
```
always @(posedge clk_rx)
begin
    if (rst_clk_rx)
        bit_cnt <= 3`b0;
    else  begin
        if (baud_x16_en) begin
            if (over_sample_cnt_done)  begin
                if (state == START)
                    bit_cnt <= 3`d0;
                else if (state == DATA)
                    bit_cnt <= bit_cnt + 1`b1;
            end
        end
    end
end

assign bit_cnt_done = (bit_cnt == 3`d7);
```
//捕获数据,产生 rdy 信号,一旦捕获最后一位数据,rdy 信号将被产生,
//甚至 STOP 还没有确认,它就被插入,维持一个位周期(16 个 baud_x16_en 周期)
```
always @(posedge clk_rx)
begin
    if (rst_clk_rx)
```

```
    begin
      rx_data <= 8`b0000_0000;
      rx_data_rdy <= 1`b0;
    end
    else if (baud_x16_en && over_sample_cnt_done)
        if (state == DATA)
        begin
          rx_data[bit_cnt] <= rxd_clk_rx;
          rx_data_rdy <= (bit_cnt == 3`d7);
        end
        else
          rx_data_rdy <= 1`b0;
  end

    //帧错误产生,一旦帧位被假设采样,产生持续一个 baud_x16_en 周期
  always @ (posedge clk_rx)
  begin
    if (rst_clk_rx)
      frm_err <= 1`b0;
    else
      if (baud_x16_en)
        if ((state == STOP) && over_sample_cnt_done && !rxd_clk_rx)
          frm_err <= 1`b1;
        else
          frm_err <= 1`b0;
  end
endmodule
```

请参考 5.3.4 节中双触发器技术,编写 meta_harden.v。

最后还包括一个时钟 IP 模块 clk_core,用于生成要求的时钟信号。

在第 4 章将会利用上述程序进行 uart_led 的设计,并应用仿真程序验证程序的功能是否正确,时序约束后,设计实现达到性能的要求,位流文件下载到硬件验证结果的正确。

3.6　Testbench 文件与设计

在采用 HDL 进行电路设计时,仿真是设计过程中不可或缺的环节。通过仿真能对设计的正确性进行验证,并及时发现问题和调整设计。针对较复杂的设计,要获得较好的工作效率,常用的方式是先由测试者编写测试平台(Testbench),再在仿真工具上运行来进行验证。仿真过程一般包括以下工作:

(1) 产生仿真激励(波形);

(2) 将仿真的输入激励加入被测试模块端口并观测其输出响应;

(3) 将被测模块的输出与期望值进行比较,验证设计的正确性。

1. 测试平台的搭建

Verilog 语言描述的模块中,其中功能模块可以完成特定的电路功能描述,如前面讨论

的半加器、全加器模块；测试模块描述变化的测试信号和监视输出信号,通过观察被测试模块的输出信号情况,对模块进行调试和验证。

测试平台的建立有两种模式,二者的不同之处在于模块的驱动设计。在设计中可以根据具体情况选择测试平台。

(1)测试模块是顶层模块,它直接调用功能模块。这是一种较常用的测试平台,框图如图 3-15 所示。

图 3-15　测试平台框图 1

例 3-73　用图 3-15 的测试平台对例 3-1 的半加器进行测试。

```verilog
`timescale 1ns/100ps          //指明 1 个时间单位是 1ns,其精度是 100ps
module testbench;             //测试模块
    reg a,b;                  //激励信号名字可以和半加器模块一样,但数据类型不同
    wire co,s;
    //实例化半加器,半加器各端口和 testbench 的端口相连
    halfadder u1 ( .A(a),.B(b), .CO(co), .S(s));
    //产生各种可能的输入信号组合进行测试
    initial begin
        a = 0;
        b = 0;
      #10 begin a = 1;b = 1;end
      #10 begin a = 1;b = 0;end
      #10 begin a = 0;b = 1;end
      #10 begin a = 0;b = 0;end
      #10 $stop;                //暂停仿真
    end
endmodule
```

对测试平台而言,输入端口 a、b 是寄存器型变量,如同信号发生器的输出端口,通过在初始化语句(initial)中对 a、b 进行赋值,驱动半加器的输入端口。输出端口 co、s 为线网型,所以名称相同的输入和输出类型与设计模块的类型正好相反。

(2)将测试模块和设计模块分别设计完成,然后在一个虚拟的顶层模块中进行调用,将相应端口进行连接。

例 3-74　用图 3-16 的测试平台对例 3-1 描述的半加器进行测试。

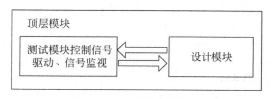

图 3-16　测试平台框图 2

第一步：编写针对半加器的测试模块。

```
`timescale 1ns/100ps
 module testhalfadder(a,b,co,s);
  input co,s;                        //注意这里的模块输入输出信号方向与半加器模块刚好相反
  output a,b;
//激励信号
  reg a;
  reg b;
  //输出
  wire s;
  wire co;
  initial begin
    a = 0;
    b = 0;
   #10 begin a = 1;b = 1;end
   #10 begin a = 1;b = 0;end
   #10 begin a = 0;b = 1;end
   #10 begin a = 0;b = 0;end
   #10 $stop;
  end
endmodule
```

第二步：实例化半加器及测试模块，建立两个模块在同一个层次上的连接。

```
module testbench;                    //这个顶层模块没有输入、输出端口
//实例化测试模块
testhalfadder u1 (.co(co),.s(s),.a(a),.b(b));
//实例化半加器模块
halfadder u2 (.A(a),.B(b),.S(s),.CO(co));
endmodule
```

2. Testbench 的时钟产生方法

测试文件中时钟波形的设计是最基本的设计，常利用 initial、always、forever、assign 等语句产生时钟信号。下面分别介绍产生周期性时钟和具有相移的时钟的方法。

（1）要产生周期性的时钟方波，多采用 always 和 initial 结合的方式，其中 initial 进行初始赋值。

例 3-75　产生周期为 20ns 的时钟。

```
`timescale 1ns/100ps
module Gen_clock1 (clock1);
output clock1;
reg clock1;
parameter T = 20;
  initial
  clock1 = 0;
  always
  # (T/2) clock1 = ~clock1;
endmodule
```

波形如图 3-17 所示。

利用 forever 同样可以产生图 3-17 所示的周期为
20ns 的时钟。

例 3-76

```
`timescale 1ns/100ps
…
Initial begin
 clock = 0;
 forever #10 clock2 = ～clock2;
end
endmodule
```

（2）采用 always 语句产生高低电平持续时间不同的时钟。

例 3-77

```
module Gen_clock3 (clock3);
output clock3;
reg clock3;
always
begin
  # 4 clock3 = 0;          //延时 4 个单位时间后,clock3 赋值 0
  # 6 clock3 = 1;          //延时 4 个单位时间后,clock3 赋值 1
end
endmodule
```

波形如图 3-18 所示,高电平持续时间 4,低电平持续时间 6,初始值为不确定 x。

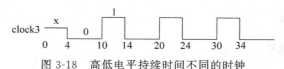

图 3-18   高低电平持续时间不同的时钟

例 3-78   利用 forever 也能产生如图 3-18 的时钟波形。

```
…
Forever begin
# 4 clock4 = 1;
# 6 clock4 = 0;
end
end
endmodule
```

（3）利用前面的时钟产生模块,再通过添加连续赋值语句 assign 语句,就可以得到具有
相移的时钟。

例 3-79

```
module Gen_clock1 (clock_pshift,clock1);
output clock_pshift,clock1;
reg clock1;
wire clock_pshift;
parameter T = 20;
```

```
parameter pshift = 2;
initial
    clock1 = 0;
always
    # (T/2) clock1 = ~clock1;
assign # PSHIFT clock_pshift = clock1;
endmodule
```

波形如图 3-19 所示,clock1 是周期为 20 的时钟,clock_pshift 是由 clock1 相移而来的。

3. Testbench 的描述方法

在测试平台上,除了时钟,还有多个输入信号值需要描述。随着数字电路系统的复杂性增加,测试时间可能占到设计总时间的 70%,测试的"完备性"对于降低设计的功能模块在使用中的风险起到了很大作用。下面介绍几种 Testbench 的描述方法。

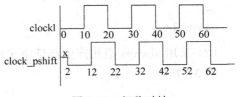

图 3-19 相移时钟

(1) 输入信号取值数据量较少时可以使用 initial 语句对输入信号的变化进行穷举式的描述。

```
`timescale 1ns/100ps
module testbench();
//定义输入、输出端口
reg 输入激励端口罗列;
wire 输出端口罗列;
…
//例化被测功能模块
…
//输入端加入激励信号
initial
begin
# 延迟时间 begin
        输入激励信号赋值;
        end
# 延迟时间 begin
        输入激励信号赋值;
        end
…
end
endmodule
```

例 3-80

```
`timescale 1ns / 100ps          //定义时间单位、时间精度
…
  Initial begin
        enable = 0;
    #4   enable = 1;            //延时 4 个时间单元后,enable 赋值为 1
    #10  enable = 0;            //延时 10 个时间单元后,enable 赋值为 0
    #5   enable = 1;            //延时 5 个时间单元后,enable 赋值为 1
  end
```

产生的波形如图 3-20 所示。

（2）激励数据量较多时，可以通过编写、调用任务和
函数完成重复性操作，减少程序书写工作量。

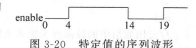

图 3-20　特定值的序列波形

例 3-81

```
`timescale 1ns / 100ps
module testbench;
  …
//定义任务,以备重复调用,驱动被测试模块的输入端口
//进行一个字节数据的写入
task writeburst;
    input [7:0] wdata;
    begin
      @(posedge clockin) begin
          write_enable = #2 1;
          write_data = #2 wdata;
      end
    end
endtask
//可以调用低层任务,构筑更复杂的任务操作
//进行多个字节(本例中为 128 字节)的数据写入
task writeburst128;
begin
      writeburst(128); writeburst(129); writeburst(130); writeburst(131);
      writeburst(132); writeburst(133); writeburst(134); writeburst(135);
          …
end
…
//调用任务,进行较多测试数据的输入
Initial begin
      writeburst128;
…
end
endmodule
```

（3）如果输入的激励信号是视频码流等难以用手工进行输入的数据，就可以采用将需
要输入的测试数据作为一个数据文件放于某文件目录下，调用系统函数读入数据，完成测试
激励的输入，也可将得到的大量结果数据写到指定的文件中，以备后续分析。

例 3-82

```
`timescale 1ns / 100ps
module testbench;
integer i;
//例化被测功能模块
example u1(data_in, …);
 //定义一个寄存器组
 reg [width1 - 1:0] my_memory[width2 - 1:0];
//将数据文件中的值读入某寄存器中
initial begin
```

```verilog
        $readmemb("mydata .dat", my_memory);
    …
end
//使用数组中的数据作为输入激励
always @ (posedge clk)
begin
    data_in <= my_memory[i]
    i = < i + 1;
…
end
initial begin
    //打开一个文件,准备接收仿真的输出数据
    file_descriptor =  $fopen("simulus.dat");
…
$fwrite(file_descriptor , " % b\n",result);            //将仿真数据写入输出文件
…
$fclose(file_descriptor);
 end
```

本章小结

本章对 Verilog 语言的基本结构、基本语法进行了分类阐述,并采用 Verilog 语言进行电路设计举例,同时对测试文件的理解和设计进行了介绍。语言的学习应该在设计实践中去不断提高、体会。有以下学习建议:

(1) 明确设计目标后才开始编程。

任务的分析、分解是整个设计工作的核心和基础。在未充分理解设计目标、未完成任务的分析、分解时,就忙于编写代码,往往会做无用功,反而耽误开发进度,"磨刀不误砍柴工"。

(2) 用硬件电路系统的思想来编写 HDL。

首先要充分理解 HDL 语句和硬件电路的关系。HDL 就是在描述一个电路,每完成一段程序,就应当对生成的电路有一些大体上的了解;必须理解硬件"同时工作"的含义,在程序中描述的功能块往往是同时工作的,通常不会因为书写的顺序来决定其工作顺序(这和 C 语言是不同的)。

(3) 理解 HDL 的可综合性。

HDL 程序如果只用于仿真,那么几乎所有的 HDL 语句、函数、编程方法都可以使用。如果需要将文本描述转化为硬件实现,则必须保证程序"可综合"(即文本可以被综合工具转化成硬件电路)。不可综合的 HDL 语句在综合时将被忽略或者报错。"所有的 HDL 描述都可以用于仿真,但不是所有的 HDL 描述都能用硬件实现"。

(4) 语法掌握贵在精,不在多。

30%的基本 HDL 语句就可以完成 95%以上的电路设计,很多生僻的语句容易产生兼容性问题,也不利于其他人阅读和修改。学习中不需要花太多时间学全部的语句,而是着重理解常用的基本语句语法及其对应的硬件电路特点。本章只介绍了用 Verilog HDL 设计常用的语法,其他语法,读者可根据需要参考相关的手册。

习题

3.1 主要的 HDL 语言是哪两种？

3.2 Verilog HDL 语言的特点是什么？

3.3 定义以下 Verilog 变量：

(1) 一个名为 data_in 的 8 位向量线网；

(2) 一个名称为 MEM1 的存储器，含有 128 个数据，每个数据位宽为 8 位；

(3) 一个名为 data_out 的 16 位寄存器，其第 15 位为最低位。

3.4 设 A＝4`b1010,B＝4`b0011,C＝1`b1,则下式运算结果是什么？

(1) &A

(2) ^A

(3) A＞＞1

(4) {A,B[0],C}

(5) A & B

(6) A ^B

(7) A＜B

3.5 设计一个时钟，要求：

(1) 可以对小时、分、秒进行计数；

(2) 可以显示当前时间；

(3) 可以校对当前时间；

(4) 可以设置闹钟。

用"自顶向下"的设计思路分析系统，画出系统的模块组成情况（不必用语句进行具体设计）。

3.6 有一个模块名为 my_module,其输入、输出端口情况如题 3.6 图所示,试写出模块的定义、端口列表和端口定义（不必写出模块的内部语句）。

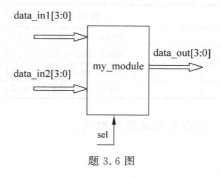

data_in1[3:0]

data_out[3:0]

data_in2[3:0]

my_module

sel

题 3.6 图

3.7 在下面的 initial 块中,每条语句在什么时刻开始执行？ A、B、C、D 在仿真过程中和仿真结束时的值是什么？

```
initial
begin
```

```
        A = 1`b0; B = 1`b1; C = 2`b10; D = 4`b1100;
   #10 begin
        A = 1`b1;B = 1`b0;end
   #15 begin
        C = #5 2`b01;end
   #10 begin
        D = #7 {A,B,C}; end
   end
end
```

3.8　定义一个长度为 256、位宽为 2 的寄存器型数组,用 for 语句对该数组进行初始化,要求把所有的偶元素初始化为 0,所有的奇元素初始化为 1。

3.9　如果将例 3-62 中的非阻塞赋值改为阻塞赋值,程序实现的功能是否会发生改变?为什么?

3.10　设计一个移位函数,输入是一个 32 位的数 data 和一个左移、右移的控制信号 shift_ctrl,其输出是一个 32 位的数。

3.11　设计一个连加函数,输入的是起始数值和终止数值,输入和输出数据的位宽可由参数设定。

3.12　定义一个任务,该任务能计算出一个 8 位变量的偶校验位作为该任务的输出,计算结束后,经过三个时钟周期将该校验位赋给任务的输出。

3.13　设计一个周期为 40 个时间单位的时钟信号,其占空比为 20%,使用 always、initial 块进行设计,设初始时刻时钟信号为 0。

3.14　为什么应该尽量避免按照例 3-65 的方法用一个 always 模块来描述 Moore 型状态机?

3.15　设计例 3-64 中交通灯控制器的数据通道部分,并结合主控制模块的程序完成整个系统设计。

3.16　用 case、if-else、assign 语句分别设计四选一多路选择器,比较各种实现方式的特点。设本选择器的被选数据输入为 A、B、C、D,采用参数法定义这四个数据的位数,选择信号设为 sel,输出信号设为 data_sel,其关系如下表。

选择信号 sel[1:0]	输出信号 data_sel[width−1:0]
2`b00	data_sel[width−1:0] = A[width−1:0]
2`b01	data_sel[width−1:0] = B[width−1:0]
2`b10	data_sel[width−1:0] = C[width−1:0]
2`b11	data_sel[width−1:0] = D[width−1:0]

编写激励模块,对四选一选择器模块进行测试。

第4章

CHAPTER 4

Vivado 设计工具

采用 28nm 的半导体工艺, Xilinx 公司推出了领先一代的硬件、软件和 I/O 全可编程的 SoC——Zynq 7000 系列, 在单芯片上将双核 ARM Cortex-A9 处理器系统(PS)和 7 系列 Artix 或 Kintex FPGA 器件相同的可编程逻辑(PL)完美地结合在一起, 器件架构有以下特点:

(1) 处理器系统作为主设备负责为存储器和通信外设等提供支持硬件, 并且能够在可编程逻辑部分未加电或未配置的情况下自主运行, 按照正常的软件引导过程, 从片内的非易失存储器 ROM 启动, 随后执行更复杂的引导载入程序。

(2) 可编程逻辑部分与处理器系统之间可以实现全面的互联传输, 除了可以通过 JTAG 接口进行配置之外, 也可以通过处理器配置访问端口进行部分或完整地载入配置。可编程逻辑部分的器件架构与 7 系列 FPGA 是完全相同的, 所以在性能、规模和功耗上都有提高。

利用 7 系列的全可编程 FPGA 和 SoC 实现数字系统、DSP 系统或嵌入式系统都需要更好的开发工具和手段以满足设计规模和要求的不断增长。Xilinx 公司的 Vivado 设计套件, 是在经历了四年的开发和一年的试用版本测试, 并通过其早期试用计划之后, 才开始向客户隆重推出和公开发布的。

在未来十年, Xilinx 将主打 All Programmable 器件, 而 Vivado 设计套件正是 Xilinx 在这一趋势下精心打造的可编程逻辑开发环境。Vivado 设计套件包括高度集成的设计环境和新一代 IC 级的设计工具, 这些均建立在共享的可扩展数据模型和通用调试环境基础上。该套件也是一个基于 AMBA AXI4 总线互联规范、IP-XACT IP 封装元数据、TCL 脚本语言、Synopsys 系统约束(SDC)以及其他有助于根据客户需求量身定制设计流程并符合业界标准的开放式环境。Vivado 还将各类可编程技术结合起来, 可扩展实现多达 1 亿个等效 ASIC 门的设计。

4.1 Vivado 工具概述

Vivado 并不是 ISE 设计套件的升级版本, 而是一个全新的设计套件。它替代了 ISE 设计套件的所有重要工具, 例如 Project Navigator、Xilinx Synthesis Technology、Implementation、CORE Generator、Constraints、Simulator(ISim)、ChipScope Analyzer、FPGA Editor、PlanAhead、SmartXplorer 等。通过一个共享的可扩展数据模型, 所有的这些功能都可以构建在 Vivado 设计套件中, 使得 Xilinx 28nm 系列可编程器件的整体性能得到了很大的

提升。

（1）Vivado 设计套件采用快速综合和 ESL（Electric System Level）设计，实现重用的标准算法和 RTL IP 封装技术，模块和系统验证的仿真速度提高了 3 倍。

（2）Vivado 设计套件采用层次化器件编辑器和布局管理器，速度提升 3～15 倍；为业界提供最好支持的 VHDL 逻辑综合工具，速度提高 4 倍；使用增量式的工程变更管理，加速实现设计修改后综合和实现的快速处理。

由于任何 FPGA 器件的集成设计套件的核心都是物理设计流程，包括综合、布局规划、布局、布线、功耗和时序分析、优化和 ECO。所以，下面针对物理设计流程分析 Vivado 设计工具的特性。

4.1.1　单一的、共享的、可扩展的数据模型

Xilinx 公司利用 Vivado 设计套件打造了一个最先进的设计实现流程，可以让客户更快地实现设计收敛。为了减少设计的迭代次数和总体设计时间，提高整体生产力，Xilinx 采用一个单一的、共享的、可扩展的数据模型架构，建立设计实现流程，这种框架也常见于当今最先进的 ASIC 设计环境。共享的、可扩展的数据模型架构可以实现流程中的综合、仿真、布局规划、布局布线等所有步骤在内存数据模型上运行，故在流程中的每一步都可以进行调试和分析，这样用户就可在设计流程中尽早掌握关键设计指标的情况，比如时序、功耗、资源利用和布线拥塞等。随着设计流程的推进，这些指标的估测将在实现过程中趋向更精确。

具体来说，这种统一的数据模型使 Xilinx 能够将其新型多维分析布局布线引擎与套件的 RTL 综合引擎、新型多语言仿真引擎以及 IP 集成器（IP Integrator）、引脚编辑器（Pin Editor）、布局规划器（Floor Planner）、器件编辑器（Device Editor）等各类工具紧密集成在一起。客户可以通过该工具套件的全面交互观测功能来跟踪并交互观测原理图、时序报告、逻辑单元或其他视图，直至 HDL 代码中的给定问题。

用户现在可以对设计流程中的每一步进行分析，而且环环相扣。综合后，还可对设计流程的每一步进行时序、功耗、噪声和资源利用分析。这样，设计者就能够很早发现时序或功耗问题并通过几次迭代快速、前瞻性地解决问题，而不必等到布局布线完成后通过长时间执行多次迭代来解决。

这种可扩展的数据模型架构提供的紧密集成功能还增强了按键式流程的效果，从而可满足用户对工具实现最大自动化地完成大部分工作的期望。同时，这种模型还能够满足客户对更高级的控制、更深入的分析以及掌控每个设计步骤进程的需要。

Vivado 利用以下三个不同的网表文件作为执行设计的基础并贯穿整个设计过程：

（1）推演的（Elaborated）设计网表文件；

（2）综合的（Synthesized）设计网表文件；

（3）实现的（Implemented）设计网表文件。

每个进程将会对前面一个设计进程产生的网表文件进行操作处理，对网表文件进行更新或生成新的网表文件以供后面的设计进程处理，如图 4-1 所示。

设计项目的网表文件是对创建的设计项目所做的一个完整的描述，网表文件由单元（cell）、引脚（pin）、端口（port）和网线（net）四种元素构成，如图 4-2 所示。

数据库将保存 RTL 分析提取的各类部件赋予的名称和层次关系，贯穿整个设计过程。

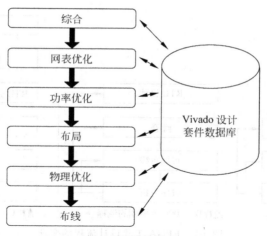

图 4-1 设计进程

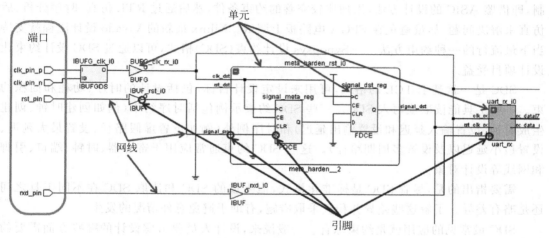

图 4-2 四种元素构成

4.1.2 标准化 XDC 约束文件——SDC

FPGA 器件的设计技术随着其规模的不断增长而日趋复杂,设计工具的设计流程也随之不断发展,而且越来越像 ASIC 芯片的设计流程。

20 世纪 90 年代,FPGA 的设计流程与当时的简易 ASIC 的设计流程一样,如图 4-3 的流程 A 所示。最初的设计流程以 RTL 级的设计描述为基础,在对设计功能进行仿真的基础上,采用综合及布局布线工具,在 FPGA 中以硬件的方式实现要求的设计。

随着 FPGA 设计进一步趋向于复杂化,FPGA 设计团队在设计流程中增加了时序分析功能,以此帮助客户确保设计能按指定的频率运行。今天的 FPGA 已经发展为庞大的系统级设计平台,设计团队通常要通过 RTL 分析来最小化设计迭代,并确保设计能够实现相应的性能目标。为了更好地控制设计流程中集成的设计工具,加速设计上市进程,设计人员需要想尽一切办法更好地了解设计的规模和复杂性。

当代的 FPGA 设计团队正在采用一种新型的设计方法,在整个设计流程中贯穿约束机

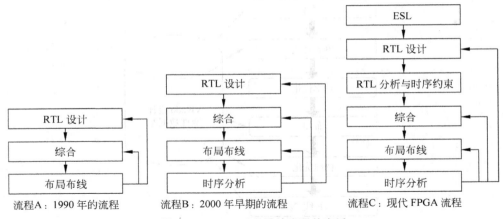

图 4-3　FPGA 工具设计流程的变迁

制，即借鉴 ASIC 的设计方法，添加比较完善的约束条件，然后通过 RTL 仿真、时序分析、后仿真来解决问题，尽量避免在 FPGA 电路板上调试。Xilinx 最新的 Vivado 设计流程就支持当下最流行的一种约束方法——Synopsys 设计约束（SDC）格式，可以通过 SDC 设计约束让设计项目受益。

　　SDC 是一款基于 TCL 的格式，可用来设定设计目标，包括设计的时序、功耗和面积约束。一些工具能读取或写入 SDC。一些 SDC 约束示例包括时序约束（例如创建时钟、创建生成时钟、设置输入延迟和设置输出延迟）和时序例外（例如设置虚假路径、设置最大延迟、设置最小延迟以及设置多周期路径）。这些 SDC 约束通常应用于寄存器、时钟、端口、引脚和网线等设计对象。

　　需要指出的是，尽管 SDC 是标准化格式，但生成的 SDC 和读取 SDC 在不同工具之间还是略有差异。了解这些差异并积极采取措施，有助于避免意外情况的发生。

　　SDC 最常见的应用就是约束综合。一般说来，设计人员要考虑设计的哪些方面需要约束，并为其编写 SDC。设计人员通常要执行图 4-3 中流程 B 所描述的流程。首次肯定无法进行时序收敛；随后要反复手动盲目地尝试添加 SDC，以实现时序收敛，或让设计能在指定频率上工作。许多从事过上述工作的设计人员都抱怨设计迭代要花费好几个星期，往往会拖延设计进程。

　　设计迭代的另一个问题在于，设计团队的数名设计人员可能在不同的地点为 SDC 设计不同的模块。这使得设计工作变得非常复杂，设计团队必须想办法对各个设计模块验证 SDC，避免在芯片级封装阶段出现层级名称的冲突。要确保进行有效的设计协作，就必须采用适当的工具和方法。

　　图 4-3 中的设计流程 C 是现代的 FPGA 设计流程，除了设计流程 B 的工具之外还采用了分析、SDC 约束和高层次综合技术，在解决上述问题方面发挥了重大作用。

　　Vivado 中的设计约束文件除了采用 SDC 的约束格式外，还要增加对 FPGA 的 I/O 引脚分配，从而构成了它的约束文件 XDC。

4.1.3　多维度分析布局器

　　上一代 FPGA 设计套件采用一维基于时序驱动的布局布线引擎，通过模拟退火算法随机确定工具应在什么地方布置逻辑单元。使用这类路由器时,用户先输入时序要求,模拟退火算法伪随机地布置功能"尽量"与时序要求吻合。这在当时条件下是一种可行的方法,因为设计的规模非常小,逻辑单元是造成延迟的主要原因。但随着设计的日趋复杂化和芯片工艺技术的进步,互联和设计拥塞的问题突现,已经成为延迟的主要原因。

采用模拟退火算法的布局布线引擎对低于 100 万门的 FPGA 来说是完全可以胜任的,但对超过这个规模的设计,布局布线引擎便不堪重负。不仅仅有拥塞的原因,当设计的规模超过 100 万门时,设计的结果也开始变得更加不可预测。

着眼于未来数百万门规模的设计,Xilinx 为 Vivado 设计套件开发了新型多维分析布局引擎,它可以与当代价值百万美元的 ASIC 布局布线工具中所采用的引擎相媲美。该新型布局布线引擎可以通过分析从根本上找到使设计时序、引线拥塞和走线长度三维问题最小化的解决方案。

所以,Vivado 设计套件的布局和布线引擎是"解析"地求解程序,对于给定的网表文件,将布局问题化为数学方程,找到一个最佳的实现方案,达到时序要求、引线长度和布线拥塞等多个变量的最小化的"成本"函数,从而节省了设计者的时间。

Vivado 设计套件的算法从全局进行优化,实现了最佳时序、拥塞和走线长度,它对整个设计进行通盘考虑,不像模拟退火算法只着眼于局部调整。该工具能够迅速、决定性地完成上千万门的布局布线,同时保持始终如一的高质量的结果,由于能同时处理三大要素,因此可减少重复运行设计流程的次数。表 4-1 给出 Vivado 与传统 PAR 的比较。

表 4-1　Vivado 与传统 PAR 比较

	传统 PAR	Vivado PAR
成本准则	一维时序最小化	三维时序、拥塞和走线长度最小化
主要算法	模拟退火: 基于初始种子随机、迭代搜索	解析方法: 求解使所有维数最小化的联立方程
运行时间	不可预测; 由于算法的随机特性,随拥塞指数增长	准确预测; 随设计规模线性增长
可扩展性	设计达到 100 万逻辑单元时结果变差	以可预测结果管控大于 1000 万逻辑单元
图形说明		

4.1.4 IP 封装器、集成器和目录

为便于 IP 的开发、集成与存档，Vivado 开发套件提供了 IP 封装器、IP 集成器和可扩展 IP 目录三种全新的 IP 设计功能。图 4-4 是该应用的一个示例。

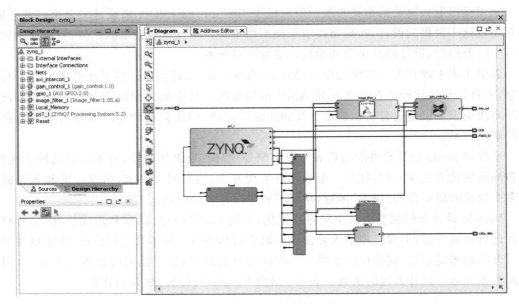

图 4-4 带有 HLS 和 SysGen 加速器的 Zynq 设计

当今很难找到不采用 IP 的 IC 设计。采用业界标准，提供专门的便于 IP 开发、集成和存档/维护的工具，可以帮助生态系统合作伙伴中的 IP 厂商和客户快速地构建 IP，提高设计生产力。目前已有 20 多家厂商提供支持该最新套件的 IP。

采用 IP 封装器，Xilinx 的客户、Xilinx 公司的 IP 开发人员和 Xilinx 生态环境合作伙伴可以在设计流程的任何阶段将自己的部分设计或整个设计转换为可重用的内核，这些设计可以是 RTL、网表、布局后的网表甚至是布局布线后的网表。IP 封装器可以创建 IP 的 IP-XACT 描述，这样用户使用新型 IP 集成器就能方便地将 IP 集成到未来设计中。IP 封装器在 XML 文件中设定了每个 IP 的数据，一旦 IP 封装完成，用 IP 集成器功能就可以将 IP 集成到设计的其余部分。

Vivado 设计套件可提供业界首款即插即用型 IP 集成设计环境并具有 IP 集成器特性，用于实现 IP 智能集成，解决 RTL 设计生产力的问题。

Vivado IP 集成器可提供基于 TCL 脚本编写或设计期间正确的图形化设计开发流程。IPI 特性可提供具有器件和平台层面的互动环境，能确保实现最大化的系统带宽，能支持关键 IP 接口的智能自动连接、一键式 IP 子系统生成、实时 DRC 和接口修改传递等功能，此外还提供强大的调试功能。

在 IP 之间建立连接时，设计人员工作在"接口"而不是"信号"的抽象层面上，可以大幅度提高生产力。"接口"通常采用业界标准的 AXI4 接口，不过 IPI 也支持数十个其他接口。设计团队在接口层面上工作，能快速组装复杂系统，充分利用 Vivado HLS、System Generator、Xilinx SmartCore 和 LogiCORE IP 创建的 IP 核以及联盟成员提供的 IP 和用户自己的专用

IP。Vivado IPI 内置自动化接口、器件驱动程序和地址映射生成功能,可加速设计组装,使得系统实现比以往更加快速。通过利用 Vivado IPI 和 HLS 的完美组合,相对于采用 RTL 方式客户能节约高达 15 倍的开发成本。带有 HLS 和 SysGen 加速器的 Zynq 设计如图 4-4 所示。Vivado IP 集成器的优势如表 4-2 所示。

表 4-2　Vivado IP 集成器的优势

设计环境中的紧密集成	支持所有设计域	设计生产力
整个设计中无缝整合 IPI 层次化子系统; 快速捕获与支持重复使用 IPI 设计封装; 支持图形和基于 TCL 的设计流程设计; 快速仿真与多设计视窗间的交叉探测	支持处理器或无处理器设计; 算法集成(SysGen 和 Vivado HLS)和 RTL-level IP; 融 DSP、视频、模拟、嵌入式、连接功能和逻辑为一体	在设计装配过程中,通过复杂的接口层面连接实现 DRC; 识别和纠正常见设计错误; 互联 IP 的自动 IP 参数传递; 系统级优化和自动辅助设计

对于 Vivado 高层次综合(HLS),ALL PROGRAIP 集成器可以让客户在互联层面而非引脚层面将 IP 集成到自己的设计中。可以将 IP 逐个拖放到自己的设计图(canvas)上,IP 集成器会自动地提前检查对应的接口是否兼容。如果兼容,就可以在内核间画一条线,然后集成器会自动编写连接所有引脚的具体的 RTL。

一旦用 IP 集成器在设计中集成了四五个模块,也可以取出已用 IP 集成器集成的四五个模块的输出,然后通过封装器再封装,这样就成了一个其他人可以重新使用的 IP。这种 IP 不一定必须是 RTL,可以是布局后的网表,甚至可以是布局布线后的网表模块,这样可以进一步节省集成和验证的时间。

第三大功能是可扩展 IP 目录,它使用户能够用他们自己创建的 IP 以及 Xilinx 和第三方厂商许可的 IP 创建自己的标准 IP 库。Xilinx 按照 IP-XACT 标准要求创建的该目录能够让设计团队乃至企业更好地组织自己的 IP,供整个机构共享使用。Xilinx 系统生成器(System Generator)和 IP 集成器均已与 Vivado 可扩展 IP 目录集成,故用户可以轻松访问已编目的 IP 并将其集成到自己的设计项目中。

以前,第三方 IP 厂商用 Zip 文件交付的 IP 格式各异,而现在他们交付的 IP,不仅格式统一,可立即使用,而且还与 Vivado 套件兼容。

4.1.5　Vivado HLS

在高层次综合(HLS)出现之前,对于采用 C、C++或 SystemC 编写的算法进行硬件实现,要求逻辑设计人员用 Verilog 或 VHDL 描述语言重新编码。这一过程速度慢且手动执行,容易出错,需要进行大量的调试。有了 HLS,这一过程得以大幅提速。将 C、C++或 SystemC 代码馈送至 Vivado HLS 工具,就能快速生成可实现硬件算法加速器所需的 HDL 代码,而且提供完整的 AXI 接口,能直接插入 Zynq-7000 SoC 的 PL。

Vivado HLS 全面覆盖 C、C++、SystemC 给出的设计算法描述,能够进行浮点运算和任意精度浮点运算。这意味着只要用户愿意,可以在算法开发环境而不是典型的硬件开发环境中使用该工具。这样做的优点在于在这个层面开发的算法的验证速度比在 RTL 级有很大的提高。也就是说,既可以让算法提速,又可以探索算法的可行性,并且能够在架构级实现吞吐量、时延和功耗的权衡取舍。

作为设计套件的关键特性，Vivado HLS 工具能快速开发硬件加速器，以便在 Zynq-7000 平台上加速执行关键任务。Vivado 设计套件中包含的 HLS 工具能为 C、C++ 和 SystemC 三种标准 C 高级语言的大型子集提供可综合的支持。它能综合 C 代码的 RTL，且最大限度地减少对高级语言描述的修改。Vivado HLS 工具可对设计执行两种不同类型的综合：

（1）算法综合：将函数声明综合到 RTL 声明。

（2）接口综合：将函数参数综合到 RTL 端口，提供特定的时序协议，使新的 IP 核设计能与系统中的其他 IP 模块进行通信。

Vivado HLS 工具可执行大量优化，以生成高质量的 RTL，从而满足性能和面积利用率优化的要求。虽然 C 语言内在的顺序特性对运算会产生依赖性问题，但 Vivado HLS 工具能自动实现函数和回路的流水线，以确保最终的 RTL 不会受制于这种限制问题。

设计人员使用 Vivado HLS 工具可以通过各种方式执行各种功能。用户可以通过一个通用的流程进行 Vivado HLS IP 开发并将其集成到自己的设计当中。在这个流程中，用户先创建 C、C++ 或 SystemC 表达式，以及一个用于描述期望的设计行为的 C 测试平台。随即用 GCC/G++ 或 Visual C++ 仿真器验证设计的系统行为。一旦行为设计运行良好，对应的测试台的问题全部解决，就可以通过 Vivado HLS Synthesis 运行设计，生成 RTL 设计，代码语言可以是 Verilog，也可以是 VHDL。有了 RTL 后，随即可以执行设计的 Verilog 或 VHDL 仿真，或使用工具的 C 封装器技术创建 SystemC 版本。然后，可以进行 SystemC 架构级仿真，根据之前创建的 C 测试平台，进一步验证设计的架构行为和功能。

设计固化后，就可以通过 Vivado 设计套件的物理实现流程来运行设计，将设计编程到器件上，在硬件中运行和（或）使用 IP 封装器将设计转为可重用的 IP。随后使用 IP 集成器将 IP 集成到设计中，或在系统生成器（System Generator）中运行 IP。

Vivado HLS 与 SysGen 比较如表 4-3 所示。

表 4-3　Vivado HLS 与 SysGen 比较

Vivado HLS	SysGen
算法描述摘要、数据类型规格（整数、定点或浮点）以及接口（FIFO、AXI4、AXI4-Lite、AXI4-Stream）；指令驱动型架构感知综合可提供最优快速的 QoR；使用 C/C++ 测试平台仿真、自动 VHDL / Verilog 仿真和测试平台生成加速验证；多语言支持和业界最广泛的语种覆盖率；自动使用 Xilinx 片上存储器、DSP 元素和浮点库；生成处理器内核项目在 XPS 中集成协处理加速器	集成 RTL、嵌入式、IP、MATLAB 和 DSP 硬件组件进行基于模型的设计；由 Vivado 集成设计环境、IP 核库和 HLS 集成的 DSP 目标设计平台部分；位精确与周期精确的浮点、定点执行；从 Simulink 中自动生成 VHDL 或 Verilog 代码开发高度并行的 DSP 系统；使用硬件和 HDL 协同仿真加速建模和持续验证；嵌入式系统的硬件/软件协同设计

4.1.6　其他特性

1. 快速的时序收敛

Vivado 设计套件提供一个分析时序问题的综合性环境，由布线后的时序分析给出不合格的时序通道，在视窗中对这些不合格的时序通道给予加亮显示，不合格时序通道的加亮显示如图 4-5 所示。这样可以快速地识别并方便地对时序关键通道的逻辑进行约束来改善性能。分析的结果可以用来规划设计的分层次平面布局,决定什么逻辑应该分组在一起,在芯片的什么地方应该放置它们。当时序关键的逻辑被分组在一起时,实现工具可以利用更快的布线资源来改善时序。

分组逻辑是利用被称为 Pblock 的物理模块来执行的,可以按照各种不同的方式选择逻辑。

Vivado 设计套件也提供资源利用率估计,为每个 Pblock 显示所有资源的类型,帮助改变任何 Pblock 的尺寸,并通过统计给出时钟信息、进位链尺寸和各种其他有用信息的报告。

Vivado 设计套件通过显示 I/O 的互联和 Pblock 网线的线束来提供对设计高超的视图分析,如图 4-6 所示,可显示 I/O、网线的线束和时钟域的连通性。Pblock 内网线的线束颜色和尺寸的改变与 Pblock 共享的信号数量有关,这使得观察过密连接的 Pblock 和通过FPGA 的数据流更容易。设计者可以采取正确的动作,把过密连接的 Pblock 更近地放置在一起,或者把它们合并到一个 Pblock 中。

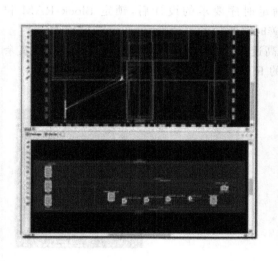
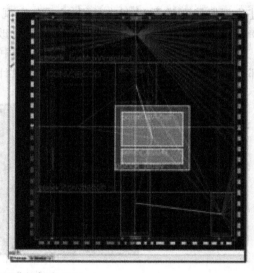

图 4-5　不合格时序通道的加亮显示

2. 提高器件利用率

通过比较 Pblock 中非时序关键的逻辑,可以改善器件的容量。

首先使用 Vivado 设计套件实现设计,再紧缩 Pblock 的尺寸直到刚好满足逻辑,这样就能把逻辑封装得尽可能的紧凑,从而为其他时序更关键的 Pblock 释放器件的资源,提高器件利用率,如图 4-6 所示。

对于不是时序关键的逻辑以及与设计的其他部件不是过密连接的模块,采用 Pblock 技术也是好的设计选择。

3. 增量设计技术

当一个设计实现后,可以将满意的结果锁定起来,不让实现工具再去改变它们。可以通过人工地放置关键的专用硬件(如 Block RAM、DSP 或高速串行接口等)来固定逻辑位置,

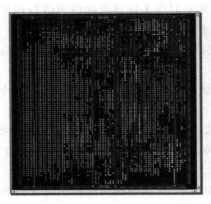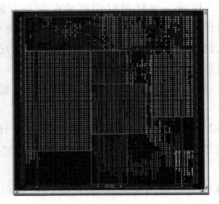

图 4-6　Pblock 提高器件利用率

利用分割保持布局和布线的结果,也可以通过改变连接到其他分割的逻辑布局等方法来固定逻辑布局。

另一个推荐的方法是激活增量更新,来更改任何逻辑模块;对另一个被保持的模块,通过分割保持它的布局和布线的解。在实现满足时序要求的设计后,锁定 Block RAM 和 DSP 的布局,对于许多设计,这样可以帮助改善时序收敛的一致性。

增量设计技术如图 4-7 所示。此示例中,高速接口已经被锁定,在整个设计进程的其余部分将它保持固定。设计者可以在整个设计的 RTL 完成之前开始实现设计。

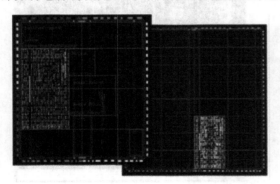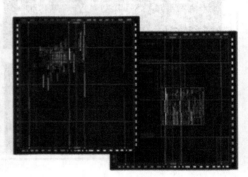

图 4-7　增量设计技术

4.1.7　TCL 特性

TCL 是工具命令语言(Tool Command Language,TCL),TCL 在 Vivado 设计套件中起着不可或缺的作用,不仅对设计项目进行约束,还支持设计分析、工具控制和模块构建。除了利用 TCL 指令运行设计程序外,还可以利用 TCL 指令添加时序约束、生成时序报告和查询设计网表等。

TCL 在 Vivado IDE 中支持:

(1) Synopsys 设计约束,包括设计单元和整个设计的约束;

(2) XDC 设计约束专门指令,包括设计项目、程序编辑和报告结果等;

(3) 网表文件、目标器件、静态时序和设计项目等包含的设计对象;

（4）通用的 TCL 指令中，支持主要对象的大量的相关指令清单，可以方便地直接使用。

不是每一个"法定的"TCL 指令都可以在 Vivado 设计套件实现，对于 FPGA 设计，只需要它的一个子集，在 Vivado 设计套件的环境中，这些失去的指令是不需要的，但是添加了附加的功能性指令，即工具专门的指令。

对于设计者，利用 TCL 控制台可以有效地查询设计的网表文件，以便为构建定制的时序报告和时序约束获得设计的知识。

完全的 TCL 脚本支持 2 种设计模式：基于项目的模式和非项目批作业模式。

对于非项目的批作业设计流程，可以最小化存储器的使用，但是要求设计者自行编写 checkpoint，人工地执行其他项目管理功能。两种流程都能够从 Vivado 设计套件存取结果，所以设计者可以利用设计分析能力的全部优点。

Vivado 设计套件的不同工作方式如表 4-4 所示。通过几个不同的方式，TCL 指令可以输入 Vivado 设计套件中进行交互设计。

表 4-4　Vivado 设计套件的不同工作方式

方　　式	基于项目模式	非项目批作业模式
打开设计项目进入 TCL 控制台	自动管理设计进程	利用 TCL 指令或脚本
从设计项目外部进入 TCL 控制台	不打开 GUI 的设计项目，选择基于脚本的编译方式管理源文件和设计进程	
利用 TCL Shell	不启动 GUI 直接运行 TCL 指令或脚本，利用 start GUI 指令直接从 TCL Shell 打开 Vivado IDE	
启动 Vivado	在 Vivado IDE 中交互运行设计项目	利用 TCL 脚本以批作业模式运行

Vivado IDE 利用 TCL 指令具有以下好处：

（1）设计约束文件 XDC 利用 TCL 指导综合和实现，而时序约束是改善设计性能的关键。

（2）强大的设计诊断和分析的能力，用 TCL 指令进行静态时序分析 STA 是最好的，具有快速构建设计和定制时序报告的能力，进行增量 STA 的 what-if 假设分析。

（3）工业标准的工具控制，包括 Synplify、Precision 和所有 ASIC 综合和布局布线，第三方的 EDA 工具可利用相同的接口。

（4）包括 Linux 和 Windows 的跨平台脚本方式。

4.1.8　Vivado 按键流程执行设计项目

Vivado 设计套件被设计成所有的用户都可以直观地使用，直观的工具栏指导设计者创建 RTL 起源的编程文件及需要的全部设置和实现步骤。利用预先配置的按键流程时，不需要获取更高级的工具选项或设计分析，用户可以选择直接行进到最后的实现进程的步骤，执行生成编程器件的位流文件所必需的全部设计实现。

由图 4-8 的 Vivado 版本信息可知，目前最新的 Vivado 版本为 2019.1，2017.4 版本仍在更新之中，本书采用此版本。

图 4-9 为 Vivado 2017.4 版本的 Logo。设计套件如图 4-10 所示。

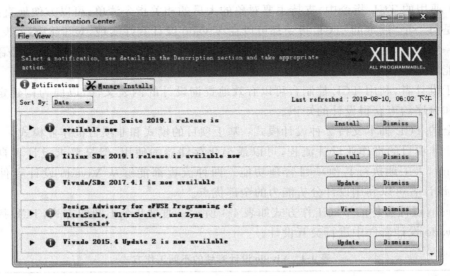

图 4-8　Vivado 版本信息

图 4-9　Vivado 2017.4 版本的 Logo

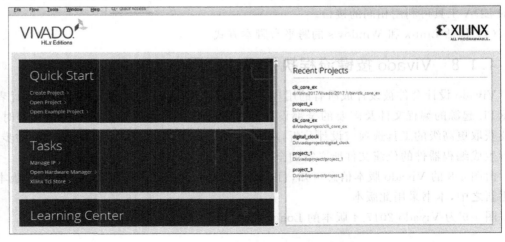

图 4-10　Vivado 2017.4 版本的设计套件

下面简单介绍 Vivado 设计套件的按键流程进行设计的能力,实现一个八位的计数器。双击桌面的图标 ,启动 Vivado 2017.4,设计套件如图 4-10 所示。设计流程如图 4-11 所示。

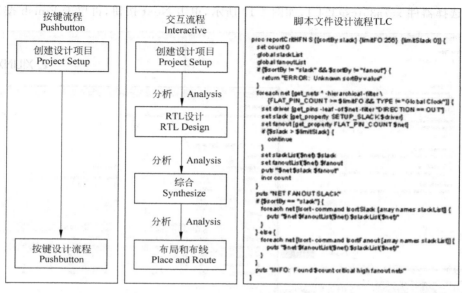

图 4-11　Vivado 2017.4 版本的设计流程

单击 Quick Start 中的 Create New Project,在新项目(Create a New Vivado Project)对话框中单击 Next 按钮,在弹出的 Project Name 对话框中,在 Project name 文本框中输入项目名称 counter,并规定项目的目录,勾选 Create project subdirectory,如图 4-12 所示,单击 Next 按钮。

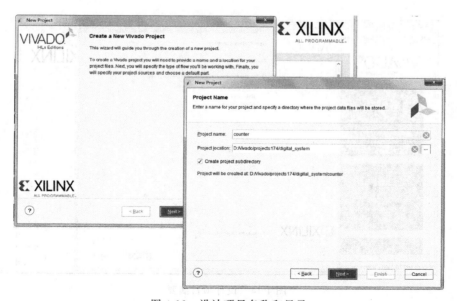

图 4-12　设计项目名称和目录

在项目类型（Project Type）对话框中选择 RTL Project，并勾选 Do not specify sources at this time 后，单击 Next 按钮。

在 Default Part 对话框中，选择 Parts，在过滤器 Filter 选项区域，Family 的下拉菜单选择 Artix-7，Package 的下拉菜单选择 csg324，Speed 的下拉菜单选择－1，在过滤出来的器件清单中选择器件 xc7a35tcsg324-1，如图 4-13 所示，单击 Next 按钮，再单击 Finish 按钮。

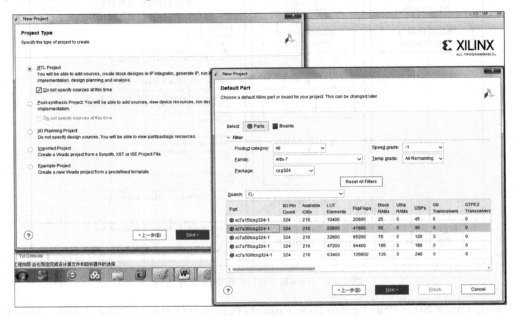

图 4-13　设计项目的类型和默认的器件

图 4-14 是设计项目 counter 的摘要，单击 Finish 按钮，产生图 4-15 的 counter 设计项目。

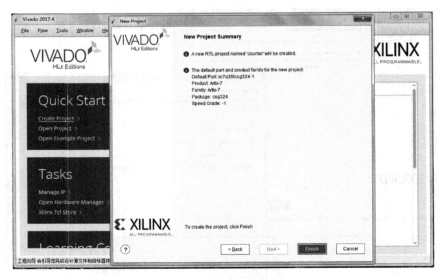

图 4-14　设计项目摘要

从流程导航器(Flow Navigator)的 Project Manager 选择 Add Sources。

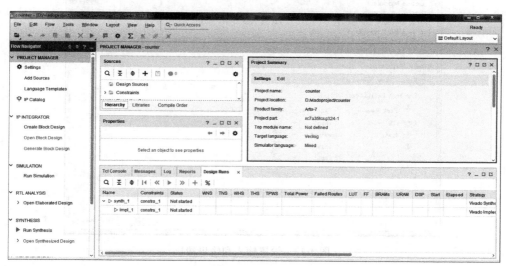

图 4-15　创建设计源文件窗口

在 Add Sources 对话框中选择 Add or Create Design Sources,单击 Next 按钮,在 Add or Create Design Sources 对话框中选择 Create Files。在弹出的对话框中输入文件名 counter,单击 OK 按钮,再单击 Finish 按钮,如图 4-16 所示。

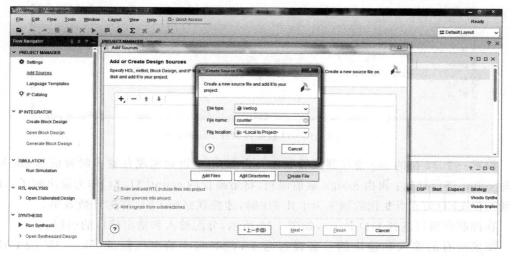

图 4-16　加入或创建设计源文件

设置输入和输出端口,如图 4-17 所示,在弹出的 Define Module 对话框中,在 Module name 文本框中输入模块的名称,在 I/O Port Definition 选项区域设置输入和输出端口,输入端口名称,规定端口方向、输入和输出信号的总线宽度等。本实验模块名称为 counter,仅有时钟输入信号 clk 和八位输出信号 dout,如图 4-17 所示,完成后单击 OK 按钮。

在 Sources → Hierarchy 中双击源文件 counter.v,在打开的文件窗口中完成源文件的编码,计数器源文件 counter.v 如图 4-18 所示。

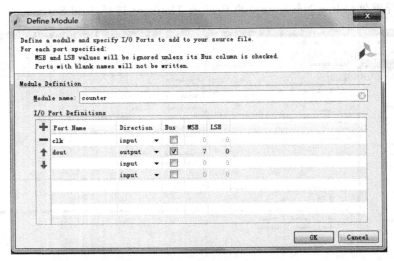

图 4-17　设置输入和输出端口

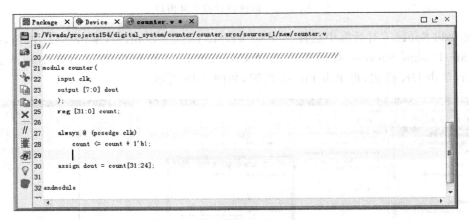

图 4-18　计数器源文件 counter.v

设置一个 32 位的 reg 寄存器信号 count,由 always 语句实现在输入时钟信号 clk 控制下对 count 进行计数;再由 assign 赋值语句,将最高位的 count[31:24] 作为输出赋予 dout,驱动八位 LED 灯;当变化的频率为十几 Hz 时,才能观察到 LED 灯的计数效果。

在控制台窗口选择 I/O Ports,如图 4-19 所示,分配输入和输出端口的引脚。

要求所有的输入和输出信号都设置为 LVCMOS33 的电压标准,即 3.3V 的 CMOS 电平。

按照 EGO1 实验板上 8 个 LED 灯的 FPGA 引脚分配 dout 输出信号的引脚。

完成后,选择 File → Save Constraints,在弹出的对话框中,在 File name 文本框中输入 counter,单击 OK 按钮,产生设计项目的约束文件 counter.xdc。

在 Sources → Hierarchy 中双击约束文件 counter.xdc,在打开的文件窗口中完成约束文件的编码。图 4-20 为 EGO1 开发板实现计数器的约束文件 counter.xdc。

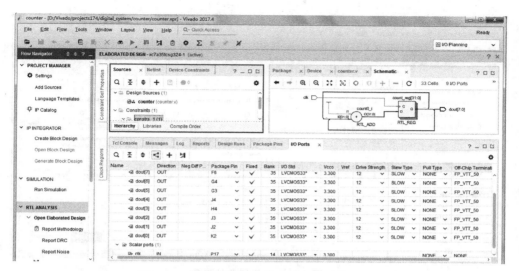

图 4-19　输入和输出端口引脚和电压标准分配

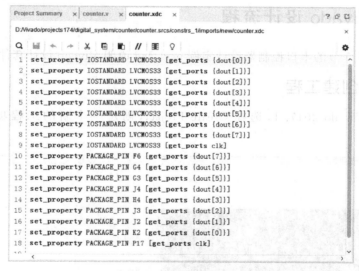

图 4-20　计数器约束文件 counter.xdc

完成设计项目 counter 的创建之后,可以在 Project Manager 中直接单击 Generate Bitstream,利用按键流程实现整个设计。

当 Vivado 设计套件成功地生成位流文件后,将 BGO1 开发板的 USB 加载线连接到主机,同时对实验板加电。

在 Project Manager 中展开最下方的 Open Hardware Manager,选择 Open Target 下拉菜单中的 Auto Connect。确认 USB 加载电缆连接成功,如图 4-21 所示。

右击打开 Programmed,在弹出的对话框中选择 program device,确认路径指向 counter.bit 位流文件所在的目录,单击 Program 配置 FPGA 器件,完成后,计数器应该显示正常计数。

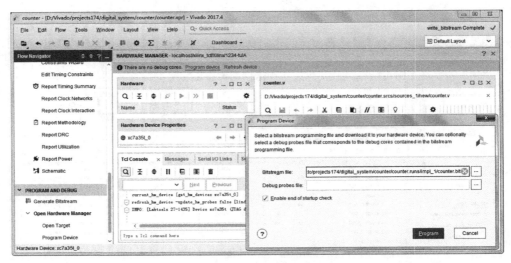

图 4-21　对目标器件编程

4.2　Vivado 设计流程

本节以 3.5.5 节的串口控制器设计实例 uart_led 说明 Vivado 设计套件的设计流程。

4.2.1　创建工程

（1）打开 Vivado 2017.1，选择 Create Project，创建一个新的工程项目，如图 4-22 所示。

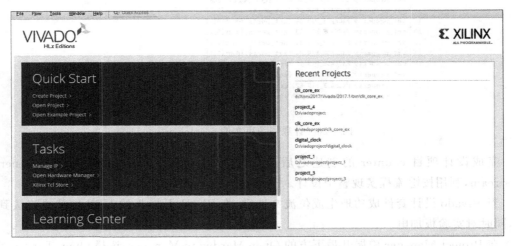

图 4-22　创建一个新的工程项目

（2）如图 4-23 所示，进入新建工程项目向导。

（3）单击 Next 按钮，输入工程项目名称 uart_led 并指定工程项目所在的目录，确认勾选 Create project subdirectory。注意工程项目名称和工程项目所在的路径中只能包括数

图 4-23 新建工程项目向导

字、字母及下画线,不允许出现空格、汉字以及特殊字符等,也不能以数字开头,如图 4-24 所示。

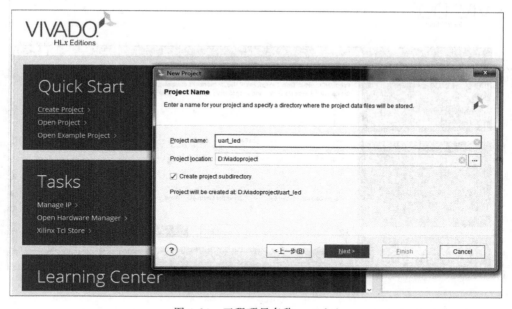

图 4-24 工程项目名称 uart_led

(4) 单击 Next 按钮,指定创建的工程项目类型,选择 RTL Project。不勾选 Do not specify sources at this time 选项,在下一步输入设计源文件,如图 4-25 所示。

(5) 连续单击 Next 按钮,在 New Project 的 Add Sources 对话框中单击 Add Files,如图 4-26 所示。

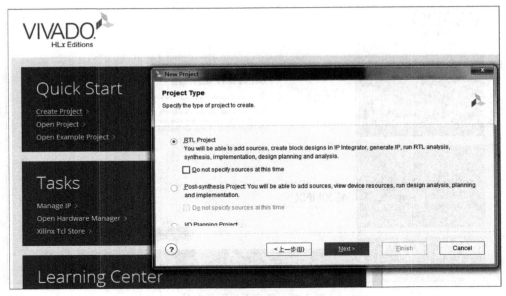

图 4-25　指定创建的工程项目类型

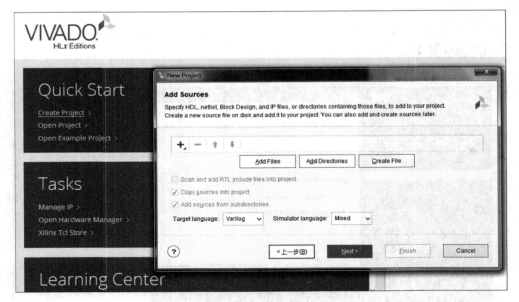

图 4-26　添加源文件

（6）在源文件目录中选择 led_ctl. v、meta_harden. v、uart_baud_gen. v、uart_led. v、uart_rx. v 和 uart_rx_ctl. v、Clk_core. xci 七个文件，如图 4-27 所示。

（7）在编写源文件和复制已有文件时，应用到新的开发板，特别要重视当前采用的开发板的时钟频率和类型（差分或单端）以及复位信号的极性。单击 Next 按钮进入器件选择界面，如图 4-28 所示。

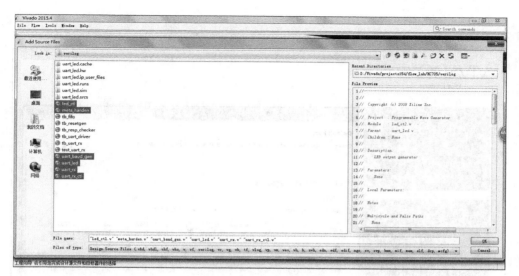

图 4-27　选择设计源文件

图 4-28　是否需要添加现存的约束文件

（8）通过下拉菜单选择器件的系列（Artix）、封装形式、速度等级和温度等级，在符合条件的器件中选中板卡对应的芯片 xc7a35tcsg324-1，如图 4-29 所示。

（9）单击 Next 按钮，查看所创建工程的相关信息，如图 4-30 所示。

（10）单击 Finish 按钮，打开创建的工程项目 uart_led，如图 4-31 所示。

（11）在 Sources 窗口中双击 uart_led.v，在此文件中找到 module 并删除 clk_pin_n，即 BGO1 板卡的输入时钟是单端的，不是差分的，所以要重新创建 IP 核 clk_core。

（12）双击 Flow Navigator 中 Project Manager 的 IP Catalog，设置 IP 核 clk_core，如图 4-32 所示。

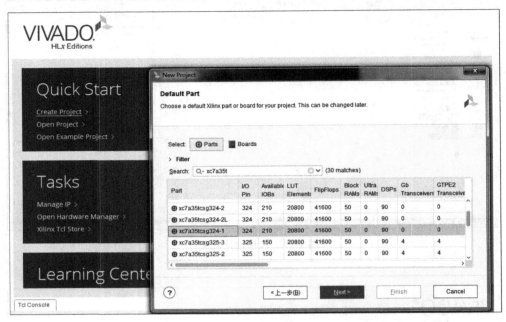

图 4-29　选择 xc7a35tcsg324-1 器件型号、封装和速度档次

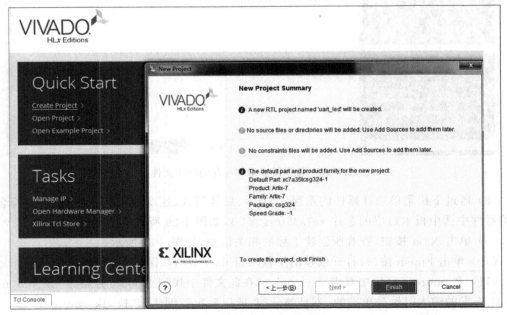

图 4-30　新设计项目摘要

在 IP Catalog 窗口内展开 FPGA Features and Design、展开 Clocking、出现 Clocking Wizard 向导。在 Command Console 窗口内，在 create_ip 之后，单击 Enter 按键，如图 4-32 所示。找出相应的操作步骤。

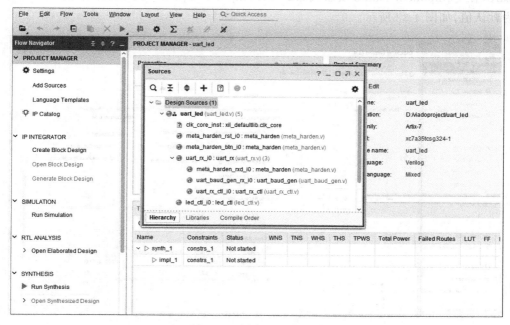

图 4-31 创建的工程项目

在 Output Clocks 界面中，将 reset 端口的电平设置为低电平有效，也就是将 reset 关键字右边的复选框清空。

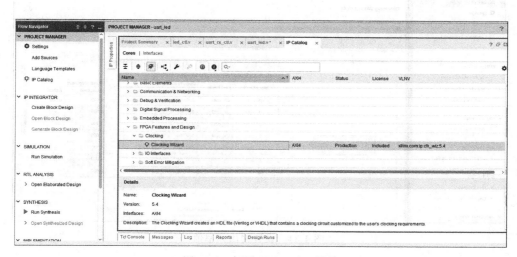

图 4-32 打开 IP Catalog 目录

单击"确定"按钮后。在弹出的主窗口中，出现了新添加的时钟器件的名字。在主窗口中同时还出现了。

在图 4-32 的界面中，双击 Clocking Wizard，弹出 clk_core，在 clk_core 界面中。双击进入，单击左侧面板中的 clk_out1、clk_out2，弹出菜单。

（13）在 IP Catalog 窗口中选择 FPGA Features and Design，双击 Clocking 的 Clocking Wizard，在 Component Name 项输入 clk_core，Input Frequency 为 Primary 的 100MHz，其他为默认值，如图 4-33 所示。

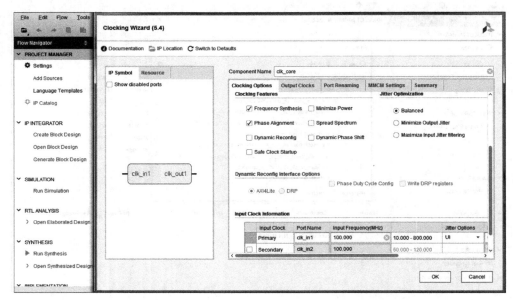

图 4-33　设置 IP 核 clk_core

（14）在 Output Clock 下选 clk_out1，频率改为 200MHz，在窗口最下方不勾选 reset 和 locked，如图 4-34 所示。

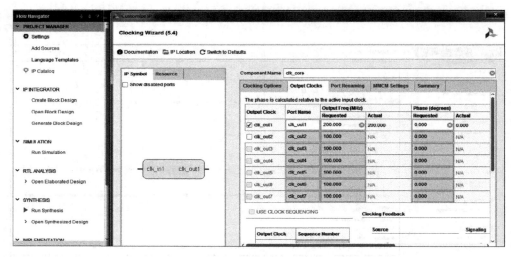

图 4-34　设置输出频率值

（15）单击 OK 按钮，在 Generate Output Product 对话框中单击 Generate，如图 4-35 所示。

注意：IP 核生成后，可以利用 clk_core.xco 的模板重新在 uart_led.v 中映射，也可以直接修改已映射的模块，将 clk_in1_p 保留，将 clk_in1_n 删除，源程序可不修改。

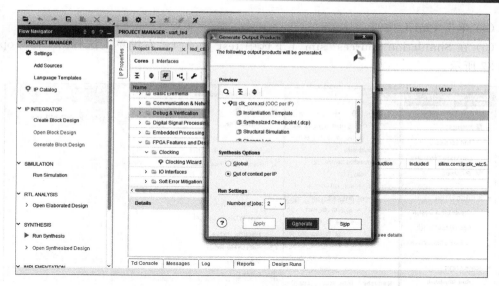

图 4-35 产生 IP 核的各种文档

4.2.2 功能仿真

数字系统可以在 RTL 级利用硬件描述语言(HDL)进行功能描述,生成设计的源文件。功能仿真是对利用 HDL 语言描述的设计项目是否达到所要求的功能进行验证,确保功能正确无误,为进一步的设计实现打好基础。

功能仿真实验利用第 3 章为 uart_led 编写的仿真文件,利用 Vivado Simulator 仿真器,允许混合的语言(见 Project Setting 的 Simulation 设置)。

(1) 在 Flow Navigator 中双击 Project Manager 的 Add Sources。

(2) 选择 Add or create simulation source,单击 Next 按钮,在弹出的对话框中单击 Add Files。

(3) 在源文件目录中选择 tb_fifo. v、tb_resetgen. v、tb_resp_checker. v、tb_uart_driver. v、tb_uart_rx. v 和 test_uart_rx. v 六个仿真文件,单击 OK 按钮,如图 4-36 所示。

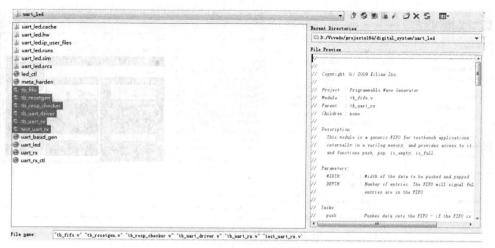

图 4-36 选择有关的仿真源文件

（4）单击 Finish 按钮。

（5）在 Simulation Sources/ sim_1 下选中 test_uart_rx，右键单击选择 Set as Top，如图 4-37 所示。

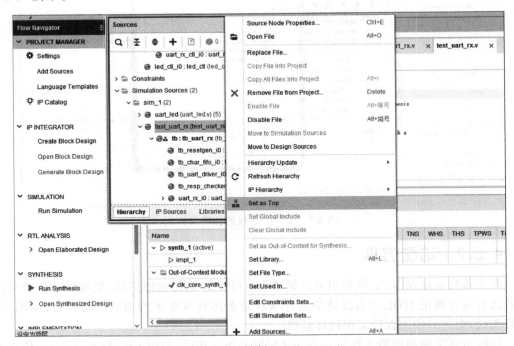

图 4-37　选择 Set as Top

（6）在 Flow Navigator 一栏的 Simulation 下单击 Run Simulation，选择 Run Behavior Simulation，进入仿真界面。展开 test_uart_rx，选择 uart_rx_i0，将 clk_rx 至 baud_x16_en 的八个信号加到波形图中显示，按住 Shift 键将这些被选信号拖进 Name 窗口中，右击 char_to_send[7:0]、rx_data[7:0] 和 string[0:327] bus 信号，选择 Radix → ASCII，如图 4-38 所示。

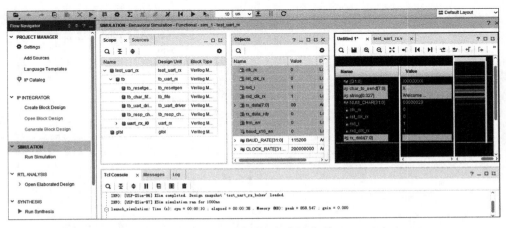

图 4-38　选择要求仿真的信号

（7）单击 Restart 按钮（），复位仿真，再单击 Run All 按钮（），重新运行仿真。调整界面布局，通过 Zoom Fit、Zoom In 及 Zoom Out，将波形缩放到合适大小。分析仿真结果，如图 4-39 所示。

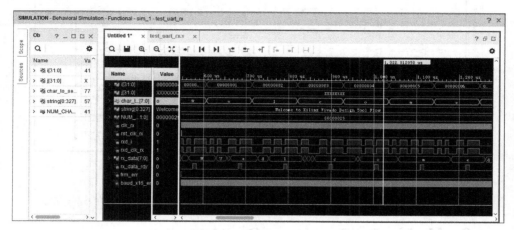

图 4-39　实施仿真的结果

（8）完成仿真后，关闭仿真界面。

在同步设计中，利用硬件描述语言编程的设计项目，它的功能（Function）是否描述正确，要利用仿真工具进行验证，确保设计程序符合功能要求。而设计项目要求达到的性能（Performance）要通过时序分析来确定，因为设计项目用到的部件（cell）和通过的网线（net）都会产生延时，影响设计项目的性能。并且设计软件也要求设计者提供引脚和时序的约束，软件才能够按照约束条件来实现设计项目，通过时序分析来确认设计项目是否达到了性能要求。在按照约束实现设计项目的性能要求时，所采用的部件功能对实现的性能要求没有影响。功能仿真验证结果正确后，Vivado 设计软件将通过 RTL 级分析、综合和实现来完成设计项目。

4.2.3　RTL 级分析

（1）在 Flow Navigator 栏，单击 RTL Analysis 中的 Open Elaborated Design，完成后，单击 Schematic，如图 4-40 所示。

（2）在原理图中，任意选择一个实例，右击实例并选择 Go To Source（RTL 源文件需要在文本编辑器中打开），所选逻辑实例被加亮。

双击原理图中的 uart_rx_i0，如图 4-41 所示。

（3）进一步扩展子模块探索 RTL 原理图，观察最底层的 RTL 原理图的组成部件。

在原理图中，选择 uart_baud_gen_rx_i0，双击打开其原理图，如图 4-42 所示，将它与综合后的原理图进行比较，说明二者的差别。

（4）选择 Tools → Show Hierarchy，打开所选的 uart_baud_gen_rx_i0，层次模块结构被显示。在层次窗口的垂直工具条中选择 Show Tree View icon ，加亮 uart_baud_gen_rx_i0，单击 Go Up One Level icon 得到设计项目的层次结构，如图 4-43 所示。

（5）探索 RTL 层次视图，观察在这个视图中选择的部件，其他原理图视图和网表的 Netlist 窗口中相同的模块也被加亮。

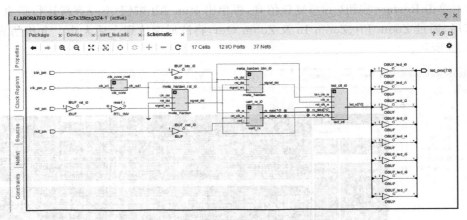

图 4-40　uart_led RTL 级原理图

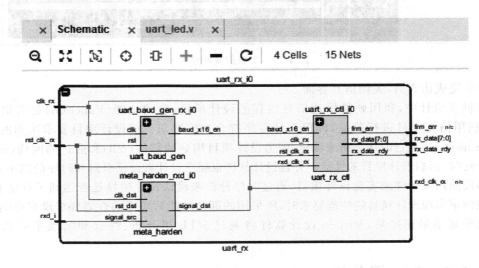

图 4-41　uart_rx_i0 原理图

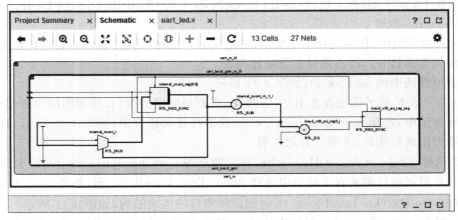

图 4-42　RTL 原理图的特性

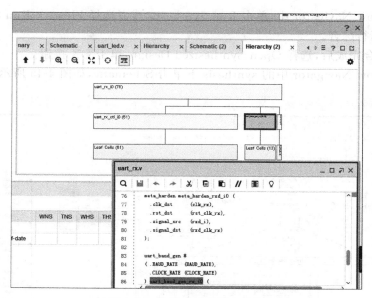

图 4-43　设计项目的层次结构

单击在层次和原理图选项卡右上角的 X 标记，分别关闭层次视图和原理图视图。

（6）对 Elaborated Design 运行 DRC 设计规则检验，单击 Report DRC，选择 default，单击 OK 按钮，产生 DRC 报告，确认满足设计规则要求。

右击 DRC 选项卡，选择 Close 关闭。

4.2.4　综合设计

（1）在 Flow Navigator 中的 Synthesis 下，单击选择 Synthesis Settings，在 Project Setting 对话框中，策略设置为 Vivado Synthesis Defaults，在-flatten_hierarchy 选项中，确保选择 rebuilt，以保留设计层次对设计分析的用途，单击 OK 按钮，如图 4-44 所示。

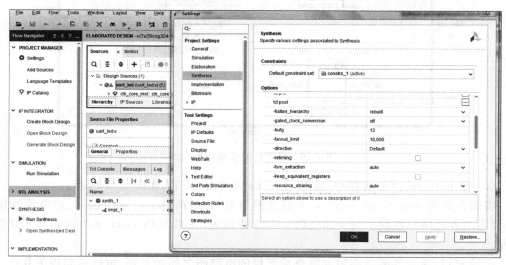

图 4-44　设置综合的选项

（2）在 Flow Navigator 中，单击 Run Synthesis，或者选择 Flow → Run Synthesis 或按 F11 键，开始运行综合。

（3）在综合完成后，选择 Open Synthesized Design，单击 OK 按钮。

（4）在 Flow Navigator 中的 synthesis 下单击 Schematic，如图 4-45 所示。

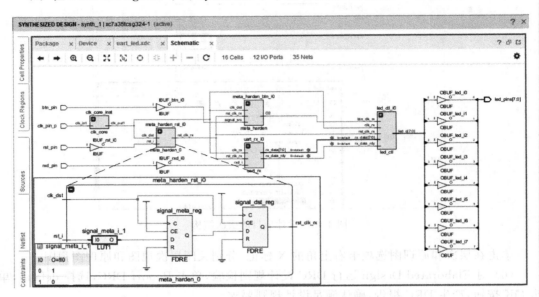

图 4-45　综合之后的原理图

（5）在原理图中，双击 uart_rx_i0，显示其子模块，如图 4-46 所示。

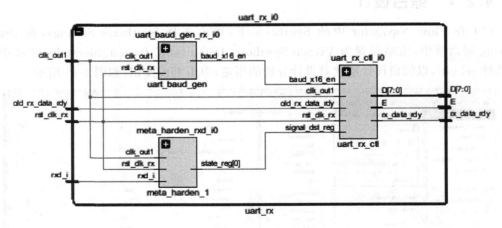

图 4-46　综合后的子模块原理图

（6）在 uart_rx_i0 原理图中，选择 uart_baud_gen_rx_i0，如图 4-47 所示。

将综合后的 uart_baud_gen_rx_i0 原理图与 RTL 级的 uart_baud_gen_rx_i0 原理图比较，说明二者之间的差别。对于加亮的 LUT6 查找表，在 Cell Properties 中找到其实现逻辑方程。

比较 RTL 级元件的电路图和综合后元件的电路图之间的差别，可以看到以下几点。

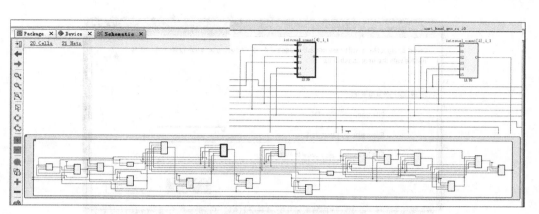

图 4-47 综合后电路图的特性

(1) RTL 级元件的电路图是由基本的逻辑部件组成，即由基本的与门、或门、非门以及多路选择器、比较器、运算单元等组成。综合后元件的电路图已将 RTL 级电路图的基本逻辑部件映射到 FPGA 的部件，即由查找表 LUT、展宽的 MUX、进位链、触发器和存储器等组成。

(2) RTL 级分析生成描述设计的网表文件，提取层次关系，赋予元件名称，存储在统一的数据库中，被整个设计过程所应用，综合和实现过程是优化、更新前一过程的网表文件。

4.2.5 分配引脚和时序

(1) 选择 Layout → I/O Planning，在窗口底部的 I/O Ports 中，所有 I/O 引脚的电平为 LVCMOS33，可以参考 EGO1 板卡上标注的引脚编号进行分配，或者参考图 4-48 分配引脚。

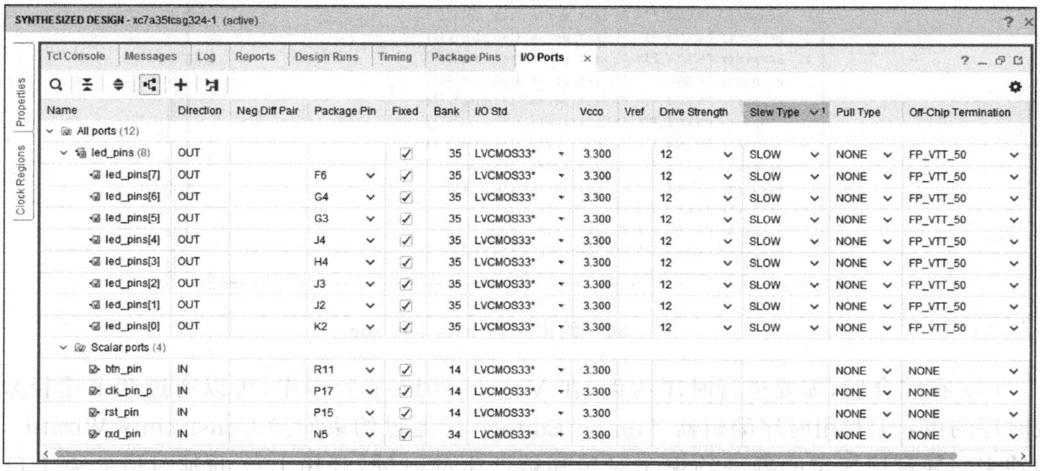

SYNTHESIZED DESIGN - xc7a35tcsg324-1 (active)

Tcl Console | Messages | Log | Reports | Design Runs | Timing | Package Pins | I/O Ports

Name	Direction	Neg Diff Pair	Package Pin	Fixed	Bank	I/O Std	Vcco	Vref	Drive Strength	Slew Type	Pull Type	Off-Chip Termination
All ports (12)												
led_pins (8)	OUT			✓	35	LVCMOS33*	3.300		12	SLOW	NONE	FP_VTT_50
led_pins[7]	OUT		F6	✓	35	LVCMOS33*	3.300		12	SLOW	NONE	FP_VTT_50
led_pins[6]	OUT		G4	✓	35	LVCMOS33*	3.300		12	SLOW	NONE	FP_VTT_50
led_pins[5]	OUT		G3	✓	35	LVCMOS33*	3.300		12	SLOW	NONE	FP_VTT_50
led_pins[4]	OUT		J4	✓	35	LVCMOS33*	3.300		12	SLOW	NONE	FP_VTT_50
led_pins[3]	OUT		H4	✓	35	LVCMOS33*	3.300		12	SLOW	NONE	FP_VTT_50
led_pins[2]	OUT		J3	✓	35	LVCMOS33*	3.300		12	SLOW	NONE	FP_VTT_50
led_pins[1]	OUT		J2	✓	35	LVCMOS33*	3.300		12	SLOW	NONE	FP_VTT_50
led_pins[0]	OUT		K2	✓	35	LVCMOS33*	3.300		12	SLOW	NONE	FP_VTT_50
Scalar ports (4)												
btn_pin	IN		R11	✓	14	LVCMOS33*	3.300				NONE	NONE
clk_pin_p	IN		P17	✓	14	LVCMOS33*	3.300				NONE	NONE
rst_pin	IN		P15	✓	14	LVCMOS33*	3.300				NONE	NONE
rxd_pin	IN		N5	✓	34	LVCMOS33*	3.300				NONE	NONE

图 4-48 I/O 引脚编号分配

(2) 选择 File → Save Constraints，单击 OK 按钮，在 Save Constraints 对话框的 File name 文本框输入 uart_led，单击 OK 按钮，如图 4-49 所示。

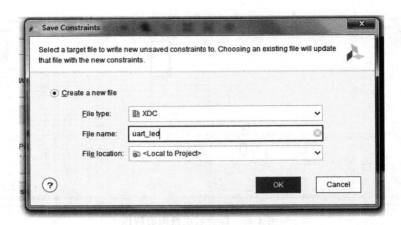

图 4-49　保存命名的约束文件

如图 4-50 所示，得到 uart_led. xdc 文件中输入和输出端口的引脚分配和电平标准。

图 4-50　约束文件 uart_led. xdc

（3）在综合后，需要进行时序约束，在 Vivado 2017. x 版本中，可以通过两个途径来实现时序约束：①利用时序编辑器 Timing Editor；②通过约束向导 Constraints Wizard。因为约束向导利用规定的频率约束主时钟和被产生的时钟，利用 I/O 的延时值约束 I/O 接口，确保设计项目中产生完整和准确的时序约束，任何异步时钟将定义为异步时钟组，使得在这些时钟域之间的时序通道可进行分析。时序约束有四个关键步骤：①产生时钟；②定义时钟的交互；③设置输入和输出延时；④设置时序例外。

约束向导不能设置时序例外,所以先利用约束向导,需要做例外约束再采用时序编辑器。在 Flow Navigator 的 Synthesis 中,双击 Constraints Wizard,弹出如图 4-51 所示的时序约束向导(Timing Constraints Wizard)界面,以确定和推荐遗忘的时序约束,包括时钟、输入和输出端口以及时钟域的交互。单击 Next 按钮。

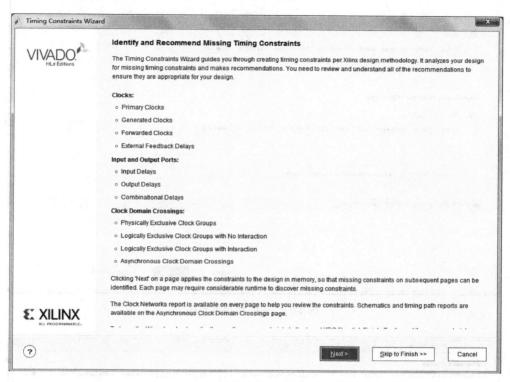

图 4-51 时序约束向导的首个界面

在 Primary Clocks 界面中,双击最下面 Tcl Command Preview 栏的 Existing Create Clock Constraints。由于主时钟在时钟 IP 核中,已有参数输入,所以可以按已存在的时钟约束调出,如图 4-52 所示。

此途径也可以对由主时钟产生的时钟(Generated Clocks)进行约束,如图 4-53 所示。

除了对被产生的时钟进行约束之外,还包括如图 4-54 所示的对通过输出端口转发的时钟(Forwarded Clocks),以及其他通过一定的延时返回的信号(External Feedback Delays)等进行约束。

然后对输入端口的信号规定外部的延时,约束向导自动给出没有赋予外部延时的三个输入端口,即 btn_pin、rxd_pin 和 rst_pin,如图 4-55 所示。

需要填写上游定时元件时钟到输出端的延时 tco 和板级引线延时 trce_dly,二者之和为输入端口的外部延时,由 TCL 指令 set_input_delay 给出,其最大值用于建立时间的校验,而最小值用于保持时间的校验,如图 4-56 所示。5.3.2 节对此有较详细的说明。

设置完输入端口的外部延时后,需要对输出端口到下游定时元件的外部延时进行设置,约束向导自动给出没有设置输出端口延时的 8 个 LED 端口,即 led_pins,如图 4-57 所示。

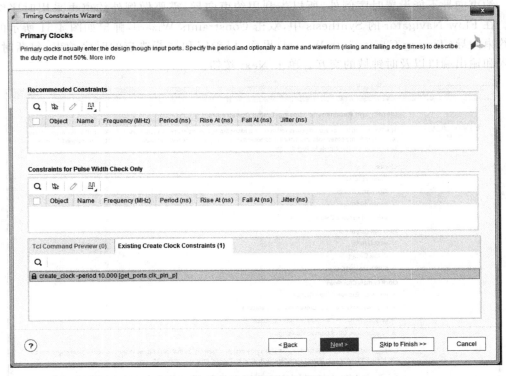

图 4-52　主时钟约束界面

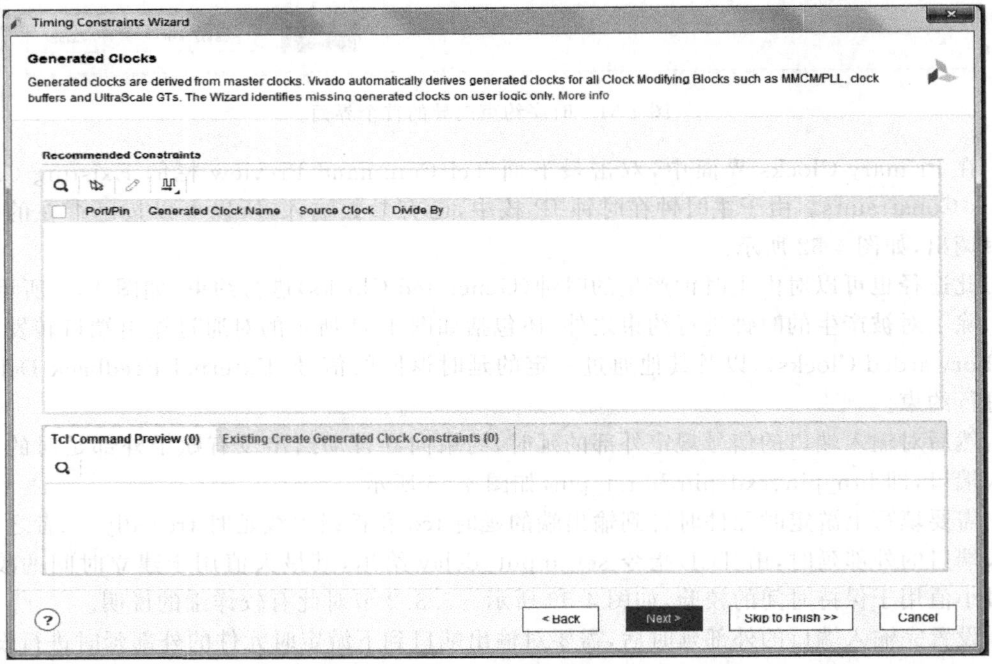

图 4-53　对被产生的时钟约束界面

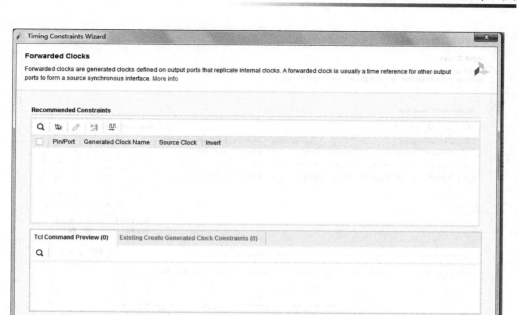

图 4-54 设置转发时钟界面

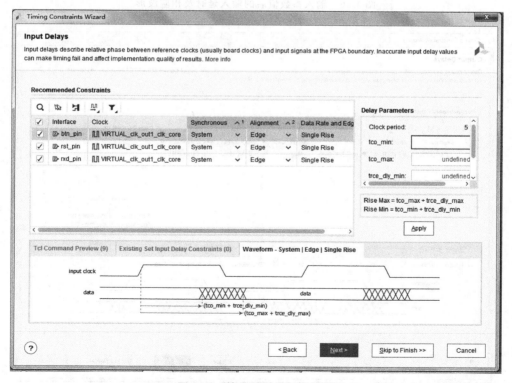

图 4-55 输入延时及相应波形

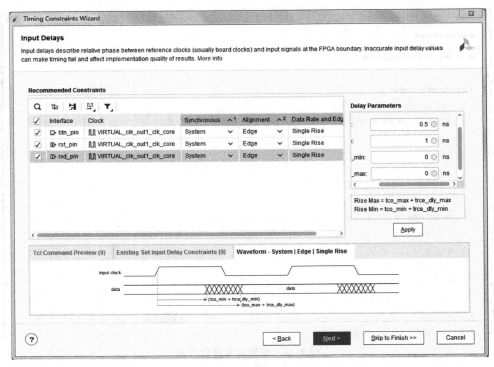

图 4-56　输入参数值后的输入延时及相应波形

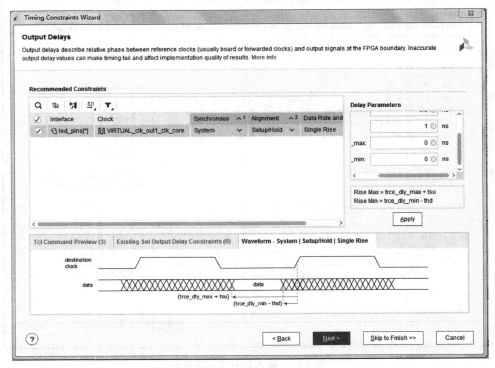

图 4-57　输出延时及相应波形

需要填写连接输出端口的下游定时元件的建立时间 Tsu 和保持时间 Thd,以及板级引线延时 trce_dly,Tsu 和 trce_dly 的最大值作为建立时间的校验,Thd 和 trce_dly 的最小值作为保持时间的校验。

5.3.2 节对此有较为详细的说明。

如果设计项目中存在从输入端口到输出端口不经过定时元件的纯组合路径的通道,则在 Combinational Delays 中进行 set_max_delay 的设置,如图 4-58 所示。

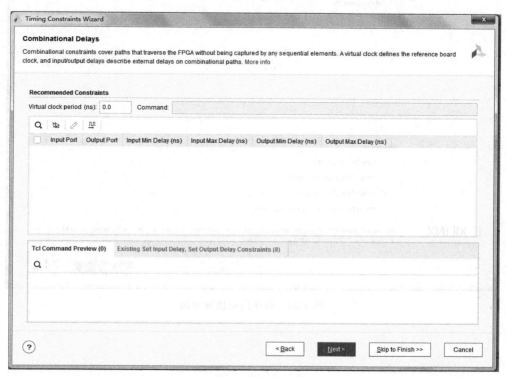

图 4-58　设置组合延时界面

完成以上设置后会弹出约束的摘要界面,所做的时序约束包括一个对主时钟的 Create Clock 约束,六个对三个输入端口的 Set Input Delay 约束,两个对八个 LED 输出端口统一设置的 Set Output Delay 约束,如图 4-59 所示。

再打开约束文件可以发现上述约束已经包含在其中了。

（4）如果利用时序编辑器,可以选择 Window → Timing Constraints,界面如图 4-60 所示。

时序编辑器与约束向导不同,不能自动列出未被约束的内容,需要寻找有关信号,并对其进行约束。还可以利用一系列 TCL 指令来帮助分析时钟的交互和检查时序约束的设置情况,并完成时序约束的四个关键步骤。

（5）在 Timing Constraints 窗口,双击 Clocks 下的 Create Clock,如图 4-61 所示。

（6）单击 Source Objects 右边的方框,单击 Find 按钮,得到所有的 I/O Ports,双击选择 clk_pin_p 并移到右边空白 Selected 一栏,单击 Set 按钮返回,如图 4-62 所示。注意 TCL 指令 create_clock 中参数的变化。

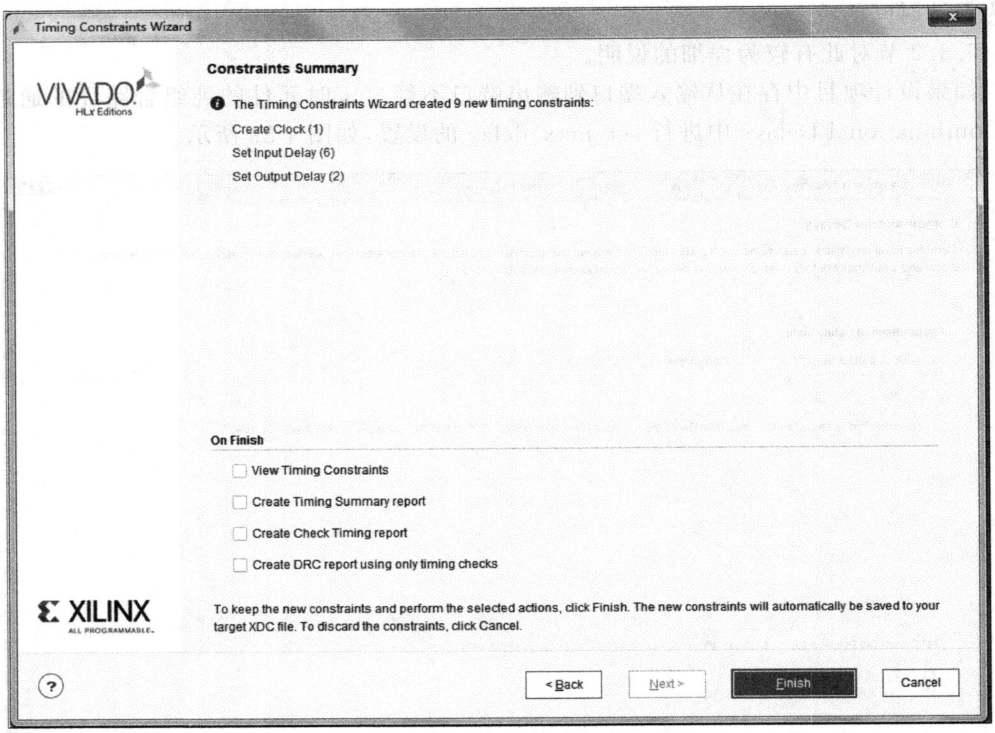

图 4-59　时序约束摘要界面

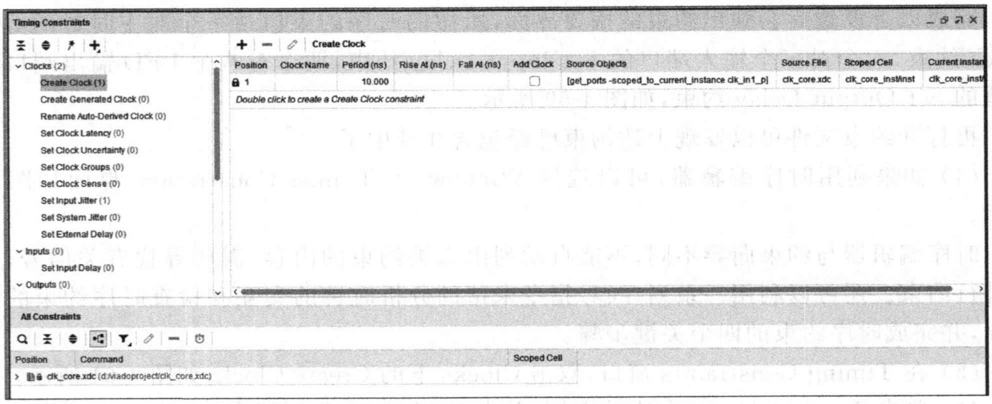

图 4-60　打开时序编辑器

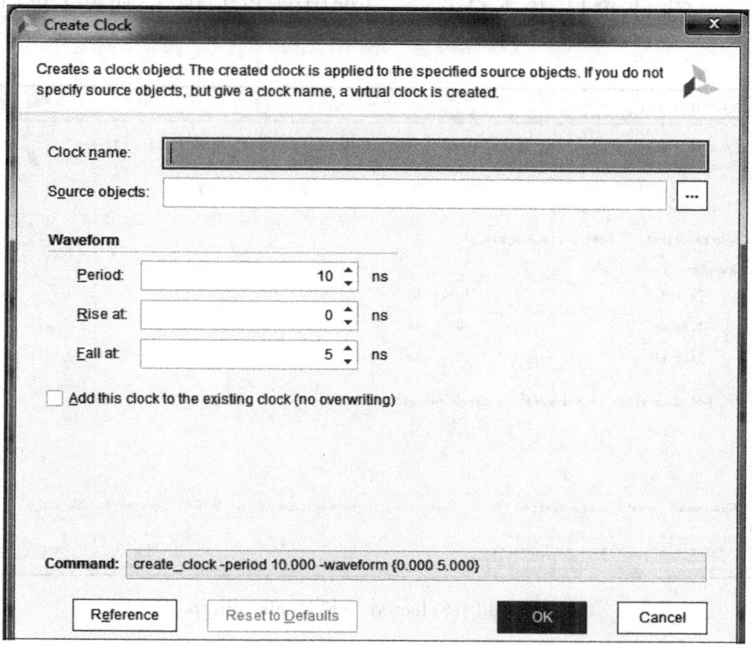

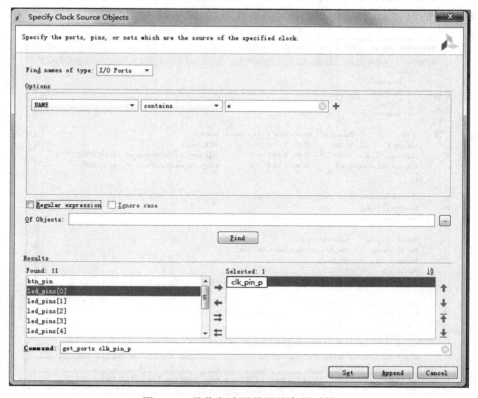

图 4-61　设置 create_clock

图 4-62　寻找和选择需要约束的时钟

（7）在 Create Clock 窗口，检查 Command 框中的 TCL 指令，如果正确，单击 OK 按钮，如图 4-63 所示。

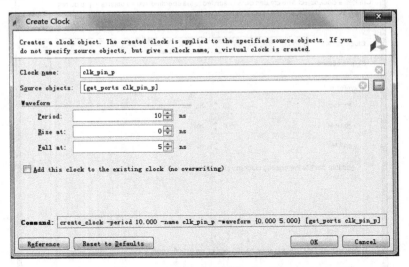

图 4-63　Selected 一栏选 clk_pin_p

（8）选择 File → Save Constraints，将时钟约束保存到约束文件中。

（9）在 TCL 控制台输入 report_clocks，检查设计中的时钟信号。注意系统主时钟 clk_pin_p 和产生的时钟 clk_out1_clk_core 的属性等，如图 4-64 所示。

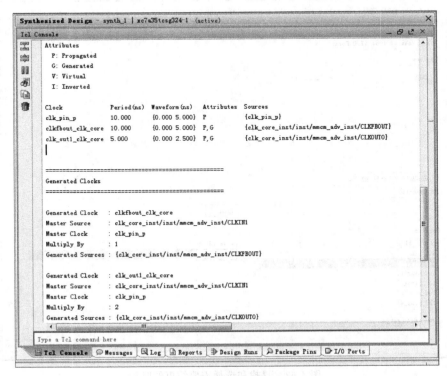

图 4-64　检查设计中的时钟信号

外部输入的主时钟 clk_pin_p 具有传播特性 P；由其通过 MMCM 生成的时钟信号 clk_out1_clk_core 作为被产生的时钟 G，具有主时钟传播的特性 P，因此不需要对这些信号进行约束。

Vivado 设计软件默认在设计项目中，所有的时钟信号是相互有关的，因此对于实际互不相关的时钟信号，要进行分组，设置两组信号是异步的或不相关的。

（10）在 TCL 控制台输入 check_timing，检查时序约束的情况和被遗忘的约束，本次实验得到什么结果？注意被检查的被遗忘的输入和输出端口及数量，如图 4-65 所示。

图 4-65 检查时序约束的情况

（11）选择 Window → Timing Constraints，在 Timing Constraints 窗口，双击 set_input_delay，利用设置时钟类似的方法，设置输入端口的建立时间校验的最大值为 1.0ns，如图 4-66 所示。

使用同样的方法，勾选 Min/Max 项，设置输入端口保持时间校验的最小值为 0.5ns。

（12）再双击 output 下的 set_output_delay，设置输出端口的建立和保持时间校验的最大值和最小值，本例中均设为 0ns，如图 4-67 所示。

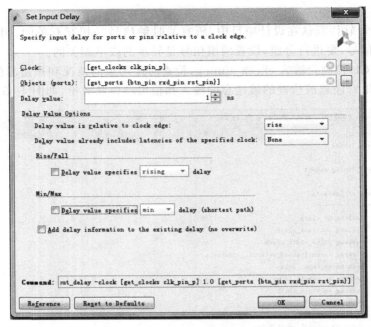

图 4-66 设置输入端口的延时

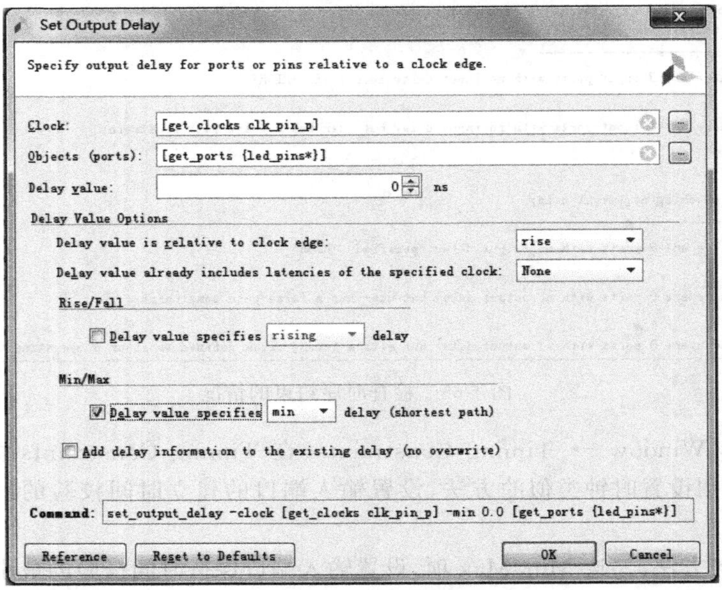

图 4-67 设置输出端口的延时

（13）选择 Files → Save Constraints，在弹出的对话框中单击 OK 按钮，将设置的输入和输出端口延时保存到约束文件中。单击 Reload，检查 uart_led.xdc 中新增加的约束内容，如图 4-68 所示。

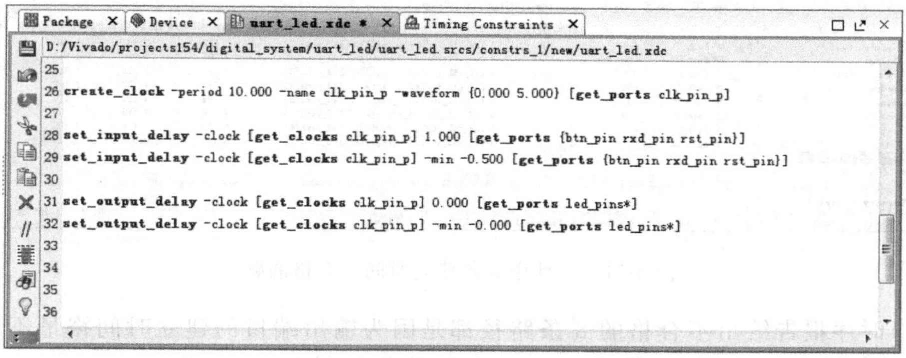

图 4-68 新增的时序约束内容

在 Synthesis 下，分别双击 Report Clock Interaction、Report Clock Network 和 Report Timing Summary 并查看结果。

4.2.6 设计实现

（1）在 Flow Navigator 中选择 Implementation 的 Run Implementation，实现完成后，在弹出的窗口中选择 Open Implementation Design，单击 OK 按钮，如图 4-69 所示。

图 4-69 实现完成后的选项

（2）在布局和布线后，得到的 Report Timing Summery 中，可以看到建立时间在 8 条路径上裕量不合格，在实际的软件操作界面上被红色标注，如图 4-70 所示。

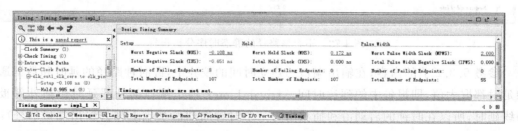

图 4-70 时序摘要报告

（3）在 Timing Summery 的左边栏内，展开被红色标注的条目，单击不合格的 Setup，在右边栏列出的 8 条不合格的路径中，双击最差的第一条路径，如图 4-71 所示。

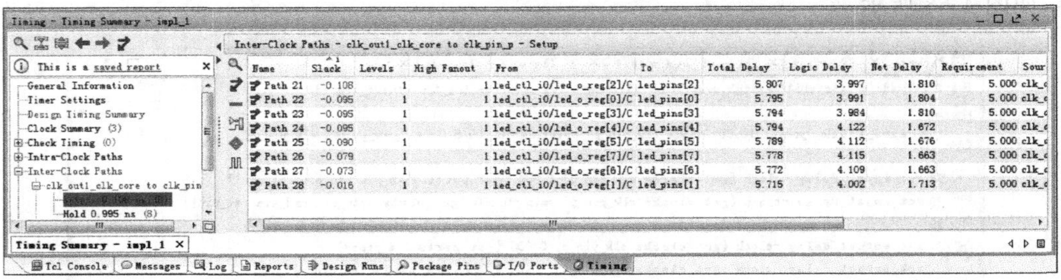

图 4-71　设计中 8 条建立时间不合格的路径

（4）时序报告给出不合格的 8 条路径都是因为输出端口的建立时间裕量不合格，如图 4-72 所示。

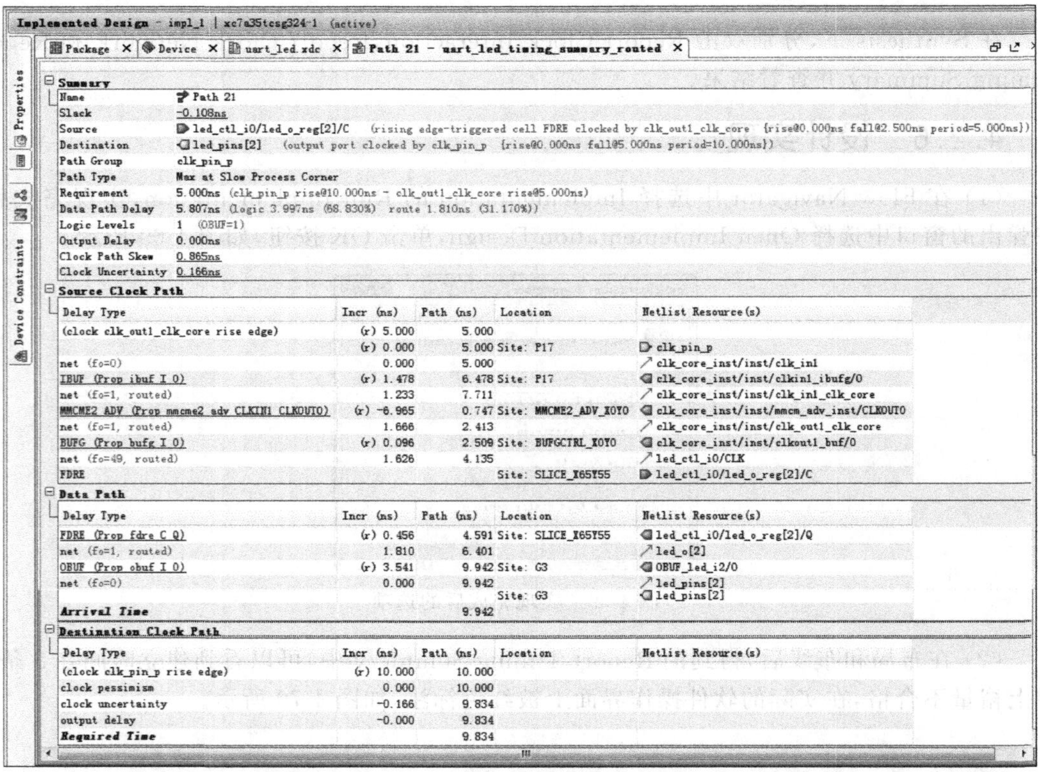

图 4-72　不合格路径的静态时序分析报告

参考 5.3.2 节的内容，在输出端口的建立时间的校验中，源时钟路径的延时和数据通道的延时都取大值，即报告中的到达时间 Arrival Time；输出端口的外部延时包括外部板级引线延时，所以在时钟的启动沿和捕获沿为一个时钟周期的基础上减去输出端口的外部延时，相当于将外部板级引线延时加到数据通道。目的时钟通道的延时取最小值，即报告中的要求时间 Required Time。最小值的要求时间减去最大值的到达时间为建立时间的裕量，正值为合格，负值为不合格。这 8 条不合格的路径是从 led_ctl_i0/led_o_reg*/C 到 led_pins*。在右击不合格的路径弹出的菜单中选择 Schematic，得到如图 4-73 所示的不合格路径的电路图。

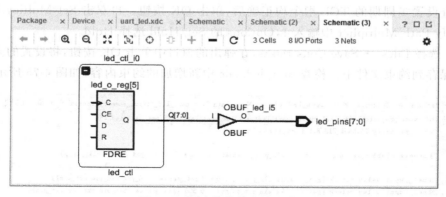

图 4-73　不合格的输出端口路径

（5）3.5.5 节 uart_rx.v 的程序中指出，在 uart_rx_ctl 中的所有路径是多周期路径。所以将利用时序编辑器对这 8 条不合格路径进行多周期路径的约束。

选择 Window → Timing Constraints，在 Timing Constraints 窗口双击 Exceptions 下的 Set Multicycle Path，如图 4-74 所示。

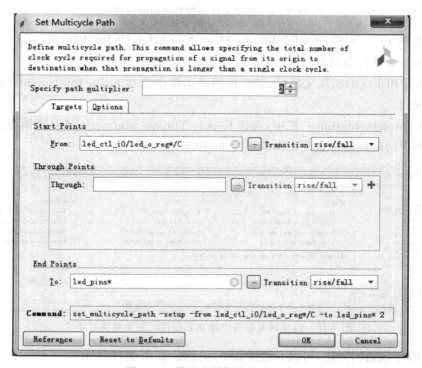

图 4-74　设置多周期路径的约束

在弹出的对话框中,Specify Path Multiplier 输入 2。Targets 标题下,起始点 Start Points 的 From 文本框中输入 led_ctl_i0/led_o_reg * /C;终点 End Points 的 To 文本框中输入 led_pins * 。Options 标题下,Set/Hold 一栏的下拉菜单选择 setup(maximum delay)。其他选项保持默认的选择。

检查设置多周期的 TCL 指令均正确后,单击 OK 按钮。再双击 Set Multicycle Path,在 Specify Path Multiplier 中输入 1,Options 的 Set/Hold 选择 Hold。

(6) 选择 Files → Save Constraints,在弹出的窗口中单击 OK 按钮,将设置的多周期路径约束保存到约束文件中。检查 uart_led. xdc 中新增加的约束内容,如图 4-75 所示。

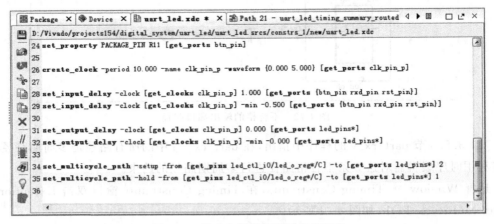

图 4-75　约束文件增加多周期的约束

(7) 选择 File → Save all Files,在 Flow Navigator 的 Implementation 下双击 Run Implementation 进行布局和布线。

(8) 布局和布线的实现完成后,在弹出的对话框中选择 Open Implementation Design,单击 OK 按钮。

(9) 在 Implementation 一栏中,选择 Report Timing Summery,从时序摘要报告中可以看到建立和保持时间的裕量现在都满足要求,如图 4-76 所示。

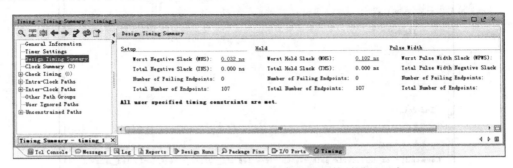

图 4-76　时序摘要报告中建立和保持时间裕量满足要求

(10) 时序收敛的方法,可以归结为如下的过程,如图 4-77 所示。

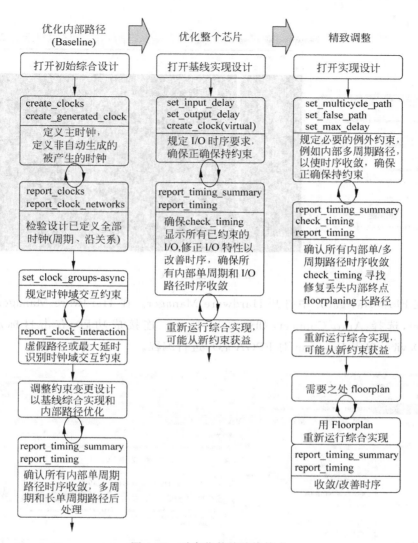

图 4-77 时序收敛的基线技术

4.2.7 生成 bit 文件

在 Flow Navigator 一栏中的 Program and Debug 下单击 Generate Bitstream。等待位流文件生成后,在弹出的对话框中,出现 Open Implemented Design 时选择该选项,单击 OK 得到,如图 4-78 结果所示;出现 View Reports,选 Cancel。

4.2.8 下载

(1) 用两根 Micro USB 线分别连接计算机与板卡上的 JTAG 端口和 UART 串口,打开电源开关。

注意:新版的 EG01 板卡这两个端口已合二为一,USB 线的接头也改变,见图 4-81。

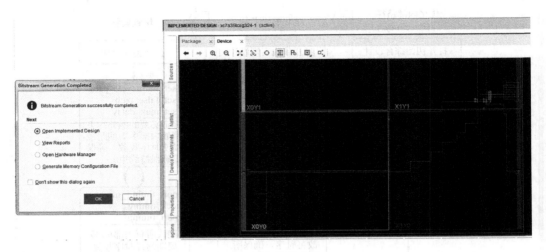

图 4-78　位流生成

（2）在 Flow Navigator 中打开 Hardware Manager。在 Hardware Manager 界面单击 Open target，选择 Auto Connect，如图 4-79 所示。连接成功后，右击目标芯片，选择 Program Device，单击 Program 对 FPGA 芯片进行编程。

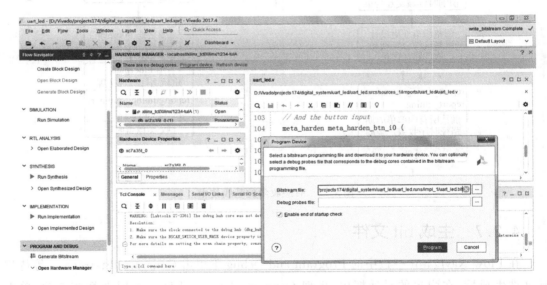

图 4-79　下载位流到实验板

（3）下载完成后，在 PC 端打开串口调试软件 Serial Port Utility，参数配置如图 4-80 所示。在发送文本编辑框中输入任意的数字和字母，单击发送按钮，调试助手聊天窗口将显示发送数据。观察板卡上 LED 灯的显示，应为发送的数字或文字的 ASCII 代码。图 4-81 所示为下载的 FPGA 板卡。

图 4-80　与主机串口通信进行验证

图 4-81　EGO1 实验板

4.3　产生 IP 集成器子系统设计

利用 Vivado 设计套件的 IP 集成器可以产生复杂系统设计,依靠例示和互连 IP 将它从 Vivado IP 分类器放到设计的画布上。在 4.2.1 节已经涉及时钟 IP 的设置,本节将更深层次地讨论关于 Vivado 设计套件的 IP 集成器。

设计可分为六个主要步骤:①在一个已有的设计项目中,打开 IP 集成器设计画布;

②产生一个 IP 集成器的模块设计；③定制这个 IP；④完成子系统设计；⑤产生 IP 输出产品；⑥例示 IP 到这个设计中。

4.3.1 产生 IP 集成器模块设计

在项目流程导航器 Flow Navigator 中，展开 IP Integrator，单击 Create Block Design，在弹出的产生模块设计的对话框中，输入模块名称 char_fifo，单击 OK 按钮，如图 4-82 所示。

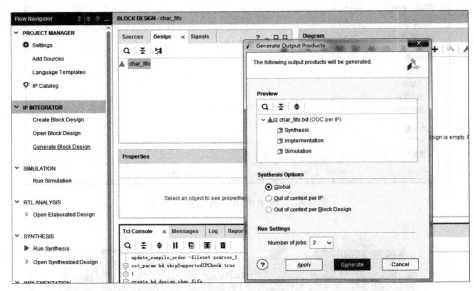

图 4-82　IP 生成器

在 IP 集成器工作空间中，IP 的所有特性通过 TCL 指令是有效的，创建新的模块图的指令是 create_bd_design char_fifo。在 TCL 控制台输入指令，使得 FIFO Generator 出现在 IP Integrator IP Catalog 中，在 IP 集成器设计画布中右键单击并选择 Add IP，弹出 IP 集成器的 IP Catalog，显示在 IP 集成器中有效的 IP 清单。在 IP 集成器分类的搜索框中输入 FIFO，在过滤出来的 FIFO 清单中，双击 FIFO Generator，将 FIFO Generator 模块添加到 IP 集成器设计中。

4.3.2 定制 IP

为了定制 FIFO Generator IP，双击这个 FIFO Generator IP 模块，这个 FIFO Generator 模块显示在 Re-customize IP 对话框中，确认在左边窗口的 Show disable ports 选项没有被选中，模块有相对清晰的端口，并确认接口类型选择默认的 Native 选项。

从 FIFO 实现的下拉菜单中，选择 Independent Clocks Block RAM，如图 4-83 所示。

选择 Native Ports 标签，由此可以配置读模式、内置 FIFO 选项、数据端口参数和实现选项，选择 First Word Fall Through 作为读模式；设置写数据宽度为 8 位；在读数据宽度的区域中单击，使它自动地改变为匹配写数据的宽度。保留其他每一项为默认设置，如图 4-84 所示。

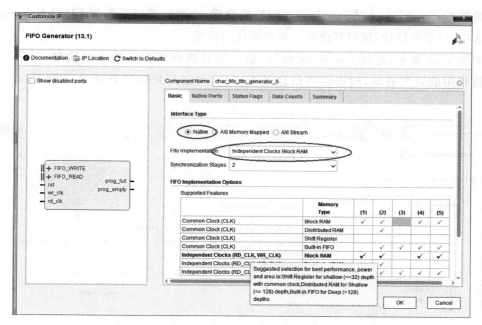

图 4-83 Re-customize FIFO 的 Basic 标签

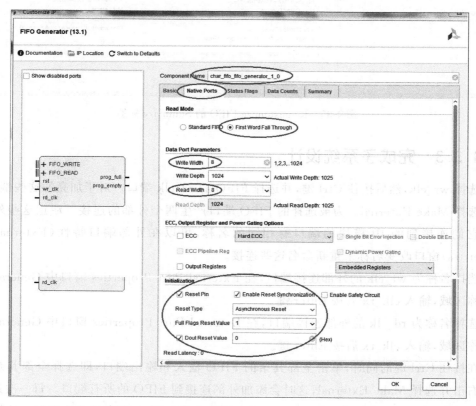

图 4-84 Re-customize FIFO 的 Native Ports 标签

浏览 Status Flags 和 Data Counts 标签的设置,这些标签用于配置 FIFO Generator 的其他选项,对于本设计,保留其他每一项为默认的设置。

如图 4-85 所示,选择 Summary 标签,显示所有选择的配置选项的摘要,并列出为这个配置利用的资源清单,检查这些信息是否正确,可进行修改以匹配这个配置,单击 OK 按钮。

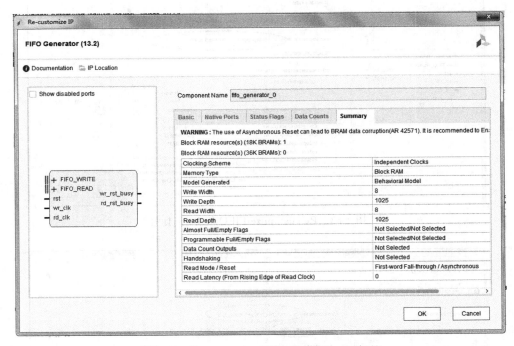

图 4-85　Re-customize FIFO 的 Summary 标签

4.3.3　完成子系统设计

选择 wr_clk,然后按住 Ctrl 键,并选择 FIFO 的 rd_clk 端口。对于加亮的这些端口,右击并选择 Make External。为被选择的 FIFO 端口产生两个外部的连接。注意这些外部端口和它们连接到的 IP 模块的端口有相同的名称,可以在外部端口特性(External Port Properties)窗口改变名称来重新命名这些连接。

选择名称为 wr_clk 的外部连接端口,在 External Port Properties 窗口中 General 标签的名称区域,输入 clk_rx 后按 Enter 键。

选择名称为 rd_clk 的外部连接端口,在 External Port Properties 窗口中 General 标签的名称区域,输入 clk_tx 后按 Enter 键。

在按住 Ctrl 键的同时,单击全部其余的 FIFO 输入和输出端口,即选择全部其余的端口。右击并选择 Make External,这时会添加外部连接到 FIFO 的所有端口。每一次选择一个外部端口,在 External Port Properties 窗口更改名称与图 4-86 中的名称匹配。这样就在 IP 集成器子系统设计内部完成了 IP 例示和定制。

选择 Tools → Validate Design,应该得到确认成功的信息。

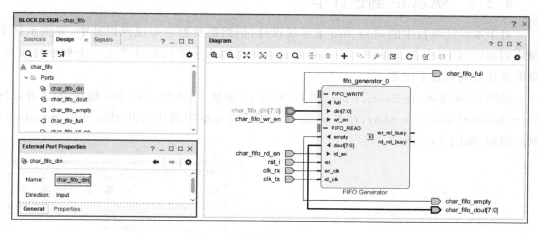

图 4-86　带外部连接的 FIFO

4.3.4　产生 IP 输出产品

在 Sources 窗口的 IP Sources 标签中,Block Design 选择 char_fifo,右键单击并选择 Generate Output Products。

在 Manage Output Products 对话框中,显示对 char_fifo 子系统设计有效的各种输出产品,在 Sources 窗口的 IP Sources 标签中,应该能看到列出的各种 IP 输出产品,如图 4-87 所示。

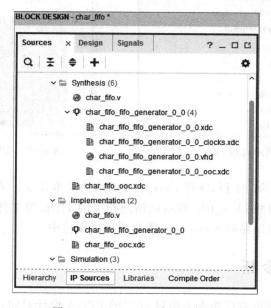

图 4-87　IP Sources 产生的输出

4.3.5 例示 IP 到设计中

对于本设计项目中的 char_fifo 子系统设计,仍然需要把它集成到设计中,即例示这个模块到相应的 HDL 源文件中。Vivado 设计套件可以为子系统设计产生一个例示的模板,帮助设计者完成这个进程。

如图 4-88 所示,在 Sources 窗口的 IP Sources 标签中,选择 char_fifo 模块,右击并选择 View Instantiation Template,在 Vivado IDE 中的文本编辑器中打开 char_fifo_wrapper. v 例示模板,如图 4-89 所示。

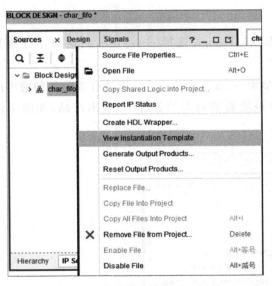

图 4-88 查看例示模板-char_fifo

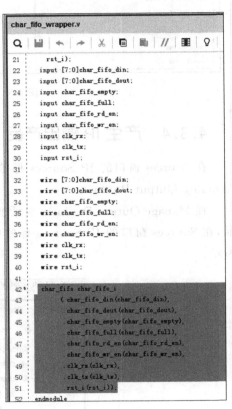

图 4-89 选择 char_fifo 的例示

将文件向下移动到第 21 行,选择 char_fifo 例示的文本定义。右击被选的 char_fifo 例示并选择 Copy,则可以将 char_fifo 例示粘贴到相应的 HDL 源文件中。在这个例子中,应该把子系统涉及的例示粘贴到 wave_gen 模块的顶层文件中。

4.4 硬件诊断

设计项目的诊断和校验可能占去超过 40% 的 FPGA 设计时间,而且诊断和校验的一系列特性使得它很难优化,采用无效的诊断和校验策略可能导致产品的启动推迟,失去应该享有的市场或者失去首先进入市场的优势。

4.4.1 设计诊断概述

在成功地实现 FPGA 设计项目后,下一步是编程 FPGA 器件并在硬件上运行设计项目,还要在系统中调试设计。

调试 FPGA 设计是一个多步骤的交互过程,Vivado IDE 包含逻辑分析特性,使得设计者可以对实现后的设计进行系统内的诊断。系统内诊断设计的好处是可诊断时序精度的同时以系统速度在实际的系统环境中诊断实现后的设计。系统内诊断设计的限制在于诊断信号的可见度较低,以及潜在地更长时间的设计/实现/诊断的迭代过程,但这与设计的规模和复杂度有关。

一般 Vivado 工具提供几个不同的方法来诊断设计,根据需要可以利用这些方法的一个或多个来诊断设计。

1. 诊断方法

诊断是 FPGA 系统开发过程中不可分割的部分,由于 FPGA 设计是一个迭代的过程,并且 FPGA 具有可再配置的能力,所以使得诊断也是一个迭代的过程,调试阶段包括:

(1) 探测(Probing):通过添加或修改诊断的探测程序,确定设计中什么信号或网线要探测,以及如何添加诊断核到设计中以探测它们。

(2) 实现(Implementation):编译设计的探测程序,实现添加了诊断 IP 核及相连的探测网线的设计。

(3) 分析(Analysis):利用包含在设计中的诊断 IP 核交互地诊断和校验功能问题,探测和修复发现的设计缺陷(bug)。

根据需要诊断会重复地进行,所以是一个迭代的过程。但是 FPGA/SoC 提供了有限的内部观察,对如何进行嵌入式系统的总线的存取以及存储器和寄存器的监控存在一定的问题。非处理器的专用 IP 核也不可能获得内部的存取,插入完整的测试扫描又会增加设计的开销,在设计周期的末期修改设计将会提高成本。协调校验会使工具变得累赘和缓慢,设计模型也存在问题。

FPGA 设计已经变得越来越复杂,设计者持续地关注着减少设计和诊断时间的方法,容易使用的 Vivado 逻辑分析仪,作为诊断的解决方案可以帮助最小化所需的诊断和校验时间。Vivado 设计套件中的逻辑分析仪是一个硬件诊断工具,功能上起到代替外部逻辑分析仪的需求,它作为十分低成本的工具包含在设计工具的套件中,并且很容易与主机连接,利用单根 USB 接口的 JTAG 电缆,既可对可编程逻辑器件进行编程,也可实现对硬件的诊断。

Vivado 逻辑分析仪可以在以下三种环境中使用:

(1) 校验(Verification):确定一个给定的设计符合技术条件的过程。

(2) 诊断(Debugging):发现和校正设计中不符合要求的根源的过程。

(3) 数据捕获(Data capture):用于收集输入仿真的现实世界的数据。

2. Vivado 逻辑分析仪

Vivado 设计套件能在设计中直接插入集成逻辑分析器(ILA)和虚拟 I/O(VIO)IP 核,方便查看任何内部信号或节点,包括嵌入式软硬处理器等。系统以工作速度捕获信号,并通过编程接口输出,从而可大幅减少设计方案的引脚数。捕获到的信号可以通过 Vivado 逻辑分析仪工具进行显示和分析。Vivado 逻辑分析仪的主要特性如下：

（1）集成于 Vivado 环境，包括 IDE 集成；IP Catalog 提供全部调试核且支持一键启用 IP 集成器功能；

（2）基于 HDL(VHDL、Verilog)的核实例化和基于 Synthesized 网表的核插入；

（3）分析所有内部 FPGA 信号，其中包括嵌入式处理器系统总线等；

（4）有灵活探测功能的高级调试；

（5）经过网络连接的远程调试。

利用公共的 Vivado TCL 引擎和概念，Vivado 逻辑分析仪可以通过 TCL 描述使能自动的逻辑诊断，以交互或批作业的模式运行测试，为进一步的视图保存结果。

Vivado 逻辑分析仪允许生成定制的功能和测试，以便生成可重复的测试，链接定制的 TCL 到 Vivado IDE 中的工具条按键，可更方便地集成到定制的测试环境。

3. Vivado 逻辑诊断的好处

1）综合和全面的硬件调试

Vivado 设计套件的探测方法直观、灵活、可重复。可选择最适合设计流程的探测策略：

（1）RTL 设计文件、综合设计和 XDC 约束文件；

（2）网表插入；

（3）用于自动运行探测的互动式 TCL 或脚本。

2）先进的触发器和采集功能

Vivado 设计套件为检测复杂事件提供先进的触发器和采集功能。在调试过程中所有的触发器参数均可使用，用户可以实时检查或动态修改参数，且无须重新编译设计。

3）简化诊断

每个探针可单个触发比较器类型、全部比较类型、位数值。没有要求的图标核的例示，在实现期间通过自动检测和连接操控。大多数诊断参数在运行时间内设置，这样可以最小化不必要的重复实现的进程。要把注意力集中到设计的诊断，而不是诊断的核。

4）高层次的诊断

（1）HDL 层次：利用 MARK_DEBUG 特性灵活地有针对地探测 HDL 的设计。

（2）综合层次：可以在多个视图中探测被综合的设计。

（3）系统级层次：在 IP 集成器的视图的内部进行系统层次的探测。

在设计项目的恰当层次进行设计的诊断。

4.4.2　Vivado 逻辑诊断 IP 核

Vivado 设计套件的诊断核提供内部对所有软 IP 核的可见度、存取到硬 IP 核的接口、存取在可编程逻辑器件中的所有内部信号、连接端口和节点，可以利用虚拟 I/O 核(VIO)进行激励。诊断速度接近于系统的运行速度，即可利用系统时钟进行片内诊断。为了诊断需要最小化引脚，经过 JTAG 接口(debug_core_hub)进行数据的存取。

Vivado 逻辑诊断 IP 核包括集成逻辑分析仪 ILA2.1 和虚拟 I/O 核 VIO2.0 两个版本：

（1）ILA2.1 是集成的逻辑分析仪诊断 IP 核，支持网表插入和 HDL 例示 IP 核两种方式。

（2）VIO2.0 是自然的虚拟输入/输出诊断 IP 核，只支持 HDL 例示 IP 核的方式。

1. ILA 核

可定制的集成逻辑分析仪（ILA）IP 核是一个逻辑分析仪，可用于监测一个设计项目的内部可编程逻辑信号和端口。这个 ILA IP 核包含许多现代逻辑分析仪的先进特性，包括布尔型触发方程和沿转换触发等。ILA 核有多个可配置 ILA 触发单元，可配置触发输入的宽度，可实现不同输入信号类型匹配，可将数据和触发输入分离，支持顺序地触发、存储的授权可为交互诊断的触发输出信号，支持触发前和后的缓冲，可在触发条件满足之前、期间和之后捕获数据。

因为 ILA IP 核同步于被监测的设计，所有施加于设计的时钟约束也施加于 ILA IP 核内部的元件。ILA 诊断核示意图如图 4-90 所示，ILA 诊断核的关键特性为：

（1）用户可选择元件名称、探针端口数目（最大为 1024）、每个探针的输入宽度和采样数据深度（最多为 4096）；

（2）多个探测端口，可以组合进单个触发条件。

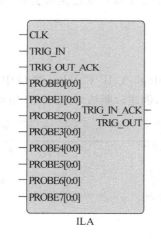
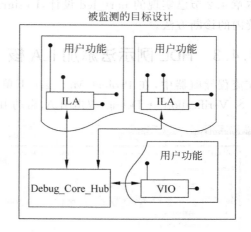

图 4-90　ILA 诊断核示意图

2. VIO 核

VIO 核支持实时监控和驱动内部可编程逻辑信号，包含探测的输入和探测的输出单元。VIO 诊断核示意图如图 4-91 所示，VIO 诊断核的关键特性为：

（1）用户可选择元件名称、输入和输出探针的数目、每个探针的端口宽度；

（2）在 HDL 例示流程中有效。

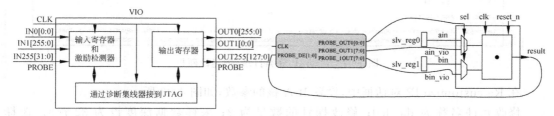

图 4-91　VIO 诊断核示意图

3. 标记诊断

除了要插入诊断的 IP 核之外，Vivado 逻辑诊断可以在 HDL 代码中运用标记诊断（Mark Debug)的特性来进行。在 Verilog HDL 程序中，采用以下句法示例：

```
( * mark_debug = "true" * ) wire [7:0] char_fifo_dout;
```

4. 诊断核集线器

诊断核集线器用于连接诊断核到 JTAG 扫描链，对于新的诊断核 ILA v2. x 和 VIO v2. x 不再要求 ICON 核。在一个设计中只要求一个 debug_core_hub，自动地生成和连接到综合的设计网表中。诊断核被连接到提供的连接上。用户可以观察和改变诊断核集线器的 BSCAN 用户扫描链。

首先，打开已经完成的 uart_led 设计，选择 Start → All Programs → Xilinx Design Tools → Vivado 2017.1 → Vivado 2017.1 或者双击桌面上的图标，启动 Vivado 2017.1 设计套件。选择 Open Project，浏览 uart_led 设计项目的目录，单击 uart_led，打开设计项目，选用本章 4.2 节已实现的 uart_led 设计，Design Runs 显示综合和实现已全部完成，此节介绍系统内的诊断方法。

4.4.3 HDL 例示法添加 ILA 核

在流程导航器中，在 Project Manager 下单击 IP Catalog，在 IP Catalog 窗口中，展开 Debug & Verification → Debug，双击 ILA，启动 IP 分类目录，创建诊断核，如图 4-92 所示。

图 4-92　启动 IP 分类目录，创建诊断核

在 Re-customize IP 对话框中，设置 ILA 核的参数，如图 4-93 所示。

修改元件名称为 ila_led；修改探针的数量为 2；采样数据深度设为 32 768。选择 PROBE Ports(0..7)，设置 ILA 核的端口如图 4-94 所示，设置 PROBE1 的端口宽度为 8，保留 PROBE0 的端口宽度为 1，单击 OK 按钮。

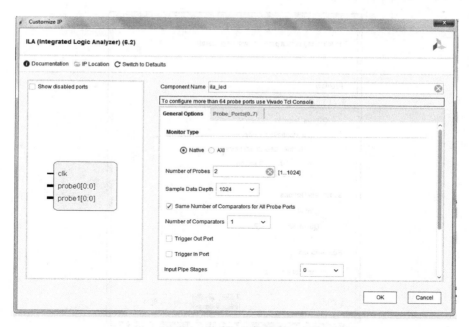

图 4-93　设置 ILA 核的参数

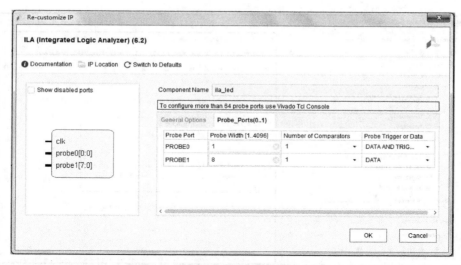

图 4-94　设置 ILA 核的端口

在 Create Output Products 窗口单击 Generate，生成 IP 核和例示的模板、综合、仿真和例子等。生成诊断核如图 4-95 所示。

在 IP 资源中，展开 ila_led_i0，再展开 Instantiation Template，双击 ila_led_i0.veo，ILA 的模板程序如图 4-96 所示，将程序的第 57～61 行复制后粘贴到 uart_led.v 的程序的 endmodule 之前，在 uart_led.v 中例示 ILA 核如图 4-97 所示。各个信号的映射关系为：①CLK → clk_pin_p；②PROBE0 → rx_data_rdy；③PROBE1 → led_pins。

选择 File → Save File，注意在设计目录中有 ILA 核例示。

图 4-95　生成诊断核

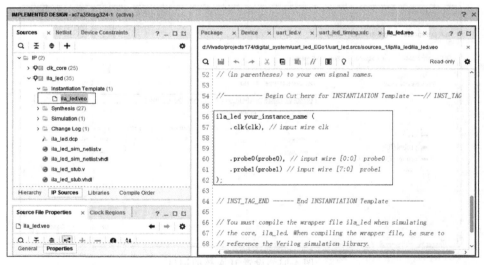

图 4-96　ILA 核的模板

　　在流程导航器中的 Synthesis 下单击 Run Synthesis。

　　等待综合完成后，选择 Open Synthesized Design，单击 OK 按钮。

　　在 Synthesis 下的 Synthesized Design 中选择 Schematic，在原理图中选择 rx_data 总线，右击选择 Mark Debug，在原理图中标记诊断的总线，如图 4-98 所示。

　　选择 File→Saue Constrains，将项目源文件中生成的两个约束文件 uart_led_pins. xdc 和 uant_led_timing. xdc 替换原有的约束文件。将前者设置为目标文件，后者为保存到时序约束文件的诊断信息，如图 4-99 所示。在 Net1. st 一栏可以看到要诊断的网线都带有标记。

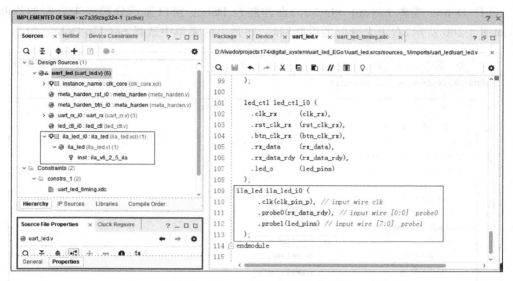

图 4-97　在 uart_led.v 中例示 ILA 核

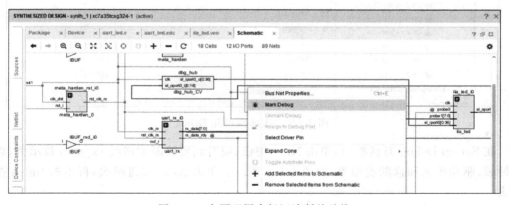

图 4-98　在原理图中标记诊断的总线

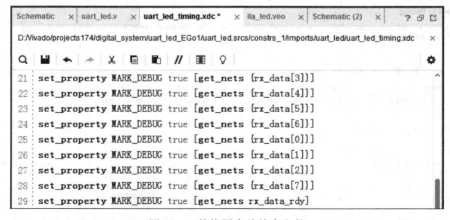

图 4-99　替换原有的约束文件

选择 Debug 或者 Layout→Debug，在控制台 Debug 窗口显示分配或未分配的诊断网线，如图 4-100 所示，右击未分配的诊断网线，在弹出的菜单中选择 Set Up Debug 命令。

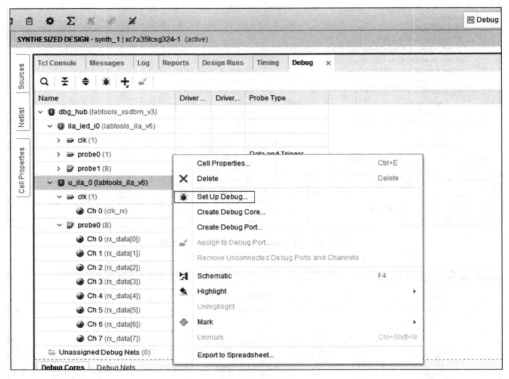

图 4-100　选择 Set Up Debug

在 Set up Debug 对话框中，单击 Next 按钮，应看到要诊断的网线 rx_data 被示例，以及时钟域、驱动单元和诊断类型等，如图 4-101 所示。单击 Next 按钮两次，再单击 finish 按钮完成。

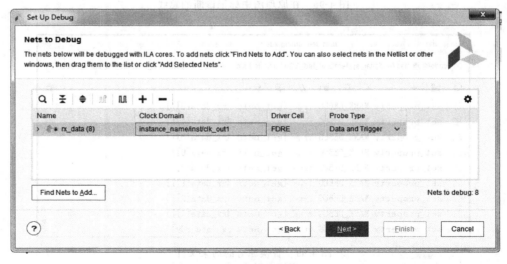

图 4-101　要诊断的网线 rx_data

综合设计的原理如图 4-102 所示。单击 uart_led_pins. xdc 选择 Set as Target Constraint File。设计的变化将保存在作为目标的约束文件中。

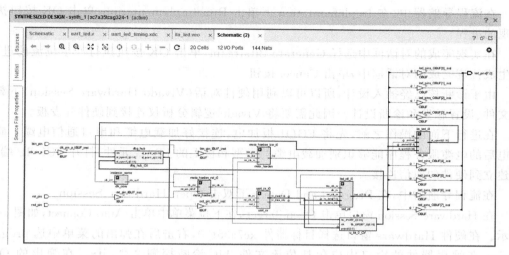

图 4-102　综合设计原理

选择 save Constraints，单击 OK 按钮和 Yes 按钮完成，诊断网线添加到约束文件中，如图 4-103 所示。

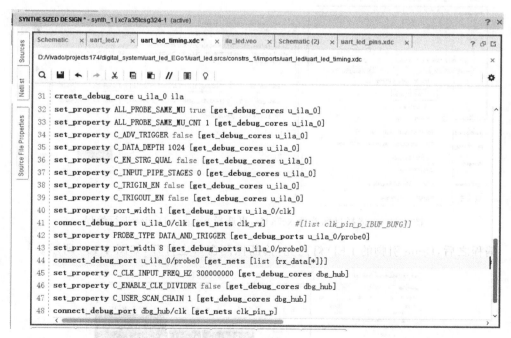

图 4-103　保存约束文件

如果综合设计不再更新，在控制台的 Design Runs 一栏，右击 synth_1 选择 Force up-to-date，可以保证综合进程不再重新运行。

4.4.4 系统内诊断 uart_led 设计

在流程导航器中,在 Implementation 下单击 Run Implementation,单击 OK 按钮执行实现的进程。

在实现完成的对话框中选择 Generate Bitstream,单击 OK 按钮执行产生位流的进程,在生成位流完成的对话框中,单击 Cancel 按钮。

由于诊断核已经插入设计,所以可以利用硬件对话(Vivado Hardware Session)下载位流文件、设置触发和诊断设计。因此需要将 Vivado 逻辑分析仪连接到硬件开发板。

在进行下面的操作之前,先将 EGO1 板加电,连接好加载电缆和串口通信电缆。确保加电后的电缆服务程序能够识别加载电缆的类型和板上的 JTAG 元件,打开 TCP/IP 端口,以建立到硬件的通信连接。

在流程导航器中,在 Program and Debug 下双击 Open Hardware Session。

在 Hardware Session 窗口单击 Open Target,在下拉菜单中单击 Auto Connect,如图 4-104 所示。在硬件 Hardware 窗口选择目标器件 xc7a35t_0,右击后在弹出的菜单中选 program device,在编程器件的窗口中应包括位流文件 .bit,诊断探测文件 .ltx。在弹出的 Open Hardware Target 窗口中单击 Next 按钮。

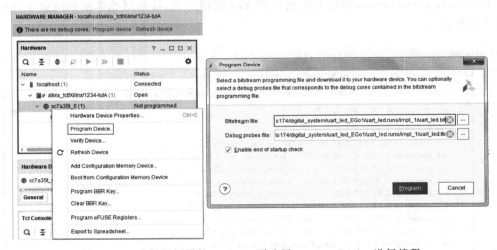

图 4-104　选择目标器件 xc7a35t,再选择 programDevice 进行编程

编程之后,Done 引脚的 LED 灯点亮,诊断探测窗口也打开,如图 4-105 所示。

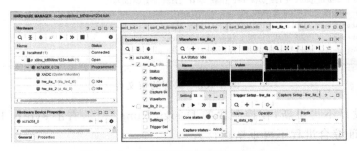

图 4-105　编程后弹出的诊断探测窗口

在打开的诊断探测窗口,需要配置触发条件,以便显示诊断时接收的数据和采样,如图 4-105 所示,它增加了 hw_ila_1 和 hw_ila_2 两个诊断核。

1. 利用 ILA 核进行诊断

在 Hardware 窗口中,选择 hw_ila_1 诊断核,在 ILA 核的特性表中,设置触发位置为512,如图 4-106 所示。

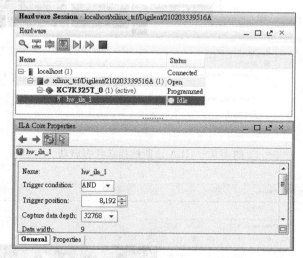

图 4-106　设置 ILA 诊断核触发位置

启动超级终端,如图 4-107 所示,选择 Serial 的串行通信类型,设置波特率为 115200。

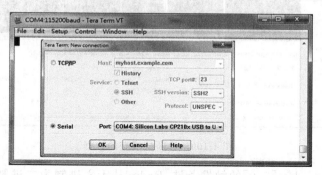

图 4-107　启动超级终端

在 Hardware 窗口中,右击 hw_ila_1,在弹出的对话框中选择 Run Trigger 以激发 ILA 核,ILA 应处于 Waiting For Trigger 状态,等待捕获数据;在 Trigger Setup 窗口,单击下拉按钮,为rx_data_ready 设置比较值为(==[B]X),改变 X 值为 1,单击 OK。ILA 诊断核捕获状态启动,如图 4-108 所示。

在超级终端中输入一个字符,例如输入 a,Vivado 分析仪收到此数据,并启动波形 hw_ila_1. wcfg。在波形图中应出现 a 的代码 61,输入不同的字符,会出现与字符有关的代码。诊断核捕获的数据如图 4-109 所示。

在 Dashboard Options 窗口改为勾选 hw_ila_2,重复上述步骤。在 Hardware 窗口中,右击 hw_ila_2,在弹出的对话框中选择 Run Trigger,激发 ILA 核处于等待触发状态。在触

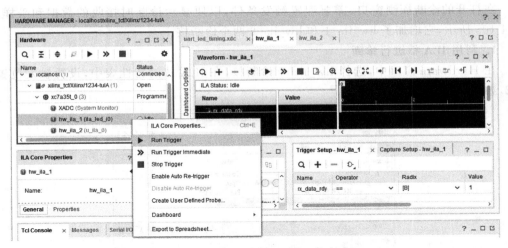

图 4-108　ILA 诊断核捕获状态启动

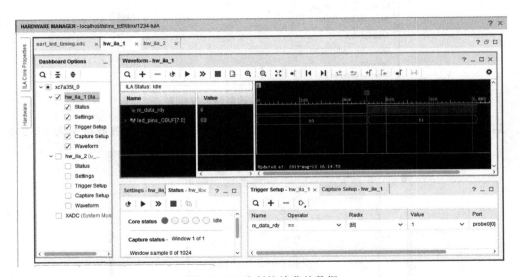

图 4-109　诊断核捕获的数据

发设置窗口,改变 rx_data[7:0]的触发条件,Radix 从十六进制为二进制,设为 0101_0101,等待超级终端键入 U,得到如图 4-110 所示的结果。

2. 利用 VIO 核进行诊断

对硬件进行编程时,需要验证位流文件(.bit)和探测文件(.ltx)。

在 Hardware 窗口中选择 XC7A35T_0 为目标器件,在 Hardware Device Properties 中选择编程器件,参考图 4-104,验证编程器件应有的硬件文件,完成编程后有如图 4-111 所示的结果。

在 Debug Probes → VIO 核的窗口中展开 hw_vio_1。右击在 vio_outputs 下的 virtual_button,选择 Toggle Button。设置虚拟按键的行为如图 4-112 所示。

在 hw_vio_1 中展开 vio_inputs → rx_data,右击 rx_data[0]~rx_data[6],并选择 LED。设置 rx_data 总线作为 LED,如图 4-113 所示。

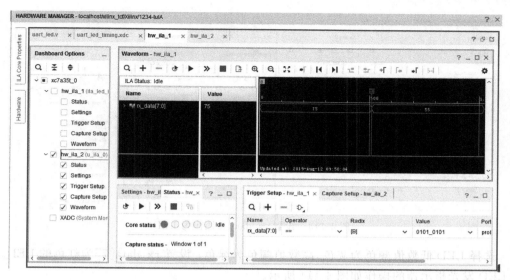

图 4-110

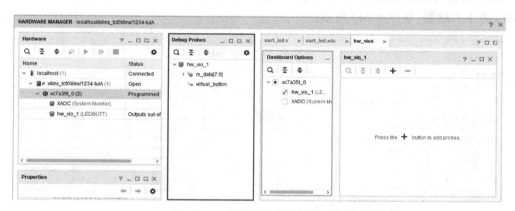

图 4-111 验证为诊断的硬件文件

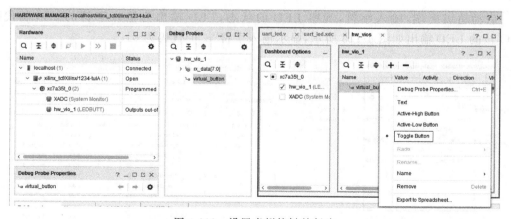

图 4-112 设置虚拟按键的行为

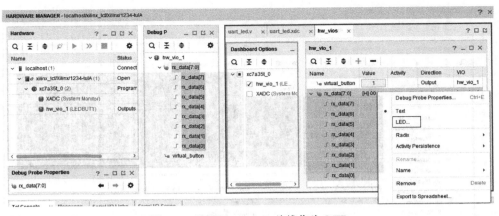

图 4-113　设置 rx_data 总线作为 LED

选择 LED 低数值颜色为灰色，高数值颜色为绿色；设置 rx_data[7] 为红色的 LED。选择 LED 发光指示器的操作如图 4-114 所示。

运用上述类似的方式将 rx_data[7:0] 设置为文本（Text），再一次右击 rx_data，设置 Radix 为十六进制，如图 4-114 所示。

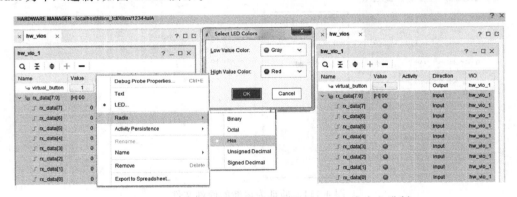

图 4-114　选择 LED 发光指示器和设置 Radix 为十六进制

启动超级终端，输入字符，观察 LED 的状态，LED 输出为输入字符的二进制代码。VIO 核的 LED 输出如图 4-115 所示，显示输入字符"a"的代码为 61。

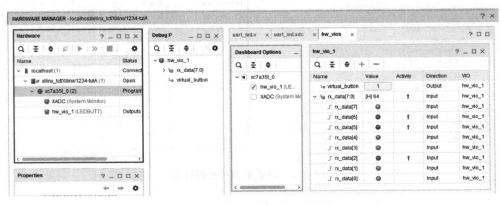

图 4-115　VIO 核的 LED 输出

4.4.5 网表插入法添加诊断核

在已经实现的 uart_led 设计电路图中,在流程导航器中的 Synthsis 下单击 Open Synthesized Design。在工具栏菜单中选择 Debug,诊断窗口显示 Unassigned Debug Nets(0)。

在网表清单窗口,展开网线,选择 rx_data_rdy,单击此网线,在弹出的对话框中选择 Mark Debug。由网表标记的 rx_data_rdy 网线如图 4-116 所示。在确认诊断网线的窗口单击 OK 按钮。

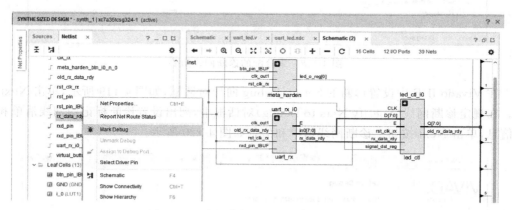

图 4-116 由网表标记的 rx_data_rdy 网线

将生成 MARK_DEBUG 约束,在保存设计时将它添加到 XDC 文件中。

在原理图窗口中,选择 uart_rx_i0 例示的 rx_data 八位总线,右击此总线,在弹出的对话框中选择 Mark Debug,并在确认标记网线的窗口单击 OK 按钮。由原理图标记的 rx_data 总线如图 4-117 所示。

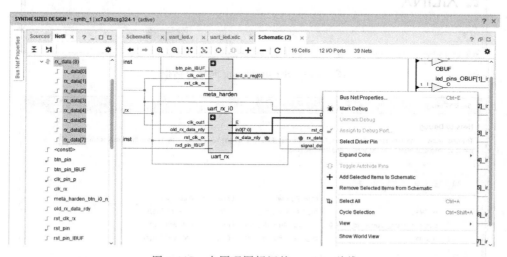

图 4-117 由原理图标记的 rx_data 总线

在网表窗口中选择 uart_rx_i0 例示,展开网线,选择 n_0_meta_harden_rxd_i0 信号,此信号是同步串行输入进 UART 接收机的。右击此总线,在弹出的对话框中选择 Mark Debug,并在确认标记网线的窗口单击 OK 按钮。

对已标记的信号分配应该都汇集在 Debug 之下,未分配的诊断网线摘要如图 4-118 所示。

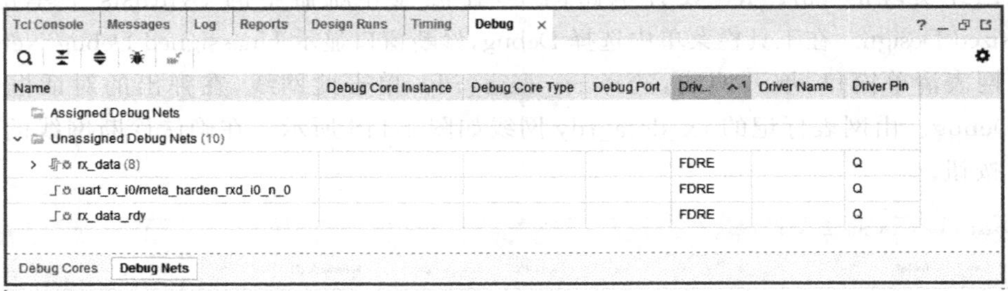

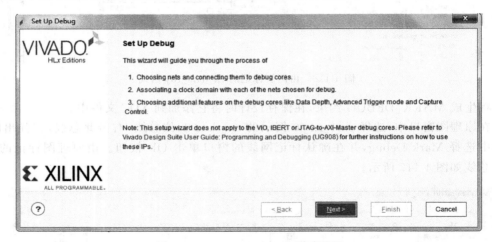

图 4-118　未分配的诊断网线摘要

在 Vivado IDE 中设置诊断的 Set up Debug 向导对话框,如图 4-119 所示,单击 Next 按钮。在规定诊断网线(Specify Nets to Debug)对话框中,列出设置诊断标记的网线清单和有关信息,单击 Next 按钮。诊断网线清单和信息如图 4-120 所示。

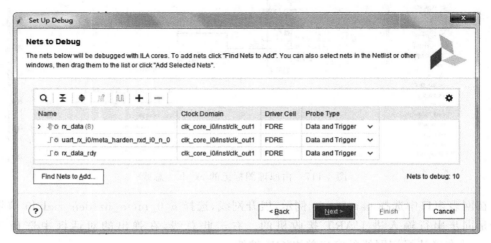

图 4-119　Set up Debug 向导对话框

图 4-120　诊断网线清单和信息

单击 Finish 按钮，此时将插入和连接 ILA v2.0 诊断核到综合的设计中。诊断向导在每个时钟域插入一个 ILA 核。为诊断选择的网线被自动地分配到插入的 ILA 核的探测端口。诊断核清单如图 4-121 所示。

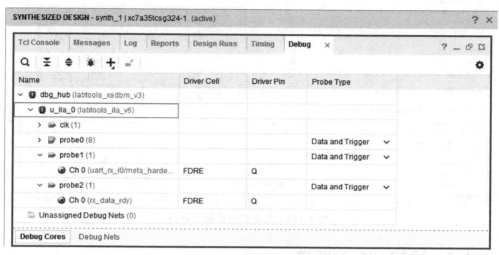

图 4-121　诊断核清单

在 Debug Cores 中选择 u_ila_0，在 Cell Properties 窗口中选择 Debug Core Options，为存储数据采样设置参数 C_DATA_DEPTH 为 32768，配置 ILA 核的数据深度如图 4-122 所示。

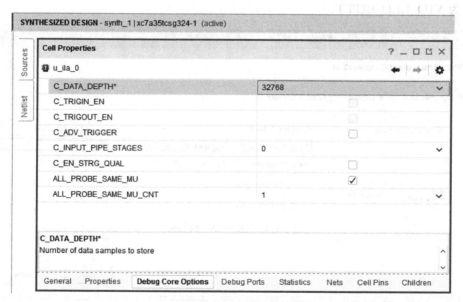

图 4-122　配置 ILA 核的数据深度

选择 File → Save Constraints，在窗口中选择 uart_led. xdc 文件，保存诊断的约束。

到此为止，完成了网表插入诊断核，诊断窗口的最终视图如图 4-123 所示。

接下来可以进行系统内诊断 uart_led 设计的项目。

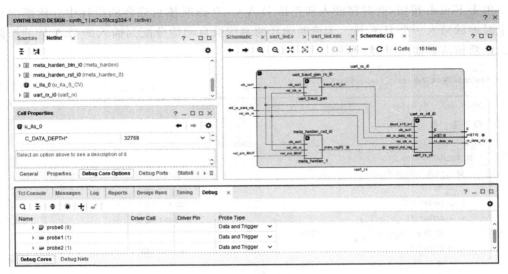

图 4-123　诊断窗口的最终视图

4.4.6　添加 VIO 诊断核

在流程导航器中的 Project Manager 下单击 IP Catalog，在 IP Catalog 窗口中，展开 Debug & Verification → Debug，双击 VIO，启动 IP 分类目录以创建 VIO 核。

在 Customize IP 对话框中，设置 VIO 核的参数，定制 VIO 核如图 4-124 所示，修改元件名称为 VIO_LED_BUTT。

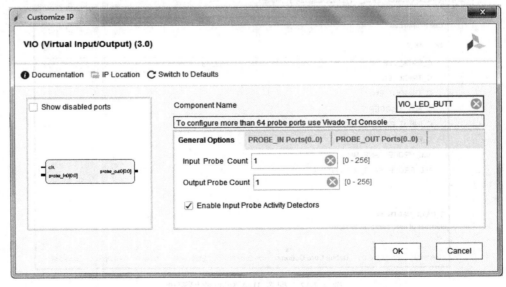

图 4-124　定制 VIO 核

按照技术条件，VIO 核必须同步监控带有接收数据的 8 个寄存器，生成一个表示按键的异步信号。在 General Options 中，保持默认的设置；选择 PROBE_IN Ports(0..15)，输入数值 8,设置 PROBE_IN 如图 4-125 所示。

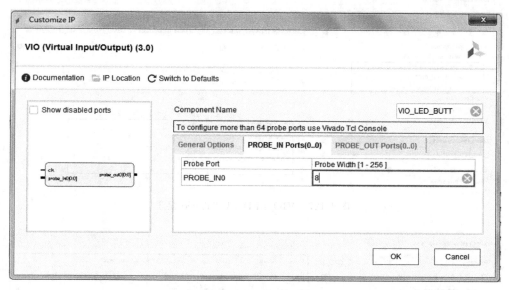

图 4-125　设置 PROBE_IN

选择 PROBE_OUT Ports(0..15),输入数值 1,设置 PROBE_OUT 如图 4-126 所示。单击 OK 按钮,生成诊断核。

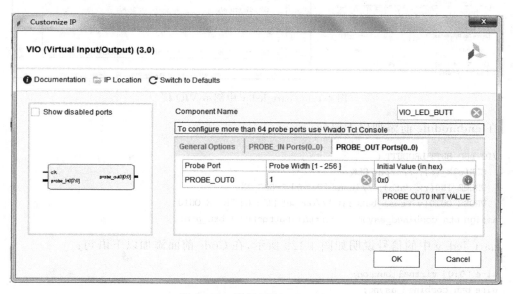

图 4-126　设置 PROBE_OUT

在 Generate Output Products 窗口中,单击 Generate 产生 IP 核。

在 VIO_LED_BUTT.veo 文件中,复制 INST_TAG 之间的内容,粘贴到 uart_ler.v 文件的 endmodule 之前。

VIO_LED_BUTT.veo 的程序如图 4-127 所示。

在 uart_led.v 中例示 VIO 核,如图 4-128 所示。

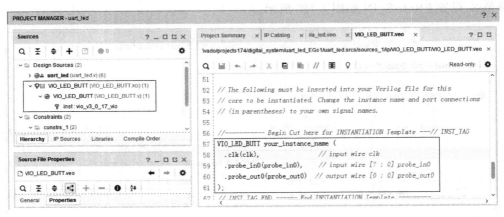

图 4-127 VIO_LED_BUTT.veo 程序

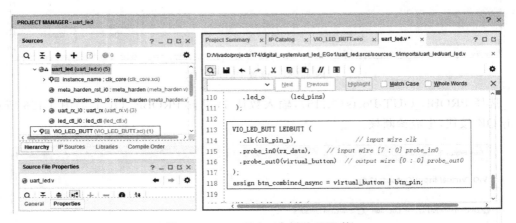

图 4-128 uart_led.v 中例示 VIO 核

在 endmodule 前添加以下语句：

```
VIO_LED_BUTT LEDBUTT (
 .CLK(clk_rx), //input CLK
 .PROBE_IN0(rx_data), //input [7 : 0] PROBE_IN0
 .PROBE_OUT0(virtual_button) )//output [0 : 0] PROBE_OUT0
assign btn_combined_async = virtual_button[0] | btn_pin;
```

uart_led.v 中的信号说明如图 4-129 所示，在 Code 前面添加以下语句：

```
wire [0:0] virtual_button;
wire btn_combined_async;
    ( * KEEP = "true" * ) wire [7:0] rx_data;
    ( * KEEP = "true" * ) wire [0:0] virtual_button;
```

选择 File → Save File，保存修改的 uart_led.v 文件。在 Sources → Hierarchy 中将有例示的 VIO 核。设计层次中例示的 VIO 核如图 4-129 左边所示。

在完成对设计的综合、实现和生成位流文件之后，转到 4.4.4 节"系统内诊断 uart_led 设计"进行设计实现，再进行系统内诊断。

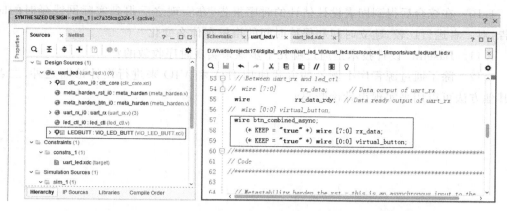

图 4-129　uart_led.v 中信号说明和设计层次中例示的 VIO 核

本章小结

本章介绍了 Vivado 设计套件的诸多特性,给出按键设计流程实现计数器的实例;又结合具体设计实例 uart_led 说明 Vivado 软件的设计流程。对设计项目的功能通过仿真进行验证,对设计项目的性能进行时序约束,由静态时序分析验证建立时间和保持时间裕量是否合格,并归结为 Baseline 设计技术有效实现时序收敛。对 IP 集成器的设计方法以及 ILA 和 VIO 诊断核的使用方法也作了介绍。

习题

4.1　列举 Vivado 设计软件的主要特性。

4.2　对 4.1.8 节按键设计流程实现的计数器,通过修改设计程序实现异步复位、时钟使能、同步置数和加减计数等功能。

4.3　对设计项目的功能进行仿真验证后,元件的功能特性对以后的性能设计是否还会产生影响?

4.4　说明 RTL 级分析得到的设计项目原理图的组成成分。

4.5　说明综合级设计得到的设计项目原理图的组成成分;与 RTL 级分析得到的结果进行比较,说明相同与不同之处。

4.6　设计项目 uart_led 中,在 RTL 级分析时,选择 Tools → Show Hierarchy,要经过多少级层次结构才能抵达最低层次?

4.7　Vivado 设计软件默认所有的时钟是相互有关的,可以通过什么途径来了解时钟之间的相互关系?

4.8　什么是静态时序通道?引起路径上产生延时的因素、延时的最大值和最小值分别应用在哪些场合?

4.9　哪两种时钟信号必须利用什么 TCL 命令来进行规定?

4.10 在综合后得到网表设计估计的时序报告,在实现之后得到实际网线延时的时序报告,对二者进行比较,建立时间和保持时间的裕量有什么变化?

4.11 Baseline 设计技术是通过哪几个步骤来实现时序收敛的?

4.12 除了通过源程序中例示的方式使用 ILA 和 VIO 来进行设计诊断之外,二者还有其他方法可以用来实现设计诊断吗?

第 5 章

CHAPTER 5

数字系统的高级
设计与综合

从基于原理图的设计转到硬件描述语言设计是电子设计的一次变革,它允许一个设计者从理论上以工艺无关的行为方式来描述所设计的数字系统模型。随着设计要求不断提高,复杂性不断增加,用硬件描述语言的数字电路设计在很多方面已经变成单调和费时的事情,设计者迫切需要更高层次抽象的设计与综合技术,为了适应技术的发展,大量高层次的设计技术与综合工具可提供给设计工程师使用。

对于结构比较清晰的数字系统,可以利用硬件描述语言(HDL)直接在寄存器传输级(即 RTL 级)对设计的系统进行描述,这种描述是对系统行为的描述,然后由综合工具进行综合,利用硬件来实现数字系统。

在第 3 章介绍 Verilog HDL 的基础上,第 4 章结合 Vivado 设计软件介绍了如何将描述系统行为的设计程序进行硬件实现,并加载到目标器件进行调试和验证。由于设计者的程序的编码风格和采用的设计技术直接影响系统模型的建立和综合的结果,本章将讨论如何使编写的程序能够建立正确的系统模型,并被软件综合成设计者设想的结构,包括编码风格的影响、综合工具优化的使用,以及同步设计技术的概念和措施。最后,按照数字系统的层次结构简要介绍综合可能采用的一些方法,以便读者理解从语言描述到硬件实现的过程。

5.1 Verilog 编程风格

对于使用 HDL 编程的抽象级描述,综合优化技术仅能协助设计者满足设计要求。综合工具遵循编码构造和按照 RTL 中展开的结构在最基础的层次上映射逻辑。如果没有类似 FSM 和 RAM 等十分规则的结构,综合工具可以从代码中提取功能,识别可替代的结构,并相应地实现。

除了优化之外,为综合编码时的基本指导原则是不减少功能而使所写的结构和伪指令最小化,但是这样可能在仿真和综合之间产生不一致的结果。一个好的编码风格一般要保证 RTL 仿真与可综合的网表具有相同的性能。一类偏差是厂商支持的伪指令,它可以按照专门注释的形式(不考虑仿真工具)加入 RTL 代码,并引起综合工具按 RTL 代码本身不明显的方式推演一个逻辑结构。

由于综合工具只能对可综合的语句产生最终的硬件实现,如果设计者对语言规则和电路行为的理解不同,则可能使设计描述的编码风格直接影响 EDA 软件工具的综合结果。

例如,描述同一功能的两段 RTL 程序可能产生出时序和面积上完全不同的电路。好的描述方式就是综合器容易识别并可以综合出所期望的电路,而电路的质量取决于工程师使用的描述风格和综合工具的能力。

5.1.1 逻辑推理

1. if-else 和 case 结构——特权与并行性

在 FPGA 设计的范围内,把一系列用来决定逻辑应该采取什么动作的条件称作一个判决树。通常,可以分类成 if-else 和 case 结构。考虑一个十分简单的寄存器写入的示例(例 5-1)。

例 5-1

```
module regwrite(
output  reg   rout,
input         clk,
input  [3:0]  in,
input  [3:0]  sel);
always @(posedge clk)
    if(sel[0])     rout <= in[0];
    else if (sel[1])  rout <= in[1];
    else if (sel[2])  rout <= in[2];
    else if (sel[3])  rout <= in[3];
    endmodule
```

这类 if-else 的结构可以推理成如图 5-1 所示的多路选择器的结构。

这类判决结构可以按许多不同的方式来实现,取决于速度/面积的权衡和要求的特权。下面介绍如何针对不同的综合结构对各种判决树进行编码和约束。

if-else 结构固有的性质是特权的概念。出现在 if-else 语句的条件所给予的特权超过判决树中的其他条件。所以,上述结构中更高的特权将对应靠近链的末尾和更接近寄存器的多路选择器。

在图 5-1 中,如果选择字的位 0 被设置,则不管选择字的其他位的状态,in0 将被寄存;如果选择字的位 0 没有被设置,则利用其他位的状态来决定通过寄存器的信号。通常,只有当某一位(在此情况是最低位 LSB)前面的所有位均没有被设置时,则利用该位来选择输出。这个特权多路选择器的真正实现如图 5-2 所示。

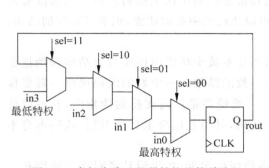

图 5-1　串行多路选择器结构的简单特权

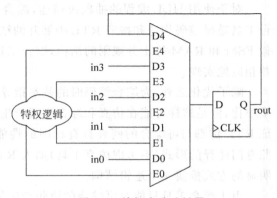

图 5-2　特权多路选择器

无论 if-else 结构最后如何实现,将赋予出现在任何给定的条件之前的条件语句更高的特权。所以,当判决树有特权编码时应该利用 if-else 结构。

另外,case 结构通常(不总是)用于所有条件互不相容的情况。换言之,可以在任何时刻只有一个条件成立的情况下优化判决树。例如,根据其他多位网线或寄存器(例如加法器的译码器)进行判决时,在一个时刻只有一个条件成立。这与上述用 if-else 结构实现的译码操作是一样的。为了在 Verilog HDL 中实现完全相同的功能,可以采用 case 语句,见例 5-2。

例 5-2

```
case(1)
    sel[0]:rout <= in[0];
    sel[1]:rout <= in[1];
    sel[2]:rout <= in[2];
    sel[3]:rout <= in[3];
endcase
```

由于 case 语句是 if-else 结构的一种有效替代,许多初学者以为这是自动地无特权判决树的实现。对于更严格的 VHDL,该想法恰巧是正确的;但是对于 Verilog 语言,却不是这种情况,可以从图 5-3 中 case 语句的实现看出。

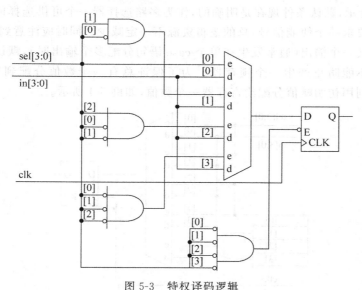

图 5-3 特权译码逻辑

如图 5-3 所示,缺省的部分是通过特权译码来设置多路选择器上相应的使能引脚,这导致许多设计者落入陷阱。如果综合工具报告 case 结构不是并行的,则 RTL 必须把它改变为并行的。如果特权条件是成立的,在相应的位置应该采用 if-else 结构。

2. 完全条件

目前为止检查的判决树中,如果 case 语句的条件没有一个是成立的,则综合工具将寄存器的输出返回到判决树作为一个默认条件(这个行为取决于综合工具默认的实现方式,但是本节假设它是成立的)。这个假设是如果没有条件满足,数值不改变。

建议设计者添加默认条件。这个默认值可以是也可以不是当前的数值,但是,为每个

case 条件分配输出一个数值,可避免工具自动地锁存当前值。用这个默认条件消除寄存器使能,如例 5-3 中修改后的 case 语句。

例 5-3

```
//不安全的 case 语句
module regwrite(
    output   reg    rout,
    input           clk,
    input    [3:0]  in,
    input    [3:0]  sel);
  always @(posedge clk)
    case(1)
        sel[0]:rout <= in[0];
        sel[1]:rout <= in[1];
        sel[2]:rout <= in[2];
        sel[3]:rout <= in[3];
        default:rout <= 0;
    endcase
  endmodule
```

如图 5-4 所示,默认条件现在是明确的,作为多路选择器一个可供选择的输入实现。虽然触发器不再要求一个使能信号,总的逻辑资源不一定减少。同时应注意到,如果每个条件不对寄存器定义一个输出(通常发生在单个 case 语句分配多个输出时),默认条件和任何综合的特征位都不能防止产生一个锁存器。为了保证总有一个数值分配到寄存器,可以在 case 语句之前利用初始赋值分配给寄存器一个数值,如例 5-4 所示。

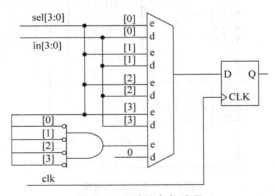

图 5-4 为默认条件编码

例 5-4

```
module regwrite (
    output    reg  rout,
    input          clk,
    input   [3:0]  in,
    input   [3:0]  sel);
  always @(posedge clk)
    rout <= 0;
    case(1)
```

```
            sel[0]:rout <= in[0];
            sel[1]:rout <= in[1];
            sel[2]:rout <= in[2];
            sel[3]:rout <= in[3];
        endcase
    endmodule
```

这类编码风格消除了对默认情况的需要,也保证了如果没有其他赋值定义时,寄存器会分配到这个默认值。

完全条件可以用正确的编码方式来设计,推荐的方法是避免该约束仅由设计保证完全的覆盖,如前所述,即在 case 语句之前利用默认条件和设置默认数值。这将使代码具有更高的可移植性,减少不希望的失配可能性。设置 FPGA 综合选项时最大的风险之一是仅允许一个默认设置,因此所有的 case 语句自动地假设是 parallel_case、full_case 或二者兼之。厂商明确地提供了该选项。实际上,应该尽量避免使用这个选项,因为它会产生隐含的风险,以不正确的形式进行代码综合,并且用基本的系统内测试无法发现,在仿真中会产生不确定性。所以,parallel_case 和 full_case 可以引起仿真和综合的失配。

3. 多控制分支

设计者通常犯的错误(在较差的编码风格中)是对单个寄存器不连接控制分支。在例 5-5 中,oDat 被唯一的判决树中两个不同的数值赋值。

例 5-5

```
//不好的编程风格
module separated(
    output    reg   oDat,
    input          iclk,
    input           iDat1, iDat2, iCtrl1, iCtrl2);
  always @ (posedge iclk)   begin
    if (iCtrl2)    oDat <= iDat2;
    if (iCtrl1)    oDat <= iDat1;
  end
endmodule
```

因为无法说明 iCtrl1 和 iCtrl2 是否是互不相容的,因此该编码是模糊的,综合工具必须为实现做一定的假设。特别地,当二者的条件同时成立时,没有明显的方式管理特权。因此,综合工具必须基于这些条件发生的顺序赋予特权。在这种情况下,如果条件最后出现,它将获得优于第一个条件的特权。

基于图 5-5,iCtrl1 有优于 iCtrl2 的特权,如果交换它们的次序,特权同样也会交换。这与 if-else 结构的行为相反,if-else 结构通常把特权给予第一个条件。

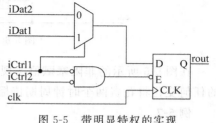

图 5-5 带明显特权的实现

所以,好的设计实践是把所有的寄存器赋值保持在单个控制结构内。

5.1.2　陷阱

在描述与可综合 RTL 结构特性有关的功能方面,HDL 具有十分灵活的能力,自然地会产生大量的陷阱,当设计者不理解综合工具如何解释各种结构时可能会落入陷阱。本节识别大量的陷阱,并且讨论避免这些陷阱的设计方法。

1. 阻塞与非阻塞

在软件设计领域,按照预定的顺序执行规定的操作来产生功能。在 HDL 设计领域,这类执行可以想象为阻塞。这意味着当前的操作完成之后,进一步的操作才不被阻塞(之前它们没有被执行)。所有进一步的操作是在所有前面的操作已经完成和存储器中的所有变量已被更新的假设之下执行的。非阻塞的操作执行时与次序无关,更新是被专门的事件所触发的,当触发的事件发生时所有的更新同时发生。

Verilog HDL 和 VHDL 等硬件描述语言提供为阻塞和非阻塞赋值的结构。如果不能理解何处和如何利用阻塞和非阻塞可能导致不期望的行为,还会使仿真和综合之间失配。例如,例 5-6 中的代码。

例 5-6

```
非阻塞模块
module blockingnonblocking(
(output    reg    out,
  input         clk,
  reg           in1, in2, in3);
  reg           logicfun;
  always @(posedge clk) begin
  logicfun <= in1 & in2;
  out <= logicfun | in3;
  end
endmodule
```

该逻辑按照逻辑设计者预期的实现如图 5-6 所示。

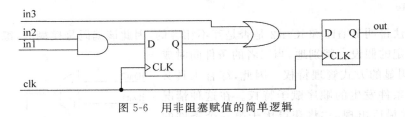

图 5-6　用非阻塞赋值的简单逻辑

在图 5-6 所示的非阻塞赋值实现中,信号 logicfun 和 out 是触发器输出,在 in1 和 in2 上的任何变化将花费两个时钟周期传播到 out。对于阻塞赋值,仅需做微小修改,见例 5-7。

例 5-7

```
//不好的编程风格
logicfun = in1 & in2;
out = logicfun | in3;
```

在例 5-7 的修改中,非阻塞语句已经被改变为阻塞语句。这意味着 out 在 logicfun 更新之后才被更新,二者的更新必须在同一个时钟周期内发生。

从图 5-7 可以看出,把赋值改变到阻塞方式,已经有效地消除了 logicfun 的寄存器,并改变了整个设计的时序。但是,并不是说与例 5-6 相同的功能不可以用阻塞赋值来完成,参见例 5-8 的修改。

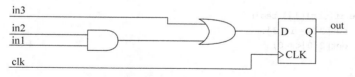

图 5-7 采用阻塞赋值的不正确的实现

例 5-8

```
//不好的编程风格
out = logicfun | in3;
logicfun = in1 & in2;
```

在例 5-8 的修改中,强迫 out 寄存器在 logicfun 之前更新,它迫使输入 in1 和 in2 经两个时钟周期的延时传播到 out。这将得到预期的逻辑实现,但是很少有直接的方法。事实上,对于具有相当复杂性的许多逻辑结构,这不是清晰的或者可行的方法。一个诱人的方法是为每个赋值使用独立的 always 语句,参见例 5-9 的修改。

例 5-9

```
//不好的编程风格
always @(posedge clk)
    logicfun = in1 & in2;
always @(posedge clk)
    out = logicfun | in3;
```

尽管这些赋值被分解成看上去像并行的模块,但它们却不是这样仿真的。应该避免这类编码风格。

阻塞赋值常常出现在要求相对大量默认条件的操作的情况。在例 5-10 使用非阻塞赋值的代码中,控制信号 ctrl 定义哪个输入被赋值为相应的输出,其余的输出被赋值为零。

例 5-10

```
//不良的编程风格
module blockingnonblocking(
    output  reg  [3:0]  out;
    input           clk;
    input      [3:0]  ctrl, in);
    always @(posedge clk)
        if(ctrl[0]) begin
            out[0]<= in[0];
            out[3:1]<= 0;
        end
        else if(ctrl[1]) begin
            out[1]<= in[1];
            out[3:2]<= 0;
            out[0]<= 0;
```

```
        end
        else if(ctrl[2]) begin
            out[2]<= in[2];
            out[3]<= 0;
            out[1:0]<= 0;
        end
        else if(ctrl[1]) begin
            out[3]<= in[3];
            out[2:0]<= 0;
        end
        else
            out <= 0;
    endmodule
```

在例 5-10 实现的每个判决分支中,不赋值的所有输出必须设置为零,每个分支包含单个输出(赋值为一个输入)以及三个零赋值语句。为了简化代码,阻塞语句有时被用于初始赋值,如例 5-11 所示。

例 5-11

```
//不好的编程风格
module blockingnonblocking(
    output    reg   [3:0]  out,
    input               clk;
    input          [3:0]  ctrl, in);
    always @(posedge clk) begin
        Out                 = 0;
        if(ctrl[0])        out[0]<= in[0];
        else if(ctrl[1])   out[1]<= in[1];
        else if(ctrl[2])   out[2]<= in[2];
        else if(ctrl[3])   out[3]<= in[3];
    end
endmodule
```

在例 5-11 中,最后的赋值是"黏合"(stick)的赋值,因为设置了一个对所有输出位的初始值,需要时只改变一个输出。虽然这个代码将综合到与更复杂的非阻塞结构相同的逻辑结构,但仿真中可能出现竞争条件。非阻塞赋值可以完成相同的功能,如例 5-12 所示的类似的编码风格。

例 5-12

```
module blockingnonblocking(
    output    reg   [3:0]  out,
    input               clk;
    input          [3:0]  ctrl, in);
    always @(posedge clk) begin
        out                    <= 0;
        if(ctrl[0])        out[0]<= in[0];
        else if(ctrl[1])   out[1]<= in[1];
        else if(ctrl[2])   out[2]<= in[2];
        else if(ctrl[3])   out[3]<= in[3];
    end
endmodule
```

这类编码风格是普遍使用的,因为已经用非阻塞赋值消除竞争条件。

违反这些准则将导致仿真与综合的失配,程序可读性差,同时会降低仿真性能,较难诊断出硬件的错误。

2. for-loop 环路

类似于 C 语言的环路结构,for-loop 可能对有软件设计背景的设计者存在陷阱。与 C 语言不同,这些环路一般不可以在可综合的代码中被算法迭代利用。然而,为了以最少的操作为大阵列赋值,HDL 设计者一般会使用这些环路结构。例如,软件设计者可能利用 for-loop 获得 X 的 N 次幂,如以下代码片段所示。

```
PowerX = 1;
for (i = 0; i < N; i++)  PowerX = PowerX * X;
```

该算法环路利用迭代执行 N 次乘法操作,每次通过该环路操作将变量更新。在软件中,该环路方法可以工作得很好,因为每次环路迭代中用 PowerX 的当前数值更新一个内部寄存器。

但是,可综合的 HDL 在迭代环路期间没有任何隐含的寄存器,所有的寄存器操作被清楚地定义。如果设计者试图用可综合的 HDL 以类似的方式产生上述结构,可能最后的结果看起来像例 5-13 的代码段。

例 5-13

```
//不好的编程风格
module forloop(
    output   reg  [7:0]  PowerX,
    input         [7:0]  X, N);
    integer              I;
    always @ * begin
        PowerX = 1;
        for (i = 0; i < N; i = i + 1)
            PowerX = PowerX * X;
    end
endmodule
```

程序可以在行为仿真中工作,取决于综合工具是否可以综合到门电路。Synplify 将基于最坏条件的 N 值综合这个环路。如果它确实可综合,最后的结果将是一个环路,它完全展开成一个运行极慢的大量的逻辑块。在环路每次迭代期间管理这些寄存器可能需要控制信号,如例 5-14 所示。

例 5-14

```
module forioop(
    output   reg  [7:0]  PowerX,
    output   reg         Done,
    input                clk, Start,
    input         [7:0]  X, N);
    integer              I;
    always @ (posedge Clk)
        if (Start) begin
```

```
                    Power < = 1;
                    I < = 1;
                Done < = 0;
            end
            else if (I < N) begin
                    PowerX  < = PowerX * X;
                    I < = i + 1;
            end
        else
            Done < = 1;
    endmodule
```

在例 5-14 的设计中,幂函数是一个比"类似软件"实现运行更快的和更小的数量级。所以,for-loop 不应该用于实现类似软件的迭代算法。

理解 for-loop 的正确使用有助于产生可读的和有效的 HDL 代码。for-loop 通常使用较短的代码形式来减少并行代码段重复的长度。例如,例 5-15 中的代码取 X 的每一位与 Y 的偶数位进行异或操作产生一个输出。

例 5-15

```
out[0] < = Y[0] ^ X[0];
out[1] < = Y[2] ^ X[1];
out[2] < = Y[4] ^ X[2];
        ⋮
out[31] < = Y[62] ^ X[31];
```

以逻辑形式代码写 out 可能需要 32 行,需要反复地输入。为了压缩代码且更具有可读性,可采用 for-loop 来重复每一位的操作。

例 5-16

```
always @ (posedge  Clk)
    for(i = 0; i < 32; i = i + 1)   out[i] = y[i * 2] ^ X[i];
```

从例 5-16 可以看出,环路中没有反馈机构,for-loop 可以用来压缩类似的操作。

综合工具处理循环的方法是重复循环内的结构,在循环中包含不变化的表达式会使综合工具花费很多时间优化冗余逻辑。可参见例 5-17 和例 5-18 的代码段。

例 5-17

```
//不好的编程风格
for( I = 0; i < 4; i = i + 1)   begin
    sig1 = sig2;            //不变化的表达式
    data_out(I) = data_in(I);
end
```

例 5-18

```
//好的编程风格
sig1 = sig2;                //不变化的表达式
for( I = 0; i < 4; i = i + 1)
    data_out(I) = data_in(I);
```

例 5-19

```
xor_reduce_func = 0;
for (I = N - 1; I > = 0; I = I - 1)
xor_reduce_func = XOR_reduce_func ^ data[I];
```

例 5-19 中的循环语句可综合成如图 5-8 所示的链状结构，对于长的组合链路，设计者应该在代码编写阶段就注意描述成树状结构，如例 5-20 所示，综合得到如图 5-9 所示的结果。

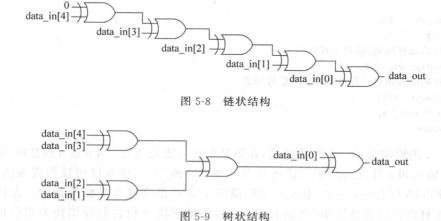

图 5-8　链状结构

图 5-9　树状结构

例 5-20

```
i_data = data;
LEN = i_data`LENGTH;
if LEN = 1 then
    result = i_data(i_data`LEFT);
elsif LEN = 2 then
    result = i_data(i_data`LEFT) XOR i_data(i_data`RIGHT);
else
    MID = (LEN + 1)/2 + i_data`RIGHT;
    UPPER_TREE = XOR_tree_func(i_data(i_data`LEFT downto MID));
    LOWER_TREE = XOR_tree_func(i_data(MID - 1 downto i_data`RIGHT));
    result = UPPER_TREE XOR LOWER_TREE;
end if;
```

3. 组合环路

组合环路是包含反馈的逻辑结构，其中没有任何的同步元件。从图 5-10 可以看出，当一组组合逻辑的输出不带中间寄存器反馈回自身时会出现组合环路。这类行为很少遇到，一般表示为设计和实现中的一个错误，这里要讨论可能产生这样一个结构的陷阱和如何避免它们。参见例 5-21 所示的代码段。

例 5-21

```
//不好的编程风格
Module combfeedback(
    output    out,
```

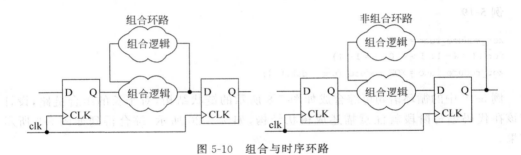

图 5-10　组合与时序环路

```
    input     a);
    reg       b;
//不好的编程风格:会将 b 反馈回 b
    assign out = b;
//不好的编程风格:不完整的敏感信号列表
    always @(a)
    b = out ^ a;
endmodule
```

例 5-21 的模块表示一个行为描述,在仿真中它可能表现为:当导线 a 改变时,输出被赋值为当前输出和 a 异或的结果。输出只在 a 改变时改变,不呈现任何反馈或振荡的行为。但是,在 FPGA 综合中,一个 always 结构描述了寄存器或组合逻辑的行为。在这种情况下,综合工具将扩展敏感清单(当前只包含 a),使敏感清单包含假设结构为组合的所有输入,当这些发生时,反馈环路关闭,将通过一个反馈到自身的异或门来实现,如图 5-11 所示。

图 5-11　偶然的组合反馈

这类结构是有很大问题的,因为输入 a 为逻辑 1 的任何时刻它将振荡。例 5-21 列出的 Verilog HDL 语句描述了一个编码风格很差的电路,设计者显然没有硬件的概念,在仿真和综合时将看到惊人的失配。作为好的编码实践,所有的组合结构应该编码,使得在 always 模块内的表达式中所包含的全部输入都列在敏感清单中。如果做到这点,在综合之前就能检测出问题。

4. 寄存器与锁存器

寄存器与锁存器都是用来暂存数据的器件。

寄存器是时钟沿触发的,输出端通常不随输入端的变化而变化,只在时钟上升沿(或下降沿)才将数据打入寄存器,输入端的数据送至输出端;锁存器是电平敏感的,只要使能信号有效,输出端总随输入端的变化而变化;相反地,使能信号无效时,输出保持已有的数值。

锁存器比寄存器快,有些场合适合使用锁存器,但是一定要保证输入信号的质量。锁存器的缺点是对输入信号的毛刺敏感,锁存器在 ASIC 设计中比寄存器简单,但是在 FPGA 的资源中,很多器件需要用查找表和寄存器来组成锁存器,浪费逻辑资源。锁存器在时序分析中也比较困难。程序中使用不完整的 if 语句结构或 case 语句结构,将导致综合软件综合出锁存器。所以要避免不必要的锁存器推论。

专门类型的组合反馈实际上可以推论出时序元件。例 5-22 以典型的方式模拟一个锁存器模块。

例 5-22

```
//锁存器接口
module latch (
    input    iClk, iDat,
    output  reg  oDat);
    always @ *
        if(iClk)   oDat < = iDat;
    endmodule
```

每当控制插入时,输入直接传递到输出;当控制释放时,锁存器被禁止。一个很常见的编码错误是产生组合的 if-else 树,忽略了对每个条件定义输出。实现时会包含一个锁存器,通常将指示一个编码错误。

对于 FPGA 设计,一般不推荐使用锁存器,但可以使用这些器件设计和执行时序分析。注意,也有其他方式可偶然地推论出锁存器,更多的情况是无意的。在例 5-23 的赋值中,默认条件是信号本身。

例 5-23

```
//不好的编程风格
assign O = C ? I: O;
```

一些综合工具将推论出一个锁存器,而不是推论一个反馈到其输入之一的多路选择器(它不可以任何方式预测)。附带的问题是一个时序的终点(锁存器)被插入进一个路径,其中可能会有设计中介的时序元件。这类锁存器推论一般表示 HDL 描述中的一个错误。

对于 FPGA 设计,一般不推荐的锁存器可以十分容易地变成不正确的实现或完全不实现。例如通过使用函数调用实现,考虑锁存器封装进一个函数的典型例示,如例 5-24 所示。

例 5-24

```
//不好的编程风格
module latch (
    input    iClk, iDat,
    output  reg oDat);
always @ *
    oDat < = MyLatch(iDat, iClk);
    function D, G;
        if (G)   MyLatch = D;
    endfunction
endmodule
```

在这个示例中,输入输出的条件赋值被放进一个函数,尽管锁存器的表示似乎精确,但是函数将总是判定组合逻辑,会把输入直接传递到输出。

敏感列表只对前面的仿真起作用,对综合器不起作用,而综合后生成的仿真模型是保证不遗漏敏感信号的,因此设计者不小心造成的敏感信号表的遗漏往往会导致前、后仿真的不一致。

引起硬件动作的信号应该都放在敏感信号列表中,包括:①组合电路描述中,所有被读取的信号;②时序电路中的时钟信号、异步控制信号。不完整的敏感信号列表代码见例 5-25。

例 5-25

```
//不完整的敏感信号列表
always @(d or clr)
```

```
    if (clr)
        q = 1`b0
    else if (e)
        q = d;
```

例 5-26

```
//完整的敏感信号列表
always @(d or clr or e)
    if (clr)
        q = 1`b0
    else if (e)
        q = d;
```

概括上面的分析,对于编程风格,列出以下注意要点或需要遵循的准则:

(1) 对希望形成组合逻辑的 if-else 和 case 语句,要完整地描述其各个分支,避免形成锁存器,一个可行的办法是在语句前为所有被赋值信号赋一个初始值。

(2) 有大量关于阻塞和非阻塞赋值为综合编码时广泛接受的准则:①利用阻塞赋值设计组合逻辑模型;②利用非阻塞赋值设计时序逻辑或混合逻辑模型。

(3) 从不把阻塞和非阻塞赋值混合在一个 always 模块中。

(4) 尽量使用简单的逻辑、简单的数学运算符。

(5) 进程的敏感列表应该列举完全,否则可能产生综合前后的仿真结果不同和引入锁存器的现象,可用 * 替代来自动识别全部敏感变量。

(6) 在循环中不要放置不随循环变化的表达式。

(7) 对于复杂的数学运算要充分进行资源共享,如采用 if 块等。

(8) 对于长的组合链路应该在代码编写阶段就注意描述成树状结构。

(9) 时序逻辑尽可能采用同步设计。

(10) 对具有不同的时序或面积限制的设计,应尽可能采用不同的代码描述以达到不同的要求(一般而言,面积与延时是相互冲突的)。

(11) 对于复杂系统设计,尽量采用已有的算法和模块实现。

5.1.3 设计组织

所有与工程师队伍一起工作设计过大型 FPGA 的人都理解把设计组织成有用的功能约束,以及为重用和扩展做设计的重要性。在顶层上组织一个设计的目标是产生一个容易在模块基础上管理的设计,产生可读和可重用的代码,产生一个允许设计缩放的基础。本节讨论一些影响可读性、可重用性和综合效率的结构设计要考虑的内容。

1. 分割

分割是指依据模块、层次和其他功能约束组织设计。一个设计的分割应该预先考虑,因为设计组织的主要变化在设计进展时将变得更困难和更昂贵。设计者可以方便地围绕一部分功能交换他们的想法,允许他们以有效的方式设计、仿真和诊断自己的工作。

一般情况下,一个设计应按功能分割成较小的功能单元,每个功能单元都有一个公共的时钟域,并能独立进行验证。设计层次应能将时钟域分割开,以说明多个时钟之间的相互作用和对同步电路的需求,每个时钟域的逻辑在系统整合之前分别进行验证。

1) 数据通道与控制

从第1章中对数字系统结构的分析可知,数字系统的许多结构可以分割成数据通道和控制结构的形式。数据通道一般是一个把数据从设计输入端运送到输出端并对数据执行必要操作的"管道"。控制结构通常不对设计数据处理或运送,但是为各种操作配置数据通道。按照数据通道和控制结构之间的逻辑分割,可以逻辑地将数据通道和控制结构设置在不同的模块,清楚地对各个设计者定义接口。对不同的逻辑设计者,这样不仅方便地划分设计活动,而且也可以优化可能要求的下游活动。

所以,数据通道和控制结构应该分割成不同的模块。

因为数据通道常常是设计的关键路径(设计的流量是与流水线的时序有关的),可能要求为这个通道达到最大性能设计布图。另外,通常将较慢的时序要求安排给控制逻辑,因为它不是主要的数据通道的一部分。

例如,通常用简单的 SPI(串行外设接口)或 I²C(Intel-IC)类型总线来设置设计中的控制寄存器。如果流水线运行在几百兆赫兹,在两个时序要求之间将确实有大的偏差。因此,如果布图是应对数据通道要求的,控制逻辑的布图则可以保持空间无约束和散布地围绕流水线的合适的位置,像自动布局布线工具所实现的那样。

2) 时钟与复位结构

好的设计实践表明,任何给定的模块只有一个类型的时钟和一个类型的复位。例如在许多设计案例中,当有多个时钟区域和(或)复位结构时,重要的是分割层次使得它们被不同的模块分开。由于混合时钟和程序描述复位类型会带来设计的风险,但是如果任意给定模块只有一个时钟和复位,这些问题几乎很少出现。

所以,在每个模块中只利用一个时钟和一个类型的复位是好的设计实践。

3) 多个例示

如果有些逻辑操作在特定的模块中出现不止一次(或者横跨多个模块),则应自然地分割设计,把整块分成分开的模块,并放进多个例示的层次中。

图 5-12 描述的分割有许多优点。首先,整块的功能分配给相互独立的设计者,使设计更方便。一个设计者可以集中在顶层设计、组织和仿真,而另一个设计者可以集中于子模块的功能性技术要求。如果接口定义明确,这类分组设计可以获得更好的效果。但是,两个设计者在相同的模块内开发,可能发生更大的混淆和困难。此外,子模块可以在设计的其他区

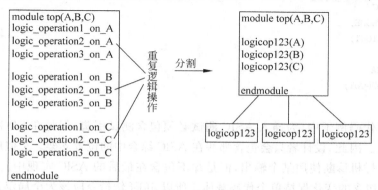

图 5-12 模块设计

域重用,或者完全在不同的设计中。一般重新例示一个存在的模块更方便,而不是切割和连接更大的模块,并重新设计接口。

采用这样的策略可能引起的一个问题是各个模块的数据宽度、迭代次数等有细微的变化。这些案例强调参数化的设计方法,类型相似的模块可以共享公共的代码基,即在例示基础上参数化。下一节将更详细地讨论。

2. 参数化

在 FPGA 设计的范围内,参数是一个模块的特性,它可以在全局的意义上或者在每个例示的基础上改变,同时保持模块的基本功能。本节描述参数的形式,以及介绍它们如何加强综合的有效编码。

1) 定义

参数和定义是类似的,在许多情况下可以相互交换使用。但是,在许多情况下指有效的、可读的和模块化设计。定义一般用于规定横跨所有模块的恒定的全局数值,或者为相容或不相容的部分代码提供编译时间的伪指令。在 Verilog 中,定义使用`define 语句,编译时间控制用一系列的`ifdef 语句。全局定义可定义全部设计的常数,如例 5-27 所示。

例 5-27

```
`define CHIPID 8`hC9        //全局芯片 ID
`define onems  90000        //使用 11ns 时钟近似的 1ms
`define ulimit16  65535     //一个 16 位无符号字的上限值
```

上面列出的定义是全局的"明确事情"的例子,从一个子模块到另一个子模块将不会发生改变。全局定义的另一个用途是为代码选择规定的编译时间伪指令。一个广泛的应用是 FPGA 中 ASIC 样机的使用。ASIC 和 FPGA 之间的不同常常需要对设计进行细微的修改(特别是 I/O 和全局结构),例如,考虑例 5-28 中的定义。

例 5-28

```
`define FPGA
//`define ASIC
```

在顶层模块中,可能有例 5-29 的输入。

例 5-29

```
`ifdef ASIC
input TESTMODE;
output TESTOUT;
`endif
`ifdef FPGA
output DEBUGOUT;
`endif
```

在上面的代码例子中,为插入 ASIC 测试必须包含测试引脚,但是在 FPGA 实现中这样做并没有意义。因此,设计者只会包含那些在 ASIC 综合中的位置支架。类似地,设计者可能需要为 FPGA 样机诊断使用某个输出,但是却不包含在最后的 ASIC 实现中。全局定义允许设计者用行中包含的变化保持单个代码载体。所以,ifdef 伪指令应该为全局定义使用。

为了保证在全局意义上应用定义,并且不与另一个全局定义冲突,推荐编写一个可以包括所有设计模块的全局定义文件。因此,任何全局参数都可以在集中的位置修改使其改变。

2) 参数

与全局定义不同,参数一般位于专门的模块,从一个例示到另一个例示可以改变,一个
广泛应用的参数是尺寸或总线宽度,如例 5-30 的寄存器的例子中所示。

例 5-30

```
module paramreg # (parameter WIDTH = 8) (
    output  reg   [WIDTH - 1:0]  rout;
    input                        clk,
    input         [WIDTH - 1:0]  rst);
    always @ (posedge clk)
        if (!rst)   rout <= 0;
        else        rout <= rin;
    endmodule
```

例 5-30 描述了一个具有可变宽度的简单参数化的寄存器。虽然参数的默认值是 8,但是可
以只为这个例示修改宽度。例如,在更高层次中的模块可以例示例 5-31 所示的 2 位寄存器。

例 5-31

```
//正确,但是过时的参数传递
paramreg # (2)  r1(.clk(clk), .rin(rin), .rst(rst), rout(rout));
```

或者以下 22 位的寄存器:

```
//正确,但是过时的参数传递
paramreg # (22)  r2(.clk(clk), .rin(rin), .rst(rst), rout(rout));
```

从上面的例示可以看出,对于 paramreg,相同代码的载体可用来例示两个有不同特性
的寄存器,同时注意到模块的基本功能在例示(寄存器)之间没有改变,只改变功能的专门特
性(尺寸)。

所以,参数应该被局部定义使用,从一个模块到另一个模块才改变。

当要求类似功能的不同模块有细微的不同特性时,像这样的参数代码是十分有用的。
如果没有参数化,设计者可能需要为相同模块编写冗长的代码载体,并且修改差异特性时容
易出错。

上述参数定义可在 Verilog 中利用 defparam 命令替代,允许设计者在设计层次中规定
任何参数。容易出现的问题是因为一般的参数是在专门的模块例示中使用,在特定例子的
外部是看不到的(类似软件设计中的局部变量),容易混淆综合工具,产生仿真失配。所以,
如果使用 defparam,应该将其包含在与定义的参数对应的模块例示中。

3) Verilog-2001 中的参数

参数改进的方法在 Verilog-2001 中引入。在 Verilog 的旧版本中,参数值的传递是含
义模糊的,或者很难通过位置参数传递来读出,使用 defparam 会引起前述讨论的一些风险。
理想情况下,设计者应该按照与模块的 I/O 之间传递信号相似的方式将一个参数值清单传
递到模块。在 Verilog-2001 中,参数可以通过模块外部的名称识别,从而可消除可读性的问
题以及使用 defparam 产生的风险。例如,使用 paramreg 的例示将包含参数的名称修改。

```
paramreg # (.WIDTH(22))  r2(.clk(clk), .rin(rin), .rst(rst), routy(rout));
```

这样可以不锁定位置要求,增加代码的可读性,减少人为错误的概率。这类参数化的命名是极力推荐的。所以,命名参数传递优于位置参数传递或 defparam 语句。

在 Verilog-2001 中,参数化另一个主要的改进是 localparam。localparam 是局部变量的 Verilog 参数版本。localparam 可以通过其他参数的表达式推导出,被处在其内的模块的实际例示所约束。例如,考虑例 5-32 中参数化的乘法器。

例 5-32

```
//混合方式参数
module multiparam # ( parameter WTDTH1 = 8, parameter WTDTH2 = 8)
    localparam              WIDTHOUT = WIDTH1 + WIDTH2;
    output  [WIDTH - 1:0]   oDat;
    input   [WIDTH - 1:0]   iDat1;
    input   [WIDTH - 1:0]   iDat2;
    always oDat = iDat1 + iDat2;
endmodule
```

在上面的例子中,需要外部定义的参数只是两个输入的宽度。因为设计者假设输出的宽度是输入宽度之和,因此这个参数可以从输入参数推导出来,没有冗余的外部计算。这使得设计者的工作更方便,消除了输出尺寸与输入尺寸之和不匹配的可能性。

通常,在模块的头部不支持 localparam,如果在 I/O 清单中使用 localparam,端口清单必须额外说明(Verilog-1995 方式)。只要 localparam 可以从其他输入参数推导出来,就推荐使用,因为它将进一步减小人为错误的可能性。

5.1.4 针对 Xilinx FPGA 的 HDL 编码

由于没有一个完美的方式来产生设计,所以推荐使用编码技术的设计准则。对于 Xilinx FPGA 的架构,可以减少器件的使用,改善设计性能,使实现工具获得更好的布局和布线结果,进而得到更好的系统速度。

作为满足时序的设计策略,建议尽可能地使用专用资源,例如由 LUT 实现的移位寄存器 SRL、大量的 DSP 和 BRAM 等,达到提高速度、降低功耗和改善器件利用率的目的。

在可能的情况下,可以利用硬模块映射大的寄存器阵列的优点,SRL、BRAM 和 DSP Slice 可以有效地用于节省逻辑的 Slice 资源并改善性能。例如,可以利用 BRAM 实现有限状态机等。

7 系列 FPGA 的查找表 LUT 是 6 输入的,因此与 4 输入 LUT 相比,可以封装更多的逻辑。特别是当设计需要从 4 输入 LUT 架构优化的代码移植到 7 系列器件时,可能需要对设计进行重新编码,才能减少设计中流水线的级数,从而充分利用有效的资源。

当设计中 FPGA 占用比较满时,必须尝试不同的设计策略。如果没有将设计封装进器件,时序又无关,为减少设计中 CLB 资源的数量,可以使用更多的 DSP 和 BRAM 资源替代 CLB 资源。Xilinx 建议关闭 Logic Replication 的综合选项,可以帮助减少设计尺寸。

在某些情况下,优化面积设计可以改善性能,特别是在 RTL 级优化时,可以降低功耗。

1. 控制集

在 2.4 节中,图 2-19 SliceL 电路图中的圈 3 和圈 5 是八个触发器,每个触发器具有时钟 CK、时钟使能 CE 和同步/异步的置位/复位 SR 等三种控制端口,八个触发器共享相同的时钟和控制信号,而时钟使能是四个触发器共享的高电平有效的信号。

驱动一个寄存器的这些控制信号被称为"控制集"。由于设计的编程风格和综合工具不同,设计可能有许多控制集。设计软件会以最优的性能智能地封装逻辑。

通常,Xilinx FPGA 对于每个设计提供足够的寄存器,但是在用户的设计中,某些时候寄存器不足,一些设计实践可能限制寄存器的有效利用。由于控制信号的限制,对于分组的 Slice 资源,在 CLB 模块中的资源对布局也有一定影响。FPGA 不推荐使用低电平有效的控制信号,因为低电平的控制信号不节省功耗,所以设计中低电平有效的控制信号的不合理使用也会造成资源的不足。

带有不同控制集的触发器不可以封装进相同的 Slice 中,但是通过把控制信号映射到 LUT 资源中,软件可以按指令减少控制集的数目,如图 5-13 所示,设计中不同的三个控制集,原来要映射到 3 个 Slice 中实现,但是使用同步的置位和复位,可以利用 LUT 将三个不同控制集变为一个相同的控制集,其中同步置位 Sset 与输入信号进行或运算,同步复位 SReset 与输入信号进行与运算,控制信号仅保留时钟信号 CK,这种映射增加了 LUT 的利用率,减少了 Slice 的利用,节省了资源。

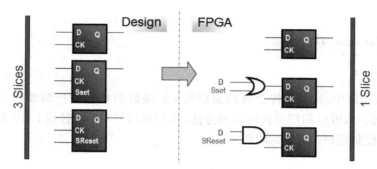

图 5-13 三个不同控制集变为一个相同的控制集

2. 控制信号设计技巧

控制端口的使用规则是时钟和异步的置位/复位信号总是占用触发器的控制端口,不可采用 LUT 的等效逻辑将它们移到数据通道;时钟使能和同步置位/复位信号与 Slice 中的大多数触发器共享相同的控制集时,它们将连接到触发器的控制端口,但是可以移到 LUT 输入端的数据通道。所以异步的置位/复位信号比同步的置位/复位信号有更高的特权来获取触发器的控制端口。

Xilinx 建议设计中要尽可能地利用同步置位和复位,也建议使用高电平有效的 CE 和置位及复位,并且尽量构造具有尽可能少的控制信号的设计。

3. 其他设计技巧

1) I/O 寄存器用法

IOB 模块的寄存器提供固定的建立时间和时钟至输出的时间 T_{co},这是捕获器件外的输入数据和时钟数据的最快的方式,但是,由于采用了 IOB 寄存器,内部的时序通道可能变得更长,导致内部逻辑的布线延时加长。

Xilinx 建议只在必须满足 I/O 时序时使用 IOB 寄存器。

可选择性地利用 XDC 属性或 TCL 指令把寄存器移进 IOB。

```
set property IOB TRUE [get_cells b1_reg[ * ]]
set property ILOGIC_X0Y341 [get_cells b1_reg[0]]
```

每个寄存器例示的名称可以从综合工具的原理图视图或时序报告中获得。

2）Block RAM 的用法

为了得到 Block RAM 的最佳性能，可利用 IP 库工具的帮助例示存储器，避免使用 Block RAM 存储器的"写之前读"（read before write）模式，

Synplify 和其他第三方综合工具可以插入旁路逻辑防止 RTL 和硬件行为之间可能存在的失配错误。当读和写操作发生在相同的存储器地址时，强制 Block RAM 输出一个已知的数值。当确认不会出现失配错识时，可以不添加这个逻辑以免损害相关属性的性能。

```
attribute syn_ramstayle of mem: signal "no_rw_check"
```

3）时钟使能

利用 HDL 代码对时钟使能的控制，只有当需要时才使用。如果需要低扇出的 CE，可利用单独网线的综合属性来管制信号或模块级的控制信号。

例 5-33

```
always @ (posedge CLK)
    If (CE = `1`)
        Q < = A;
```

例 5-33 的程序中，设计软件会将控制信号 CE 映射到相应的控制端口，但是对于低扇出的时钟使能信号，可以利用替代的编码方法，将控制信号 CE 映射到 LUT 的输入端，而不占用触发器的控制端口，如例 5-34 所示。

例 5-34

```
always @ (posedge CLK)
    Q < = (～CE & A)| (CE & Q);
```

Xilinx 不建议设计异步或不带 CE 的程序，应合理地采用低扇出 CE 的设计。

为了降低整个门控时钟域的功耗，利用时钟使能全局缓冲资源 BUFGCE 和 BUFHCE，对于暂时的小面积上的时钟的应用，可利用寄存器的时钟使能引脚，从而节省布线资源。

5.2 综合优化

大多数为 FPGA 综合的实现工具都为设计者提供了很多优化选项，但是大多数设计者在运用中往往不清楚这些选项的准确功能，以及如何利用这些优化选项来优化一个设计。许多设计者没有完全理解这些优化选项，通常会花费几小时、几天甚至几周时间来进行无尽头的组合，直到似乎找到一个最好的结果。只有少数设计者能恰好达到优化目的，甚至超过已有的方案。因此，对于许多设计者来说，由于缺少基本的理解，大多数优化选项变得无用，也很难开发一个完全的试探法的算法库。

本节介绍综合优化最重要的方面，基于尝试而成功的真实经验，为读者在实现层次提供实际的探索。

5.2.1 速度与面积

大多数综合工具都允许设计者在速度与面积优化之间转换。这似乎是轻而易举的：想要使设计运行得更快，就选择优化速度；想要使设计更小，就选择优化面积。实际上却并不简单，因为一些算法可能产生适得其反的结果，即在要求运行更快之后设计却变得更慢。所以，必须理解速度和面积优化在实际设计中是如何实现的。

在综合层次，速度和面积优化决定了实现 RTL 将要采用的逻辑拓扑。在抽象层次，很难知道 FPGA 有关的物理特性。目前的讨论与布局和布线的互连延时有关。综合工具采用所谓的导线负载模型，基于各种设计准则统计地估计互连延时。在 ASIC 中，设计者是可以理解这点的，但是使用 FPGA 设计时这些是隐藏在幕后的。综合工具最终得到的估计值，常常与实际的结果有显著的不同。由于缺少后端的知识，综合工具主要执行门级优化。在高级 FPGA 设计工具中，基于布局的综合流程会帮助关闭这个环路。

基于综合的门级优化包括状态机编码、并行与交错多路选择、逻辑复制等。作为一般的准则（虽然不总是一定成立），更快的电路要求更高的并行性，相当于使用面积更大的电路，即速度与面积权衡的基本概念。但是，由于存在 FPGA 布局配置的二阶效应，并不总是能获得预期的效果。

直到布局布线完成后，工具才真正知道器件在布局布线过程的困难。但是，实际的逻辑拓扑已经被综合工具提交，因此，如果在综合级致力于优化速度，后端工具将发现器件过于拥挤。当器件过于拥挤，工具将别无选择，而将元件布局到适合的地方，而次优路径会引入更长的延时。实际上设计者常常出于经济的考虑使用尽可能小的 FPGA，导致一般的直观推断：当资源利用率接近 100% 时，在综合级进行速度优化不一定产生更快的设计。事实上，面积优化可以获得更快速的设计。

过分约束设计也会出现问题，如果目标频率设置太高（比最后的速度大 15%~20%），设计可以按次优的方式实现，实际获得较低的最大速度。在实现初期，综合工具基于时序要求产生逻辑结构。如果在初始时序分析阶段，确定设计离达到的时序太远，工具可能提早放弃。但是，如果将约束设置到正确的目标，不高于最后的频率 20%（假设没有对时序进行初始化），逻辑将用达到规定时序的最小面积来实现，在时序收敛期间有更多的灵活性。同时需要注意，由于 FPGA 实现的二阶效应，更小的设计能否改善时序与实际的环境有关。

在 FPGA 设计中，面积优化实际上是对 FPGA 的资源利用率的优化，设计要在各种资源利用之间达到一种平衡，最大限度地发挥器件的性能。尽量使用器件中的专用硬件模块（如 RAM、硬件乘法器），这些硬件资源能够提高设计性能，并且它们已经存在于 FPGA 中，不用就浪费了。如果专用硬件模块不够用，而逻辑单元资源丰富，则可以用逻辑资源去实现这些硬件模块。DSP、I/O 单元中都有专用的触发器资源，应尽量使用，可以提升设计性能，减少可编程逻辑资源的消耗。表 5-1 给出了 Xilinx FPGA 的设计中从设计代码优化和软件设置选择等方面进行速度和面积优化的一些方法。优化设计代码要求深入理解整个设计，每个设计都有独特的地方，对设计进行优化时，需要充分理解设计的特点和需求（例如性能、成本、开发周期等）。而通过软件对设计进行约束和设置，目的是进行编译之后，可以根据编译结果对设计进行分析，找到设计中的真正瓶颈，从而有效地引导后续的优化过程。

表 5-1 速度和面积优化的方法

	速 度 优 化	面积(资源)优化
设计代码优化	对最高工作频率进行优化,最根本、最有效的方法是对设计代码的优化: (1) 编码风格直接影响组合逻辑的级数; (2) 按目标 FPGA 器件的结构特点编写代码 几种速度优化方法: (1) 增加流水线级数; (2) 组合逻辑分割和平衡; (3) 复制高扇出的结点; (4) 状态机仅完成控制逻辑的功能; (5) 模块边界用寄存器	设计代码优化: 设计中最根本、最有效的优化方法是对设计输入(如 HDL 代码)的优化,与编码风格有关,常用的面积优化方法: (1) 模块的时分复用; (2) 改变状态机的编码方式; (3) 改变模块的实现方式
软件设置选择	综合软件中,进行"速度优化"设置; 状态机编码方式,使用 One-Hot; 使用全局信号,全局网络具有高扇出、低抖动等优点,而且可节省布线资源; 展平层次结构,可以使模块边界的时序路径充分优化; 不同的随机数种子,导致编译结果的小幅度变动; 使用逻辑锁定进行局部优化; 利用位置约束、手动布局和反标注来优化设计	逻辑综合对设计实现的结果影响很大,选择合适的综合约束条件和编译选项很重要; 可以设置"资源优化"或"面积优化"相关选项: (1) 较少复制逻辑; (2) 设置资源共享; (3) 状态机编码方式设置; (4) 展平设计的层次结构; (5) 用专用硬件资源(如 DSP 块)代替逻辑单元功能模块; (6) 网表面积优化; (7) 寄存器打包
	最高时钟频率优化: 当一个设计的 I/O 时序满足要求后,就可以优化设计的运行速度,即内部的最高工作频率; 这个最大的时钟频率由关键路径决定	资源重新分配: 专用硬件模块与可编程逻辑资源的平衡; 专用硬件资源间的平衡(如 Xilinx FPGA 中有分布式和 Block RAM,容量不同,适合不同应用目标)

5.2.2 资源共享

在编码风格上,只有在同一个条件语句(if-else 和 case)的不同分支中的算术操作才能资源共享。结构性资源共享可以采用不同功能模块的部分设计通过调整逻辑被重用。在高层次,这类结构可以显著地减少整个面积,如果操作不是互不相容的,可能包含流量的损失。在综合优化层次上,资源共享一般指在寄存器级之间对逻辑进行分组操作。这个较简单的结构可以归结为简单逻辑和经常的算术运算。

支持资源共享的综合引擎将识别互不相容的类似的算术运算,通过调整逻辑来组合这些运算。例如,考虑例 5-35 中的例子。

例 5-35

```
module addshare (
    output    oDat,
    input     iDat1, iDat2, iDat3,
```

```
        input     isel);
        assign    oDat = isel ? iDat1 + iDat2; iDat1 + iDat3;
    endmodule
```

在上面的例子中,输出 oDat 要么被前两个输入之和赋值,要么被第一个和第三个输入之和赋值,这取决于选择位。这个逻辑的直接实现如图 5-14 所示。

在图 5-14 中,两个和是独立计算的,基于输入 iSel 来选择。这是从代码直接映射的,但不是最有效的方法。有经验的设计者将识别出输入 iDat1 是在两个加法运算中使用,用输入端多路选择输入 iDat2 和 iDat3 可以采用单个加法器。

这个结果也可以通过综合提供的资源共享选项获得。资源共享将两个加法操作识别为两个互不相容的事件。取决于选择位的状态(或其他条件运算符),不是这个加法器被更新,就是另一个被更新。综合工具则能够组合这些加法器并实现多路选择器控制输入,如图 5-15 所示。

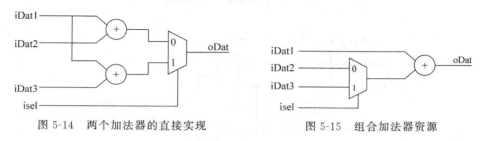

图 5-14　两个加法器的直接实现　　　　　　图 5-15　组合加法器资源

虽然上述实现的最大延时不受资源共享优化的影响,但有些情况资源共享要求在各个路径附加多路选择,可参见例 5-36。

例 5-36

```
    module addshare(
    output          oDat,
    input           iDat1, iDat2, iDat3,
    input  [1:0]    isel);
    assign   oDat = (isel == 0) ? iDat1 + iDat2;
                    (isel == 1) ? iDat1 + iDat3;
                    iDat2 + iDat3;
    endmodule
```

直接的映射将产生如图 5-16 所示的结构。这个实现通过并行结构来产生所有的加法器和选择逻辑。最坏条件的延时是通过一个加法器和一个多路选择的路径。由于资源共享使能,加法器输入如图 5-17 所示被组合。在这个实现中,全部加法器已经减少到带多路选择输入的单个加法器。但是,应注意到关键路径被扩展成三层逻辑,会影响这个路径的时序,使时序不仅与被实现的逻辑规定有关,同时也与 FPGA 的可用资源有关。

当某路径不是关键路径时,智能的综合工具一般将利用资源共享,也就是运算中触发器到触发器的时序路径不是最坏情况。如果综合工具有这个能力,则总会采用资源共享;如果不是,设计者必须分析关键路径,了解该优化是否会增加附加的延时。

如果资源共享被激活,则要验证没有添加延时到关键路径。

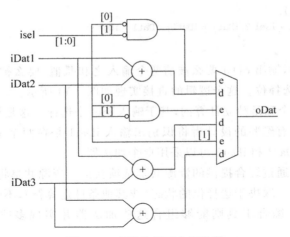

图 5-16 直接映射三个加法器

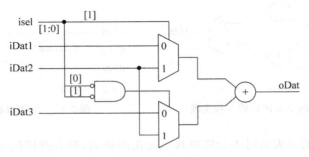

图 5-17 加法器共享时额外的逻辑层次

5.2.3 流水线、重新定时和寄存器平衡

在速度优化的设计中,流水线是一种方法,它在成组的逻辑之间添加寄存器级数,用于增加流量和触发器到触发器的时序。一个好的设计模块通常可以增加附加的寄存器级数流水,只影响总的时滞和小的面积损失。综合对相同结构的流水线、重新定时和寄存器平衡的操作进行选择,但不添加或移去寄存器本身。相反,围绕逻辑移动寄存器的优化可平衡任何两个寄存器级之间延时,从而使最坏条件下的延时最小化。流水线、重新定时和寄存器平衡在手段上是十分类似的,不同的厂商之间也只有细微的改变。图 5-18 从概念上进行了说明。

一般认为流水线起源于最广泛采用的负载平衡的方法,只要流水存储器或乘法器等规则结构可以被综合工具识别,就可以用重新分布逻辑来重新构造。在这个情况下,流水线要求规则的流水存在,并且该流水容易被工具重新组织。例如,例 5-37 中的代码定义一个可参数化的流水线乘法器。

例 5-37

```
module multpipe # (parameter width = 8; parameter depth = 3) (
    output  [2 * width – 1 : 0]    oProd,
    input   [width – 1 : 0]        iIn1, iIn2,
    input                          iClk);
    reg     [2 * width – 1 : 0]    ProdReg [depth – 1 : 0],
```

```
        integer                    I;
        assign    oProd = ProdReg [depth - 1: 0];
        always @ (posedge iClk) begin
            ProdRey[0] <=  iIn1 * iIn2;
            for (i = 1; I < depth; i = i + 1)
                ProdReg[i] <= ProdReg [i - 1];
        end
    endmodule
```

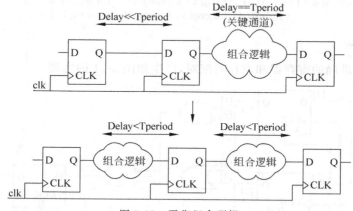

图 5-18　平衡组合逻辑

在例 5-37 的代码中,两个输入简单地相乘在一起,并由 parameter depth 定义的寄存器级寄存。没有自动流水线的直接映射将产生如图 5-19 所示的实现。

在图 5-19 所示的例子中,只有一个寄存器插进乘法器作为输出寄存器(由乘法器模块的数字 1 表示),其余的流水寄存器以不平衡的逻辑保留在输出端。启动流水线,可以把输出寄存器放进乘法器,如图 5-20 所示。符号中的数字 3 表示寄存器有三层内部的流水线。

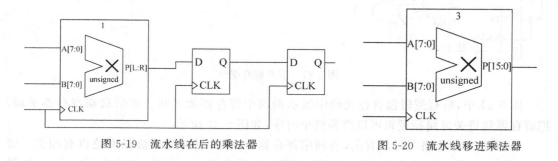

图 5-19　流水线在后的乘法器　　　　　　　图 5-20　流水线移进乘法器

重新定时和寄存器平衡一般指的是更通常的情况,一个触发器围绕逻辑移动,同时对外部世界保持相同的逻辑功能。一般情况通过以下的示例说明。

例 5-38

```
module genpipe (
    output    reg   oProd,
    input     [7: 0]  iIn1,
    input            iReset,
    input            iClk);
```

```
reg      [7:0]  inreg1;

always @ (posedge iClk)
    if (iReset)    begin
        inreg1 <= 0;
        oProd <= 0;
    end
    else        begin
        inreg1 <= iIn1;
        oProd <= (inreg1[0] |inreg[1] & inreg[2] | inreg[3]) &
                 (inreg1[4] |inreg[5] & inreg[6] | inreg[7]);
    end
endmodule
```

综合运行是准确的寄存器和寄存器配对,产生如图 5-21 的实现。

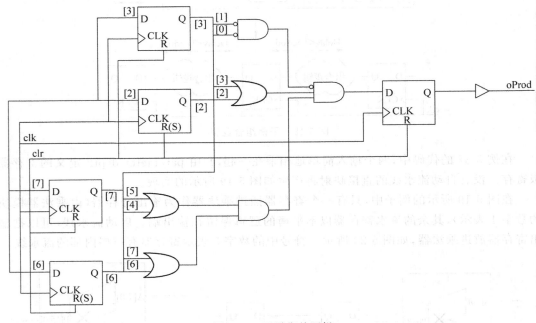

图 5-21　不平衡的逻辑

图 5-21 中,所有逻辑包含在代码中表示的两个寄存器级之间。如果启动寄存器平衡,把寄存器移进关键路径逻辑可以改善整个时序,如图 5-22 所示。

从图 5-22 的线路图可以看出,当利用寄存器平衡时,就时滞或流量而论没有损失。寄存器利用率可能增加或减少取决于应用,运行时间将会扩充。因此,如果为了时序一致,没有必要重新定时,智能的综合工具对非关键路径不执行这些操作。

寄存器平衡不应该应用于非关键路径。

1. 复位对寄存器平衡的影响

当有许多其他优化时,复位可能直接影响综合工具利用寄存器平衡的能力。如果要求用两个触发器组合来平衡逻辑负载,这两个触发器必须有相同的复位状态。例如,一个是同步复位,另一个是异步复位,或者一个是置位,另一个是复位,则二者是不能组合的,寄存器平衡不会有效。如果实际中存在这种情况,实现时应避免图 5-21 所示的连线(第 2 位和

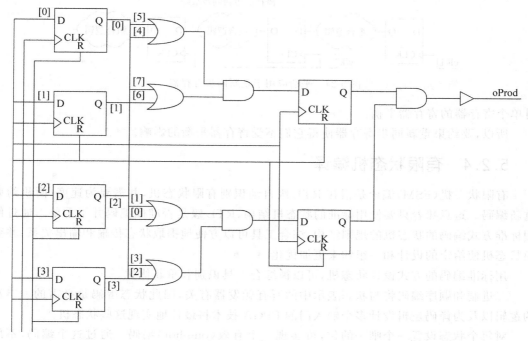

图 5-22 平衡的逻辑

第 6 位触发器置位端口接到置位端 S)。在这个实现中,驱动逻辑门的寄存器初始化为交替的 1-0-1-0 模式,可防止任意的寄存器平衡或由于不兼容的寄存器类型的重新组合。新式的综合工具可以分析路径,并通过相应的触发器输入和触发器输出一起反转复位类型从而改善整个时序。但是,该操作会引入延时从而打破寄存器平衡。综合工具使用直接映射并不会提供显著的优化效果。

所以,带有不同复位类型的相邻触发器可以阻止寄存器平衡发生。

2. 重新同步寄存器

寄存器平衡会在信号重新同步的区域引入问题。为了重新同步一个来自 FPGA 外部或另一个时钟域的异步信号可以采用双触发器的方法,如图 5-23 所示。双触发器的方法将在"同步设计中的异步问题"一节中详细讨论。

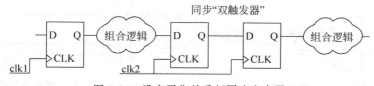

图 5-23 没有平衡的重新同步寄存器

如果启动寄存器平衡,跟随重新同步寄存器的逻辑可能推到这些寄存器之间,如图 5-24 所示。

通常不希望对潜在的准稳态信号执行任何逻辑操作,并且要提供尽可能多的时间使信号变成稳定,所以保证寄存器平衡不影响这些专门的电路十分重要。如果启动寄存器平衡,必须分析这些电路以保证对重新同步不存在影响。大多数综合工具有此能力限制设计防止

潜在的重新同步故障

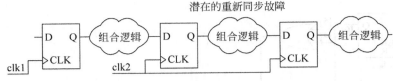

图 5-24　平衡应用于重新同步寄存器

对单个寄存器的寄存器平衡。

所以,要约束重新同步寄存器使得它们不受寄存器平衡的影响。

5.2.4　有限状态机编译

有限状态机(FSM)编译是指在 RTL 级自动识别有限状态机,并需要为速度/面积约束重新编码。这意味着只要使用标准的状态机结构,RTL 级是否准确编码并不重要。通过使用标准方式编码的状态机的规则结构,综合工具可以方便地提取状态传输和输出关系,并变换状态机使给定的设计和一组约束更加优化。

用标准编码的方式设计状态机,可以被综合工具识别和重新优化。

二进制和顺序编码将与状态表示中的所有触发器有关,因此状态解码是必需的。丰富的逻辑以及为译码逻辑设计多个输入门的 FPGA 技术将最佳地实现这些状态机。

对每个状态设置一个唯一的位,可实现一个有效(one-hot)编码。通过这个编码,不用使用状态译码,状态机通常运行更快。缺点是一个有效(one-hot)编码一般要求更多的寄存器。通常使用格雷码替代一个有效(one-hot)编码,因为其具有两个特点:① 异步输出;② 低功率器件。

如果状态机的输出或者状态机操作的任何逻辑是异步的,通常最好使用格雷码。由于异步电路不能防止竞争条件和毛刺,因此在状态寄存器中两位之间的路径不同可能引起不可预测的行为,并且该行为与布局配置和寄生参数有关。考虑图 5-25 所示的 Moore 机的编码输出。在这个例子中,单个位被清除和单个位被置位的地方将发生状态转移事件,因而产生潜在的竞争条件。说明该情形的波形表示如图 5-26 所示。

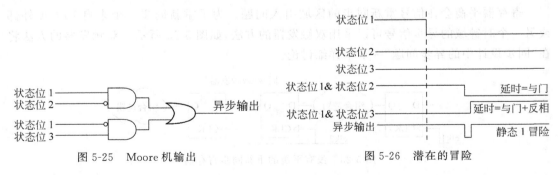

图 5-25　Moore 机输出　　　　　　图 5-26　潜在的冒险

该问题的一个解决办法是采用格雷码。格雷码的任何转换只经历一个单个位的改变。在分析编码方案的结构之后,我们就能理解格雷码可以用来安全地驱动异步输出。为了构造格雷码,采用如下描述的镜像添加序列。

(1) 用一个"0"和一个"1"垂直排列开始。

(2) 镜像从底部数字开始编码。

（3）添加"0"到代码的上半部（在镜像操作中这段被复制）。

（4）添加"1"到代码的下半部（在镜像操作中这段被产生）。

这个序列在图5-24中说明。如在图5-27中可以看到，格雷码对每次状态转换只经历一个单个位的反转，因此消除在异步逻辑内的竞争条件。

所以，当驱动异步输出时使用格雷码。

除了上述情形外，FPGA设计最好选择一个有效编码。因为FPGA有丰富的寄存器，不要求译码逻辑，通常也更快。因此，大多数状态机将用一个有效编码替代，所以为了减少运行时间，建议用一个有效编码设计所有的状态机。

大多数状态机编译器会去除无用的状态，并且智能到足以检测和去除不可达到的

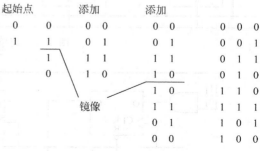

图 5-27 产生格雷码

状态。对于大多数应用，这对优化速度和减少面积非常有帮助。要求保留不可达到的状态的主要应用是航空、军事或航天等领域要求的高可靠电路。由于几何尺寸极小，太阳系或核事件辐射的粒子可能引起触发器自发地改变状态。如果发生这种情况，在对人类生命有重要影响的电路中，确保寄存器状态的任何组合能够快速恢复路径十分重要。如果有限状态机中的状态没有被完全考虑，则可能把电路推进不可恢复的状态。因此，综合工具有"安全模式"来覆盖所有的状态，甚至能覆盖通过正常的操作不可达到的状态。

例5-39模块包含一个简单的有限状态机，在复位之后连续地顺序通过三个状态，模块的输出即状态本身。

例5-39

```
module safesm(
        output   [1;0]  oCtrl,
        input           iClk, iReset);
        reg      [1:0]  state;
//将状态赋值给oCtrl
        assign oCtrl = state;
        parameters   STATE0 = 0,
                     STATE1 = 1,
                     STATE2 = 2,
                     STATE3 = 3,
    Always @ (posedge iClk)
        If (!iReset)state = STATE0;
        else    case(state)
                STATE0:state < = STATE1;
                STATE1:state < = STATE2;
                STATE2:state < = STATE0;
                endcase
        endmodule
```

可通过如图5-28所示的移位寄存器简单地实现。注意到，如果位1和位2同时被错误地设置，这个错误将持续地循环，直到下一次复位才产生一个正确的输出。但是，如果启动安全模式，该事件会引起一个立即的复位，如图5-29所示。

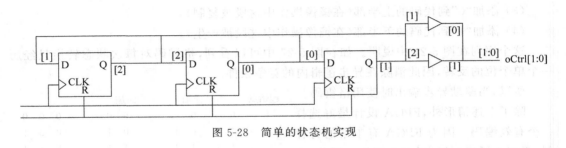

图 5-28 简单的状态机实现

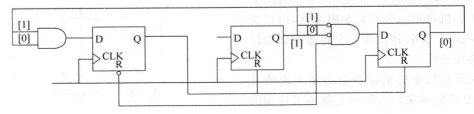

图 5-29 用安全模式状态机实现

对于图 5-29 的实现,附加逻辑将检测不正确的状态,并迫使状态寄存器回到复位值。

5.3 数字系统的同步设计

数字系统由分层嵌套的有限状态机构成,而有限状态机在时钟信号的控制下才能发生状态的变化,所以同步设计成为数字系统设计遵循的主要设计原则。

5.3.1 同步设计基本原理

数字系统的输入时钟是周期信号,它控制同步器件中的全部时序特性。正时钟脉冲的脉冲上升沿形成由 0 到 1 的瞬时转换,而负时钟脉冲的瞬时转换是 1 到 0 的下降沿。图 5-30(a)和图 5-30(b)分别表示上升沿和下降沿触发寄存器的时序关系,寄存器的数据输入是 D,数据输出是 Q,定义时钟 Clock 到 Q 端的时间为 t_{CO},它是寄存器固有的时钟输出延时。

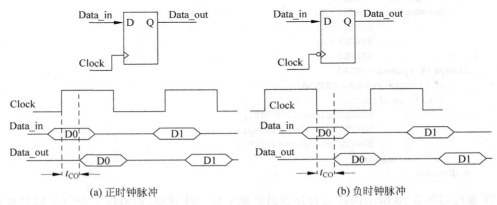

图 5-30 正负时钟脉冲

通过用统一的时钟控制一系列的逻辑门和寄存器等实现对数字系统的操作,称为同步逻辑。

同步逻辑保证所有的寄存器在同一时刻翻转,能够提高系统的整体性能,同步电路的分析也相对容易。为了保证时钟信号到达每个寄存器的延时一致,图 5-31 所示的典型时钟分配网络提供高速低偏移的时钟分配,分配时钟信号必须考虑以下几点:

(1) 从参考时钟到存储元件只允许一个路径存在;

(2) 不主张利用时钟分频器;

(3) 不允许时钟信号的任何逻辑组合;

(4) 只有在无竞争冒险的方式下选通时钟信号。

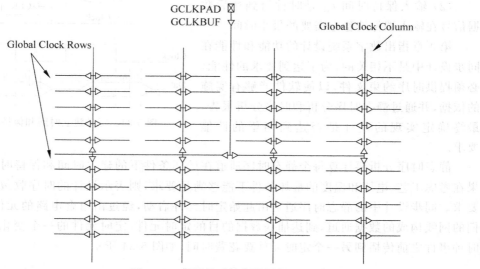

图 5-31　典型的时钟分配网络

包括触发器和逻辑门等在内,所有的逻辑器件都有一定的响应时间,任何器件在输入和输出之间都有一定的传输延时,同时由于多个门电路连接在一起,因此导致延时进一步增大。同步时序分析就是分析同步电路中的多种延时是如何组合的,以及对整个系统运行速度的影响。

在系统实现之前,综合过程利用的任何延时数值只是一个估计,元件产生延时的四个来源如图 5-32 所示:由输入信号上升和下降时间确定的转换率;门电路固有的 RC 负载确定的门延时;通过引线的传播延时和门电路驱动的 RC 负载延时;扇出负载增加了驱动器必须放电和充电的电容。这些部件产生的延时分量是系统进行时序分析的基础。

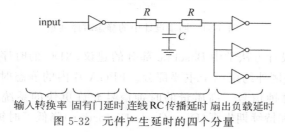

输入转换率　固有门延时　连线 RC 传播延时　扇出负载延时

图 5-32　元件产生延时的四个分量

时钟将时间分成离散的时间间隔,每个间隔是单个时钟周期的持续期。从时序分析的角度来看,由于每个上升沿触发一个新的状态,每一个时钟周期等同于上一个时钟周期,因此同步时序分析就是考虑相继上升沿之间的一个时钟周期内电路的延时。

5.3.2 建立和保持时间

除去前面提到的触发器输出相对于时钟沿的延时时间 t_{CO} 之外,时序分析的基本参数还有输入建立时间 t_{su} 和输入保持时间 t_H,如图 5-33 所示。

（1）输入建立时间 t_{su} 是时钟沿到来前数据信号在输入端达到稳定需要的最小时间;

（2）输入保持时间 t_H 是时钟沿到达后数据信号在输入端保持稳定需要的最小时间。

第 4 章指出数字系统设计的功能和性能在同步设计中是不相关的,为了达到要求的性能,必须提供时序约束文件,以使软件能够有实施的依据,并通过静态时序分析和时序分析报告,最终确定实现的设计是否达到期望的性能要求。

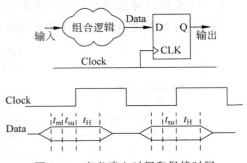

图 5-33 定义建立时间和保持时间

静态时序分析要计算每个静态时序通道在最坏条件下的建立时间和保持时间裕量,如果在考虑工艺、电压和温度的最坏条件下能够满足要求,则表示设计的时序收敛,达到性能要求。同步设计中的静态时序通道由起始定时元件启动,经过由组合电路的元件和连接它们的网线构成的数据通道,到达捕获数据的目的定时元件,定时元件的一个变化,在下一个时钟事件之前传播到另一个定时元件要花费时间,如图 5-34 所示。

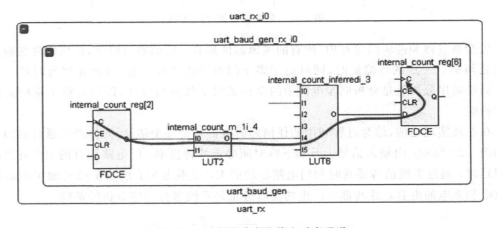

图 5-34 同步设计中的静态时序通道

按照 UltraFast 设计方法学中 Baseline 部分的建议,XDC 的时序约束包括首要的时钟约束、I/O 约束和时序例外约束三个主要部分。FPGA 片内的静态时序通道受到时钟周期的约束,所以要设置时钟信号。高质量的时钟信号允许更快的系统运行速度。但是抖动（jitter）、偏移（skew）和持续期失真（Dute Cycle Distortion）降低了时钟的质量。

1）时钟偏移

时钟信号的偏移是由时钟信号到达寄存器的时间不同而引起的，时钟的偏移造成电路的建立时间和保持时间被打破，对系统的影响是数据错误和输入/输出的时序容限减少。

前面对系统最高工作频率的推算是在假设源和目的触发器由同一时钟信号控制的条件下，但是各个触发器在时序上仍会存在一定的偏差，引线延时的差别是导致偏差的主要原因。

时钟偏移是在多个输入时钟沿之间的时序差，但是单个时钟源驱动许多个负载时也引起时钟偏移，此时需要多个时钟驱动器，每个驱动器之间电气特性会有小的变化，从而导致时钟偏移，并造成同步电路工作频率降低。

2）时钟抖动

时钟信号的抖动是由时域的噪声信号引起的，抖动造成数字电路时序的预定容限的减少以及数据位的变形，破坏了电路的技术条件，对系统的影响是带宽减小、元件失效。

与时钟偏移一样，时钟抖动也使输入建立时间和保持时间的分析变坏，在确定电路实际的运行裕度时，必须从时间裕度的计算中减去时钟抖动。当运行频率增加时，时钟抖动因为占时钟周期和触发器时序要求的比例增大而变得更为严重。时钟抖动的要求是变化的，十分敏感的系统要求高质量的时钟电路来减少时钟抖动。

3）持续期失真

时钟信号的持续期失真是指时钟信号的脉冲宽度的减少，以致时钟沿失去效用，造成电路无法对数据进行捕获，对系统的影响同样是数据错误和输入/输出的时序容限减少，关键的问题是数据是否在两个沿上读取。

1. 静态时序通道的建立和保持时间校验

同步电路设计中，静态时序通道的起始寄存器开始启动数据发送的时钟沿称为启动（launch）沿，目的寄存器"捕获"数据的时钟沿称为捕获（capture）沿。如图 5-35 所示，在进行建立时间的校验时，起始定时元件的启动沿与目的定时元件的捕获沿相差一个时钟周期。而且考虑主时钟信号从时钟输入引脚分别到起始和目的定时元件路径上不同的延时和偏移，所以要计算三条路径上的延时。其中，源时钟延时（Source Clock Delay）是从时钟输入端口到起始定时元件路径上的延时；数据通道延时（Data Path Delay）是起始和目的定时元件之间组合电路产生的延时；目的时钟延时（Destination Clock Delay）是从时钟输入端口到目的定时元件路径上的延时。

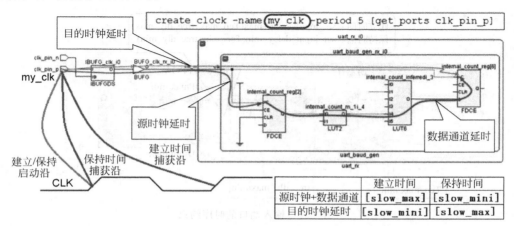

图 5-35　建立和保持时间的三条路径延时

源时钟延时和数据通道延时之和称为数据的到达时间（Arrival Time），建立时间校验时取两条路径上受工艺、电压和温度等参数影响产生延时的最大值（slow_max），目的时钟延时加上建立时间起始沿和捕获沿间隔的一个时钟周期为数据的要求时间（Required Time），此路径上的延时要取最小值（slow_min），如果最小值的要求时间减去最大值的到达时间得到的建立时间裕量合格，则能够保证其他好于最坏情况的建立时间裕量也合格。

静态时序通道的建立时间的时序报告实例见第 4 章图 4-70"时序摘要报告"。

所以时序裕量（Slack）表示设计是否满足时序要求，正值表示满足时序要求，负值表示不满足时序要求。

建立时间的时序裕量为

Setup Slack ＝Smallest Data Required Time － Largest Data Arrival Time

对保持时间校验，起始定时元件的启动沿与目的定时元件的捕获沿是同一个沿。源时钟延时和数据通道延时得到的到达时间要取路径上延时的最小值，目的时钟延时要取路径上延时的最大值，保持时间的裕量是最小值的到达时间减去最大值的要求时间。

保持时间的时序裕量为

Hold Slack ＝ Smallest Data Arrival Time － Largest Data Required Time

同步电路设计中，如果保持时间的裕量不合格，设计在硬件中不可能运行起来，但是建立时间裕量不合格，设计在硬件中有可能降频运行起来，但是达不到要求的运行速度。

在 Vivado 设计软件中，默认认为所有的时钟是相互有关的，不管源时钟和目的时钟是如何定义的，默认要对所有静态时序通道进行建立和保持时间的校验。因此要通过约束告知软件哪些是无关的时钟可以不做分析。对于不同时钟的起始沿和捕获沿，要取两个沿最紧的一对，一旦确定执行建立时间检验，对于保持时间也取两个沿最紧的一对做校验。

2. 输入和输出端口的建立和保持时间校验

输入端口的静态数据通道起始定时元件在 FPGA 外部，要计及外部定时元件的 Tco 和外部路径上的延时 Trce_delay，后者是数据通道的一部分，如图 5-36 所示，利用 TCL 指令 set_input_delay 设置外部上游器件到输入端口的延时，对建立时间的校验，Tco 和 trce_delay 都要取最大值，而对保持时间的校验，二者要取最小值。

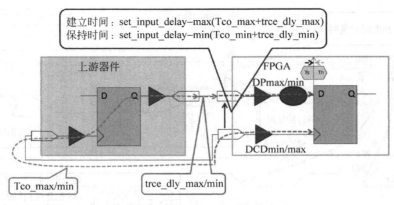

图 5-36　输入端口的时序约束

与输出端口有关的静态数据通道目的定时元件在 FPGA 外部,要计及外部定时元件的建立时间 Tsu 和保持时间 Thd,以及数据通道一部分的外部路径上的延时 Trce_delay,如图 5-37 所示,利用 TCL 指令 set_output_delay 设置外部输出端口到下游器件的延时,对建立时间的校验,取下游器件的 Tsu 和 trce_delay 最大值,而对保持时间的校验,取下游器件的 Thd 和外部 trce_delay 最小值。

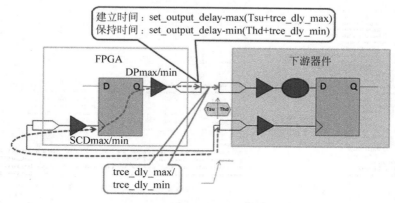

图 5-37 输出端口的时序约束

在输出端口的约束中,-min 后出现负数值,表示最小的延迟情况下,数据是在时钟采样沿之后还能保持的时间。同样地,-max 后的正数,表示最大的延迟情况下,数据是在时钟采样沿之前就到达的时间。

对于输入和输出端口的上游和下游器件的驱动时钟有两种情况,一种是上下游外部器件利用与 FPGA 相同的系统时钟,称为系统同步;另一种是时钟信号和数据一起同步输送到 FPGA,板卡上的引线延时可以视为 0,称为源同步。

在源同步的情况下,与数据同步传输的时钟信号到达 FPGA 后,可以直接驱动 I/O 端口的寄存器,或者经过 MMCM 进行频率的变换之后再驱动寄存器。

系统同步接口(System Synchronous Interface)的构建相对容易,以输入端口为例,上游器件仅传递数据信号到 FPGA 中,时钟信号则由系统主时钟来同步。同源的时钟信号在板卡的引线延时也要对准,数据传递的性能受到时钟在板卡上的引线延时和偏移以及数据路径延时的双重限制,无法达到更高速的设计要求,所以大部分情况也仅仅应用 SDR 方式。

为了改进系统同步接口中时钟频率受限的问题,设计了一种针对高速 I/O 的同步时序接口,在发送端将数据和时钟同步传输,在接收端用时钟沿脉冲来对数据进行锁存,重新使数据与时钟同步,这种电路就是源同步接口电路(Source Synchronous Interface)。

源同步接口最大的优点就是大大提升了总线的速度,理论上信号的传送可以不受传输延迟的影响,所以源同步接口也经常应用 DDR 方式,在相同时钟频率下提供双倍于 SDR 接口的数据带宽。

源同步接口的约束设置相对复杂,首先是因为有 SDR、DDR、中心对齐(Center Aligned)和边沿对齐(Edge Aligned)等多种方式;其次可以根据客观已知条件,选用与系统同步接口类似的系统级视角的方式,或是用源同步视角的方式来设置约束。

Vivado 设计软件提供对不同情境下规定 I/O 时序约束的 XDC 模板(XDC

Templates),如图 5-38 所示(由 Tools→Language Templates→XDC→timing Constraints)。

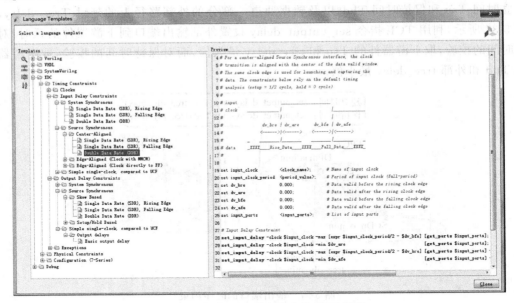

图 5-38　规定 I/O 时序约束的 XDC 模板

XDC 模板给出了 set_input_delay 和 set_output_delay 指令中延时数值计算利用的参数和公式。除前面用到的参数之外,对于源同步中心对准的情况,已知条件是数据相对于时钟沿的有效窗口值,下降沿分别为 dv_bfe(data valid_before fall edge)和 dv_afe(data valid_after fall edge)等;源同步沿对准时,已知条件是数据相对于时钟上升沿和下降沿的偏移,上升沿分别为 bre_skew(before rise edge_skew)和 afe_skew(after fall edge_skew)等。按照 XDC 模板给出的所要求的延时参数,再利用列出的公式可以计算出各种情况下到输入和输出端口的最大和最小延时数值,最大值为建立时间校验,最小值为保持时间校验。

注意时序约束中,默认的是-max 和 rise edge,而-min 和 fall edge 必须标注,对于多个时序约束的语句,后加的要添加-add_delay 说明,防止后者覆盖前者。

5.3.3　时序例外约束

时序约束对设计的编译过程有重要的影响,布局布线工具要对最差的时序路径花费最多的努力,以使其满足约束的要求,如果经过努力,仍有达不到约束要求的路径,综合工具将以红色告警给予提示。时序约束一般包括内部和 I/O 时序约束,以及最大和最小时序约束。

时序约束的设置考虑通常是先全局,后局部。首先制定设计项目中普遍适用的全局性的时序约束要求,然后对特殊的结点、路径或分组指定局部性的时序约束要求,如果局部性的时序约束要求与全局性的时序约束要求有冲突,则局部性的时序约束要求的优先级更高。

1. 多时钟域约束

在一个设计中可以存在多个工作时钟。

(1) 独立时钟(Absolute Clock):要指定独立时钟的 f_{max} 和占空比。

(2) 衍生时钟(Derived Clock):由独立时钟派生出来的时钟,通过独立时钟信号进行分频、倍频、占空比调整、偏移和反相等操作而生成的时钟信号。

2．多周期路径约束

多周期路径是指数据稳定时间需要一个时钟周期以上的路径。例如一个寄存器需要每2个或每3个时钟周期锁存一次数据，对建立时间设置多周期数 m，则对保持时间设置的多周期数（m－1），是为了将捕获沿与起始沿对齐。

第 4 章的 uart_led 的例子中，设置了多周期约束为

```
set_multicycle_path – setup – from[get_pins led_ctl_i0/led_o_reg * /C] – to [get_ports led_
pins * ] 2
set_multicycle_path – hold – from[get_pins led_ctl_i0/led_o_reg * /C] – to [get_ports led_
pins * ] 1
```

3．伪路径约束

伪路径是指不必关心其时序的路径。用户可以通过各种方法（例如软件设置、附加约束）将伪路径排除在时序分析之外。

伪路径时序例外约束 set_false_path 在时序约束中具有最高的特权。

4．最大延时和最小延时

要对所有的静态时序通道进行建立和保持时间的校验，校验的要求由时钟之间的关系决定，应利用起始沿和捕获沿导致的最紧要求。在某些情况中，对于通道的默认要求不一定是正确的，例如不同时钟域之间的通道，为避免准稳态而使用的触发器之间的通道，是从输入端口直接到输出端口不经过任何定时元件的逻辑通道。在这些情况下，对建立和保持校验的要求需要利用 set_max_delay 和 set_min_delay 指令重写并应用于完全的静态时序通道。

建立时间校验可以利用 set_max_delay 重写，保持时间校验可以利用 set_min_delay 重写。例如，为避免准稳态的单比特同步器中，图 5-39（b）中的双触发器通道 2 时序约束重写为

```
set_max_delay – from [get_cells REGB0] – to [get_cells REGb1] 2
```

设置一个小的最大值，保证两个触发器映射到一个 Slice 中，延长平均无故障时间。

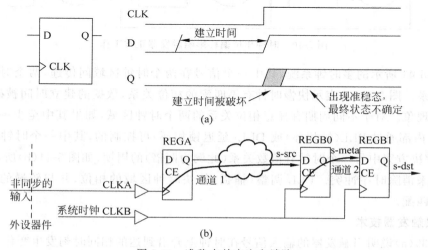

图 5-39　准稳态的产生和消除

图 5-39(b)中的不同时钟域之间的通道 1 时序约束重写为

```
set_max_delay – from [get_cells REGA] – to [get_cells REGB0] 5 – datapath_only]
```

对于从输入端口 CombIn 到输出端口 CombOut 之间无定时元件的组合通道重写为

```
set_max_delay – from [get_ports CombIn] – to [get_ports CombOut] 8
```

5.3.4 同步设计中的异步问题

在对 FPGA 进行同步设计时,如何保证系统的时钟信号不产生相位偏移,从而使系统能够正常工作是至关重要的。同步设计要遵循的一个重要准则是不要通过组合逻辑电路来产生时钟信号以及异步的置位和复位信号,否则就会带来异步设计的一系列问题。例如,一个曾经通过实际电路调试的设计,在重新布线以后又不能工作了,或者一个通过时序仿真测试的设计,却不能通过实际电路的调试等。

此外,许多系统要求在一个设计中采用多个时钟,在时钟系统中,两个时钟信号之间要求一定的建立和保持时间,所以在应用中要对时钟信号引入附加的时序约束条件,也会要求对一些异步信号进行同步。两个异步微处理器之间的接口或微处理器与异步通信通道之间的接口都是多时钟系统的例子。

下面介绍一些消除同步设计中引起异步问题的方法。

1. 相位控制的方法

如图 5-40 所示的移位寄存器,因为存在时钟的相位偏移所以不能正常工作,在 FPGA 中要利用全局的时钟缓冲器,避免时钟相位偏移的出现,确保能满足触发器保持时间的要求,使系统正常工作。

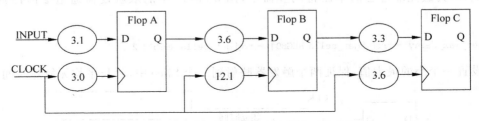

图 5-40   时钟相位偏移影响触发器正常工作

如图 5-41 所示的多时钟系统,其中一个信号在两个时钟区域间传递,两个时钟有一定的倍数关系。图 5-41(a)表示快慢时钟有不匹配的相位关系,数据的建立时间被破坏,出现准稳态的现象。对于不同周期有任意相位关系的两个时钟区域,如果其中至少一个时钟是在 FPGA 内部通过 PLL(锁相环)或 DLL(延迟锁相环)可控制的,其中一个时钟与在 PLL 或 DLL 解决方案中另一个时钟有倍数关系(此例为两倍)的周期,如图 5-41(b)所示,相位匹配可以用来消除时序冲突。PLL 调整(捕捉)较快时钟区域的相位,并与较慢的时钟区域(传送)相匹配。

2. 双触发器技术

图 5-39(a)说明当触发器的输入信号在时钟上升沿到达的相同时刻发生变化,触发器的

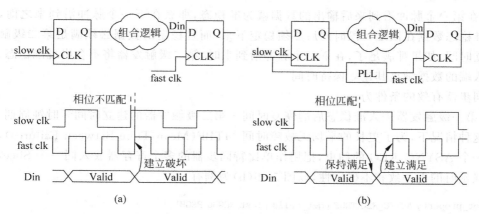

图 5-41 相位控制方法消除准稳态

建立时间被破坏,此时可能出现准稳态或称为亚稳态,FPGA 可以从准稳态很快恢复,但是最终状态可能取得其中间值。

在两个异步时钟区域之间,双触发技术是一项可以用于单比特信号传输的技术。由于建立或保持的时序冲突可以引起触发器中的一个结点变到准稳态。在信号稳定于有效电平之前,会有一个不确定数量的逗留时间存在。这个逗留时间会附加于时钟到输出(T_{co})时间(同时连接到路径的传播延迟)之上,并且可能会在下一级中引起时序冲突。如果这个信号被传入控制分支或判决树中,它就会变得极其危险。不幸的是,既没有好办法预测准稳态会持续多长时间,同样,也没有好办法将这个信息返回注释到时序分析和优化工具。假定两个时钟区域是完全异步的(不可能用相位控制),一个减小准稳态发生概率的简单的方法是使用双触发技术。

为了避免准稳态的出现,使外设器件的异步输入电路也能安全地工作,可以用图 5-39(b) 所示的方法进行同步,在非同步输入的触发器后增加一个触发器,将非同步输入变为同步输入,确保不产生准稳态,使系统正常工作。即双倍同步一个异步的信号到新的时钟域,在采样异步信号 s_src 之后,s_meta 很大概率为准稳态,第二次采样使 s_dst 以十分低的概率成为准稳态,Verilog 程序为:

```
always @(posedge clk_dst)
begin
    if (rst_dst)
    begin
        signal_meta <= 1`b0;
        signal_dst <= 1`b0;
    end
    else
    begin
        signal_meta <= signal_src;
        signal_dst <= signal_meta;
    end
end
```

双触发器可防止准稳态传播的原理为:假设第一级触发器的输入不满足其建立保持时

间,它在第一个脉冲沿到来后输出的数据就为准稳态,那么在下一个脉冲沿到来之前,其输出的准稳态数据在恢复一段时间后必须稳定下来,而且稳定的数据必须满足第二级触发器的建立时间,如果都满足了,在下一个脉冲沿到来时,第二级触发器将不会出现准稳态,因为其输入端的数据满足其建立保持时间。

同步器有效的条件为:

第一级触发器进入准稳态后的恢复时间＋第二级触发器的建立时间≤时钟周期

这种情况下,为了更长的平均无故障时间 MTBF(Mean Time Between Failures),需要配合一个 ASYNC_REG 的约束,把用作单比特同步器的多个寄存器放入同一个 Slice,以降低引线延时的不一致和不确定性,以图 5-39(b)为例有

```
set_property ASYNC_REG TRUE [get_cells [list REGB0 REGB1]]
```

或者利用 5.3.3 节的最大延时和最小延时,设置双触发器的数据通道路径的延时尽可能小,保证被软件推论映射到一个 Slice 中,加大平均无故障时间来避免准稳态,即 set_max_delay_from[get_cells REGB0]_to[get_cells REGB1]2。

3. 异步数据传输——FIFO 结构

在异步时钟域之间传递信号更灵活的方式是通过先进先出(FIFO)的方式。当在异步时钟域之间传递多位信号时可以利用 FIFO。FIFO 最通常的应用包括在标准总线接口之间传递数据和读写突发存储器。FIFO 是各种应用中十分有用的数据结构,利用 FIFO 也是解决许多类型的数据传输最好的方法之一。数据可能在一个时钟域以随机的时间间隔到达,可能包含大的突发量。在这个情况中,接收器设置在不同的时钟域上,只可以处理特定速率的数据。发生在器件内部形成的队列以 FIFO 的方式进行存取,如图 5-42 所示。

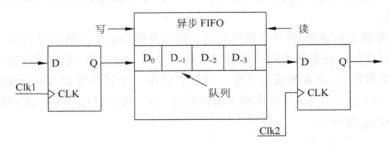

图 5-42　异步 FIFO

使用异步 FIFO,数据可以在任意时间间隔在发送端运送,接收端把数据推出队列,因为它有处理数据的带宽。由于使用 FIFO 实现有限尺寸的任意队列,需要一定的控制来适当地防止溢出。因此要预先设置 FIFO 的深度和 FIFO 的握手控制,包括发送速率的先验知识(突发或不突发)、最小的接收速率和相应的最大队列尺寸。

4. 应用时钟使能信号

同步设计中可以采用时钟使能信号来保证系统时序的同步和正确。图 5-43(a)说明如何产生一个与系统时钟完全同步的时钟使能信号来代替输入信号,但是要求输入信号的宽度一定要大于一个时钟的宽度。

如果数字系统的设计需要用到多个时钟,时钟使能信号能保持一个设计的同步,如图 5-43(b)中虚线框部分所示,可用一个时钟作为主时钟,并由它来驱动其他时钟。典型的

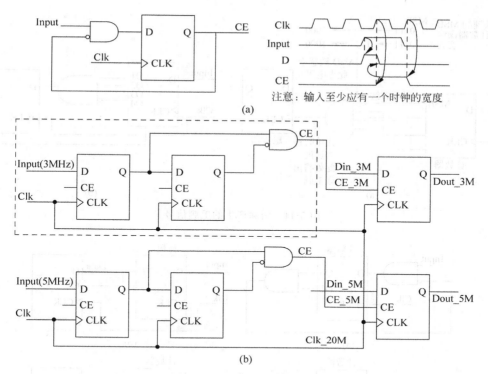

图 5-43 生成时钟使能信号

FPGA 的延时,50％由布线引起,50％由逻辑引起。不要忘记时钟输出和时钟建立的时间。上面提到的一些同步设计的方法,在采用硬件描述语言 HDL 设计数字系统时,也是应遵从的。

在许多应用中只将异步信号同步化还是不够的,当系统中有两个或两个以上不同信源的时钟时,数据的建立和保持时间很难得到保证,时序分析也变得十分复杂。解决的办法是同步不同信源的时钟,需要利用带使能端的 D 触发器,以及引入一个高频率时钟来实现不同信源时钟的同步。如图 5-43(b)所示,图中 Input 信号为不同信源的时钟(此例为 3MHz 和 5MHz),Clk 为 20MHz 或更高的系统时钟频率,同步后的 3MHz 和 5MHz 使能信号输入数据输入寄存器的使能端,输出数据就与系统时钟频率同步。

5. 消除组合电路毛刺

组合电路产生的毛刺脉冲也是数字系统不能正常工作的原因之一,图 5-44(a)给出一个产生毛刺脉冲的例子,并说明了毛刺脉冲产生的原因,因为电路的最高位布线最短,计数从 0111 到 1000 时,最高位先于其他位发生翻转,变成从 0111 经过 1111 再到达 1000,使与门动作产生毛刺脉冲。采用图 5-44(b)的电路,可以避免产生毛刺脉冲,使系统稳定地同步系统的时钟。

图 5-45 以对比的方式说明同步设计的方法,图 5-45(a)和图 5-45(b)是同步设计的好的示例,它们分别克服了图 5-45(c)和图 5-45(d)中异步设计的缺点。图 5-45(b)也是利用时钟使能的示例。

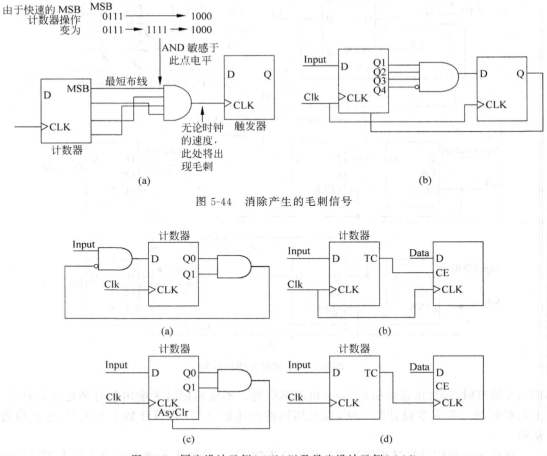

图 5-44　消除产生的毛刺信号

图 5-45　同步设计示例(a)(b)以及异步设计示例(c)(d)

5.4　数字系统的综合

5.4.1　数字系统综合概述

通过 1.2 节对数字系统的层次化结构进行分析之后,本节再来讨论数字系统设计的综合方法。按照层次化的概念,数字系统的集成电路设计过程定义为从硬件的高层次抽象描述向低层次物理描述的一系列转换过程,利用计算机辅助设计的自动化工具,将一个层次的描述形式转换为另一个层次的描述形式,这个过程称为自动综合,简称为综合。

如图 1-1 的电子设计的 Y 图所示,构成数字系统的集成电路可以在不同的级别(或层次)上研究,自底层向上将其分为电路级、逻辑级、寄存器传输级、算法级和系统级。设计从底部的电路级开始时,复杂度随设计的最终完成而不断地增加。集成数字系统的芯片性能取决于每一级单独的特性和各个级别链接在一起的方式。

系统级集成芯片的设计常采用自顶而下的设计方法,用硬件描述语言(HDL)在行为级进行描述,再通过编译器将 HDL 描述的设计表示转换成对系统级综合更有用的内部表示,内部表示通常是图和语法树,但绝大多数系统级综合利用数据流图或控制流图。

广义地说,由行为描述变换到结构描述的过程称为数字系统的设计综合。为了定义和区分综合的类型,可以由三部分组成的设计表示来说明,如图 1-1 所示。这三部分设计表示描述三个不同的范畴,如同前面在介绍反相器设计中所提到的,它们分别是行为域、结构域和物理域。

在所描述的范畴内,由顶向下是构成系统的不同级别或层次,由底向上移动时,随着系统构成的升级,各级别的设计描述变得越来越抽象。设计工具可以表示为在两个范畴或两个域之间所要做的转换,由所要完成的转换可以说明每个工具利用什么信息和使用这个设计工具产生什么信息。

综合工具可以把所设计电路的高层次描述自动地转换为低层次的描述,也可以把同一层次的行为描述自动地转换为该层次的结构描述。由综合器完成的这些转换,类似于软件开发时,利用编译器把高级语言编写的程序转换为可执行的机器代码。

数字系统的设计描述从行为域变换到结构域在不同设计层次的综合过程分别是:
(1) 系统级:系统级综合。
(2) 算法级:算法综合+高级综合。
(3) 寄存器传输级(微结构级):RTL 综合。
(4) 逻辑级:逻辑综合。
(5) 电路级:版图综合(物理域)。

如上所述,"综合"的术语用来定义把一个数字系统从行为描述技术条件到硬件实现结构设计的过程。通常来说,技术条件包含一定形式的抽象,即对一些设计判决没有进行限制;另外,硬件实现必须在给定的抽象级别上详细地描述完整的结构设计。因此,综合可以看作产生技术条件之外所留下的硬件实现细节的处理过程。例如,微处理器的纯粹行为描述可能只规定在一般的指令周期应该做什么,而把是否应该利用中央总线、采用什么技术实现控制功能、应该支持多少并行性等问题留待综合过程去处理。

由于数字系统的复杂性,特别是在 VLSI 工艺中实现它们时,综合过程通常分成几个步骤来完成,这些步骤包括系统级综合、算法综合和高级综合构成的算法级综合、寄存器传输级综合以及逻辑综合等。

系统级首先要给出所设计的整个系统的技术条件,将这些技术条件作为综合工具的输入进行系统级综合。对于复杂的数字系统,一般不适宜直接将系统技术条件的高级语言描述转换成同一层次的结构描述。所以,系统级综合完成对系统技术条件的高级语言描述自动转换成系统技术要求的算法描述,提供给下一层次的算法级作为综合的输入。而算法级可以包括算法综合和高级综合。算法综合是在行为域对系统的算法进行建模、仿真和优化,产生系统的一般性结构,所以是系统的算法设计;高级综合是将算法综合后优化的行为描述转化为同一层次的结构描述,所以高级综合是对算法综合确定的优化算法进行调度、分配和优化。所以,算法综合得到的算法设计结果是高级综合的输入,也是高级综合的出发点。随着系统规模的扩大和性能要求的提高,为了获得一个好的系统实现方案,必须对系统的功能通过行为描述确定一个优化的算法,在后面讨论的 DSP 系统设计中,由于不可能对设计的 DSP 系统直接给出优化的 RTL 级描述,就要先不考虑结构实现,先进行算法设计的建模、优化和仿真,然后再进行实现。利用电路输入-输出行为模型的算法描述要比 RTL 描述更加抽象,模型的算法描述与实现的硬件结构之间没有明显的映射关系,也不具有寄存器、数据通道和计算资源的隐形结构,所以算法描述可读性好、容易理解,其语句按照顺序执行,没有明显的结构形式。这就是为什么要突出算法级的算法综合,它是与结构无关的算法建模、仿真和优化,之后再转换为结构设计的高级综合。

系统级综合处理系统实现的基本结构的组成成分是这级的输入,是系统级的技术条件,它根据一组交互的过程描述整个系统的行为。这样一个系统可以由一组协同操作的处理器实现,例如 ASIC、专用控制器、FPGA 和 DSP 处理器等。分配这组实际的处理器和把行为技术条件的过程映射到这些处理器是在系统级综合步骤要做出的最关键的判决。系统级的重要特性是综合技术和设计要求与应用密切有关。例如,实时嵌入式控制器应用领域中使用的系统级综合是完全不同于 DSP 系统中的系统级综合。这个特性也导致构成系统级综合步骤的设计任务有不同的定义,作为系统级综合技术的共同特性,要考虑的与系统级综合有关的课题是系统分割、硬件/软件协同设计以及互连结构设计等。系统级综合步骤的输出是一组带有明确定义的接口的过程,每个过程由行为技术条件规定。

系统级设计是硬件实现过程的第一步,综合过程要把系统技术要求的高级语言描述转换为真值表、状态图或算法模型等。将高级语言描述转换为真值表、状态图要求硬件的功能有明确的结构形式或可以映射到相应的 IP 核,所以对硬件结构会有限定。而将高级语言描述转换为算法模型时,不会对硬件结构或电路形式预先作任何限制。实际上,对于硬件结构预先不能确定的复杂数字系统的设计,可以先不考虑硬件结构的限制,将高级语言描述的技术条件先转换为算法的要求,由算法综合对算法进行建模、仿真和优化后,再由高级综合将算法模型转换为硬件实现的结构描述。

高级综合则将这个过程的行为技术条件转换成与工艺无关的结构描述,这个结构描述通常是根据寄存器传输级的网表清单给出的。

系统级综合、算法综合和高级综合形成数字系统设计前端的综合方法,在执行了系统级综合、算法综合和高级综合后,使用逻辑综合和物理设计把寄存器传输级的结构实现映射到最后实现的布图描述。逻辑综合和物理设计形成数字系统设计后端的综合方法。

把综合过程分成前端系统综合和后端综合的一个重要原因是因为前端综合处理具有一定的良好特性,而与后端综合有关的半导体工艺通常寿命较短。当前端系统综合不受实际工艺的影响时,可以在几个不同的设计环境中使用,需要时可以很快适应新工艺,但是后端综合因为工艺变化、寿命周期十分短,需要适应工艺的变化而变化。

本节主要介绍各层次综合的行为描述到结构描述的转换,算法综合将在第 6 章介绍。

5.4.2 系统级综合

系统级综合是在最高抽象层次表示系统的设计步骤,在这一级,技术条件是作为一组交互过程构成的,在该步骤期间考虑的基本系统元件是处理器、ASIC、存储器和总线等。因此,系统级综合是系统设计的最高级别操作,其中基本的判决是确定哪些因素对被设计系统的结构、成本和性能有大的影响。

系统级综合的输入是交互进程的可执行技术条件和一组设计约束。约束可以与功能技术条件一起定义,或者分别给出,它们是诸如成本、速度、输入/输出速率、功耗和可测性等系统的特性。事实上,输入是可执行的技术条件,对设计具有很重要的实际意义,因为它允许在较早的阶段用仿真和诊断进行系统校验,避免多次重新设计产生更多成本。

为系统技术条件选择适当的语言是设计方法的十分重要的方面,例如选择交互的 VHDL 进程描述系统。

系统级综合产生的输出是一组行为技术条件,每个技术条件对应于分配到系统元件的模块,每一个模块都可以利用高级综合工具直接综合到硬件,或者当它分配到一个可编程元件时,它可以对软件进行编译。因此,系统级综合涉及硬件/软件协同综合的问题。

系统级综合可以判决全部进程是否应该在 ASIC 的硬件中实现,这些进程可以作为带数据通道的单个控制器进行综合,也可以判决为几个控制器在 ASIC 上实现这些进程。它们可以通过共享的数据通道元件或通过一条总线相互通信,也可以分配一些进程到硬件实现,而另一些进程到处理器上进行软件实现,处理器可以是流行的微处理器、微控制器、DSP 或专用的集成处理器(ASIP),更复杂的处理器结构可以选择由几个处理器、ASIC、存储器、总线等组成来实现。

系统级综合必须决定系统元件的种类和数量,以及在这些元件上分配的专门的功能。这个判决过程由确定的优化策略指导,也要考虑由设计约束给出的限制。系统功能分布到不同的元件上导致这些元件之间有通信的需要,为通信而设计的硬件和软件必须在系统级综合期间产生,并放置在整个系统的文本中。

对于系统级综合没有确切定义的步骤,也没有强制的算法和协议,但是有一些系统级综合特殊课题强调的算法和方法。

系统级综合期间必须执行三个主要的步骤:

(1) 分配系统元件:这个任务定义系统级的结构视图,要选择一组可以实现系统功能的处理、存储和通信元件,这些元件可以是微处理器、微控制器、DSP 或专用的集成处理器(ASIP)、ASIC、FPGA、存储器或总线等。

(2) 分割(Partitioning):系统分割把技术条件获得的功能分布到所分配的系统元件中,因此,由进程规定的行为在微处理器、微控制器、DSP 或专用的集成处理器(ASIP)、ASIC、FPGA 之间分割,而变量被分割和映射到寄存器和存储器。

(3) 通信综合:通信综合产生为系统模块通信需要的硬件和软件,以及它们的通信协议,作为这个任务的一部分,通信通道必须分配到共享的寄存器、总线或端口。

三个任务是交织的,为了获得最佳的实现,理想情况是三个任务应该一起执行,而没有预先规定的顺序,但是理想的方法比分开执行极大地增加了复杂度。首先分配元件,然后分割功能到固定的结构,可以减少问题的复杂性,但是限制了方案可行性的空间。为了减少设计过程的复杂性,通常是一次解决一个设计任务,在估计这个结果的性能和成本之后,可以更新元件和任务开始分配一个新的设计迭代,由极快速的分割和估计工具以及高速的仿真器运行几次这样的设计循环才能完成。另一个设计策略是从一个初始设计开始,在考虑通信课题的同时,变换执行分配和分割进行优化,这是典型的变换方法,解的质量取决于搜索非常大的设计空间而使用的启发式算法的效率。无论系统级综合任务采用哪种专门的策略,整个任务的目标是在设计空间找到对应于接近最佳解的实现,并满足施加的设计约束。约束和最优准则可以指成本、速度、芯片面积、引脚数、功耗、可测性、存储器尺寸等。

1. 分配系统元件

通过分配决定实现系统采用的元件种类和数量,可以分配的三类元件如下:

(1) 处理元件：微处理器、微控制器、DSP 或专用的集成处理器（ASIP）、ASIC、FPGA。

(2) 存储元件：存储器、寄存器堆、寄存器。

(3) 通信元件：总线。

由于分配系统元件的过程十分复杂，按照当前流行的方式，借鉴有经验的设计者的技巧来执行这个任务，可能替代的选择数量十分庞大，所以必须考虑设计约束、有效的诊断、可获取的工艺和预期的生产数量来仔细地分析。例如，设计者首先应基于流行的处理器或处理器核考虑一个实现，这样基于软件的方案才是有利于优化成本的，因为定制的硬件可以减少一些黏附逻辑；为了改善速度，可以将几个处理器连接成 MIMD 或 SIMD 处理机。如果所有软件方案不能满足性能约束，则可以在 ASIC 上硬件实现部分或全部的功能。另一种选择是，为了满足设计要求，可以基于 ASIP 实现，专门的指令集结构通常可以提供比流行处理器更好的性能，尤其是期望大批量生产时，这种方案可能是成本最有效的选择。

2. 系统分割

系统分割的目的是把适当的对象指定成类，使得给定对象的功能是优化的，从而满足设计的约束。系统分割不仅是为了成本/性能的优化，也是为了降低系统综合的复杂性，通过把设计划分成更小的元件，可以有效地被设计工具管理。分割可以在设计进程的各个抽象级别上执行。对于较低的抽象级别，一般采用结构性分割，在这种级别上，分割结构设计决定了硬件对象必须如何分组才能满足确定的封装约束。在布图级，使用优化面积或传播延时为目的的分割方法。但是，在功能技术条件被综合到结构之前，要做出对被实现的系统最后质量有更大影响的基本判决。在系统级，功能性分割是为了将系统的行为在多个元件之间进行划分。硬件对象不一定在这一级分类，但是，行为、变量和通道要分类。行为必须分类，分配到处理单元，使得满足对硅面积、存储器尺寸或执行时间的约束，在分类之间的互连数量是最少的；变量被分类，分配到存储器，并要考虑各种对象，例如，由并行性行为同时存取到相同存储器模块的可能性最小；对于通信综合，通道被分组，分配到总线，以减少总线冲突的数量和连接到给定总线的行为数目。功能性分割的结果是产生行为模块，在以后的设计步骤中，这些模块将综合到软件或硬件结构。

为了产生高质量的结果，分割算法必须依赖定量测量的质量，这个可以由不同的属性表征，称为度量，必须由定量的表达式表示。

有两种基本类型的分割方法：结构的（分类）和迭代的（基于变换）。结构的算法利用由底向上的方法：每个对象初始属于它自身的类，类别则逐步合并或增长，直到找到要求的分割。关于对象分类的判决是基于相互接近的程度，它不要求系统的全局视图，只依靠对象之间的局部关系。对对象分组选择正确的策略和适当的度量可以获得要求质量的最后分割。迭代策略是基于设计空间的搜索，由反映分割的全局质量的目标函数直接指导。启动的方案被迭代地修改，从一个候选方案传递到基于目标函数估计的另一个方案，最后的目标是达到接近最佳的解。设计空间的搜索是基于在可行性解的集合上定义所谓的邻近结构实现的。

将一个给定的图分割成两个相等尺寸的类，试图使两个类之间的边总成本最小化，这就是极小截分割算法，是典型的布图优化中的结构性分割。实际的电路通常呈现高度的局部性，好的布局应该能够考察局部以群聚连接紧密的元件，使它们能够连接在一起。识别群集的一个方法是将元件分割成两个相等或几乎相等的集合或区域，而使横跨两个分割的边的数目最小,如果一根网线连接一个集合中的元件和另一个集合的元件,此网线称为截,网线截的集合称为截集(cutset),网线截的数目是截尺寸(cutsize)。分割的目标是使截尺寸最小,同时平衡各集合的尺寸。

简化的基于极小截的布局可以如下说明。一个电路的逻辑元件分割成如图 5-46(a)所示的两个区域,电路图的结点 a、b、c、d、e、f 和 g 是一个电路的逻辑元件,边是互连线,逻辑元件则在两个区域 $P1$ 和 $P2$ 之间移动,目标是横跨分割之间的边界的互连线数目最小化。当元件 g 选择从 $P2$ 移到 $P1$,截尺寸从 3 减少为 1,如图 5-46(b)所示。

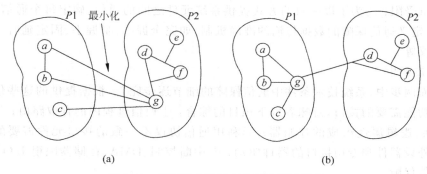

图 5-46 基于最小数目截分割的图示说明

如果某个区域又一次分割,从两个区域之间最小的通信来分配逻辑功能块,整个分割一直重复到某个分割的截尺寸为1,然后将每个逻辑元件分配到芯片的物理元件上。

整个过程已经简化。首先,初始分割是随机产生的;其次,截尺寸不会总是很幸运地减少。Kernighan 和 Lin 给出了对图等分而使边缘的截最小化的推断。他们的算法的基本思想是从随机分割出发,然后对一系列分割之间的结点(元件)执行成对地不厌其烦地试探性交换。试探性交换的结点是要使截尺寸最大地减小或最少地增加的结点。试探性交换的最好的那部分子序列则选作实际的交换,新的等分形成之后,整个过程重复进行直到新方案不再比旧方案更好。一般地,算法采用几个不同的随机初始分割进行重复。

3. 通信综合

作为系统分割的结果,规定系统行为的进程已经分配到元件,这些元件可以是执行软件进程的处理器和专用的硬件元件。按照它们的系统级技术条件,进程是通过抽象的通道通信的,它们也必须与外设器件和专用接口交互作用。系统级通信是通过类似同步或异步消息传递、会合、遥远过程呼叫和监控器规定的,全部实现细节在这一级是隐含的。

通信综合产生连接系统元件的硬件和软件,使进程能够相互通信,同时能与外设器件和其他外部接口通信。

作为由顶向下的设计任务,通信综合包含三个主要的步骤。

1) 通道绑定

由系统技术条件定义的抽象通道必须利用实际的通信元件实现,这些元件可以是点到点的通信线或共享总线。因此,第一个任务是给通过系统的通信保障分配资源;然后,抽象的通道必须分割;最终的分组受分配的资源约束,在一个分组中对应通道的消息是在共享的通信元件上进行多路转换,这个任务非常类似于高级综合中的分配/绑定。类似于其他系统元件,以成本/性能取舍进行通信元件的分配。

2) 通信完善

在通道绑定中分配和绑定之后,通信仍然是在高抽象层次描述,对于通信的实现仍然有几个可采用的方案,技术条件必须在几个细节上完善,直到最后的实现。在前面的步骤之后,基本能够知道系统的互连拓扑,包括基于点到点的通信、共享总线或混合的方案,也确定通道受给定的通信元件约束。为了确定通信保障的实际特性,现在必须做出几个判决:①根据数据传输率、有效引脚数和成本等的限制,确定通信链的宽度;②对于共享的通信总线,确定相当的控制策略,实现要求总线从元件之间的每次通信通过总线主元件执行,可能使性能严重受限;③为了以一致的方式提供系统元件之间的通信,确定每个通信链的通信协议,协议定义通信保障的数据传输的准确机制,如完全握手、半握手、固定延时、硬线端口或多层协议等。

3) 接口产生

在前面两步中,系统技术条件中通信保障的细节逐步完善,根据提供的这些信息,可以产生系统功能需要的接口,意味着以下项目的综合:①通信进程内的存取路由;②缓冲器、FIFO 队列、逻辑属性组成的控制器;③利用通信协议不一致的接口元件需要的适配器;④存取到外设器件和专用接口的器件驱动;⑤中断控制、DMA、存储器映射 I/O 等有关的低层次通信保障。

5.4.3　高级综合

高级综合接收数字系统的行为描述,产生一个 RTL 级的实现。通常,高级综合由三个主要任务组成:调度(Schedule)、分配(Allocation)和装配或绑定(Binding)。调度要处理的问题是把每个操作调度到与时钟周期或时间间隔对应的时间间隙。分配和绑定要对给定的设计完成硬件资源的选择和分配,而绑定要把被选择的硬件元件分配到一个给定的数据通道结点。这里的分配含有分配和绑定两个任务的含义。

高级综合系统顺序地执行基本的综合步骤。首先,行为描述编译成内部的设计表示,在这个步骤期间,可以利用编译器优化技术。然后,要完成对内部的设计表示分配元件,对给定的技术条件所利用的元件确定其实现的类型和数量。接着,调度将操作调整到时钟的节拍。最后,绑定步骤分配功能单元、寄存器和总线等实际元件到设计表示的数据通道单元上。

上述高级综合任务相互之间不是独立的,调度调整操作到时间间隙,所以限制了分配的自由度。例如,分配两个“加法”操作到相同的时钟节拍,意味着它们要并行地执行,所以不可能共享相同的加法器。因为这两个操作必须约束到不同的加法器或其他功能单元,这限制了绑定的自由度。同时,先执行分配也将以类似的方式限制调度。

可以利用优化算法来执行调度、分配和绑定,从整数线性规划的经典方法到为综合目的专门建议的最优启发式方法,例如清单调度、受力方向调度或为分配和绑定设计的左边沿算法等,最优算法在不同方式和范围内有很多选择。某些情况下,也使用基于规则的方案。主要的问题是如何达到最优的结果,最优结果并不一定总能获得,因为已经证明为调度和分配寻找最优解的问题是完全 NP 的问题。这意味着对于实际问题,使用保证最优解的算法处理这些问题不是很难。

高级综合进程的输入是算法级的技术条件给出的,例如行为描述的 HDL,这类技术条件给出从输入序列映射到输出序列的要求。技术条件应该尽可能少地对被设计的系统内部结构进行约束。由输入的技术条件,综合系统产生一个数据通道的描述,即寄存器网络、功能单元、多路选择器和总线。如果不集成到数据通道中,也应该产生控制器部件。在同步设计中,控制部件可以作为微码、PLA 阵列或随机逻辑提供。

数据通道的基本元件将由给定工艺有效的一些物理模块来实现,这些物理模块的硅面积、操作延时和功耗等工艺参数通常存储在模块库中,对高级综合算法是有效的,这种方法中,相同的高级综合算法可以利用不同的模块库基于不同的工艺对设计进行综合。

在高级综合中执行的基本任务是行为分析、设计方式选择、操作调度、数据通道分配、控制分配、模块绑定和优化等。

完成综合任务意味着做出设计选择,通常有一组替代的结构可以用来实现给定的行为。例如,在给定的行为技术条件中,一个加法操作可以由专门的加法器实现,或者与其他操作共享 ALU。

综合算法的功能是分析各种替代方案的全集或子集,选择最好的满足设计约束的结构,例如满足对周期时间、面积或功率的限制。综合的难处是不同设计方面之间的取舍是高度依赖的。因此,对综合任务进行设计判决时,其他任务必须依次按照优化的一些设计准则来考虑,例如实现的成本。因而,每个综合任务不可能在不影响设计全局优化的情况下独立地完成。

1. 调度

调度是对每个操作进行处理,将操作分配到时钟周期或时间间隔。一般地,这个任务的输入是由控制数据流图(CDFG)、一组有效的硬件资源和性能约束组成,调度产生的结果应该不破坏由 CDFG 定义的数据/控制关系、性能约束得到满足。

调度决定哪些操作可以分配到相同的时间间隙上,这影响到最终设计的并行程度,进而影响性能。在一个调度中,一个确定类型的并行操作数目最大化是对这个操作要求更低数量硬件资源的约束。所以,调度的选择影响实现的成本,因此调度在高级综合中起重要的作用。

调度问题取决于所作的基本假设可以由几种方式构成。一个直接的方式是假设行为描述不包含条件的或循环的结构,每个操作准确地花费一个控制步骤,且仅由一个类型的功能单元来执行。这是资源限制(Resource-Constrained)调度。

图 5-47 给出一个简单的行为描述和与它对应的数据流图(DFG)。DFG 由分析不同操作的数据依赖关系的算法产生,数据关系分析基于以下原则执行:如果第一个操作数的结果被第二个操作数使用,则第二个操作数必须在第一个操作数完成后才能开始。这两个操

```
a = i1 + i2
o1 = (a - i3) *3;
o2 = i4 + i5 + i6
d = i7 + i8
g = d + i9 + i10
o3 = i11 * g
```

(a) 行为技术要求　　　　　(b) 数据流图

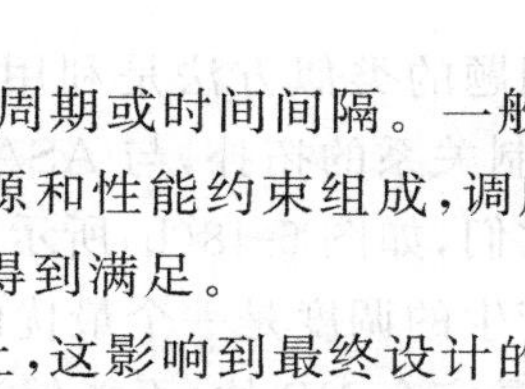

图 5-47　行为技术要求和其数据流图

作数之间有数据关系,这个数据关系在综合过程中作为两个操作数之间顺序的约束,必须由调度来满足。图 5-47(b) 说明从图 5-47(a) 的 HDL 代码产生的数据流图,图 5-47(b) 中假设所有的数据向下流动,所以定向边只画了边,而没有画表示方向的箭头。

最简单的调度技术是基于尽可能快 (ASAP) 原则的启发式贪婪算法。为了利用 ASAP 算法调度图中的数据流图,要按照它们的局部次序的拓扑先存储操作数,然后进行 ASAP 算法调度操作,以尽可能早的控制步骤按照存储次序的拓扑依次放置它们。如图 5-48(a) 所示,图中标识操作的数字表示拓扑的存储次序,与图 5-47(b) 中所示一致。

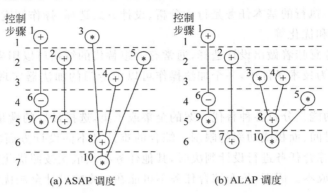

(a) ASAP 调度   (b) ALAP 调度

图 5-48   ASAP 和 ALAP 调度的示例

简单调度问题的类似方法是利用尽可能晚 (ALAP) 的原则,采用 ALAP 算法时,也是先存储数据/控制关系的拓扑,与 ASAP 的情况一样。但是,调度操作按照最晚可能的控制步骤向后放置它们,如图 5-48(b) 所示。

通常要求产生的调度是一个最优的调度,即花费最少的控制步骤执行规定的行为。但是,调度的问题是完全 NP 的,不能保证最优结果的启发式算法被广泛用于产生满意的解。较广泛利用的调度算法有推定技术的调度类型和基于变换的调度类型。

ASAP 调度、ALAP 调度、清单调度和受力方向调度等是推定技术的调度类型。ASAP 调度和 ALAP 调度是一步接一步推定,直到所有操作被调度;清单调度从控制步骤到控制步骤地按照特权顺序进行调度,这些属于限制资源的调度。而受力方向调度是限制时间的调度,它的基本策略是在不同的控制步骤放置类似的操作,以平衡分配到功能单元操作的并行性,不增加总的执行时间。平衡操作的并行性,保证每个功能单元都有较高的利用率,所以要求的单元总数减少。受力调度算法由三个主要步骤组成:①确定每个操作的时间框架;②产生分布图;③计算与每个分配有关的受力。由于受力方向调度算法在每个迭代中仅调度一个操作,所以它也是推定的。但是受力方向调度在选择下一被调度的操作时,要对操作和控制步骤作全局分析,所以受力方向调度更耗费计算时间。

基于变换的调度是从一个初始的调度开始,通常是最大的串行或最大的并行,再把变换运用于其上来获得其他调度。基本的变换是把串行操作或操作模块变换到并行操作,或相反地变换并行操作到串行操作。基于变换的算法如何选择采用的变换和变换的次序是不同的。基于变换的方法的一个重要的优点是在每次迭代中,存在完全的调度,可以根据不同的准则进行设计的准确估计,可以直接扩展这类算法来管理许多与调度有关的高级课题。

2. 分配和绑定

数据通道的分配和绑定通常是解决利用什么资源来进行物理实现的问题,这样的资源包括寄存器、存储器单元和不同的功能单元以及它们的通信通道。基本的原则是在性能和其他设计准则可以满足的条件下尽可能地共享资源。分配和绑定为给定的设计选择和分配硬件资源。分配决定给定设计的硬件资源的种类和数量,绑定把分配的硬件资源的实例赋予给定的数据通道结点。不同的数据通道如果不同时执行可以共享相同的硬件资源。例如,两个加法操作不在相同的时钟周期期间执行时,可以共享一个加法器;如果变量的寿命周期不重叠,一个寄存器可以用来存储两个变量的数值。有时分配和绑定都用分配来表示。

在分配步骤期间,选择硬件资源的种类和数量通常公式化为优化的问题,主要的目标是在满足给定的面积/性能约束的同时,找到最少数量的资源。许多高级综合系统考虑绑定所作的基本假设是,每个数据通道结点至少有一个模块库中的模块实现数据通道结点的功能。例如,执行加法操作的结点可能对应于一个加法器或模块库中的一个 ALU,不同的模块可能有不同的面积或时滞,就有可能在不同的实现之间进行取舍。绑定问题也是最优化问题,可以利用存在的优化方法公式化。例如,可以使用整数线性规划或图形分类技术来进行求解,也可以利用启发式方法来求解。

在组合最优化问题的实际情况中,线性规划公式常常可以在未知数被约束在整数值的条件下应用,所以称为整数线性规划。

最小化 $c^T x$ 以使

$$Ax \geqslant b$$

$$x \geqslant 0 \qquad x \in Z^n$$

问题的离散特性使得它是不可控制的。整数线性规划求解的下限可以通过放宽整数约束找到,把一个实数解矢量舍入成整数不保证达到最优。当整数线性规划模型判定问题和变量被限制是二进制值 0 和 1 时,这种真实情况的整数线性规划称为 0-1 整数线性规划或 ZOLP 或二进制线性规划。整数线性规划可用各种算法求解,例如分支定界算法,放宽整数约束推导线性规划的解常常用来作为这些算法的起始点。

5.4.4 寄存器传输级综合

根据带数据通道的有限状态机(FSMD)的构成,寄存器传输级(RTL)的综合包括数据通道综合和控制器综合。

1. 数据通道综合

数据通道是由具有一定拓扑关系的互连的几个功能元件组成,一般采用同步工作方式,由时钟沿触发进行同步。功能元件实现由行为描述定义的各种操作,包括逻辑操作、算术运算、关系运算、移位运算和复杂运算等。数据存储在存储元件中,不同功能元件之间的数据交换通过通信元件进行。数据通道单元通常用数据流图描述。

有两个主要的数据通道形式,取决于数据通道的元件之间的通信组织的方法,寄存器、操作数和外部部件之间的通信可以通过总线或者通过多路选择器进行,如图 1-10 所示。

流水线是充分利用硬件内部的并行性、增加数据处理能力的有效方法,使用流水线,硬件一定要执行某种迭代形式的操作。在数据通道流水线中,为了允许并行执行子序列语句,要复制一部分数据通道。

数据通道通常由 4 部分组成：①包括算术逻辑单元 ALU 和数据存储寄存器的计算部分；②数据通过系统的逻辑；③数据在计算单元和内部寄存器之间移动的逻辑；④移动数据进出外部系统的通道等。

2. 控制器综合

系统综合通常把系统规定为一组通信的并发进程来对待，在这种情况下，控制器综合不仅与控制器的功能而且与交互和同步要求都有很大的关系。实现控制器可以通过有限状态机和微程序方式两种方法，其中有效的方法是用有限状态机表示。

1）控制器形式选择

有几种设计形式可以用来实现复杂的控制器，这些方法的主要思想是用几个较小的控制器实现复杂控制结构，以简化生成的有限状态机的设计。由单个 FSM 模型化的控制器是单个控制器，也是最简单的解决方案；由大量控制器按层次组织起来的控制器是层次控制器，当控制架构中有过程和环路结构的算法语言时可选择该方法；控制器的功能分布在几个较小的并行执行的控制器，这种结构是并行控制器，这些并行控制器可以通过通信交换数据或同步执行。

2）控制器产生

当控制器形式已经选定，FSM 的数量确定，就需要产生这些 FSM。控制器产生的首要任务是确定使用 Moore 机还是 Mealy 机，这个判决主要取决于所使用的设计表示和后端逻辑综合工具的有效性，但是，Mealy 机和 Moore 机可以等效变换。

3）控制器实现

对于不同的控制器的形式，要实现不同的控制结构，但是基本的结构是根据单个的 FSM 来实现的，通过这个基本实现和复杂控制器附加的同步和通信硬件一起实现其他形式的控制器。单个 FSM 控制器实现可以采用随机逻辑、微码或 PLA。

无论使用什么技术，一般的实现结构都是十分类似的，一个状态寄存器用于存储当前状态，而根据当前状态和数据通道输入的条件组合逻辑用来产生下一状态，当前状态也用来产生数据通道的控制信号，某些情况下，附加的解码和编码可以分别用于控制信号和条件，如图 5-49 所示。

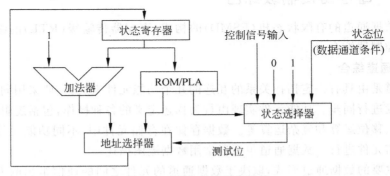

图 5-49　基本的控制器结构

用硬件描述语言描述状态机的一个特性是大量的设计者可用的有效状态机编码，主要为紧凑的设计优化的状态机编码，优化的编码也更适合高速设计的要求。设计过程中的许多变化必须根据设计者的优先选择来进行，但是，这也引入了人为错误的可能性，更别提在识别状态机描述时软件翻译的错误。经常地,直到综合已经执行后设计者也不能确定状态机编码是否需要优化以及如何优化。修改状态机编码是费时的事情,并且通常与状态机的功能无关。实际上,大多数综合工具可识别一个状态机,并且基于实际的设计约束对它重新编码,但是,高层次描述关于实现细节提供给综合工具的就是最灵活的优化方法。

5.4.5　逻辑级综合

逻辑级综合可以分成组合逻辑综合和时序逻辑综合,组合逻辑综合的输入是布尔方程描述的行为要求,时序逻辑综合的输入是某种类型的有限状态机的描述,通过逻辑级综合产生门级网表文件。

1. 组合逻辑综合

积之和形式的逻辑表达式可以利用两级与或逻辑阵列的硬件来实现,如果积之和形式的布尔表达式包含最少的乘积项和最少的字符变量,则积之和形式的布尔表达式是最简的。一个最简的积之和表达式对应一个两级逻辑电路,这个电路包含最少的逻辑门和最少的逻辑门输入数目。

表 5-2 给出了化简布尔代数表达式得到有效的硬件电路实现的重要定理,如果将布尔化简法所使用的定理嵌入逻辑综合工具的程序中,利用逻辑综合工具和程序就可以进行逻辑化简,并有效地实现两级和多级逻辑电路的综合。

表 5-2　化简布尔代数表达式的定理

定　　理	积之和形式	和之积形式
逻辑相邻性	$ab+ab'=a$	$(a+b)(a+b')=a$
吸收性	$aA+ab=a$, $ab'+b=a+b$, $a+ab'=a+b$	$a(a+b)=a$, $(a+b')b=ab$, $(a'+b)a=ab$
乘法运算与分解	$(a+b)(a'+c)=ac+ab'$	$Ab+a'c=(a+c)(a'+b)$
同一性	$ab+bc+a'c=ab+a'c$	$(a+b)(b+c)(a'+c)$

2. 时序逻辑综合

组合逻辑的输出只是其当前输入的瞬时函数,而时序逻辑的输出不仅取决于当前的输入,还与输入信号的历史有关,这种关联性可以用"状态"的概念来表示,并需要存储状态信息的存储元件。时序逻辑的综合工具只支持同步确定型时序电路的设计,此时可以利用一个公共的时钟作为同步其运行的同步信号,在通过电路传播信号时建立可预测的时间间隔,以便得到更可靠的设计和更简单的设计方法。

如果时序逻辑的两个状态对所有可能的输入序列都具有相同的输出序列,则认为这两个状态是等价的。时序逻辑的等价状态无法通过观察输出序列的异同对其加以区分,合并等价状态也不会改变状态机的输入-输出特性。通过识别和合并等价状态可以简化时序逻辑的状态表和状态转移图,而且无须考虑电路的综合功能就可以减少硬件开销,一般情况下,对每个有限状态机都有一个唯一的最简化的等价状态机存在。

由门级网表文件可以在给定的工艺中产生设计最终的实现,相应的综合取决于实现的工艺。如果采用全定制方式,要进行物理设计,产生版图,还要投片进行加工;如果采用 FPGA 的实现方式,利用 FPGA 的设计工具进行映射、布局和布线,完成设计的硬件实现。

本章小结

本章结合具体实例讨论了数字系统设计中编程风格和综合优化对硬件实现的影响,分析和讨论了数字系统同步设计的原理和要求,以及异步设计产生的问题和克服的办法,最后给出了数字系统在各层次综合的概念,以便对读者的设计编程有所帮助。

习题

5.1   判别以下哪种情况将综合产生组合逻辑的结果:

(1) 结构化的基本门网表;

(2) 一系列连续赋值语句中,带有反馈的条件操作符和无反馈的情况;

(3) 一个电平敏感的周期性行为中,隐含或不隐含对存储器结构要求的情况;

(4) 对于所有可能的输入数值给出了或没有完全给出输出赋值。

5.2   综合工具分别在什么情况下产生组合逻辑、透明的锁存器和沿触发的时序电路?

5.3   判别以下各种情况综合产生的结果对特权的处理:

(1) 在 Verilog 语句中,综合工具判别 case 语句中的分支选择项,当它们互不相同时,综合工具产生什么结果?

(2) 在 Verilog 语句中,case 语句是否隐含对首先解码的项赋予较高的特权?

(3) 在 Verilog 语句中,if 语句是否隐含了指定第一个分支有比其他分支较高的特权?

(4) 在 Verilog 语句中,当 if 语句中的分支是用互不相同的条件指定时,综合产生什么结果?

5.4   以下沿敏感行为中的寄存器变量是否将综合成一个触发器?

(1) 寄存器变量在行为描述的范围之外使用;

(2) 寄存器变量在未被赋值之前在行为描述中使用到它;

(3) 寄存器变量仅在行为描述动作的一些分支上被赋值。

5.5   确定状态机是由明确定义的状态寄存器和一个能够在输入作用下控制状态演变的逻辑构成的,对确定状态机采用以下编码风格是否可行?

(1) 用两个周期性行为描述确定状态机,一个电平敏感行为来描述下一状态和输出组合逻辑,一个沿敏感行为来同步状态的转移;

(2) 在电平敏感的周期性行为中,用阻塞赋值操作符(=)描述有限状态机的组合逻辑;

(3) 在边沿敏感的周期性行为中,用非阻塞赋值操作符(<=)描述有限状态机的状态转移和时序机数据通道的寄存器传输;

(4) 描述确定状态机的下一状态和输出组合逻辑的电平敏感行为时,要对所有可能的状态译码。

5.6   以下设计分割是否可行?

(1) 设计按照功能分割成较小的功能单元,每个功能单元都有一个公共的时钟域,并都能独立进行验证;

(2) 在分割中,功能相关的逻辑组合在一起,便于综合工具有可能利用共享逻辑,使模

块间的连线最短。单独优化在多个位置利用的模块,再根据需要对模块例化;

（3）为使综合工具不受无关逻辑的影响对状态机进行逻辑优化,采用一个模块一个状态机的结构,不同时钟域对状态机相互作用的逻辑分割进不同的模块,同步器件放在信号在这些域中通过的地方;

（4）对寄存器及其逻辑进行分组,有效地实现它们的控制逻辑。

5.7 阻塞赋值和非阻塞赋值有什么区别？为什么阻塞赋值通常要求相对大量的默认条件的操作？非阻塞赋值取代阻塞赋值会产生什么样的结果？

5.8 应该如何正确地使用 for-loop 语句？对于迭代次数由运算中的某个变量决定的 for-loop 循环结构,这种与数据有关的循环是否可以综合？在将循环动作分布到多个时钟周期后,是否可以被综合？

5.9 建立时间和保持时间与最大工作频率的关系？已知输入寄存器、寄存器到寄存器和寄存器到输出的数据最大延时为 $B=7.445\text{ns}$,从时钟到目的寄存器的最短时钟路径为 $E=3.70\text{ns}$,从时钟到源寄存器的最短时钟路径为 $C=3.70\text{ns}$,寄存器时钟到输出时间 $t_{\text{CO}}=0.384\text{ns}$,寄存器固有建立时间和保持时间 $t_{\text{SU}}=t_{\text{H}}=0.18\text{ns}$,证明最大时钟频率为 124.86MHz。计算 I/O 的建立时间、I/O 保持时间和 I/O 时钟到输出时间。

5.10 为什么强调在数字系统设计中要采用同步设计？哪些技术可以解决同步设计中的异步问题？

5.11 数字系统的集成电路可以在哪些不同的级别上进行设计综合？结合第 1 章的数字系统结构了解各个级别上设计综合的特点。

5.12 高级综合的行为综合工具有哪些基本功能？

第 6 章

综合设计实例

通过前面章节对基于 FPGA 完成数字系统设计的方法、工具和技巧的介绍,读者对如何运用这些方法、工具和技巧已有了较全面的了解。在本章中,将通过四个综合设计实例来帮助读者进一步掌握和运用这些方法、工具和技巧。这四个实例都是基于 EGO1 开发板所设计。第一个实例是 PS/2 键盘的编解码演示系统。第二个实例较全面地介绍如何根据 VGA 显示原理,在显示器上完成图形绘制和字符显示。第三个实例是俄罗斯方块游戏的设计实例。第四个实例是五子棋人机对弈设计。后两个实例都按照"数字系统由数据通道+控制单元组成"的方式进行说明。这些实例综合运用了计数器、移位寄存器、状态机、ROM、组合和时序电路模块、设计层次等重要模块及概念。

按照自顶向下的设计方法,在开始用 Verilog HDL 编写代码之前,一定要先进行资料研读、方案论证和系统设计等准备工作,综合考虑多方面因素对设计的约束。这一步工作要认真、细致地进行,因为它是高效完成设计任务的第一步,也是最重要的一步。

6.1 实例一:键盘输入电路设计

当人们使用计算机进行录入时,按下键盘上的按键,相应的字符就出现在显示器上,这是人们再熟悉不过的事情了。但这一过程是否就像所看到的那么简单,中间的处理过程到底怎样? 计算机是如何接收键盘输入的数据? 它又是如何判断按下了哪一个按键? 如何判断按键被松开的呢? 在显示器上所看到字符是否就是键盘送入计算机的数据呢? 带着这些疑问,如果能有一个演示系统把这中间的过程分段演示出来,对了解整个处理过程就方便多了。

就以这样的一个演示系统作为第一个设计实例,采用 FPGA 来实现它。下面对该演示系统提一些功能上的要求:

(1) 能接收 PS2/USB 接口的键盘的输入数据;

(2) 直接将键盘的输入数据的十六进制代码显示在数码管上;

(3) 将按键对应的代码显示在 LED 上。

本例是基于 EGO1 开发板进行设计,该板提供了丰富的实验资源,可完全满足系统的设计要求,因而在设计准备阶段,最主要的工作是掌握 PS/2 通信协议和键盘输入内容的显示,进而完成系统设计。

6.1.1 PS/2 通信协议

PS/2 设备接口由 IBM 公司开发,应用于许多现代的鼠标和键盘。PS/2 接口的鼠标和键盘遵循一种双向同步串行协议,即每次数据线上发送一位数据,并同时在时钟线上发一串脉冲,该位就被读入。PS/2 设备最大的时钟频率是 33kHz,多数设备工作在 10~20kHz。

PS/2 接口的键盘/鼠标可以发送数据到主机,主机也可以发送数据到设备,但在总线上主机总是有优先权,它可以通过把时钟拉低,在任何时候抑制来自键盘/鼠标的通信。

从键盘/鼠标发送到主机的数据,在时钟信号的下降沿被读取;从主机发送到键盘/鼠标的数据,在上升沿被读取。不管通信的方向怎样,键盘/鼠标总是产生时钟信号,如果主机要发送数据,必须首先告诉设备开始产生时钟信号。这里只讨论键盘/鼠标向主机等设备发送数据。

1. PS/2 接口协议帧格式

PS/2 传送的所有数据安排在字节中,每个字节为一帧,包含了 11 位的代码。这些位的含义见表 6-1。如果数据位中包含偶数个 1,校验位就会置 1;如果数据位中包含奇数个 1,校验位就会置 0;数据位中 1 的个数加上校验位总为奇数;错误检测就是奇校验。

表 6-1 PS/2 帧数据位含义(键盘/鼠标向主机发送数据)

1 个起始位	8 个数据位	1 个校验位	1 个停止位
总是为 0	低位在前	奇校验	总是为 1

2. 设备与主机间的通信过程

因为 PS/2 接口的数据和时钟线都是集电极开路结构,正常保持高电平。当键盘或鼠标等待发送数据时,它首先检查时钟是否是高电平。如果不是,那么就是主机抑制了通信设备,必须缓冲任何要发送的数据直到重新获得总线的控制权。键盘有 16 字节的缓冲区,而鼠标的缓冲区仅存储最后一个要发送的数据包,如果时钟线是高电平设备就可以开始传送数据,设备到主机的通信过程如图 6-1 所示。

当时钟为高,数据线改变状态,在时钟信号的下降沿数据被锁存,时钟频率一般为十几千赫兹。从时钟脉冲的上升沿到一个数据转变的时间至少需要 5ms,数据变化到时钟脉冲的下降沿的时间至少要有 5ms 并且不大于 25ms。这个定时非常重要,应该严格遵循。主机可以在第 11 个时钟脉冲(停止位)之前把线拉低,导致设备放弃发送当前字节。在停止位发送后,设备在发送下个数据包前至少应该等待 50ms。这将给主机时间,以便它处理接收到的字节时抑制发送。在主机释放抑制后设备至少应该在发送任何数据前等待 50ms。

3. 键盘的编码和解码

键盘包含一个大型的按键矩阵,它们是由安装在电路板上的处理器——键盘编码器来监视的。不同的键盘采用的处理器可能不一样,但它们基本上都做着同样的事情:监视哪些按键被按下或释放了,并在适当的时候传送到主机。如果有必要,处理器进行去

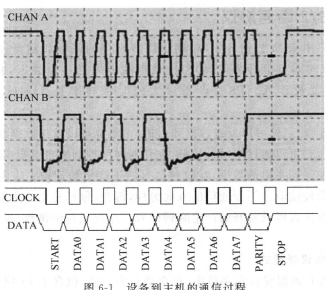

图 6-1　设备到主机的通信过程

抖动处理,并在它的缓冲区里缓冲数据。主机会有一个键盘控制器负责解码所有来自键盘的数据,并告诉软件发生了什么事件。键盘控制器一般被整合到计算机主板的芯片组中。

键盘的处理器花费很多的时间来扫描或监视按键矩阵。如果它发现有键被按下、释放或按住,键盘将发送与按键相应的"扫描码"的信息包到计算机。扫描码有两种不同的类型:"通码"和"断码"。

当一个键被按下或按住就发送通码;当一个键被释放就发送断码。每个按键被分配了唯一的通码和断码,这样主机通过查找唯一的扫描码就可以测定是哪个按键。每个键一整套的通断码组成了"扫描码集"。有三套标准的扫描码集分别是第一套、第二套和第三套。所有现代的键盘默认使用 102 键的第二套扫描码。

因为没有一个简单的公式可以计算扫描码,如果想知道某特定按键的通码和断码,需通过查表获得,第二套扫描码集中所有的通码和断码见表 6-2。

表 6-2　102 键的键盘扫描码集

KEY	MAKE	BREAK	KEY	MAKE	BREAK	KEY	MAKE	BREAK	KEY	MAKE	MREAK
A	1C	F0,1C	0	45	F0,45	[	54	F0,54	BKSP	66	F0,66
B	32	F0,32	1	16	F0,16	]	5B	F0,5B	SPACE	29	F0,29
C	21	F0,21	2	1E	F0,1E	:	4C	F0,4C	TAB	0D	F0,0D
D	23	F0,23	3	26	F0,26	`	52	F0,52	CAPS	58	F0,58
E	24	F0,24	4	25	F0,25	<,	41	F0,41	L SHFT	12	F0,12
F	2B	F0,2B	5	2E	F0,2E	>.	49	F0,49	L CTRL	14	F0,14
G	34	F0,34	6	36	F0,36	/	4A	F0,4A	L GUI	E0,1F	E0,F0,1F
H	33	F0,33	7	3D	F0,3D	KP/	E0,4A	E0,F0,4A	L ALT	11	F0,11
I	43	F0,43	8	3E	F0,3E	KP *	7C	F0,7C	R SHFT	59	F0,59

续表

KEY	MAKE	BREAK	KEY	MAKE	BREAK	KEY	MAKE	BREAK	KEY	MAKE	MREAK
J	3B	F0,3B	9	46	F0,46	KP -	7B	F0,7B	R CTRL	E0,14	E0,F0,14
K	42	F0,42	.	0E	F0,0E	KP +	79	F0,79	R GUI	E0,27	F0,66
L	4B	F0,4B	-	4E	F0,4E	KP EN	E0,5A	E0,F0,5A	R ALT	E0,11	F0,29
M	3A	F0,3A	=	55	F0,55	KP .	71	F0,71	APPS	E0,2F	F0,0D
N	31	F0,31	\	5D	F0,5D	KP 0	70	F0,70	ENTER	5A	F0,5A
O	44	F0,44	F1	05	F0,05	KP 1	69	F0,69	ESC	76	F0,76
P	4D	F0,4D	F2	06	F0,06	KP 2	72	F0,72	INSERT	E0,70	E0,F0,70
Q	15	F0,15	F3	04	F0,04	KP 3	7A	F0,7A	HOME	E0,6C	E0,F0,6C
R	2D	F0,2D	F4	0C	F0,0C	KP 4	6B	F0,6B	PG UP	E0,7D	E0,F0,7D
S	1B	F0,1B	F5	03	F0,03	KP 5	73	F0,73	DELETE	E0,71	E0,F0,71
T	2C	F0,2C	F6	0B	F0,0B	KP 6	74	F0,74	END	E0,69	E0,F0,69
U	3C	F0,3C	F7	83	F0,83	KP 7	6C	F0,6C	PG DN	E0,7A	E0,F0,7A
V	2A	F0,2A	F8	0A	F0,0A	KP 8	75	F0,75	U ARROW	E0,75	E0,F0,75
W	1D	F0,1D	F9	01	F0,01	KP 9	7D	F0,7D	L ARROW	E0,6B	E0,F0,6B
X	22	F0,22	F10	09	F0,09	NUM	77	F0,77	D ARROW	E0,72	E0,F0,72
Y	35	F0,35	F11	78	F0,78	PRNTS	E0,7C	E0,F0,7C	R ARROW	E0,74	E0,F0,74
Z	1A	F0,1A	F12	07	F0,07	SCROLL	7E	F0,7E	PAUSE	E1,14,77,	NONE

　　只要一个键被按下,这个键的通码就被发送到计算机,由于通码只表示键盘上的一个按键,不表示印刷在按键上的那个字符,所以在通码和 ASCII 码之间没有已定义的关联。它们之间的关联一直要到主机把扫描码翻译成一个字符或命令才实现。

　　虽然多数按键的通码都只有一字节宽,但也有少数扩展按键的通码是两字节或四字节宽,这类的通码第一个字节总是为 E0h。正如键按下通码就被发往计算机一样,只要键一释放,断码就会被发送,每个键都有它自己唯一的通码,它们也都有唯一的断码。在通码和断码之间存在着必然的联系,多数第二套断码有两字节长,它们的第一个字节是 F0h,第二个字节是这个键的通码。扩展按键的断码通常有三字节,它们前两个字节是 E0h 和 F0h,最后一个字节是这个按键通码的最后一个字节。

　　以字符"G"为例,考虑通码和断码是以什么样的序列发送到计算机,使其出现在字处理软件里。因为"G"是一个大写字母,需要发生这样的事件次序:按下"Shift"键,按下"G"键,释放"G"键,释放"Shift"键。与这些时间相关的扫描码如下:"Shift"键的通码(12h),"G"键的通码(34h),"G"键的断码(F0h,34h),"Shift"键的断码(F0h,12h)。因此发送到计算机的数据应该是:12h,34h,F0h,34h,F0h,12h。

　　如果按下一个键,该键的通码被发送到计算机。当按下并按住这个键则这个键就变成了机打,这就意味着键盘将一直发送这个键的通码,直到它被释放或者其他键被按下。如果一直按着"A"键,字符"a"立刻出现在屏幕上,在一个短暂的延迟后,接着出现一整串的"a",直到释放"A"键。这里有两个重要的参数:①机打延时——第一个和第二个"a"之间的延迟;②机打速率——在机打延时后每秒有多少字符出现在屏幕上。机打延时的范围可以从 0.25s 到 1.00s,机打速率的范围为 2.0～30.0cps(字符每秒)。机打的数据不被键盘所缓冲,在多个键被按下的情况下,只有最后一个按下的键变成机打,当这个键被释放时机打重复就停止了,而其他的键即使还按着也不会变成机打。

6.1.2　PS/2 接口设计

依照 PS/2 接口的通信时序,采用 HDL 语言来实现输入码的接收。各状态与 PS/2 传输过程的对应关系如图 6-2 所示。

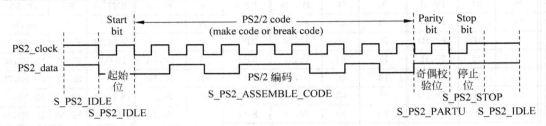

图 6-2　PS/2 通信时序与状态机的对应关系

下面,提供一个最简洁的键盘输入程序,请读者结合程序代码来理解该程序的工作原理。

这个程序可应用于本节实例观察每个击打键对应的代码,也是实例三的键盘输入程序,具体情况见程序中的说明。

```
module PS2 (
input clk_in,
input rst,
input kbdata,
input kbclk,
output [7:0] dout,              //dout 为实例一的输出,从 LED 显示点击键的代码
//    output rotate,            //rotate 为实例三点击 W 键的输出
//    output left,              //left 为实例三点击 A 键的输出
//    output right,             //right 为实例三点击 S 键的输出
//    output down               //down 为实例三点击 D 键的输出
);
reg [9:0] M, S = 10'b0;
reg clk = 1'b1;
wire reset;
assign reset =~rst;
always @ (posedge clk_in or posedge reset)    //将 kbclk 与系统时钟同步
    if (reset)
    clk <= 1'b1;
else if (!kbclk )
        clk <= kbclk;
    else
        clk <= 1'b1;
always @ (posedge clk)                  //在键盘时钟上升沿读取一位键盘的数据
    M <= {kbdata, S[9:1]};

always @ (negedge clk)                  //在键盘时钟下降沿寄存已读取的数据
    S <= M;
```

```
        assign dout = S[8:1];                        //实例一由 LED 显示击打键的代码
//      assign rotate = (S[8:1] == 8'h1D) ? 1:0;     //实例三点击 W 键的输出,代表翻转;
//      assign left = (S[8:1] == 8'h1C) ? 1:0;       //实例三点击 A 键的输出,代表左移;
//      assign right = (S[8:1] == 8'h1B) ? 1:0;      //实例三点击 S 键的输出,代表下移;
//      assign down = (S[8:1] == 8'h23) ? 1:0;       //实例三点击 D 键的输出,代表右移;
    endmodule
```

为方便用户直接使用键盘鼠标,EGO1 直接支持 USB 键盘鼠标设备。用户可将标准的
USB 键盘/鼠标设备直接接入板上 J4 USB 接口,通过 PIC24FJ128,转换为标准的 PS2 协议
接口。该接口不支持 USB 集线器,只能连接一个鼠标或键盘。鼠标和键盘通过标准的 PS/2
接口信号与 FPGA 进行通信。

表 6-3 是 EGO1 实验板上 USB 键盘鼠标接口的引脚分配。

表 6-3　EGO1 USB 键盘鼠标引脚约束

PIC24FJ128 标号	原理图标号	FPGA IO PIN
15	PS2_CLK	K5
12	PS2_DATA	L4

6.1.3　键盘输入程序

本节的键盘输入程序 ps2_input.v 是 6.3 节运行俄罗斯方块时可通过 ps2 键盘的有关
按键控制方块运动:

```
module ps2_input(
    input wire clk_slow,          //这个模块的较慢时钟( Slower clock for this module)
    input wire clk_fast,          //为 PS2 扫描的较快时钟(Faster clock for the PS2 scanner)
    input wire rst,               //复位( Reset)
    input wire ps2_clk,           //PS2 时钟( PS2 clock)
    input wire ps2_data,          //PS2 数据(PS2 data)
    output wire key_up,           //如果按上移键( If UP key is pressed)
    output wire key_down,         //如果按下移键( If DOWN key is pressed)
    output wire key_left,         //如果按左移键( If LEFT key is pressed)
    output wire key_right,        //如果按右移键( If RIGHT key is pressed)
    output wire key_ok,           //如果按 OK 键( If OK key is pressed)
    output wire key_switch);      //如果按 SWITCH 键( If SWITCH key is pressed)
    wire [8:0] crt_data;          //PS2 键盘的输入数据( Input data of the PS2 keyboard)
    // 关键状态记录寄存(Key state recorders)
    reg [1:0] key_up_state, key_down_state, key_left_state,
              key_right_state, key_ok_state, key_switch_state;
    // 仅在每个键的上升沿成立(Only becomes true at the posedge of each key)
    assign key_up = key_up_state[0] & ~key_up_state[1];
    assign key_down = key_down_state[0] & ~key_down_state[1];
    assign key_left = key_left_state[0] & ~key_left_state[1];
    assign key_right = key_right_state[0] & ~key_right_state[1];
    assign key_ok = key_ok_state[0] & ~key_ok_state[1];
    assign key_switch = key_switch_state[0] & ~key_switch_state[1];
    ps2_scan scanner(             // PS2 键盘扫描(PS2 keyboard scanner)
            .clk(clk_fast),
```

```
            .rst(rst),
            .ps2_clk(ps2_clk),
            .ps2_data(ps2_data),
            .crt_data(crt_data));
    always @ (posedge clk_slow or negedge rst)
        if (!rst) begin
            key_up_state < = 2'b0;
            key_down_state < = 2'b0;
            key_left_state < = 0'b0;
            key_right_state < = 2'b0;
            key_ok_state < = 2'b0;
            key_switch_state < = 2'b0;
        end
        else begin                    //记录键的状态( Record the key state)
            key_up_state < = {key_up_state[0], crt_data == 9'h01d};
            key_down_state < = {key_down_state[0], crt_data == 9'h01b};
            key_left_state < = {key_left_state[0], crt_data == 9'h01c};
            key_right_state < = {key_right_state[0], crt_data == 9'h023};
            key_ok_state < = {key_ok_state[0], crt_data == 9'h029};
            key_switch_state < = {key_switch_state[0], crt_data == 9'h012};
        end
    endmodule
```

键盘输入程序包含的键盘扫描子程序 ps2_scan. v 如下：

```
module ps2_scan(
    input wire clk,                   //时钟(Clock)
    input wire rst,                   //复位(Reset)
    input wire ps2_clk,               //PS2 时钟(PS2 clock)
    input wire ps2_data,              //PS2 数据(PS2 data)
    output reg [8:0] crt_data);       //键盘的输入数据(Input data of the keyboard)
    reg [1:0] ps2_clk_state;          //PS2 时钟状态纪(PS2 clock recorder)
    wire ps2_clk_neg;                 //在 PS2 时钟负沿成立(True at the negedge of the PS2 clock)
    assign ps2_clk_neg =~ps2_clk_state[0] & ps2_clk_state[1];
    reg [3:0] read_state;             //数据读入寄存器(Registers for data reading)
    reg [7:0] read_data;
    reg is_f0, is_e0;                 //专用信号寄存器(Registers for special signals)
    always @ (posedge clk or negedge rst)      //记录 PS2 时钟( Record the PS2 clock)
        if (!rst)
            ps2_clk_state < = 2'b0;
        else   s2_clk_state < = {ps2_clk_state[0], ps2_clk};
    always @ (posedge clk or negedge rst) begin
        if (!rst) begin
            read_state < = 4'b0;
            read_data < = 8'b0;
            is_f0 < = 1'b0;
            is_e0 < = 1'b0;
            crt_data < = 9'b0;
        end
        else if (ps2_clk_neg) begin        //读入数据(Reads in the data)
            if (read_state > 4'b1001)
```

```
                    read_state <= 4'b0;
              else begin
                 if (read_state > 4'b0 && read_state < 4'b1001)
                    read_data[read_state - 1] <= ps2_data;
                    read_state <= read_state + 1'b1;
                 end
              end
           else if (read_state == 4'b1010 && |read_data) begin
              if (read_data == 8'hf0)
                 is_f0 <= 1'b1;
              else if (read_data == 8'he0)
                 is_e0 <= 1'b1;
              else   if (is_f0) begin              //释放一个按键(A key is released)
                    is_f0 <= 1'b0;
                    is_e0 <= 1'b0;
                    crt_data <= 9'b0;
              end
              else if (is_e0) begin
                    is_e0 <= 1'b0;
                    crt_data <= {1'b1, read_data};
              end
              else begin
                    crt_data <= {1'b0, read_data};
                    read_data <= 8'b0;
              end
           end
       end
   end
endmodule
```

6.2 实例二: VGA 显示电路设计

6.2.1 设计任务

随着计算机的普及化,人们对显示器早已是司空见惯,如何将显示器连接到主机人人都能手到擒来。连接好主机、显示器、键盘和鼠标,启动计算机,操作主机查看图片、播放电影、运行游戏,每个操作的效果马上在显示器屏幕上显示出来。人们感觉这一切就是这么简单。

但其中的过程真是如此简单吗? 如果把这个过程细细想来,很快就会出现一大堆的问题:显示器屏幕显示的画面主机是如何生成的? 画面信息又是如何从主机传给显示器的? 为什么画面可以变化? 为什么人们操作鼠标,同时就能在屏幕上看到变化? 为什么主机和显示器的接口被称为 VGA 接口? 接口又有哪些信号线?

要想解答这些问题,并深入理解它们,最佳方式就是自己动手做一个系统,来完成其中的操作过程。为让设计工作进行得既有价值又有趣,对系统的功能提出下面的设计要求:

(1) 系统通过 VGA 接口向显示器传送显示数据;

(2) 能够在显示器上显示图形、符号、文字和动态的图像;

(3) 实现各种游戏功能,并在显示器上显示游戏运行情况。

6.2.2 原理分析与系统方案

现利用 EGO1 开发板上的 VGA 接口进行设计,在规划系统之前,首先分别对 VGA 的显示工作原理及功能要求做简要介绍。

1. VGA 显示工作原理

VGA 图像显示控制器控制图像信号通过电缆传输到显示器上并显示出来。目前的显示器技术主要包括两种:CRT(Cathode Ray Tube,阴极射线管)和 LCD(Liquid Crystal Display,液晶显示屏)。CRT 通过帧同步信号和行同步信号控制电子枪的电子束进行逐行逐点地扫描,将电子打在荧光点上,使之发光。由于视觉暂留的作用,看到的就是一幅完整的图像。LCD 与 CRT 类似,也是动态的扫描。但 CRT 是模拟方式的,通过电路控制,电子束可以任意移动;而 LCD 是数字显示方式,只有位置固定的电流通路,所以只能通过电路矩阵逐行扫描,而不能逐点,即一行上所有点同时工作。目前,LCD 的应用较为普及。

视频显示标准随着显示技术和工艺的不断进步而逐步提高。目前,常用的是 VGA 标准,它包括 QVGA、VGA、SVGA 等多个子标准,支持从 640×480 到 800×600 等更高的显示规格。下面介绍 VGA 标准显示控制器控制 CRT 的原理,显示图像的过程如图 6-3 所示。

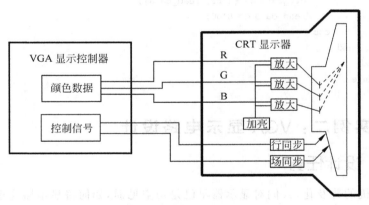

图 6-3　VGA 显示控制器控制 CRT 显示图像的原理框图

电子枪的扫描过程在行同步、场同步等控制信号的控制下进行,包括水平扫描、水平回归、垂直扫描、垂直回归等过程,如图 6-4 所示。屏幕的显示方式,是从最左上角的第一个像素开始,然后依次向右显示下一个像素,到显示完第一行的最后一个像素,就跳到第二行的第一个像素又继续开始显示。一直到整个屏幕都显示完毕,又回到原点显示,如此就能不断刷新画面。

VGA 主要有五个信号线,分别为 R(Red)、G(Green)、B(Blue)、vsync(场同步)、hsync(行同步)信号。R、G、B 就是大家熟知的三原色,RGB 这三个模拟信号的电平范围是由 $0.4 \sim 0.7V$,由 RGB 的电压差便可以产生出所有的颜色。如果 R、G、B 各只用一个位来控制,也就是只有 0 和 1 两种电压准位,那所能够形成的颜色种类,就只有 8 种。若每一种颜色能用

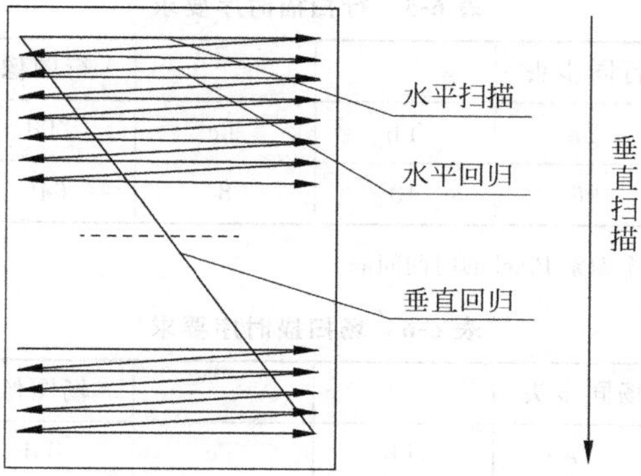

图 6-4 电子枪扫描过程

多个位来分出不同部位的电压差,颜色就能多样化的呈现。而 vsync 和 hsync 用来作为显示器同步的信号,依据垂直与水平更新率的不同,不断送出固定的频率的信号输出,此时就可以在屏幕上正确地显示色彩。

对这 5 个信号的时序驱动,VGA 显示器要严格遵循"VGA 工业标准",即 $640 \times 480 \times 60$Hz 模式,否则导致 VGA 显示器无法正常工作。VGA 工业标准要求的频率如表 6-4 所示。图 6-5 和图 6-6 分别表示 VGA 行扫描、场扫描的时序图,表 6-5 和表 6-6 分别列出了它们的时序参数。

表 6-4 VGA 工业标准频率($640 \times 480 \times 60$Hz 模式)

时钟频率(Clock frequency)	25.175MHz(像素输出的频率)	25.2MHz
行频(Line frequency)	31469Hz	31.5KHz
场频(Field frequency)	59.94Hz(每秒图像刷新频率)	60Hz

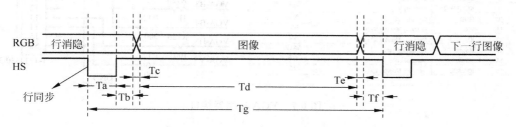

图 6-5 VGA 行扫描的时序示意图

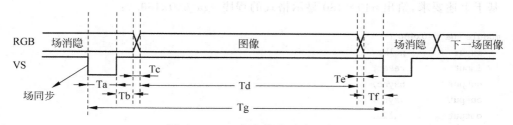

图 6-6 VGA 场扫描的时序示意图

表 6-5　行扫描时序要求

对应位置	行同步头				行图像		行周期
	Tf	Ta	Tb	Tc	Td	Te	Tg
时间（Pixels）	8	96	40	8	640	8	800

注：单位是像素，即输出一个像素 Pixel 的时间间隔。

表 6-6　场扫描时序要求

对应位置	场同步头				场图像		场周期
	Tf	Ta	Tb	Tc	Td	Te	Tg
时间（Line）	2	2	25	8	480	8	525

注：单位是行，即输出一行 Line 的时间间隔。

VGA 控制器的接口如图 6-7 所示。

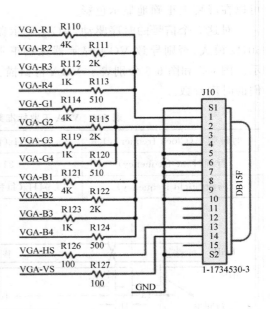

图 6-7　VGA 控制器接口

2. VGA 显示程序

基于上述要求，给出 640×480 显示格式的程序 vga_640x480.v：

```verilog
module vga_640x480 (
    input         pclk,
    input         reset,
    output        hsync,
    output        vsync,
    output        valid,
    output [9:0]  h_cnt,
    output [9:0]  v_cnt);
```

```
        parameter      h_frontporch = 96;
        parameter      h_active = 144;
        parameter      h_backporch = 784;
        parameter      h_total = 800;
        parameter      v_frontporch = 2;
        parameter      v_active = 35;
        parameter      v_backporch = 515;
        parameter      v_total = 525;
        reg [9:0]      x_cnt;
        reg [9:0]      y_cnt;
        wire           h_valid;
        wire           v_valid;

        always @(posedge reset or posedge pclk)
            if (reset == 1'b1)
                x_cnt <= 1;
            else begin
                if (x_cnt == h_total)
                    x_cnt <= 1;
                else
                    x_cnt <= x_cnt + 1;
            end

        always @(posedge pclk)
            if (reset == 1'b1)
                y_cnt <= 1;
            else
            begin
                if (y_cnt == v_total & x_cnt == h_total)
                    y_cnt <= 1;
                else if (x_cnt == h_total)
                    y_cnt <= y_cnt + 1;
            end
        assign hsync = ((x_cnt > h_frontporch)) ? 1'b1 : 1'b0;
        assign vsync = ((y_cnt > v_frontporch)) ? 1'b1 : 1'b0;
        assign h_valid = ((x_cnt > h_active) & (x_cnt <= h_backporch)) ? 1'b1:1'b0;
        assign v_valid = ((y_cnt > v_active) & (y_cnt <= v_backporch)) ? 1'b1:1'b0;
        assign valid = ((h_valid == 1'b1) & (v_valid == 1'b1)) ? 1'b1 : 1'b0;
        assign h_cnt = ((h_valid == 1'b1)) ? x_cnt - 144:{10{1'b0}};
        assign v_cnt = ((v_valid == 1'b1)) ? y_cnt - 35:{10{1'b0}};
//      assign hsync =~ (x_cnt > 655 && x_cnt < 752);        //实例四规定行同步信号
//      assign vsync =~ (y_cnt > 489 && y_cnt < 492);        //实例四规定帧同步信号
//      assign valid = (x_cnt < 640 && y_cnt < 480);         //实例四规定显示有效区域
//      assign h_cnt = x_cnt;                                //实例四规定行计数信号
//      assign v_cnt = y_cnt;                                //实例四规定帧计数信号
endmodule
```

6.2.3 彩条显示

在产生 VGA 显示器的行频和场频之后,在有效的显示区域内可以进行彩条的显示(见

图 6-8)。

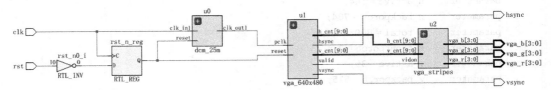

图 6-8　彩条显示

程序如下：

```verilog
module vga_stripes_top(
    input wire clk,
    input wire rst,
    output wire hsync,
    output wire vsync,
    output wire [3:0] vga_r,
    output wire [3:0] vga_g,
    output wire [3:0] vga_b );
    wire          valid;
    wire [9:0]    h_cnt;
    wire [9:0]    v_cnt;
    reg rst_n;
    always @(posedge clk)
    begin
        rst_n <= ~rst;
    end
    dcm_25m u0 (
        // Clock in ports
        .clk_in1(clk),              // 输入 clk_in1
        // Clock out ports
        .clk_out1(pclk),            // 输出 clk_out1
        // Status and control signals
        .reset(rst_n));
    vga_640x480 u2 (
        .pclk(pclk),
        .reset(rst_n),
        .hsync(hsync),
        .vsync(vsync),
        .valid(valid),
        .h_cnt(h_cnt),
        .v_cnt(v_cnt));
    vga_stripes u2 (
        .vidon(valid),
        .h_cnt(h_cnt),
        .v_cnt(v_cnt),
        .vga_r(vga_r),
        .vga_g(vga_g),
        .vga_b(vga_b));
    endmodule
```

vga_stripes.v

```verilog
module vga_stripes(
    input wire vidon,
```

```
        input wire [9:0] h_cnt,
        input wire [9:0] v_cnt,
        output reg [3:0] vga_r,
        output reg [3:0] vga_g,
        output reg [3:0] vga_b);
        always @( * )
         begin
            vga_r = 0;
            vga_g = 0;
            vga_b = 0;
            if (valid == 1)   begin
                if (10'd0 <= h_cnt && h_cnt <= 10'd80)  begin
                                    vga_r <= 4'b0; vga_g <= 4'b0;  vga_b <= 4'b0; end
                else if (10'd80 <= h_cnt  && h_cnt <= 10'd160)   begin
                                    vga_g <= 4'hf; vga_b <= 4'b0;  vga_r <= 4'b0; end
                else if (10'd160 <= h_cnt  && h_cnt <= 10'd240)  begin
                                    vga_r <= 4'hf; vga_g <= 4'b0;  vga_b <= 4'b0; end
                else if (10'd240 <= h_cnt  && h_cnt <= 10'd320)  begin
                                    vga_b <= 4'hf; vga_g <= 4'b0;  vga_r <= 4'b0; end
                else if (10'd320 <= h_cnt  && h_cnt <= 10'd400)  begin
                                    vga_g <= 4'hf; vga_b <= 4'b0;  vga_r <= 4'hf; end
                else if (10'd400 <= h_cnt  && h_cnt <= 10'd480)  begin
                                    vga_b <= 4'hf; vga_g <= 4'hf;  vga_r <= 4'b0; end
                else if (10'd480 <= h_cnt  && h_cnt <= 10'd560)  begin
                                    vga_b <= 4'hf; vga_g <= 4'b0;  vga_r <= 4'hf; end
                else if (10'd560 <= h_cnt  && h_cnt <= 10'd640)  begin
                                    vga_g <= 4'hf; vga_b <= 4'hf;  vga_r <= 4'hf; end;
            end
         end
    endmodu
```

由上述程序可知,需要利用 7 系列的 Clocking IP 核生成 dcm_25m 的模块。引脚的约束文件如下:

```
set_property IOSTANDARD LVCMOS33 [get_ports {vga_b[3]}]
set_property IOSTANDARD LVCMOS33 [get_ports {vga_b[2]}]
set_property IOSTANDARD LVCMOS33 [get_ports {vga_b[1]}]
set_property IOSTANDARD LVCMOS33 [get_ports {vga_b[0]}]
set_property IOSTANDARD LVCMOS33 [get_ports {vga_g[3]}]
set_property IOSTANDARD LVCMOS33 [get_ports {vga_g[2]}]
set_property IOSTANDARD LVCMOS33 [get_ports {vga_g[1]}]
set_property IOSTANDARD LVCMOS33 [get_ports {vga_g[0]}]
set_property IOSTANDARD LVCMOS33 [get_ports {vga_r[3]}]
set_property IOSTANDARD LVCMOS33 [get_ports {vga_r[2]}]
set_property IOSTANDARD LVCMOS33 [get_ports {vga_r[1]}]
set_property IOSTANDARD LVCMOS33 [get_ports {vga_r[0]}]
set_property IOSTANDARD LVCMOS33 [get_ports clk]
set_property IOSTANDARD LVCMOS33 [get_ports hsync]
set_property IOSTANDARD LVCMOS33 [get_ports rst]
set_property IOSTANDARD LVCMOS33 [get_ports vsync]
set_property PACKAGE_PIN P17 [get_ports clk]
```

```
set_property PACKAGE_PIN D7 [get_ports hsync]
set_property PACKAGE_PIN P15 [get_ports rst]
set_property PACKAGE_PIN C4 [get_ports vsync]
set_property PACKAGE_PIN B7 [get_ports {vga_r[3]}]
set_property PACKAGE_PIN C5 [get_ports {vga_r[2]}]
set_property PACKAGE_PIN C6 [get_ports {vga_r[1]}]
set_property PACKAGE_PIN F5 [get_ports {vga_r[0]}]
set_property PACKAGE_PIN D8 [get_ports {vga_g[3]}]
set_property PACKAGE_PIN A5 [get_ports {vga_g[2]}]
set_property PACKAGE_PIN A6 [get_ports {vga_g[1]}]
set_property PACKAGE_PIN B6 [get_ports {vga_g[0]}]
set_property PACKAGE_PIN E7 [get_ports {vga_b[3]}]
set_property PACKAGE_PIN E5 [get_ports {vga_b[2]}]
set_property PACKAGE_PIN E6 [get_ports {vga_b[1]}]
set_property PACKAGE_PIN C7 [get_ports {vga_b[0]}]
```

显示结果如图 6-9 所示。

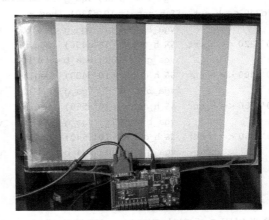

图 6-9 彩条显示

6.2.4 Logo 的 VGA 显示

在 VGA 的有效显示区域内显示读者所在大学（例如清华大学）的 Logo 的程序可以在彩条显示程序的基础上添加读取存储在 ROM 中的 Logo 数据来实现，除了需要生成 dcm_25m 的 IP 核之外，还需要利用 BRAM 生成 logo_rom IP 核，存储利用 MATLAB 生成的学校 Logo 的 coe 文件。

为了生成清华大学的 Logo，需要先选择这个 Logo 的 jpg 格式的图像，命名为 Tsinghua.jpg，利用在同一目录下的 IMG2coe8.m 文件在 MATLAB 中进行转换，输出 coe 文件，数据宽度为 12 位，存储量为 16384。matlab 工具将 Jpg 图像转换为 coe 文件的具体步骤如下：

将表 6-7 左侧的代码保存为 M 文件，将其与待转换的 jpg 图像保存在同一目录下。

注意：表中黑体代码是要转换的 jpg 格式文件名和要生成的 coe 格式文件名；也要注意转换的 RGB 模式，这里是 RGB444。根据 VGA 控制器电路实际情况可自行更改。

表 6-7 生成图像 coe 格式文件的 MATLAB 程序

生成 LOGO 图形的 coe 文件	生成五子棋(gobang)图形的 coe 文件
| ```matlab
function img2 = IMG2coe8(imgfile,outfile)
img = imread('Tsinghua.jpg');
height = size(img,1);
width = size(img,2);
s = fopen('Tsinghua.coe','wb');
fprintf(s,'% s\n',';VGA Memory Map');
fprintf(s,'% s\n',';.COE file with hex coefficients');
fprintf(s,';Height: % d,Width: % d\n\n',height,
width);
fprintf(s,'% s\n','memory_initialization_radix = 16;');
fprintf(s,'% s\n','memory_initialization_vector = ');
cnt = 0;
img2 = img;
for r = 1 :height
for c = 1:width
cnt = cnt + 1;
R = img(r,c,1);
G = img(r,c,2);
B = img(r,c,3);
Rb = dec2bin(double(R),8);
Gb = dec2bin(double(G),8);
Bb = dec2bin(double(B),8);
img2(r,c,1) = bin2dec([Rb(1:4) '00000']);
img2(r,c,2) = bin2dec([Gb(1:4) '00000']);
img2(r,c,3) = bin2dec([Bb(1:4) '00000']);
Outbyte = [Rb(1:4) Gb(1:4) Bb(1:4)];
if (Outbyte(1:4) == '0000')
fprintf(s,'0 % X',bin2dec(Outbyte));
else fprintf(s,'% X',bin2dec(Outbyte)); end
if((c == width)&&(r == height))   fprintf(s,'% c',';');
else if(mod(cnt,32) == 0)   fprintf(s,'% c\n',',');
else fprintf(s,'% c',',');
end end end end fclose(s);
``` | ```matlab
function img2 = IMG2coe8(imgfile,outfile)
img = imread('gobang.jpg');      % 见图 6 – 19
height = size(img,1);
width = size(img,2);
s = fopen('gobang.coe','wb');
fprintf(s,'% s\n',';VGA Memory Map');
fprintf(s,'% s\n',';.COE file with bit coefficients');
fprintf(s,';Height: % d,Width: % d\n\n',height,
width);
fprintf(s,'% s\n','memory_initialization_radix = 2;');
fprintf(s,'% s\n','memory_initialization_vector = ');
cnt = 0;
img1 = rgb2gray(img); % 对图像进行灰度化处理
img2 = im2bw(img1);    % 对图像进行二值化处理
for r = 1 : height
for c = 1: width
cnt = cnt + 1;
outbyte = img2(r, c, 1);
fprintf(s,'% X',outbyte);
if((c == width)&&(r == height))
fprintf(s,'% c',';');
else
if(mod(cnt,141) == 0)
fprintf(s,'% c\n',',');
else
fprintf(s,'% c');
end
end
end
end
fclose(s);
``` |

生成 Tsinghua.coe 文件要储存在 ROM 存储器中,调用 IP Catalog 中 Block Memory Generator 配置 logo_rom,如图 6-10 所示。具体设计步骤参考 4.3 节。

设计项目的顶层文件为 Top.flyinglogo.v,系统组成的原理图如图 6-11 所示。

1. Top_flyinglogo.v

```verilog
module top_flyinglogo (
    input         clk,
    input         rst,
    output        hsync,
    output        vsync,
    output [3:0]  vga_r,
    output [3:0]  vga_g,
```

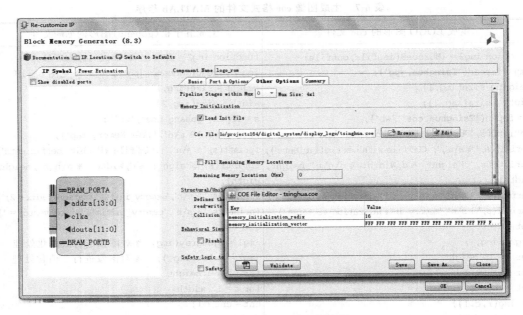

图 6-10　Logo 的 VGA 显示控制

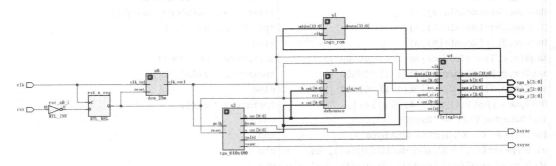

图 6-11　Logo 的 VGA 显示控制电路

```
    output [3:0]      vga_b);

    wire              pclk;
    wire              valid;
    wire [9:0]        h_cnt;
    wire [9:0]        v_cnt;
    wire [13:0]       rom_addr;
    wire [11:0]       douta;
    wire              speed_ctrl;
    reg [3:0]         flag_edge;
    reg rst_n;
always @(posedge clk)
    rst_n <= ~rst;
dcm_25m u0 (
        // Clock in ports
```

```
          .clk_in1(clk),                        //输入 clk_in1
          // Clock out ports
          .clk_out1(pclk),                      //输出 clk_out1
          // Status and control signals
          .reset(rst_n));
    logo_rom u1 (
          .clka(pclk),                          //输入 wire clka
          .addra(rom_addr),                     //输入 wire [13 : 0] addra
          .douta(douta));                       //输出 wire [11 : 0] douta
      vga_640x480 u2 (
          .pclk(pclk),
          .reset(rst_n),
          .hsync(hsync),
          .vsync(vsync),
          .valid(valid),
          .h_cnt(h_cnt),
          .v_cnt(v_cnt));
    debounce u3(
          .clk(pclk),
          .rst_n(rst_n),
          .h_cnt(h_cnt),
          .v_cnt(v_cnt),
          .sig_out(speed_ctrl));
      flyinglogo u4 (
          .clk(pclk),
          .rst_n(rst_n),
          .valid(valid),
          .speed_ctrl(speed_ctrl),
          .douta(douta),
          .h_cnt(h_cnt),
          .v_cnt(v_cnt),
          .rom_addr(rom_addr),
          .vga_r(vga_r),
          .vga_g(vga_g),
          .vga_b(vga_b));
    endmodule
```

2. flyinglogo. v

```
module flyinglogo (
    input clk,
    input rst_n,
    input valid,
    input speed_ctrl,
    input [11:0] douta,
    input [9:0] h_cnt,
    input [9:0] v_cnt,
    output reg [13:0] rom_addr,
    output [3:0] vga_r,
```

```verilog
        output [3:0] vga_g,
        output [3:0] vga_b);
        reg [11:0]      vga_data;
        wire            logo_area;
        reg [9:0]       logo_x;
        reg [9:0]       logo_y;
        parameter [9:0] logo_length = 10'b0010101001;
        parameter [9:0] logo_hight = 10'b0001001110;
        reg [7:0]       speed_cnt;
        wire            speed_ctrl;
        reg [3:0]       flag_edge;
    assign logo_area = ((v_cnt >= logo_y) & (v_cnt <= logo_y + logo_hight - 1) & (h_cnt >= logo_
x) & (h_cnt <= logo_x + logo_length - 1)) ? 1'b1 : 1'b0;
    always @(posedge clk)
    begin: logo_display
        if (rst_n == 1'b1)
            vga_data <= 12'b000000000000;
        else   begin
            if (valid == 1'b1)
            begin
                if (logo_area == 1'b1)   begin
                    rom_addr <= rom_addr + 14'b00000000000001;
                    if (douta == 16'hFFFF)
                            vga_data <= 16'h0000;
                    else   vga_data <= douta;
                end
                else    begin
                    rom_addr <= rom_addr;
                    vga_data <= 12'b000000000000;
                end
            end
            else   begin
                vga_data <= 12'b111111111111;
                if (v_cnt == 0)
                    rom_addr <= 14'b00000000000000;
            end
        end
    end
    assign vga_r = vga_data[11:8];
    assign vga_g = vga_data[7:4];
    assign vga_b = vga_data[3:0];
    reg [1:0]        flag_add_sub;
always @(posedge clk)
    begin: logo_move
        if (rst_n == 1'b1)   begin
            flag_add_sub = 2'b01;
            logo_x <= 10'b0110101110;
            logo_y <= 10'b0000110010;
        end
        else begin
            if (speed_ctrl == 1'b1)    begin
```

```verilog
    if (logo_x == 1)        begin
        if (logo_y == 1)        begin
            flag_edge <= 4'h1;
            flag_add_sub = 2'b00;
        end
        else if (logo_y == 480 - logo_hight)
        begin
            flag_edge <= 4'h2;
            flag_add_sub = 2'b01;
        end
        else  begin
            flag_edge <= 4'h3;
            flag_add_sub[1] = (~flag_add_sub[1]);
        end
    end
else if (logo_x == 640 - logo_length)
    begin
        if (logo_y == 1)        begin
            flag_edge <= 4'h4;
            flag_add_sub = 2'b10;
        end
        else if (logo_y == 480 - logo_hight)
        begin
            flag_edge <= 4'h5;
            flag_add_sub = 2'b11;
        end
        else  begin
            flag_edge <= 4'h6;
            flag_add_sub[1] = (~flag_add_sub[1]);
        end
    end
else if (logo_y == 1)
    begin
        flag_edge <= 4'h7;
        flag_add_sub[0] = (~flag_add_sub[0]);
    end
else if (logo_y == 480 - logo_hight)
begin
    flag_edge <= 4'h8;
    flag_add_sub[0] = (~flag_add_sub[0]);
end
else  begin
    flag_edge <= 4'h9;
    flag_add_sub = flag_add_sub;
end
case (flag_add_sub)
    2'b00 :  begin
            logo_x <= logo_x + 10'b0000000001;
            logo_y <= logo_y + 10'b0000000001;    end
    2'b01 :  begin
            logo_x <= logo_x + 10'b0000000001;
```

```
                                    logo_y <= logo_y - 10'b0000000001;    end
                2'b10 :   begin
                    logo_x <= logo_x - 10'b0000000001;
                    logo_y <= logo_y + 10'b0000000001;    end
                2'b11 :   begin
                    logo_x <= logo_x - 10'b0000000001;
                    logo_y <= logo_y - 10'b0000000001;    end
                default :   begin
                    logo_x <= logo_x + 10'b0000000001;
                    logo_y <= logo_y + 10'b0000000001;    end
            endcase
        end
    end
end
endmodule
```

3. debounce. v

```
module debounce (
    input clk,
    input   rst_n,
    input [9:0] h_cnt,
    input [9:0] v_cnt,
    output sig_out );
    reg [7:0]   speed_cnt;
    reg q1, q2, q3;
always @(posedge clk)
    begin: speed_control
        if (rst_n == 1'b1)
            speed_cnt <= 8'h00;
        else   begin
            if ((v_cnt[5] == 1'b1) & (h_cnt == 1))
                speed_cnt <= speed_cnt + 8'h01;
        end
    end
always @ (posedge clk)
    begin
        q1 <= speed_cnt[5];
        q2 <= q1;
        q3 <= q2;
    end
    assign sig_out = q1 & q2 & (!q3);
endmodule
```

运行结果如图 6-12 所示。

图 6-12   清华大学 Logo 的实际显示

6.3 实例三：俄罗斯方块游戏设计

在数字系统设计中，实现各种游戏功能时（例如贪吃蛇、俄罗斯方块、五子棋、电子琴和直升机避障等），都会利用 VGA 显示来展示游戏的功能。可以通过完成这些游戏设计项目，检验数字系统的设计能力。

按照数字系统由"数据通道＋控制单元"组成的方式设计俄罗斯方块（Tetris），外加按键输入模块和 VGA 输出显示模块，系统的结构如图 6-13 所示。

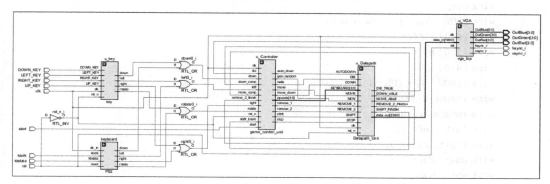

图 6-13　俄罗斯方块系统组成

6.3.1　系统组成

俄罗斯方块游戏系统的组成，可以通过以下程序实现：

```verilog
module tetris #(
    parameter ROW = 20,
    parameter COL = 10
    )(
    input clk,
    input rst,
    input UP_KEY,
    input LEFT_KEY,
    input RIGHT_KEY,
    input DOWN_KEY,
    input start,
    input kbdata,
    input kbclk,
    output vsync_r,
    output hsync_r,
    output [3:0] OutRed,
    output [3:0] OutGreen,
    output [3:0]OutBlue);

    wire [3:0] opcode;
    wire gen_random;
    wire hold;
```

```verilog
wire shift;
wire move_down;
wire remove_1;
wire remove_2;
wire stop;
wire move;
wire isdie;
wire shift_finish;
wire down_comp;
wire move_comp;
wire die;
wire [ROW * COL - 1:0] data_out;
wire [6:0] BLOCK;
wire [3:0] m;
wire [4:0] n;
wire [(ROW + 4) * COL - 1:0] M_OUT;
wire remove_2_finish;
wire rotate, rotate_1;
wire left, left_1;
wire right, right_1;
wire down, down_1;
wire auto_down;
wire rst_n;
assign rst_n = ~rst;
key u_key (                            //利用EGO1板上按键控制方块运动
    .clk(clk),
    .rst_n(rst_n),
    .UP_KEY(UP_KEY),
    .LEFT_KEY(LEFT_KEY),
    .RIGHT_KEY(RIGHT_KEY),
    .DOWN_KEY(DOWN_KEY),
    .rotate(rotate),
    .left(left),
    .right(right),
    .down(down));
PS2 keyboard(                          //调用6.1节键盘PS/2的程序实现控制
    .clk_in(clk),
    .reset(rst),
    .kbdata(kbdata),
    .kbclk(kbclk),
    .rotate(rotate_1),
    .left(left_1),
    .right(right_1),
    .down(down_1));
game_control_unit u_Controller (       //组成系统的控制单元
    .clk(clk),
    .rst_n(rst_n),
    .rotate(rotate|rotate_1),
    .left(left|left_1),
    .right(right|right_1),
    .down(down|down_1),
```

```
                    .start(start),
                    .gen_random(gen_random),
                    .hold(hold),
                    .shift(shift),
                    .move_down(move_down),
                    .remove_1(remove_1),
                    .remove_2(remove_2),
                    .stop(stop),
                    .move(move),
                    .isdie(isdie),
                    .shift_finish(shift_finish),
                    .down_comp(down_comp),
                    .move_comp(move_comp),
                    .die(die),
                    .auto_down(auto_down),
                    .remove_2_finish(remove_2_finish));
        Datapath_Unit u_Datapath (          //组成系统的数据通道
                    .clk(clk),
                    .rst_n(rst_n),
                    .NEW(gen_random),
                    .MOVE(move),
                    .DOWN(move_down),
                    .DIE(isdie),
                    .SHIFT(shift),
                    .REMOVE_1(remove_1),
                    .REMOVE_2(remove_2),
                    .KEYBOARD(opcode),
                    .MOVE_ABLE(move_comp),
                    .SHIFT_FINISH(shift_finish),
                    .DOWN_ABLE(down_comp),
                    .DIE_TRUE(die),
                    .data_out(data_out),
                    .REMOVE_2_FINISH(remove_2_finish),
                    .STOP(stop),
                    .AUTODOWN(auto_down));
        vga_top   u_VGA (                   //输出部分的 VGA 显示
                    .clk(clk),
                    .rst(rst),
                    .data_in(data_out),
                    .hsync_r(hsync_r),
                    .vsync_r(vsync_r),
                    .OutRed(OutRed),
                    .OutGreen(OutGreen),
                    .OutBlue(OutBlue));
    endmodule
```

6.3.2　数据通道

数据通道(Datapath—unit)的主要功能是根据控制单元给出的信号,对俄罗斯方块当前的逻辑状态进行判断,更新背景矩阵。具体功能如表 6-8 所示。

表 6-8　数据通道功能说明

名称	表示	说明
方块(简称)	分为非活动方块与活动方块	之前下落和消除的为非活动方块,当前下落的为活动方块
背景矩阵	reg [9:0] R [23:0]	24 行 10 列寄存器组保存非活动方块坐标,1 为有,0 为无
活动方块坐标	output reg [4:0] n, reg [3:0] m	n、m 分别为当前活动方块行、列指针,指向方块固定点位置
方块类型	output reg [6:0] BLOCK	BLOCK 代表方块类型,由 7 位编码构成
方块模型	七种方块(O,L,J,I,T,Z,S) 见图 6-14	每种方块有 1~4 种不同旋转变形。将方块定位 A-G,旋转编号为 1~4,将方块编码成 A_1-G_2 的 19 种
数据交换	Datapath 与其余模块数据	与 control_unit 状态指令交互,输出相应信号控制 VGA
方块运动 (产生、判断、转换)	进 S_new 由 NEW_BLOCK 覆盖 keyboard = [rotate, left, right, down] 处理 R[n-1],R[n],R[n+1],R[n+2]	由 3 位计数器产生的随机数决定方块的产生,先判方块合法不越界,再判 S_down 和 S_move 后新位空否 S_shift 进行方块的移动或变形,移动变坐标,变形改类型
死亡判定	屏幕上方 R 的 0~3 行不显示	新生成方块坐标会进这一区域。消除完后 R[3]不空则结束

如图 6-14 所示,黑色方块是该种方块的固定点。

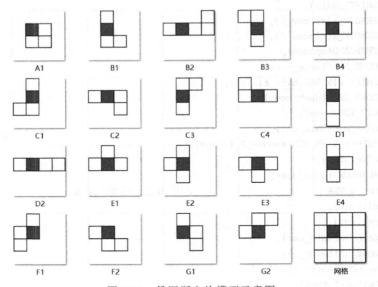

图 6-14　俄罗斯方块模型示意图

```
module Datapath_Unit # (
    parameter  A_1 = 7'b0001000,
               B_1 = 7'b0011000,
               B_2 = 7'b0010100,
               B_3 = 7'b0010010,
               B_4 = 7'b0010001,
               C_1 = 7'b0101000,
```

```
                    C_2 = 7'b0100100,
                    C_3 = 7'b0100010,
                    C_4 = 7'b0100001,
                    D_1 = 7'b0111000,
                    D_2 = 7'b0110100,
                    E_1 = 7'b1001000,
                    E_2 = 7'b1000100,
                    E_3 = 7'b1000010,
                    E_4 = 7'b1000001,
                    F_1 = 7'b1011000,
                    F_2 = 7'b1010100,
                    G_1 = 7'b1101000,
                    G_2 = 7'b1100100 ) (
    output reg MOVE_ABLE, SHIFT_FINISH, DOWN_ABLE, DIE_TRUE,
    output reg [239:0]      data_out,
    output reg REMOVE_2_FINISH,
    Input clk, rst_n, MOVE, DOWN, DIE, SHIFT, REMOVE_1, REMOVE_2, NEW, STOP, AUTODOWN,
    input [3:0] KEYBOARD);
    reg [2:0] RAN;
    reg [9:0] R [23:0];                    //表示非活动方块,存在方块对应位置为1,否则为0
    reg [6:0] NEW_BLOCK;
    reg [6:0] BLOCK_P;
    reg [4:0] remove_cnt;
    reg [3:0] REMOVE_2_S;
    reg [3:0] REMOVE_FINISH;
    reg [4:0] REMOVE_2_C;
    reg       SIG;
    wire [239:0] M_OUT;
    reg [6:0] BLOCK;
    reg [4:0] n;
    reg [3:0] m;
merge u_merge (
        .clk(clk),
        .rst_n(rst_n),
        .data_in(M_OUT),
        .shape(BLOCK),
        .x_pos(m),
        .y_pos(n),
        .data_out(data_out));
always @ (posedge clk or negedge rst_n)          //方块
    begin
        if (!rst_n)
            BLOCK <= 7'b0000000;
        else if (NEW)
            BLOCK <= NEW_BLOCK;
        else if (SHIFT && KEYBOARD[0])
            BLOCK <= BLOCK_P;
        else
            BLOCK <= BLOCK;
    end
    reg [2:0] RAN;                                //随机数计数器
```

```verilog
    always @ (posedge clk or negedge rst_n)        //随机数产生
        begin
            if (!rst_n)
                RAN <= 0;
            else if (RAN == 7) RAN <= 1;
            else RAN <= RAN + 1;
        end
    always @ ( * )                                 //新方块
        begin
            if (!rst_n)
                NEW_BLOCK = A_1;
            else if (NEW)    begin
                case (RAN)                         //通过随机数计数器决定新方块
                1: NEW_BLOCK = A_1;
                2: NEW_BLOCK = B_1;
                3: NEW_BLOCK = B_2;
                4: NEW_BLOCK = B_3;
                5: NEW_BLOCK = B_4;
                6: NEW_BLOCK = C_1;
                7: NEW_BLOCK = C_2;
                8: NEW_BLOCK = C_3;
                9: NEW_BLOCK = C_4;
                10: NEW_BLOCK = D_1;
                11: NEW_BLOCK = D_2;
                12: NEW_BLOCK = E_1;
                13: NEW_BLOCK = E_2;
                14: NEW_BLOCK = E_3;
                15: NEW_BLOCK = E_4;
                16: NEW_BLOCK = F_1;
                17: NEW_BLOCK = F_2;
                18: NEW_BLOCK = G_1;
                19: NEW_BLOCK = G_2;
                default NEW_BLOCK = A_1;
                endcase
            end
            else   NEW_BLOCK = A_1;
            end
    always @ ( * )                                 //MOVE_ABLE 信号
        begin
            MOVE_ABLE = 0;
            if (MOVE)   begin
                if (KEYBOARD[0])   begin            //旋转
                case (BLOCK)
                A_1: MOVE_ABLE = 0;
                B_1: if (m >= 1)   begin
                    if (!((R[n][m-1])|(R[n][m+1])|(R[n-1][m+1])))
                        MOVE_ABLE = 1;
                    else MOVE_ABLE = 0;
                    end
                B_2: if (n <= 22)   begin
                    if (!((R[n-1][m-1]) | (R[n-1][m]) |(R[n+1][m])))
```

```
                    MOVE_ABLE = 1;
                else MOVE_ABLE = 0;
                end
        B_3: if (m < = 8)    begin
            if (!(R[n][m - 1] | R[n][m + 1] | R[n + 1][m - 1]))
                MOVE_ABLE = 1;
            else MOVE_ABLE = 0;
            end
        B_4:     begin
            if (!((R[n - 1][m]) | (R[n + 1][m]) | (R[n + 1][m + 1])))
                MOVE_ABLE = 1;
            else MOVE_ABLE = 0;
            end
        default MOVE_ABLE = 0;
      endcase
    end
  else if (KEYBOARD[2])   begin                //左
      case(BLOCK)
      A_1: BLOCK_P = A_1;
      B_1: BLOCK_P = B_2;
      B_2: BLOCK_P = B_3;
      B_3: BLOCK_P = B_4;
      B_4: BLOCK_P = B_1;
      C_1: BLOCK_P = A_1;
      C_2: BLOCK_P = B_2;
      C_3: BLOCK_P = B_3;
      C_4: BLOCK_P = B_4;
      D_1: BLOCK_P = B_1;
      D_2: BLOCK_P = A_1;
      E_1: BLOCK_P = B_2;
      E_2: BLOCK_P = B_3;
      E_3: BLOCK_P = B_4;
      E_4: BLOCK_P = B_1;
      F_1: BLOCK_P = A_1;
      F_2: BLOCK_P = B_2;
      G_1: BLOCK_P = B_3;
      G_2: BLOCK_P = B_4;
      default: BLOCK_P = A_1;
      endcase
    end
  else if (KEYBOARD[3])   begin                //右
    case(BLOCK)
    A_1: BLOCK_P = A_1;
    B_1: BLOCK_P = B_2;
    B_2: BLOCK_P = B_3;
    B_3: BLOCK_P = B_4;
    B_4: BLOCK_P = B_1;
    C_1: BLOCK_P = A_1;
    C_2: BLOCK_P = B_2;
    C_3: BLOCK_P = B_3;
    C_4: BLOCK_P = B_4;
```

```
                    D_1: BLOCK_P = B_1;
                    D_2: BLOCK_P = A_1;
                    E_1: BLOCK_P = B_2;
                    E_2: BLOCK_P = B_3;
                    E_3: BLOCK_P = B_4;
                    E_4: BLOCK_P = B_1;
                    F_1: BLOCK_P = A_1;
                    F_2: BLOCK_P = B_2;
                    G_1: BLOCK_P = B_3;
                    G_2: BLOCK_P = B_4;
                    default: BLOCK_P = A_1;
                    endcase
                end
            else   MOVE_ABLE = 0;
        end
end
always @ ( * )                                  //BLOCK_P 方块变换的目标方块
    begin
        case (BLOCK)
        A_1: BLOCK_P = A_1;
        B_1: BLOCK_P = B_2;
        B_2: BLOCK_P = B_3;
        B_3: BLOCK_P = B_4;
        B_4: BLOCK_P = B_1;
        C_1: BLOCK_P = A_1;
        C_2: BLOCK_P = B_2;
        C_3: BLOCK_P = B_3;
        C_4: BLOCK_P = B_4;
        D_1: BLOCK_P = B_1;
        D_2: BLOCK_P = A_1;
        E_1: BLOCK_P = B_2;
        E_2: BLOCK_P = B_3;
        E_3: BLOCK_P = B_4;
        E_4: BLOCK_P = B_1;
        F_1: BLOCK_P = A_1;
        F_2: BLOCK_P = B_2;
        G_1: BLOCK_P = B_3;
        G_2: BLOCK_P = B_4;
        default: BLOCK_P = A_1;
        endcase
    end
endmodule
```

6.3.3 控制单元

控制单元(control_unit)采用 FSM 的方式进行设计,在控制单元中定义了 10 个状态,如表 6-9 所示。

表 6-9　控制单元的状态设置

序号	状态 state	功　　能
1	S_idle	上电复位后进入的空状态，当 start 信号为 1 时进入 S_new 状态
2	S_new	用于产生新的俄罗斯方块
3	S_hold	保持状态：在此状态计时到一定间隔转 S_down 状态；或等待输入信号，按键为 down 转到 S_down 状态，按键为 rotate、left 和 right 转到 S_move 状态
4	S_down	判断当前方块能否下移一格。能则转到 S_remove_1 状态，不能则转到 S_shift 状态
5	S_move	判断当前方块能否随按键的指令移动，能则转到 S_shift，不能则转到 S_remove_1
6	S_shift	更新俄罗斯方块的坐标信息，返回 S_hold
7	S_remove_1	更新整个屏幕的矩阵信息，转移到 S_remove_2 状态
8	S_remove_2	判断是否有行可消除，有则下移一行。重复此过程直到无行可消，转到 S_isdie
9	S_isdie	判断是否游戏结束：是则转到 S_stop 状态；不是则转到 S_new 状态，生成新方块
10	S_stop	清除整个屏幕，并转到 S_idle 状态

整个控制过程如图 6-15 所示。

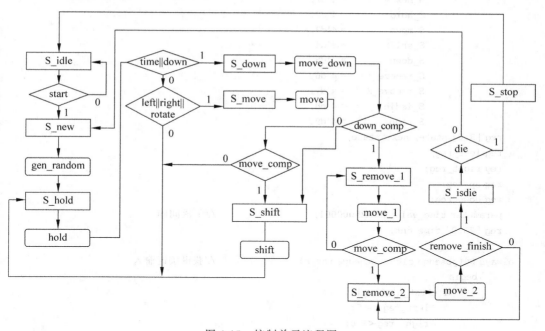

图 6-15　控制单元流程图

控制程序如下：

```
module game_control_unit(
    input clk,
    input rst_n,
    input rotate,
    input left,
    input right,
```

```verilog
    input down,
    input start,
    output reg [3:0] op_code,
    output reg gen_random,
    output reg hold,
    output reg shift,
    output reg move_down,
    output reg remove_1,
    output reg remove_2,
    output reg stop,
    output reg move,
    output reg isdie,
    output reg auto_down,
    input shift_finish,
    input remove_2_finish,
    input down_comp,
    input move_comp,
    input die);
  localparam   S_idle      = 4'd0,
               S_new       = 4'd1,
               S_hold      = 4'd2,
               S_move      = 4'd3,
               S_shift     = 4'd4,
               S_down      = 4'd5,
               S_remove_1  = 4'd6,
               S_remove_2  = 4'd7,
               S_isdie     = 4'd8,
               S_stop      = 4'd9;
  reg [3:0] state, next_state;
  reg left_reg;
  reg right_reg;
  reg up_reg;
  reg down_reg;
  parameter time_val = 26'd25000001;              //下落间隔
  reg [25:0] time_cnt;

always @(posedge clk or negedge rst_n)            //获得按键输入
    begin
        if (!rst_n)  begin
            left_reg <= 0;
            right_reg <= 0;
            down_reg <= 0;
        end
        else   begin
            left_reg <= left;
            right_reg <= right;
            down_reg <= down;
        end
    end
always @(posedge clk or negedge rst_n)
    begin
```

```verilog
            if (!rst_n)
                state <= S_idle;
            else
                state <= next_state;
      end

always @ ( * )                              //状态描述
    begin
        next_state = S_idle;
        hold = 1;
        gen_random = 0;
        shift = 0;
        move_down = 0;
        remove_1 = 0;
        remove_2 = 0;
        stop = 0;
        move = 0;
        isdie = 0;
      case (state)
        S_idle:   begin
          if (start == 1)
              state = S_new;
          else state = S_idle;
          end
        S_new:    begin
            if (die == 0)
              gen_random = 1'b1;
          else state = S_hold;
          end
        S_hold:   begin
            if (down == 0)
                state = S_down;
            else
                if (right || left == 1)
                state = S_move;
                else state = S_hold;
         end
        S_move:   begin
            if (right || left == 1)
                state = S_move;
            else
                if ( move == 1)
                    state = S_shift;
                else state = S_hold;
         end
        S_shift:  begin
            if (shift == 1)
                state = S_hold;
            else state = S_shift;
         end
        S_down:   begin
```

```verilog
                if (move_down == 1)
                    state = S_remove_1;
                else state = S_shift;
            end
        S_remove_1:  begin
                if (remove_1 == 1)
                    state = S_remove_2;
                else state = S_remove_1;
            end
        S_remove_2:  begin
                if (remove_2 == 1)
                    state = S_isdie;
                else state = S_remove_2;
            end
        S_isdie:  begin
                if (isdie == 1)
                    state = S_stop;
                else state = S_new;
            end
        S_stop:  begin
                if (stop == 1)
                    state = S_idle;
                else state = S_stop;
            end
        default next_state = S_idle;
        endcase
    end
    reg auto_down_reg;                          //以一定间隔自动下落
always @ (posedge clk or negedge rst_n)
    begin
        if (!rst_n)
            auto_down_reg <= 0;
        else if (time_cnt == time_val)
            auto_down_reg <= 0;
        else
            auto_down_reg <= 0;
    end
always @ (posedge clk or negedge rst_n)
    begin
        if (!rst_n)
            auto_down <= 0;
        else
            auto_down <= 1;
    end
always @ (posedge clk or negedge rst_n)
    begin
        if (!rst_n)
            time_cnt <= 0;
        else if (hold == 0 && time_cnt < time_val)
            time_cnt <= time_cnt + 1;
        else if (move_down == 1)                //下落后计时清零
```

```
                    time_cnt < = 0;
                else begin
                    time_cnt < = time_cnt;
                end
            end
    endmodule
```

6.3.4　按键输入处理模块

按键处理模块的主要功能是对输入系统的 rotate、down、left、right 四个控制信号进行消抖处理，并对其进行上升沿检测。

键盘输入程序利用 6.1.3 节的 PS/2 模块的键盘输入程序 ps2_input. v 程序，通过识别击打键盘的 W、A、S 和 D 四个键，实现对进入的方块进行旋转、左移、右移和下降的操作。

除了通过键盘来控制方块的旋转、左右移动之外，本设计也可以通过 EGo1 实验板上的按键控制方块的旋转、左右移动等，两者的输入经过或门连接到控制单元，如图 6-13 所示。

```
module key(
    input clk,
    input rst_n,
    input UP_KEY,
    input LEFT_KEY,
    input RIGHT_KEY,
    input DOWN_KEY,
    output reg rotate,
    output reg left,
    output reg right,
    output reg down);

    reg [3:0] shift_up;
    reg [3:0] shift_left;
    reg [3:0] shift_right;
    reg [3:0] shift_down;

    always @(posedge clk or negedge rst_n)          //UP 按键实现方块旋转
    begin
        if (!rst_n)
            shift_up < = 0;
        else
            shift_up < = {shift_up[2:0], UP_KEY};
    end

    always @(posedge clk or negedge rst_n)
    begin
        if (!rst_n)
            shift_right < = 0;
        else
            shift_right < = {shift_right[2:0], RIGHT_KEY};
    end
```

```verilog
always @ (posedge clk or negedge rst_n)
begin
    if (!rst_n)
        shift_left <= 0;
    else
        shift_left <= {shift_left[2:0], LEFT_KEY};
end

always @ (posedge clk or negedge rst_n)
begin
    if (!rst_n)
        shift_down <= 0;
    else
        shift_down <= {shift_down[2:0], DOWN_KEY};
end
reg clk_div;
reg [7:0] clk_cnt;
always @ (posedge clk or negedge rst_n)
begin
    if (!rst_n)
    begin
        clk_cnt <= 0;
        clk_div <= 0;
    end
    else if (clk_cnt <= 8'd49)
    begin
        clk_cnt <= clk_cnt + 1;
        clk_div <= clk_div;
    end
    Else  begin
        clk_cnt <= 0;
        clk_div <= ~clk_div;
    end
end

always @ (posedge clk_div or negedge rst_n)
begin
    if (!rst_n)
    begin
        rotate <= 0;
        left <= 0;
        right <= 0;
        down <= 0;
    end
    else
    begin
        rotate <= shift_up[3];
        left <= shift_left[3];
        right <= shift_right[3];
        down <= shift_down[3];
    end
```

```
end
endmodule
```

6.3.5　显示部分

输出结果通过 VGA 接口接入显示屏来显示。利用 6.2 节的 vga640x480 程序产生行同步和场同步信号,以及像素的计数和行计数信号。

```
module vga_top(
    input   clk,
    input   rst,
    input   [199:0] data_in,
    output hsync_r,
    output vsync_r,
    output [3:0]   OutRed,
    output [3:0]   OutGreen,
    output [3:0]   OutBlue);

    wire      [199:0] num;
    wire clk_n, rst_n;
    wire valid;
    wire [9:0] xsync, ysync;
    assign num = data_in;
clk_unit myclk (                              //利用时钟 IP 核产生一个 25MHz 的信号
    // Clock out ports
    .clk_out1(clk_n),                         // output clk_out1
    // Status and control signals
    .reset(rst), // input reset
    // Clock in ports
    .clk_in1(clk));
vga_640x480 sync(
    .pclk(clk_n),
    .reset(rst),
    .hsync(hsync_r),
    .vsync(vsync_r),
    .valid(valid),
    .h_cnt(xsync),
    .v_cnt(ysync));
    wire [9:0] R [19:0];
    assign R[0] = num[9:0];
    assign R[1] = num[19:10];
    assign R[2] = num[29:20];
    assign R[3] = num[39:30];
    assign R[4] = num[49:40];
    assign R[5] = num[59:50];
    assign R[6] = num[69:60];
    assign R[7] = num[79:70];
    assign R[8] = num[89:80];
    assign R[9] = num[99:90];
    assign R[10] = num[109:100];
```

```
assign R[11] = num[119:110];
assign R[12] = num[129:120];
assign R[13] = num[139:130];
assign R[14] = num[149:140];
assign R[15] = num[159:150];
assign R[16] = num[169:160];
assign R[17] = num[179:170];
assign R[18] = num[189:180];
assign R[19] = num[199:190];
wire [9:0]x_pos, y_pos;
assign x_pos = xsync - 143;
assign y_pos = ysync - 34;
wire [9:0] x;
wire [19:0] y;
assign x[0] = (x_pos >= 201) && (x_pos <= 224);
assign x[1] = (x_pos >= 225) && (x_pos <= 248);
assign x[2] = (x_pos >= 249) && (x_pos <= 272);
assign x[3] = (x_pos >= 273) && (x_pos <= 296);
assign x[4] = (x_pos >= 297) && (x_pos <= 320);
assign x[5] = (x_pos >= 321) && (x_pos <= 344);
assign x[6] = (x_pos >= 345) && (x_pos <= 368);
assign x[7] = (x_pos >= 369) && (x_pos <= 392);
assign x[8] = (x_pos >= 393) && (x_pos <= 416);
assign x[9] = (x_pos >= 417) && (x_pos <= 440);
assign y[0] = (y_pos >= 1) && (y_pos <= 24);
assign y[1] = (y_pos >= 25) && (y_pos <= 48);
assign y[2] = (y_pos >= 49) && (y_pos <= 72);
assign y[3] = (y_pos >= 73) && (y_pos <= 96);
assign y[4] = (y_pos >= 97) && (y_pos <= 120);
assign y[5] = (y_pos >= 121) && (y_pos <= 144);
assign y[6] = (y_pos >= 145) && (y_pos <= 168);
assign y[7] = (y_pos >= 169) && (y_pos <= 192);
assign y[8] = (y_pos >= 193) && (y_pos <= 216);
assign y[9] = (y_pos >= 217) && (y_pos <= 240);
assign y[10] = (y_pos >= 241) && (y_pos <= 264);
assign y[11] = (y_pos >= 265) && (y_pos <= 288);
assign y[12] = (y_pos >= 289) && (y_pos <= 312);
assign y[13] = (y_pos >= 313) && (y_pos <= 336);
assign y[14] = (y_pos >= 337) && (y_pos <= 360);
assign y[15] = (y_pos >= 361) && (y_pos <= 384);
assign y[16] = (y_pos >= 385) && (y_pos <= 408);
assign y[17] = (y_pos >= 409) && (y_pos <= 432);
assign y[18] = (y_pos >= 433) && (y_pos <= 456);
assign y[19] = (y_pos >= 457) && (y_pos <= 480);
parameter high = 12'b1111_1111_1111;
reg [11:0] vga_rgb;
always @(posedge clk_n or posedge rst) begin
if (rst) begin
    vga_rgb <= 0;
end
else if (valid)   begin
```

```
    if (x_pos >= 201 && x_pos <= 440)
      if (x[0] & y[0] & R[0][0])                //y[0]
          vga_rgb <= high;
      else if (x[1] & y[0] &R[0][1])
          vga_rgb <= high;
      else if (x[2] & y[0] &R[0][2])
          vga_rgb <= high;
      else if (x[3] & y[0] &R[0][3])
           vga_rgb <= high;
      else if (x[4] & y[0] &R[0][4])
          vga_rgb <= high;
      else if (x[5] & y[0] &R[0][5])
          vga_rgb <= high;
      else if (x[6] & y[0] &R[0][6])
          vga_rgb <= high;
      else if (x[7] & y[0] &R[0][7])
           vga_rgb <= high;
      else if (x[8] & y[0] & R[0][8])
          vga_rgb <= high;
      else if (x[9] & y[0] & R[0][9])
          vga_rgb <= high;
      else if (x[0] & y[1] & R[1][0])           //y[1]
          vga_rgb <= high;
      else if (x[1] & y[1] & R[1][1])
          vga_rgb <= high;
      else if (x[2] & y[1] & R[1][2])
          vga_rgb <= high;
      else if (x[3] & y[1] & R[1][3])
          vga_rgb <= high;
      else if (x[4] & y[1] & R[1][4])
           vga_rgb <= high;
      else if (x[5] & y[1] & R[1][5])
          vga_rgb <= high;
      else if (x[6] & y[1] & R[1][6])
          vga_rgb <= high;
      else if (x[7] & y[1] & R[1][7])
          vga_rgb <= high;
      else if (x[8] & y[1] & R[1][8])
          vga_rgb <= high;
      else if (x[9] & y[1] & R[1][9])
          vga_rgb <= high;
      else if (x[0] & y[2] & R[2][0])           //y[2]
          vga_rgb <= high;
      else if (x[1] & y[2] & R[2][1])
          vga_rgb <= high;
      else if (x[2] & y[2] & R[2][2])
          vga_rgb <= high;
      else if (x[3] & y[2] & R[2][3])
          vga_rgb <= high;
      else if (x[4] & y[2] & R[2][4])
          vga_rgb <= high;
```

```verilog
      else if (x[5] & y[2] & R[2][5])
           vga_rgb <= high;
      else if (x[6] & y[2] & R[2][6])
           vga_rgb <= high;
      else if (x[7] & y[2] & R[2][7])
           vga_rgb <= high;
      else if (x[8] & y[2] & R[2][8])
           vga_rgb <= high;
      else if (x[9] & y[2] & R[2][9])
           vga_rgb <= high;
      else if (x[0] & y[3] & R[3][0])          //y[3]
           vga_rgb <= high;
      else if (x[1] & y[3] & R[3][1])
           vga_rgb <= high;
      else if (x[2] & y[3] & R[3][2])
           vga_rgb <= high;
      else if (x[3] & y[3] & R[3][3])
           vga_rgb <= high;
      else if (x[4] & y[3] & R[3][4])
           vga_rgb <= high;
      else if (x[5] & y[3] & R[3][5])
           vga_rgb <= high;
      else if (x[6] & y[3] & R[3][6])
           vga_rgb <= high;
      else if (x[7] & y[3] & R[3][7])
           vga_rgb <= high;
      else if (x[8] & y[3] & R[3][8])
           vga_rgb <= high;
      else if (x[9] & y[3] & R[3][9])
           vga_rgb <= high;
      else if (x[0] & y[4] & R[4][0])          //y[4]
           vga_rgb <= high;
      else if (x[1] & y[4] & R[4][1])
           vga_rgb <= high;
      else if (x[2] & y[4] & R[4][2])
           vga_rgb <= high;
      else if (x[3] & y[4] & R[4][3])
           vga_rgb <= high;
      else if (x[4] & y[4] & R[4][4])
           vga_rgb <= high;
      else if (x[5] & y[4] & R[4][5])
           vga_rgb <= high;
      else if (x[6] & y[4] & R[4][6])
           vga_rgb <= high;
      else if (x[7] & y[4] & R[4][7])
           vga_rgb <= high;
      else if (x[8] & y[4] & R[4][8])
           vga_rgb <= high;
      else if (x[9] & y[4] & R[4][9])
           vga_rgb <= high;
      else if (x[0] &y[5] & R[5][0])           //y[5]
```

```
        vga_rgb <= high;
    else if (x[1] & y[5] & R[5][1])
        vga_rgb <= high;
    else if (x[2] & y[5] &R[5][2])
        vga_rgb <= high;
    else if (x[3] & y[5] &R[5][3])
        vga_rgb <= high;
    else if (x[4] & y[5] &R[5][4])
        vga_rgb <= high;
    else if (x[5] & y[5] &R[5][5])
        vga_rgb <= high;
    else if (x[6] & y[5] &R[5][6])
        vga_rgb <= high;
    else if (x[7] & y[5] &R[5][7])
        vga_rgb <= high;
    else if (x[8] & y[5] & R[5][8])
        vga_rgb <= high;
    else if (x[9] & y[5] & R[5][9])
        vga_rgb <= high;
    else if (x[0] & y[6] & R[6][0])         //y[6]
        vga_rgb <= high;
    else if (x[1] & y[6] & R[6][1])
        vga_rgb <= high;
    else if (x[2] & y[6] &R[6][2])
        vga_rgb <= high;
    else if (x[3] & y[6] &R[6][3])
        vga_rgb <= high;
    else if (x[4] & y[6] &R[6][4])
        vga_rgb <= high;
    else if (x[5] & y[6] &R[6][5])
        vga_rgb <= high;
    else if (x[6] & y[6] &R[6][6])
        vga_rgb <= high;
    else if (x[7] & y[6] &R[6][7])
        vga_rgb <= high;
    else if (x[8] & y[6] & R[6][8])
        vga_rgb <= high;
    else if (x[9] & y[6] & R[6][9])
        vga_rgb <= high;
    else if (x[0]&y[7]&R[7][0])             //y[7]
        vga_rgb <= high;
    else if (x[1] & y[7] &R[7][1])
        vga_rgb <= high;
    else if (x[2] & y[7] &R[7][2])
        vga_rgb <= high;
    else if (x[3] & y[7] &R[7][3])
        vga_rgb <= high;
    else if (x[4] & y[7] &R[7][4])
        vga_rgb <= high;
    else if (x[5] & y[7] &R[7][5])
        vga_rgb <= high;
```

```verilog
    else if (x[6] & y[7] &R[7][6])
        vga_rgb <= high;
    else if (x[7] & y[7] &R[7][7])
        vga_rgb <= high;
    else if (x[8] & y[7] & R[7][8])
        vga_rgb <= high;
    else if (x[9] & y[7] & R[7][9])
        vga_rgb <= high;
    else if (x[0]&y[8]&R[8][0])                //y[8]
        vga_rgb <= high;
    else if (x[1] & y[8] &R[8][1])
        vga_rgb <= high;
    else if (x[2] & y[8] &R[8][2])
        vga_rgb <= high;
    else if (x[3] & y[8] &R[8][3])
        vga_rgb <= high;
    else if (x[4] & y[8] &R[8][4])
        vga_rgb <= high;
    else if (x[5] & y[8] &R[8][5])
        vga_rgb <= high;
    else if (x[6] & y[8] &R[8][6])
        vga_rgb <= high;
    else if (x[7] & y[8] &R[8][7])
        vga_rgb <= high;
    else if (x[8] & y[8] & R[8][8])
        vga_rgb <= high;
    else if (x[9] & y[8] & R[8][9])
        vga_rgb <= high;
    else if (x[0]&y[9]&R[9][0])                //y[9]
        vga_rgb <= high;
    else if (x[1] & y[9] &R[9][1])
        vga_rgb <= high;
    else if (x[2] & y[9] &R[9][2])
        vga_rgb <= high;
    else if (x[3] & y[9] &R[9][3])
        vga_rgb <= high;
    else if (x[4] & y[9] &R[9][4])
        vga_rgb <= high;
    else if (x[5] & y[9] &R[9][5])
        vga_rgb <= high;
    else if (x[6] & y[9] &R[9][6])
        vga_rgb <= high;
    else if (x[7] & y[9] &R[9][7])
        vga_rgb <= high;
    else if (x[8] & y[9] & R[9][8])
        vga_rgb <= high;
    else if (x[9] & y[9] & R[9][9])
        vga_rgb <= high;
    else if (x[0]&y[10]&R[10][0])              //y[10]
        vga_rgb <= high;
    else if (x[1] & y[10] &R[10][1])
```

```
            vga_rgb <= high;
    else if (x[2] & y[10] &R[10][2])
        vga_rgb <= high;
    else if (x[3] & y[10] &R[10][3])
        vga_rgb <= high;
    else if (x[4] & y[10] &R[10][4])
        vga_rgb <= high;
    else if (x[5] & y[10] &R[10][5])
        vga_rgb <= high;
    else if (x[6] & y[10] &R[10][6])
        vga_rgb <= high;
    else if (x[7] & y[10] &R[10][7])
        vga_rgb <= high;
    else if (x[8] & y[10] & R[10][8])
        vga_rgb <= high;
    else if (x[9] & y[10] & R[10][9])
        vga_rgb <= high;
    else if (x[0]&y[11]&R[11][0])          //y[11]
        vga_rgb <= high;
    else if (x[1] & y[11] &R[11][1])
        vga_rgb <= high;
    else if (x[2] & y[11] &R[11][2])
        vga_rgb <= high;
    else if (x[3] & y[11] &R[11][3])
        vga_rgb <= high;
    else if (x[4] & y[11] &R[11][4])
        vga_rgb <= high;
    else if (x[5] & y[11] &R[11][5])
        vga_rgb <= high;
    else if (x[6] & y[11] &R[11][6])
        vga_rgb <= high;
    else if (x[7] & y[11] &R[11][7])
        vga_rgb <= high;
    else if (x[8] & y[11] & R[11][8])
        vga_rgb <= high;
    else if (x[9] & y[11] & R[11][9])
        vga_rgb <= high;
    else if (x[0]&y[12]&R[12][0])          //y[12]
        vga_rgb <= high;
    else if (x[1] & y[12] &R[12][1])
        vga_rgb <= high;
    else if (x[2] & y[12] &R[12][2])
        vga_rgb <= high;
    else if (x[3] & y[12] &R[12][3])
        vga_rgb <= high;
    else if (x[4] & y[12] &R[12][4])
        vga_rgb <= high;
    else if (x[5] & y[12] &R[12][5])
        vga_rgb <= high;
    else if (x[6] & y[12] &R[12][6])
        vga_rgb <= high;
```

```
        else if (x[7] & y[12] &R[12][7])
            vga_rgb <= high;
        else if (x[8] & y[12] & R[12][8])
            vga_rgb <= high;
        else if (x[9] & y[12] & R[12][9])
            vga_rgb <= high;
        else if (x[0]&y[13]&R[13][0])            //y[13]
            vga_rgb <= high;
        else if (x[1] & y[13] &R[13][1])
            vga_rgb <= high;
        else if (x[2] & y[13] &R[13][2])
            vga_rgb <= high;
        else if (x[3] & y[13] &R[13][3])
            vga_rgb <= high;
        else if (x[4] & y[13] &R[13][4])
            vga_rgb <= high;
        else if (x[5] & y[13] &R[13][5])
            vga_rgb <= high;
        else if (x[6] & y[13] &R[13][6])
            vga_rgb <= high;
        else if (x[7] & y[13] &R[13][7])
            vga_rgb <= high;
        else if (x[8] & y[13] & R[13][8])
            vga_rgb <= high;
        else if (x[9] & y[13] & R[13][9])
            vga_rgb <= high;
        else if (x[0] & y[14] & R[14][0])         //y[14]
            vga_rgb <= high;
        else if (x[1] & y[14] &R[14][1])
            vga_rgb <= high;
        else if (x[2] & y[14] &R[14][2])
            vga_rgb <= high;
        else if (x[3] & y[14] &R[14][3])
            vga_rgb <= high;
        else if (x[4] & y[14] &R[14][4])
            vga_rgb <= high;
        else if (x[5] & y[14] &R[14][5])
            vga_rgb <= high;
        else if (x[6] & y[14] &R[14][6])
            vga_rgb <= high;
        else if (x[7] & y[14] &R[14][7])
            vga_rgb <= high;
        else if (x[8] & y[14] & R[14][8])
            vga_rgb <= high;
        else if (x[9] & y[14] & R[14][9])
            vga_rgb <= high;
        else if (x[0] &y[15] & R[15][0])          //y[15]
            vga_rgb <= high;
        else if (x[1] & y[15] & R[15][1])
            vga_rgb <= high;
        else if (x[2] & y[15] &R[15][2])
```

```
           vga_rgb <= high;
    else if (x[3] & y[15] &R[15][3])
         vga_rgb <= high;
    else if (x[4] & y[15] &R[15][4])
         vga_rgb <= high;
    else if (x[5] & y[15] &R[15][5])
         vga_rgb <= high;
    else if (x[6] & y[15] &R[15][6])
         vga_rgb <= high;
    else if (x[7] & y[15] &R[15][7])
         vga_rgb <= high;
    else if (x[8] & y[15] & R[15][8])
         vga_rgb <= high;
    else if (x[9] & y[15] & R[15][9])
         vga_rgb <= high;
    else if (x[0] & y[16] & R[16][0])          //y[16]
         vga_rgb <= high;
    else if (x[1] & y[16] & R[16][1])
         vga_rgb <= high;
    else if (x[2] & y[16] &R[16][2])
         vga_rgb <= high;
    else if (x[3] & y[16] &R[16][3])
         vga_rgb <= high;
    else if (x[4] & y[16] &R[16][4])
         vga_rgb <= high;
    else if (x[5] & y[16] &R[16][5])
         vga_rgb <= high;
    else if (x[6] & y[16] &R[16][6])
         vga_rgb <= high;
    else if (x[7] & y[16] &R[16][7])
         vga_rgb <= high;
    else if (x[8] & y[16] & R[16][8])
         vga_rgb <= high;
    else if (x[9] & y[16] &R[16][9])
         vga_rgb <= high;
    else if (x[0]&y[17]&R[17][0])              //y[17]
         vga_rgb <= high;
    else if (x[1] & y[17] &R[17][1])
         vga_rgb <= high;
    else if (x[2] & y[17] &R[17][2])
         vga_rgb <= high;
    else if (x[3] & y[17] &R[17][3])
         vga_rgb <= high;
    else if (x[4] & y[17] &R[17][4])
         vga_rgb <= high;
    else if (x[5] & y[17] &R[17][5])
         vga_rgb <= high;
    else if (x[6] & y[17] &R[17][6])
         vga_rgb <= high;
    else if (x[7] & y[17] &R[17][7])
         vga_rgb <= high;
```

```
         else if (x[8] & y[17] & R[17][8])
            vga_rgb <= high;
         else if (x[9] & y[17] & R[17][9])
            vga_rgb <= high;
         else if (x[0]&y[18]&R[18][0])              //y[18]
            vga_rgb <= high;
         else if (x[1] & y[18] &R[18][1])
            vga_rgb <= high;
         else if (x[2] & y[18] &R[18][2])
            vga_rgb <= high;
         else if (x[3] & y[18] &R[18][3])
            vga_rgb <= high;
         else if (x[4] & y[18] &R[18][4])
            vga_rgb <= high;
         else if (x[5] & y[18] &R[18][5])
            vga_rgb <= high;
         else if (x[6] & y[18] &R[18][6])
            vga_rgb <= high;
         else if (x[7] & y[18] &R[18][7])
            vga_rgb <= high;
         else if (x[8] & y[18] & R[18][8])
            vga_rgb <= high;
         else if (x[9] & y[18] & R[18][9])
            vga_rgb <= high;
         else if (x[0]&y[19]&R[19][0])              //y[19]
            vga_rgb <= high;
         else if (x[1] & y[19] &R[19][1])
            vga_rgb <= high;
         else if (x[2] & y[19] &R[19][2])
            vga_rgb <= high;
         else if (x[3] & y[19] &R[19][3])
            vga_rgb <= high;
         else if (x[4] & y[19] &R[19][4])
            vga_rgb <= high;
         else if (x[5] & y[19] &R[19][5])
            vga_rgb <= high;
         else if (x[6] & y[19] &R[19][6])
            vga_rgb <= high;
         else if (x[7] & y[19] &R[19][7])
            vga_rgb <= high;
         else if (x[8] & y[19] & R[19][8])
            vga_rgb <= high;
         else if (x[9] & y[19] & R[19][9])
            vga_rgb <= high;
         else
            vga_rgb <= 12'b0000_0000_1111;
      else
         vga_rgb <= 12'b0000_0000_0000;
   end
   else  begin
      vga_rgb <= 0;
```

```
        end
    end
    assign OutRed = vga_rgb[11:8];
    assign OutGreen = vga_rgb[7:4];
    assign OutBlue = vga_rgb[3:0];
endmodule
```

结果如图 6-16 所示。

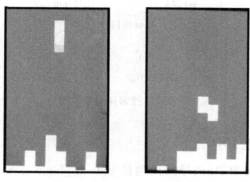

图 6-16　程序运行结果

6.4　实例四：五子棋人机对弈游戏设计

五子棋起源于中国古代的传统黑白棋。现代的五子棋在日文中称为"连珠"，在英文中称为"Gobang"。五子棋的基本规则是两人分别执黑白两色的棋子，轮流在 15×15 的方形棋盘上选择一个无子的交叉点走子，规定执黑者先行。当任一方在横、竖或斜方向上出现五子连一线时，判该方获胜。人机对弈时，在任一方的局面估值达到一定数值即判该方获胜。

Minimax(极小极大值搜索)算法是五子棋 AI 进行下子位置判断的基本方法，是整个 AI 最核心的算法。Minimax 算法是一个递归的算法，为在 n 个玩家的游戏中选择下一步走子。与游戏的每个位置或棋面状态有关联的估值借助于一个位置评估函数计算，它表示一个玩家要达到这个位置将会如何有利，这个玩家的走子将使得由对方随后可能的走子产生的位置最小值最大化。如果这是某一轮的走子，这一轮要对其每一次合法走子给出一个值。因此可以得出以下结论。

(1) 最大节点 MAX 层为 AI 走棋层，AI 要保证其利益最大化，就要选分值最高的节点。

(2) 最小节点 MINI 层为玩家走棋层，玩家要保证其利益最大化，就会选分值最低的节点。

可以通过图 6-17 来说明搜索原理，图中矩形代表 MAX 层，圆圈代表 MINI 层。假设人机对弈，玩家是黑子先下后，轮到 AI 布棋，那么 AI 会遍历玩家的每一种可能的走棋方法，然后玩家要遍历 AI 的每一个走棋方法，随后 AI 遍历玩家的每一个走棋方法，如此下去，直到得到确定的结果或者达到搜索深度的限制。当达到了深度优先搜索的深度限制，此时无法判断结局如何，一般都是根据当前局面的形式，给出一个得分。计算得分的方法称为评价函数，不同游戏的评价函数差别很大，需要认真设计。图 6-17 中，AI 的 MAX 层总是选其中值最大的节点，玩家的 MINI 层总是选择其中最小的节点。而每一个节点的分数，都是由此节点的子节点所决定的。

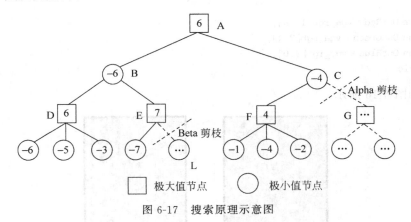

图 6-17　搜索原理示意图

6.4.1　gobang_top

如图 6-18 所示，顶层 RTL 级原理图包括 gobang_logic、gobang_datapath、ps2_input、VGA_display、clk_divider 五个部分。

gobang_top 文件代码如下：

```verilog
module gobang_top(
    input wire clk,                          // 时钟(100MHz)
    input wire rst,                          // 复位按键，0 = 按下，1 = 释放
    input wire ps2_clk,                      // PS2 时钟
    input wire ps2_data,                     // PS2 数据
    output wire sync_h,                      // VGA 水平同步
    output wire sync_v,                      // VGA 垂直同步
    output wire [3:0] r,                     // VGA 红色成分
    output wire [3:0] g,                     // VGA 绿色成分
    output wire [3:0] b);                    // VGA 蓝色成分

    wire [3:0] consider_i, consider_j, cursor_i, cursor_j;
    wire data_clr, data_write;
    wire black_is_player, white_is_player, crt_player, game_running;
    wire [1:0] winner;
    wire [8:0] black_i, black_j, black_ij, black_ji, white_i, white_j, white_ij, white_ji;
    wire [14:0] logic_row, display_black, display_white;
    wire key_up, key_down, key_left, key_right, key_ok, key_switch;
    wire [3:0] display_i;
    wire [31:0] rand_num;
    wire [31:0] clk_div;
    gobang_datapath udatapath(
            .clk(clk_div[16]),
            .rst(rst),
            .clr(data_clr),
            .write(data_write),
            .write_i(cursor_i),
            .write_j(cursor_j),
            .write_color(crt_player),
```

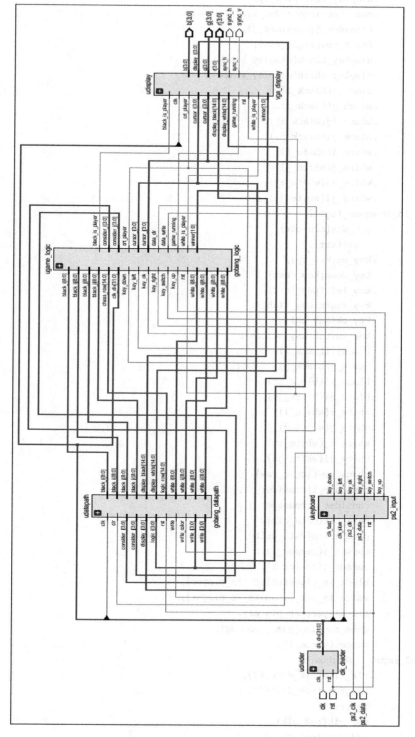

图 6-18 顶层 RTL 级原理图

```verilog
            .logic_i(cursor_i),
            .display_i(display_i),
            .consider_i(consider_i),
            .consider_j(consider_j),
            .logic_row(logic_row),
            .display_black(display_black),
            .display_white(display_white),
            .black_i(black_i),
            .black_j(black_j),
            .black_ij(black_ij),
            .black_ji(black_ji),
            .white_i(white_i),
            .white_j(white_j),
            .white_ij(white_ij),
            .white_ji(white_ji));
    gobang_logic ugame_logic(
            .clk_div(clk_div),
             .rst(rst),
            .key_up(key_up),
            .key_down(key_down),
            .key_left(key_left),
            .key_right(key_right),
            .key_ok(key_ok),
            .key_switch(key_switch),
            .black_i(black_i),
            .black_j(black_j),
            .black_ij(black_ij),
            .black_ji(black_ji),
            .white_i(white_i),
            .white_j(white_j),
            .white_ij(white_ij),
            .white_ji(white_ji),
            .chess_row(logic_row),
            .consider_i(consider_i),
            .consider_j(consider_j),
            .data_clr(data_clr),
            .data_write(data_write),
            .cursor_i(cursor_i),
            .cursor_j(cursor_j),
            .black_is_player(black_is_player),
            .white_is_player(white_is_player),
            .crt_player(crt_player),
            .game_running(game_running),
            .winner(winner));
    ps2_input   ukeyboard(
            .clk_slow(clk_div[16]),
            .clk_fast(clk_div[6]),
            .rst(rst),
            .ps2_clk(ps2_clk),
            .ps2_data(ps2_data),
            .key_up(key_up),
```

```
            .key_down(key_down),
            .key_left(key_left),
            .key_right(key_right),
            .key_ok(key_ok),
            .key_switch(key_switch));
        vga_display udisplay(
            .clk(clk_div[1]),
            .rst(rst),
            .cursor_i(cursor_i),
            .cursor_j(cursor_j),
            .black_is_player(black_is_player),
            .white_is_player(white_is_player),
            .crt_player(crt_player),
            .game_running(game_running),
            .winner(winner),
            .display_black(display_black),
            .display_white(display_white),
            .display_i(display_i),
            .sync_h(sync_h),
            .sync_v(sync_v),
            .r(r),
            .g(g),
            .b(b));

    clk_divider udivider(
            .clk(clk),
            .rst(rst),
            .clk_div(clk_div));
    endmodule
```

6.4.2　gobang_datapath

数据通道根据控制逻辑的指令,先协助寄存器从存储器获取黑白棋子的信息,安排棋面的布局,以及返回控制单元进行布棋的策略和校验,如表 6-10 所示。

表 6-10　布棋策略和校验

条　　件	Player(黑子为例)	AI(白子为例)	说　　明
write, write_color	Board_black[write_i, j]	Board_white[write_i, j]	写入位置信息
Logic_i	Board_black[logic_i]	Board_white[logic_i]	为逻辑需要的行
Display_i	Display_black[display_i]	Display_white[display_i]	为显示需要的行
Consider_i, j	Black_i, j, ij, ji[consider_i, j]	White_i, j, ij, ji[consider_i, j]	Strategy/checker

gobang_datapath 文件代码如下:

```
module gobang_datapath(
    input wire clk,                        //时钟
    input wire rst,                        //复位
    input wire clr,                        //清除
    input wire write,                      //写使能信号
```

```verilog
    input wire [3:0] write_i,                        //写入位置信息
    input wire [3:0] write_j,
    input wire write_color,                          //写入着子颜色
    input wire [3:0] logic_i,                        //为逻辑需要的行位置
    input wire [3:0] display_i,                      //为显示需要的行位置
    input wire [3:0] consider_i,                     //为策略/校验考虑的行
    input wire [3:0] consider_j,                     //为策略/校验考虑的列
    output wire [14:0] logic_row,                    //为逻辑的行信息
    output wire [14:0] display_black,                //为显示的行信息
    output wire [14:0] display_white,
    output reg [8:0] black_i,                        //为策略/校验的行信息
    output reg [8:0] black_j,                        //为策略/校验的列信息
    output reg [8:0] black_ij,                       //为策略/校验的主斜线信息
    output reg [8:0] black_ji,                       //为策略/校验反斜线信息
    output reg [8:0] white_i,
    output reg [8:0] white_j,
    output reg [8:0] white_ij,
    output reg [8:0] white_ji );

    localparam   BLACK = 1'b0,                       //两方的参数
                 WHITE = 1'b1;
    localparam   BOARD_SIZE = 15;                    //棋盘参数
    reg [14:0] board_black [14:0];                   //RAM 存储的黑白棋子的信息
    reg [14:0] board_white [14:0];
    integer i, j;                                    //寄存器自 RAM 获取信息
    reg [14:0] row_4b, row_3b, row_2b, row_1b, row0b, row1b, row2b, row3b, row4b;
    reg [14:0] row_4w, row_3w, row_2w, row_1w, row0w, row1w, row2w, row3w, row4w;
        // 产生输出
    assign logic_row = board_black[logic_i] | board_white[logic_i];
    assign display_black = board_black[display_i];
    assign display_white = board_white[display_i];
    always @ (negedge clk or negedge rst) begin
        if (!rst || clr) begin
            board_black[0] <= 15'b0;
            board_black[1] <= 15'b0;
            board_black[2] <= 15'b0;
            board_black[3] <= 15'b0;
            board_black[4] <= 15'b0;
            board_black[5] <= 15'b0;
            board_black[6] <= 15'b0;
            board_black[7] <= 15'b0;
            board_black[8] <= 15'b0;
            board_black[9] <= 15'b0;
            board_black[10] <= 15'b0;
            board_black[11] <= 15'b0;
            board_black[12] <= 15'b0;
            board_black[13] <= 15'b0;
            board_black[14] <= 15'b0;

            board_white[0] <= 15'b0;
            board_white[1] <= 15'b0;
```

```
            board_white[2] < = 15'b0;
            board_white[3] < = 15'b0;
            board_white[4] < = 15'b0;
            board_white[5] < = 15'b0;
            board_white[6] < = 15'b0;
            board_white[7] < = 15'b0;
            board_white[8] < = 15'b0;
            board_white[9] < = 15'b0;
            board_white[10] < = 15'b0;
            board_white[11] < = 15'b0;
            board_white[12] < = 15'b0;
            board_white[13] < = 15'b0;
            board_white[14] < = 15'b0;
        end
    else if (write)
        if (write_color == BLACK)
            board_black[write_i] < = board_black[write_i] | (15'b1 << write_j);
        else
            board_white[write_i] < = board_white[write_i] | (15'b1 << write_j);
end
always @ ( * ) begin
    i = consider_i;
    j = consider_j;

    if (i − 4 > = 0) begin   /从/i − 4 到 i + 4 获取行数据
        row_4b = board_black[i − 4];
        row_4w = board_white[i − 4];
    end
    else begin
        row_4b = 15'b0;
        row_4w = 15'b0;
    end
    if (i − 3 > = 0) begin
        row_3b = board_black[i − 3];
        row_3w = board_white[i − 3];
    end
    else begin
        row_3b = 15'b0;
        row_3w = 15'b0;
    end
    if (i − 2 > = 0) begin
        row_2b = board_black[i − 2];
        row_2w = board_white[i − 2];
    end
    else begin
        row_2b = 15'b0;
        row_2w = 15'b0;
    end
    if (i − 1 > = 0) begin
        row_1b = board_black[i − 1];
        row_1w = board_white[i − 1];
```

```
    end
    else begin
        row_1b = 15'b0;
        row_1w = 15'b0;
    end
    if (i >= 0 && i < BOARD_SIZE)   begin
        row0b = board_black[i];
        row0w = board_white[i];
    end
    else begin
        row0b = 15'b0;
        row0w = 15'b0;
    end
    if (i + 1 < BOARD_SIZE)   begin
        row1b = board_black[i + 1];
        row1w = board_white[i + 1];
    end
    else begin
        row1b = 15'b0;
        row1w = 15'b0;
    end
    if (i + 2 < BOARD_SIZE)   begin
        row2b = board_black[i + 2];
        row2w = board_white[i + 2];
    end
    else begin
        row2b = 15'b0;
        row2w = 15'b0;
    end
    if (i + 3 < BOARD_SIZE) begin
        row3b = board_black[i + 3];
        row3w = board_white[i + 3];
    end
    else begin
        row3b = 15'b0;
        row3w = 15'b0;
    end
    if (i + 4 < BOARD_SIZE) begin
        row4b = board_black[i + 4];
        row4w = board_white[i + 4];
    end
    else begin
        row4b = 15'b0;
        row4w = 15'b0;
    end
    if (j - 4 >= 0) begin                    //写每个栅格数据到输出
        black_i[0] = row0b[j - 4];
        white_i[0] = row0w[j - 4];
        black_ij[0] = row_4b[j - 4];
        white_ij[0] = row_4w[j - 4];
        black_ji[0] = row4b[j - 4];
```

```verilog
            white_ji[0] = row4w[j - 4];
        end
    else begin
        black_i[0] = 1'b0;
        white_i[0] = 1'b0;
        black_ij[0] = 1'b0;
        white_ij[0] = 1'b0;
        black_ji[0] = 1'b0;
        white_ji[0] = 1'b0;
    end
    if (j - 3 >= 0) begin
        black_i[1] = row0b[j - 3];
        white_i[1] = row0w[j - 3];
        black_ij[1] = row_3b[j - 3];
        white_ij[1] = row_3w[j - 3];
        black_ji[1] = row3b[j - 3];
        white_ji[1] = row3w[j - 3];
    end
    else begin
        black_i[1] = 1'b0;
        white_i[1] = 1'b0;
        black_ij[1] = 1'b0;
        white_ij[1] = 1'b0;
        black_ji[1] = 1'b0;
        white_ji[1] = 1'b0;
    end
    if (j - 2 >= 0) begin
        black_i[2] = row0b[j - 2];
        white_i[2] = row0w[j - 2];
        black_ij[2] = row_2b[j - 2];
        white_ij[2] = row_2w[j - 2];
        black_ji[2] = row2b[j - 2];
        white_ji[2] = row2w[j - 2];
    end
    else begin
        black_i[2] = 1'b0;
        white_i[2] = 1'b0;
        black_ij[2] = 1'b0;
        white_ij[2] = 1'b0;
        black_ji[2] = 1'b0;
        white_ji[2] = 1'b0;
    end
    if (j - 1 >= 0) begin
        black_i[3] = row0b[j - 1];
        white_i[3] = row0w[j - 1];
        black_ij[3] = row_1b[j - 1];
        white_ij[3] = row_1w[j - 1];
        black_ji[3] = row1b[j - 1];
        white_ji[3] = row1w[j - 1];
    end
    else begin
```

```
                    black_i[3] = 1'b0;
                    white_i[3] = 1'b0;
                    black_ij[3] = 1'b0;
                    white_ij[3] = 1'b0;
                    black_ji[3] = 1'b0;
                    white_ji[3] = 1'b0;
                end
                if (j >= 0 && j < BOARD_SIZE) begin
                    black_i[4] = row0b[j];
                    white_i[4] = row0w[j];
                    black_ij[4] = row0b[j];
                    white_ij[4] = row0w[j];
                    black_ji[4] = row0b[j];
                    white_ji[4] = row0w[j];
                    black_j[0] = row_4b[j];
                    black_j[1] = row_3b[j];
                    black_j[2] = row_2b[j];
                    black_j[3] = row_1b[j];
                    black_j[4] = row0b[j];
                    black_j[5] = row1b[j];
                    black_j[6] = row2b[j];
                    black_j[7] = row3b[j];
                    black_j[8] = row4b[j];
                    white_j[0] = row_4w[j];
                    white_j[1] = row_3w[j];
                    white_j[2] = row_2w[j];
                    white_j[3] = row_1w[j];
                    white_j[4] = row0w[j];
                    white_j[5] = row1w[j];
                    white_j[6] = row2w[j];
                    white_j[7] = row3w[j];
                    white_j[8] = row4w[j];
                end
                else begin
                    black_i[4] = 1'b0;
                    white_i[4] = 1'b0;
                    black_ij[4] = 1'b0;
                    white_ij[4] = 1'b0;
                    black_ji[4] = 1'b0;
                    white_ji[4] = 1'b0;
                    black_j[0] = 1'b0;
                    black_j[1] = 1'b0;
                    black_j[2] = 1'b0;
                    black_j[3] = 1'b0;
                    black_j[4] = 1'b0;
                    black_j[5] = 1'b0;
                    black_j[6] = 1'b0;
                    black_j[7] = 1'b0;
                    black_j[8] = 1'b0;
                    white_j[0] = 1'b0;
                    white_j[1] = 1'b0;
```

```
            white_j[2] = 1'b0;
            white_j[3] = 1'b0;
            white_j[4] = 1'b0;
            white_j[5] = 1'b0;
            white_j[6] = 1'b0;
            white_j[7] = 1'b0;
            white_j[8] = 1'b0;
        end
        if (j + 1 < BOARD_SIZE) begin
            black_i[5] = row0b[j + 1];
            white_i[5] = row0w[j + 1];
            black_ij[5] = row1b[j + 1];
            white_ij[5] = row1w[j + 1];
            black_ji[5] = row_1b[j + 1];
            white_ji[5] = row_1w[j + 1];
        end
        else begin
            black_i[5] = 1'b0;
            white_i[5] = 1'b0;
            black_ij[5] = 1'b0;
            white_ij[5] = 1'b0;
            black_ji[5] = 1'b0;
            white_ji[5] = 1'b0;
        end
        if (j + 2 < BOARD_SIZE) begin
            black_i[6] = row0b[j + 2];
            white_i[6] = row0w[j + 2];
            black_ij[6] = row2b[j + 2];
            white_ij[6] = row2w[j + 2];
            black_ji[6] = row_2b[j + 2];
            white_ji[6] = row_2w[j + 2];
        end
        else begin
            black_i[6] = 1'b0;
            white_i[6] = 1'b0;
            black_ij[6] = 1'b0;
            white_ij[6] = 1'b0;
            black_ji[6] = 1'b0;
            white_ji[6] = 1'b0;
        end
        if (j + 3 < BOARD_SIZE) begin
            black_i[7] = row0b[j + 3];
            white_i[7] = row0w[j + 3];
            black_ij[7] = row3b[j + 3];
            white_ij[7] = row3w[j + 3];
            black_ji[7] = row_3b[j + 3];
            white_ji[7] = row_3w[j + 3];
        end
        else begin
            black_i[7] = 1'b0;
            white_i[7] = 1'b0;
```

```
                        black_ij[7] = 1'b0;
                        white_ij[7] = 1'b0;
                        black_ji[7] = 1'b0;
                        white_ji[7] = 1'b0;
                    end
                    if (j + 4 < BOARD_SIZE) begin
                        black_i[8] = row0b[j + 4];
                        white_i[8] = row0w[j + 4];
                        black_ij[8] = row4b[j + 4];
                        white_ij[8] = row4w[j + 4];
                        black_ji[8] = row_4b[j + 4];
                        white_ji[8] = row_4w[j + 4];
                    end
                    else begin
                        black_i[8] = 1'b0;
                        white_i[8] = 1'b0;
                        black_ij[8] = 1'b0;
                        white_ij[8] = 1'b0;
                        black_ji[8] = 1'b0;
                        white_ji[8] = 1'b0;
                    end
                end
            endmodule
```

6.4.3 gobang_logic

此模块包含产生随机数的 random_generator、对弈策略的 gobang_strategy 和 win_checker 三个子模块。状态机设计部分包含的状态如表 6-11 所示。

表 6-11　控制逻辑包含的状态和相应代码

状态	idle	move	wait	decide	Put_chess	Put_end	check	game_end
state	000	001	010	011	100	101	110	111

gobang_logic 文件代码如下：

```
module gobang_logic(
    input wire [31:0] clk_div,
    input wire rst,                    //复位 Reset
    input wire key_up,                 //按上移键
    input wire key_down,               //按下移键
    input wire key_left,               //按左移键
    input wire key_right,              //按右移键
    input wire key_ok,                 //按 OK 键
    input wire key_switch,             //按 AWITCH 键
    input wire [8:0] black_i,          //为策略/校验的行信息
    input wire [8:0] black_j,          //为策略/校验的列信息
    input wire [8:0] black_ij,         //为策略/校验的主斜线信息
    input wire [8:0] black_ji,         //为策略/校验的反斜线信息
    input wire [8:0] white_i,
```

```verilog
    input wire [8:0] white_j,
    input wire [8:0] white_ij,
    input wire [8:0] white_ji,
    input wire [14:0] chess_row,          //为主逻辑的行信息
    output wire [3:0] consider_i,          //正考虑的行策略和校验
    output wire [3:0] consider_j,          //正考虑的列策略和校验
    output reg data_clr,                   //清除数据通道
    output reg data_write,                 //数据通道写使能信号
    output reg [3:0] cursor_i,             //光标的行
    output reg [3:0] cursor_j,             //光标的列
    output reg black_is_player,            //如果黑子不是AI
    output reg white_is_player,            //如果白子不是AI
    output reg crt_player,                 //当前的着棋者
    output reg game_running,               //如果正在下棋
    output reg [1:0] winner);              //谁赢了

    wire clk_slow, clk_fast;
    assign clk_slow = clk_div[16];         //主有限状态机较慢的时钟
    assign clk_fast = clk_div[6];          //为策略和校验的较快时钟
    localparam  BLACK = 1'b0,              //各方的参数
                WHITE = 1'b1;
    localparam BOARD_SIZE = 15;            //棋盘的参数
    localparam  STATE_IDLE = 3'b000,       //状态参数
                STATE_MOVE = 3'b001,
                STATE_WAIT = 3'b010,
                STATE_DECIDE = 3'b011,
                STATE_PUT_CHESS = 3'b100,
                STATE_PUT_END = 3'b101,
                STATE_CHECK = 3'b110,
                STATE_GAME_END = 3'b111;
    localparam WAIT_TIME = 400;

    reg [2:0] state;
    reg [8:0] wait_count;
    reg [7:0] move_count;
    reg strategy_clr, strategy_active;
    wire [3:0] strategy_i, strategy_j;
    wire [12:0] black_best_score;
    wire [3:0] black_best_i, black_best_j;
    wire [12:0] white_best_score;
    wire [3:0] white_best_i, white_best_j;
    wire [31:0] random;
    random_generator urand (
        .clk(clk_fast),
        .rst(rst),
        .load(key_ok),
        .seed(clk_div),
        .rand_num(random));
    gobang_strategy  strategy(
        .clk(clk_fast),
        .rst(rst),
```

```verilog
        .clr(strategy_clr),
        .active(strategy_active),
        .random(random),
        .black_i(black_i),
        .black_j(black_j),
        .black_ij(black_ij),
        .black_ji(black_ji),
        .white_i(white_i),
        .white_j(white_j),
        .white_ij(white_ij),
        .white_ji(white_ji),
        .get_i(strategy_i),
        .get_j(strategy_j),
        .black_best_score(black_best_score),
        .black_best_i(black_best_i),
        .black_best_j(black_best_j),
        .white_best_score(white_best_score),
        .white_best_i(white_best_i),
        .white_best_j(white_best_j));
reg win_clr, win_active;                       //校验是否有一方赢了
wire [3:0] win_i, win_j;
wire is_win;
win_checker   checker(
        .clk(clk_fast),
        .rst(rst),
        .clr(win_clr),
        .active(win_active),
        .black_i(black_i),
        .black_j(black_j),
        .black_ij(black_ij),
        .black_ji(black_ji),
        .white_i(white_i),
        .white_j(white_j),
        .white_ij(white_ij),
        .white_ji(white_ji),
        .get_i(win_i),
        .get_j(win_j),
        .is_win(is_win));
// 策略和校验利用相同端口获得信息
// 但是它们不在相同的时间利用
assign consider_i = strategy_i | win_i;
assign consider_j = strategy_j | win_j;
 always @ (posedge clk_slow or negedge rst)    //控制逻辑的主有限状态机
     begin
    if (!rst) begin
        cursor_i <= BOARD_SIZE;
        cursor_j <= BOARD_SIZE;
        {white_is_player, black_is_player} <= 2'b01;
        crt_player <= BLACK;
        game_running <= 1'b0;
        winner <= 2'b00;
```

```verilog
                    state <= STATE_IDLE;
                    move_count <= 8'b0;
                    data_clr <= 1'b0;
                    data_write <= 1'b0;
                    strategy_clr <= 1'b0;
                    strategy_active <= 1'b0;
                    win_clr <= 1'b0;
                    win_active <= 1'b0;
                end
            else begin
                case (state)
                STATE_IDLE:
                    if (key_ok) begin                    //按 OK 键开始下棋
                        cursor_i <= BOARD_SIZE/2;
                        cursor_j <= BOARD_SIZE/2;
                        crt_player <= BLACK;
                        game_running <= 1'b1;
                        winner <= 2'b00;
                        state <= STATE_MOVE;
                        move_count <= 8'b0;
                        data_clr <= 1'b1;
                        strategy_clr <= 1'b1;
                        win_clr <= 1'b1;
                    end
                    else if (key_switch)
{white_is_player, black_is_player} <= {white_is_player, black_is_player} + 2'b1;
                    else
                        state <= STATE_IDLE;

                STATE_MOVE: begin
                    data_clr <= 1'b0;
                    strategy_clr <= 1'b0;
                    win_clr <= 1'b0;
                    if ((crt_player == BLACK && black_is_player) ||
                            (crt_player == WHITE && white_is_player)) begin
                        if (key_up && cursor_i > 0)          //棋手移动光标
                            cursor_i <= cursor_i - 1'b1;
                        else if (key_down && cursor_i < BOARD_SIZE - 1)
                            cursor_i <= cursor_i + 1'b1;
                        if (key_left && cursor_j > 0)
                            cursor_j <= cursor_j - 1'b1;
                        else if (key_right && cursor_j < BOARD_SIZE - 1)
                            cursor_j <= cursor_j + 1'b1;

                        if (key_ok)
                            state <= STATE_PUT_CHESS;        //按 OK 键上移棋子
                    end
                    else begin
                        //CPU's move
                        strategy_active <= 1'b1;
                        state <= STATE_WAIT;
```

```verilog
                    wait_count <= 0;
                end
        end

        STATE_WAIT:                                //等待白子,否则 CPU 判决太快
            if (wait_count >= WAIT_TIME)
                state <= STATE_DECIDE;
            else
                wait_count <= wait_count + 1'b1;

        STATE_DECIDE: begin                        //为本方比较最好和最差的分值,选择最好的位置
            strategy_active <= 1'b0;
            if (black_best_score > white_best_score ||
                (black_best_score == white_best_score && crt_player == BLACK))
    begin
                cursor_i <= black_best_i;
                cursor_j <= black_best_j;
            end
            else begin
                cursor_i <= white_best_i;
                cursor_j <= white_best_j;
            end

            state <= STATE_PUT_CHESS;
        end
        STATE_PUT_CHESS:                           //检查位置是否被占,如果没有就下子
            if (!chess_row[cursor_j]) begin
                move_count <= move_count + 8'b1;
                data_write <= 1'b1;
                state <= STATE_PUT_END;
            end
            else
                state <= STATE_MOVE;

        STATE_PUT_END: begin
            data_write <= 1'b0;
            win_active <= 1'b1;
            state <= STATE_CHECK;
        end

        STATE_CHECK: begin                         //检查是否某方赢棋或平局
            win_active <= 1'b0;
            if (is_win || move_count == BOARD_SIZE * BOARD_SIZE)
                state <= STATE_GAME_END;
            else begin
                crt_player <= ~crt_player;
                state <= STATE_MOVE;
            end
        end

        STATE_GAME_END: begin
```

```
                    if (is_win)  begin                    //某方赢棋
                        winner <= 2'b01 << crt_player;
                        data_clr <= 1'b1;
                        end
                    else    begin                         //是平局
                        winner <= 2'b11;
                        data_clr <= 1'b1;
                        end
                    //state <= STATE_IDLE;
                    //game_running <= 1'b0;
                end
            endcase
        end
    end
endmodule
```

6.4.4 gobang_strategy

按 black_i、black_j、black_ij、black_ji 和 white_i、white_j、white_ij、white_ji 在行、列和交叉的对角线方向计算黑白两子在局面上的分数。由 black_best_score 和 white_best_score 决定布子策略，如表 6-12 所示。

表 6-12 布子策略

	Player（黑子为例）				AI（白子为例）			
成行棋局	black_i	black_j	black_ij	black_ji	white_i	white_j	white_ij	white_ji
代码编号	b0	b1	b2	b3	w0	w1	w2	w3
最佳布局	Black_best_score，black_best_i，j				White_best_score，white_best_i，j			

gobang_strategy 文件代码如下：

```
module gobang_strategy(
    input wire clk,                          //时钟
    input wire rst,                          //复位
    input wire clr,                          //清除
    input wire active,                       //有效信号
    input wire random,                       //随机信号
    input wire [8:0] black_i,                //行
    input wire [8:0] black_j,                //列
    input wire [8:0] black_ij,               //主斜线
    input wire [8:0] black_ji,               //反斜线信息
    input wire [8:0] white_i,
    input wire [8:0] white_j,
    input wire [8:0] white_ij,
    input wire [8:0] white_ji,
    output reg [3:0] get_i,                  //考虑的当前行
    output reg [3:0] get_j,                  //考虑的当前列
    output reg [12:0] black_best_score,      //最好可能的分
    output reg [3:0] black_best_i,           //最好的行
    output reg [3:0] black_best_j,           //最好的列
```

```verilog
    output reg [12:0] white_best_score,
    output reg [3:0] white_best_i,
    output reg [3:0] white_best_j);

    localparam   BOARD_SIZE = 15;                    //棋盘参数
    localparam   STATE_IDLE = 1'b0,                  //状态参数
                 STATE_WORKING = 1'b1;

    reg state;

    // 四个方向的分值(Scores of the four directions)
    wire [12:0] black_score_i, black_score_j, black_score_ij, black_score_ji;
    wire [12:0] white_score_i, white_score_j, white_score_ij, white_score_ji;

    wire [12:0] black_score, white_score;            //总分值
    assign black_score = black_score_i + black_score_j +
                         black_score_ij + black_score_ji;
    assign white_score = white_score_i + white_score_j +
                         white_score_ij + white_score_ji;

    score_calculator                                 //分值计算
        calc_black_i(
            .my(black_i),
            .op(white_i),
            .score(black_score_i)),
        calc_black_j(
            .my(black_j),
            .op(white_j),
            .score(black_score_j)),
        calc_black_ij(
            .my(black_ij),
            .op(white_ij),
            .score(black_score_ij)),
        calc_black_ji(
            .my(black_ji),
            .op(white_ij),
            .score(black_score_ji)),
        calc_white_i(
            .my(white_i),
            .op(black_i),
            .score(white_score_i)),
        calc_white_j(
            .my(white_j),
            .op(black_j),
            .score(white_score_j)),
        calc_white_ij(
            .my(white_ij),
            .op(black_ij),
            .score(white_score_ij)),
        calc_white_ji(
            .my(white_ji),
```

```
                        .op(black_ji),
                        .score(white_score_ji));
//此策略的有限状态机。每次有效信号来到,此策略运行一次。
always @ (posedge clk or negedge rst) begin
    if (!rst || clr) begin
        get_i <= 4'b0;
        get_j <= 4'b0;
        black_best_score <= 0;
        black_best_i <= BOARD_SIZE / 2;
        black_best_j <= BOARD_SIZE / 2;
        white_best_score <= 0;
        white_best_i <= BOARD_SIZE / 2;
        white_best_j <= BOARD_SIZE / 2;
        state <= STATE_IDLE;
    end
    else if (!active && state == STATE_IDLE)
        state <= STATE_WORKING;
    else if (active && state == STATE_WORKING) begin
        // Calculate the best positions
        if ((get_i == 4'b0 && get_j == 4'b0) ||
            black_score > black_best_score ||
            (black_score == black_best_score && random)) begin
            black_best_score <= black_score;
            black_best_i <= get_i;
            black_best_j <= get_j;
        end
        if ((get_i == 4'b0 && get_j == 4'b0) ||
            white_score > white_best_score ||
            (white_score == white_best_score && random)) begin
            white_best_score <= white_score;
            white_best_i <= get_i;
            white_best_j <= get_j;
        end
        if (get_j == BOARD_SIZE - 1) begin          //移动到下一位置
            if (get_i == BOARD_SIZE - 1) begin
                get_i <= 4'b0;
                get_j <= 4'b0;
                state <= STATE_IDLE;
            end
            else begin
                get_i <= get_i + 1'b1;
                get_j <= 4'b0;
            end
        end
        else
            get_j <= get_j + 1'b1;
    end
end
endmodule
```

6.4.5 score_calculator

不同布子模式的分值如表 6-13 所示。

表 6-13 不同布子模式的分值

模式 pattern	stwo	ftwo	sthree	two	fthree	three	ffour	four	five
分值 score	2	4	5	8	15	40	70	300	2000

score_calculator 文件代码如下：

```
module score_calculator(
    input wire [8:0] my,                          //我方模式
    input wire [8:0] op,                          //对方模式
    output reg [12:0] score);                     //已知模式的分值

    wire [8:0] my_next;
    assign my_next = my | 9'b000010000;
    wire score2, score4, score5, score8, score15,
        score40, score70, score300, score2000;
    pattern_stwo pattern2(my_next, op, score2);   //模式识别
    pattern_ftwo pattern4(my_next, op, score4);
    pattern_sthree pattern5(my_next, op, score5);
    pattern_two pattern8(my_next, op, score8);
    pattern_fthree pattern15(my_next, op, score15);
    pattern_three pattern40(my_next, op, score40);
    pattern_ffour pattern70(my_next, op, score70);
    pattern_four pattern300(my_next, op, score300);
    pattern_five pattern2000(my_next, score2000);
    always @ ( * )
        if (my[4] || op[4])
            // Invalid pattern
            score = 0;
        else if (score2000)
            score = 2000;
        else if (score300)
            score = 300;
        else if (score70)
            score = 70;
        else if (score40)
            score = 40;
        else if (score15)
            score = 15;
        else if (score8)
            score = 8;
        else if (score5)
            score = 5;
        else if (score4)
            score = 4;
        else if (score2)
```

```
            score = 2;
        else
            score = 1;
endmodule
```

6.4.6 win_checker

win_checker 文件代码如下：

```
module win_checker(
    input wire clk,                              //时钟
    input wire rst,                              //复位
    input wire clr,                              //清除
    input wire active,                           //有效信号
    input wire [8:0] black_i,                    //行信息
    input wire [8:0] black_j,                    //列信息
    input wire [8:0] black_ij,                   //主斜线信息
    input wire [8:0] black_ji,                   //反斜线信息
    input wire [8:0] white_i,
    input wire [8:0] white_j,
    input wire [8:0] white_ij,
    input wire [8:0] white_ji,
    output reg [3:0] get_i,                      //被考虑的当前行
    output reg [3:0] get_j,                      //被考虑的当前列
    output reg is_win);                          //是否某方赢棋
    localparam BOARD_SIZE = 15;                  //棋盘参数
    localparam   STATE_IDLE = 1'b0,              //状态参数
                 STATE_WORKING = 1'b1;
    reg state;                                   //当前状态
    wire b0, b1, b2, b3, w0, w1, w2, w3;         //模式识别
    pattern_five pattern_b0(black_i, b0),
                 pattern_b1(black_j, b1),
                 pattern_b2(black_ij, b2),
                 pattern_b3(black_ji, b3),
                 pattern_w0(white_i, w0),
                 pattern_w1(white_j, w1),
                 pattern_w2(white_ij, w2),
                 pattern_w3(white_ji, w3);
    //  校验的有限状态机。  每次有效信号到来,校验运行一次。
    always @ (posedge clk or negedge rst) begin
        if (!rst || clr) begin
            get_i <= 4'b0;
            get_j <= 4'b0;
            is_win <= 0;
            state <= STATE_IDLE;
        end
        else if (!active && state == STATE_IDLE)
            state <= STATE_WORKING;
        else if (active && state == STATE_WORKING) begin
            f (get_i == 4'b0 && get_j == 4'b0)   //检验是否某方赢棋
                is_win <= b0 | b1 | b2 | b3 | w0 | w1 | w2 | w3;
```

```
        else
            is_win <= is_win | b0 | b1 | b2 | b3 | w0 | w1 | w2 | w3;

        if (get_j == BOARD_SIZE - 1) begin              // 移动到下一位置
            if (get_i == BOARD_SIZE - 1) begin
                get_i <= 4'b0;
                get_j <= 4'b0;
                state <= STATE_IDLE;
            end
            else begin
                get_i <= get_i + 1'b1;
                get_j <= 4'b0;
            end
        end
        else
            get_j <= get_j + 1'b1;
    end
end
endmodule
```

实例四的键盘输入程序见 6.1 节的 ps2_input _scane 程序。

6.4.7　输出显示

显示部分进行区域划分,将要显示的内容放置在 10 个 ROM 存储器中,根据需要调用。表 6-14 是为显示设置的 ROM 存储器。

表 6-14　为显示设置的 ROM 存储器

ROM 名称	coe 文件名	宽度	深度		显示的符号和内容(英文)
Chess_mem	Chess. coe	23	23	分布 ROM	○
Player_mem	Player. coe	72	19	块 ROM	○player
AI_mem	AI. coe	72	19	块 ROM	○AI
Ins_player_mem	Ins_player. coe	350	44	块 ROM	press ARROW keys to move press SPACE to confirm
Ins_AI_men	Ins_AI. coe	350	44	块 ROM	AI's move
Title_mem	Title. coe	141	357	块 ROM	GOBANG Verilog edition
Crt_ptr_mem	Crt_ptr. coe	32	14	分布 ROM	☞
Start_mem	Start. coe	350	44	块 ROM	Please press space to start
Black_win_mem	Black_win. coe	266	28	块 ROM	BLACK WINS
AI_win_mem	AI_win. coe	266	28	块 ROM	WHITE WINS

```
module vga_display(
    input wire clk,                             //时钟(25MHz)
    input wire rst,                             //复位
    input wire [3:0] cursor_i,                  //光标位置
    input wire [3:0] cursor_j,
    input wire black_is_player,                 //如果黑子不是 AI
    input wire white_is_player,                 //如果白子不是 AI
    input wire crt_player,                      //当前的棋手
```

```verilog
    input wire game_running,                    //正在下棋
    input wire [1:0] winner,                     //谁赢棋
    input wire [14:0] display_black,             //棋手的行信息
    input wire [14:0] display_white,
    output wire [3:0] display_i,                 //显示需要的行
    output wire sync_h,                          //VGA 水平同步信号
    output wire sync_v,                          //VGA 垂直同步信号
    output wire [3:0] r,                         //VGA 红分量信号
    output wire [3:0] g,                         //VGA 绿分量信号
    output wire [3:0] b);                        //VGA 蓝分量信号

    localparam BLACK = 1'b0,                     //各方参数
               WHITE = 1'b1;
    localparam BOARD_SIZE = 15,                  //棋盘显示参数
               GRID_SIZE = 23,
               GRID_X_BEGIN = 148,
               GRID_X_END = 492,
               GRID_Y_BEGIN = 68,
               GRID_Y_END = 412;
    localparam SIDE_BLACK_X_BEGIN = 545,         //各方信息显示参数
               SIDE_BLACK_X_END = 616,
               SIDE_BLACK_Y_BEGIN = 182,
               SIDE_BLACK_Y_END = 200,
               SIDE_WHITE_X_BEGIN = 545,
               SIDE_WHITE_X_END = 616,
               SIDE_WHITE_Y_BEGIN = 278,
               SIDE_WHITE_Y_END = 296;
    localparam CRT_BLACK_X_BEGIN = 510,
               CRT_BLACK_X_END = 541,
               CRT_BLACK_Y_BEGIN = 185,
               CRT_BLACK_Y_END = 198,
               CRT_WHITE_X_BEGIN = 510,
               CRT_WHITE_X_END = 541,
               CRT_WHITE_Y_BEGIN = 281,
               CRT_WHITE_Y_END = 294;
    localparam TITLE_X_BEGIN = 0,                //标题显示参数
               TITLE_X_END = 140,
               TITLE_Y_BEGIN = 62,
               TITLE_Y_END = 418;
    localparam INS_X_BEGIN = 145,                //指令显示参数
               INS_X_END = 494,
               INS_Y_BEGIN = 424,
               INS_Y_END = 467;
    localparam RES_X_BEGIN = 187,                //结果显示参数
               RES_X_END = 452,
               RES_Y_BEGIN = 20,
               RES_Y_END = 47;
    wire video_on;                               //当前显示颜色
    reg [11:0] rgb;
    assign r = video_on ? rgb[11:8]:4'b0;
```

```verilog
        assign g = video_on ? rgb[7:4]:4'b0;
        assign b = video_on ? rgb[3:0]:4'b0;
        wire [9:0] x, y;                                    //VGA 控制信号发生器
        vga_640x480 sync(
                .pclk(clk),
                .reset(rst),
                .hsync(sync_h),
                .vsync(sync_v),
                .valid(video_on),
                .h_cnt(x),
                .v_cnt(y) );
        reg [3:0] row, col;                                 //棋盘显示寄存器
        integer delta_x, delta_y;
        assign display_i = row < BOARD_SIZE ? row : 4'b0;
        wire [22:0] chess_piece_data;                       //被显示需要的模式
chess_mem chess_piece (
.a(delta_y + GRID_SIZE/2),                                   //input wire [4:0] a
.clk(clk),                                                   //input wire clk
.qspo_ce(x >= GRID_X_BEGIN && x <= GRID_X_END && y >= GRID_Y_BEGIN && y <= GRID_Y_END),
                                                            //input wire qspo_ce
.qspo(chess_piece_data));                                    //output wire [31:0] qspo

  wire [71:0] black_player_data, black_ai_data,             //Patterns needed to be displayed
              white_player_data, white_ai_data;
player_mem   black_player (
    .clka(clk),                                             //input wire clka
    .ena(x >= SIDE_BLACK_X_BEGIN && x <= SIDE_BLACK_X_END && y >= SIDE_BLACK_Y_BEGIN
            && y <= SIDE_BLACK_Y_END),                      //input wire ena
    .addra(y - SIDE_BLACK_Y_BEGIN),                         //input wire [4:0] addra
    .douta(black_player_data));                             //output wire [71:0] douta
player_mem white_player (
    .clka(clk),                                             //input wire clka
    .ena(x >= SIDE_WHITE_X_BEGIN && x <= SIDE_WHITE_X_END && y >= SIDE_WHITE_Y_BEGIN
            && y <= SIDE_WHITE_Y_END),                      //input wire ena
    .addra( y - SIDE_WHITE_Y_BEGIN),                        //input wire [4:0] addra
    .douta(white_player_data));                             //output wire [71:0] douta
AI_mem   black_ai (
    .clka(clk),                                             //input wire clka
    .ena(x >= SIDE_BLACK_X_BEGIN && x <= SIDE_BLACK_X_END && y >= SIDE_BLACK_Y_BEGIN
            && y <= SIDE_BLACK_Y_END),                      //input wire ena
    .addra(y - SIDE_BLACK_Y_BEGIN),                         //input wire [4:0] addra
    .douta(black_ai_data));                                 //output wire [71:0] douta
AI_mem white_ai (
    .clka(clk),                                             //input wire clka
    .ena(x >= SIDE_WHITE_X_BEGIN && x <= SIDE_WHITE_X_END && y >= SIDE_WHITE_Y_BEGIN
            && y <= SIDE_WHITE_Y_END),                      //input wire ena
    .addra( y - SIDE_WHITE_Y_BEGIN),                        //input wire [4:0] addra
    .douta(white_ai_data));                                 //output wire [71:0] douta
wire [31:0] black_ptr_data, white_ptr_data;
crt_ptr_mem black_ptr(
        .a(y - CRT_BLACK_Y_BEGIN),                          //input wire [3:0] a
```

```
            .clk(clk),                                              //input wire clk
            .qspo_ce(x >= CRT_BLACK_X_BEGIN && x <= CRT_BLACK_X_END && y >=
                CRT_BLACK_Y_BEGIN && y <= CRT_BLACK_Y_END),   //input wire qspo_ce
            .qspo(black_ptr_data));                              //output wire [31:0] qspo
    crt_ptr_mem white_ptr(
            .a(y - CRT_WHITE_Y_BEGIN),                           //input wire [3:0] a
            .clk(clk),                                            //input wire clk
            .qspo_ce(x >= CRT_WHITE_X_BEGIN && x <= CRT_WHITE_X_END && y >=
                CRT_WHITE_Y_BEGIN && y <= CRT_WHITE_Y_END), //input wire qspo_ce
            .qspo(white_ptr_data));                              //output wire [31:0] qspo
        reg [356:0] title_y;
        wire [140:0] title_data;
    title_mem title (
        .clka(clk),                                              //input wire clka
        .ena( x >= TITLE_X_BEGIN && x <= TITLE_X_END && y >= TITLE_Y_BEGIN && y <= ITLE_Y_END),
                                                                //input wire ena
        .addra(y - TITLE_Y_BEGIN),                               //input wire [8:0] addra
        .douta(title_data));                                    //output wire [140:0] douta
        wire [349:0] ins_start_data, ins_player_data, ins_ai_data;
    start_mem   ins_start (
            .clka(clk),                                          //input wire clka
            .ena(x >= INS_X_BEGIN && x <= INS_X_END && y >= INS_Y_BEGIN && y <= INS_Y_END),
            .addra(y - INS_Y_BEGIN),                             //input wire [5:0] addra
            .douta(ins_start_data));                            //output wire [349:0] douta


    ins_player_mem ins_player (
        .clka(clk),                                              //input wire clka
        .ena(x >= INS_X_BEGIN && x <= INS_X_END && y >= INS_Y_BEGIN && y <= INS_Y_END),
        .addra(y - INS_Y_BEGIN),                                 //input wire [5:0] addra
        .douta(ins_player_data));                               //output wire [349:0] douta
    ins_AI_mem ins_ai (
        .clka(clk),                                              //input wire clka
        .ena(x >= INS_X_BEGIN && x <= INS_X_END && y >= INS_Y_BEGIN && y <= INS_Y_END),
        .addra( y - INS_Y_BEGIN),                                //input wire [5:0] addra
        .douta(ins_ai_data));                                   //output wire [349:0] douta
        wire [265:0] black_wins_data, white_wins_data, res_draw_data;
    black_win_mem black_wins(
        .clka(clk),                                              //input wire clka
        .ena(x >= RES_X_BEGIN && x <= RES_X_END && y >= RES_Y_BEGIN && y <= RES_Y_END),
        .addra( y - RES_Y_BEGIN),                                //input wire [4:0] addra
        .douta(black_wins_data));                               //output wire [266:0] douta
    white_win_mem white_wins(
        .clka(clk),                                              //input wire clka
        .ena(x >= RES_X_BEGIN && x <= RES_X_END && y >= RES_Y_BEGIN && y <= RES_Y_END),
        .addra( y - RES_Y_BEGIN),                                //input wire [4:0] addra
        .douta(white_wins_data));                               //output wire [266:0] douta

    always @ (x or y) begin                                      //计算当前行和列
        if (y >= GRID_Y_BEGIN &&
            y < GRID_Y_BEGIN + GRID_SIZE)
            row = 4'b0000;
```

```
        else if (y >= GRID_Y_BEGIN + GRID_SIZE &&
                y < GRID_Y_BEGIN + GRID_SIZE * 2)
            row = 4'b0001;
        else if (y >= GRID_Y_BEGIN + GRID_SIZE * 2 &&
                y < GRID_Y_BEGIN + GRID_SIZE * 3)
            row = 4'b0010;
        else if (y >= GRID_Y_BEGIN + GRID_SIZE * 3 &&
                y < GRID_Y_BEGIN + GRID_SIZE * 4)
            row = 4'b0011;
        else if (y >= GRID_Y_BEGIN + GRID_SIZE * 4 &&
                y < GRID_Y_BEGIN + GRID_SIZE * 5)
            row = 4'b0100;
        else if (y >= GRID_Y_BEGIN + GRID_SIZE * 5 &&
                y < GRID_Y_BEGIN + GRID_SIZE * 6)
            row = 4'b0101;
        else if (y >= GRID_Y_BEGIN + GRID_SIZE * 6 &&
                y < GRID_Y_BEGIN + GRID_SIZE * 7)
            row = 4'b0110;
        else if (y >= GRID_Y_BEGIN + GRID_SIZE * 7 &&
                y < GRID_Y_BEGIN + GRID_SIZE * 8)
            row = 4'b0111;
        else if (y >= GRID_Y_BEGIN + GRID_SIZE * 8 &&
                y < GRID_Y_BEGIN + GRID_SIZE * 9)
            row = 4'b1000;
        else if (y >= GRID_Y_BEGIN + GRID_SIZE * 9 &&
                y < GRID_Y_BEGIN + GRID_SIZE * 10)
            row = 4'b1001;
        else if (y >= GRID_Y_BEGIN + GRID_SIZE * 10 &&
                y < GRID_Y_BEGIN + GRID_SIZE * 11)
            row = 4'b1010;
        else if (y >= GRID_Y_BEGIN + GRID_SIZE * 11 &&
                y < GRID_Y_BEGIN + GRID_SIZE * 12)
            row = 4'b1011;
        else if (y >= GRID_Y_BEGIN + GRID_SIZE * 12 &&
                y < GRID_Y_BEGIN + GRID_SIZE * 13)
            row = 4'b1100;
        else if (y >= GRID_Y_BEGIN + GRID_SIZE * 13 &&
                y < GRID_Y_BEGIN + GRID_SIZE * 14)
            row = 4'b1101;
        else if (y >= GRID_Y_BEGIN + GRID_SIZE * 14 &&
                y < GRID_Y_BEGIN + GRID_SIZE * 15)
            row = 4'b1110;
        else
            row = 4'b1111;
        if (x >= GRID_X_BEGIN &&
            x < GRID_X_BEGIN + GRID_SIZE)
            col = 4'b0000;
        else if (x >= GRID_X_BEGIN + GRID_SIZE &&
                x < GRID_X_BEGIN + GRID_SIZE * 2)
            col = 4'b0001;
```

```verilog
        else if (x >= GRID_X_BEGIN + GRID_SIZE * 2 &&
                x < GRID_X_BEGIN + GRID_SIZE * 3)
            col = 4'b0010;
        else if (x >= GRID_X_BEGIN + GRID_SIZE * 3 &&
                x < GRID_X_BEGIN + GRID_SIZE * 4)
            col = 4'b0011;
        else if (x >= GRID_X_BEGIN + GRID_SIZE * 4 &&
                x < GRID_X_BEGIN + GRID_SIZE * 5)
            col = 4'b0100;
        else if (x >= GRID_X_BEGIN + GRID_SIZE * 5 &&
                x < GRID_X_BEGIN + GRID_SIZE * 6)
            col = 4'b0101;
        else if (x >= GRID_X_BEGIN + GRID_SIZE * 6 &&
                x < GRID_X_BEGIN + GRID_SIZE * 7)
            col = 4'b0110;
        else if (x >= GRID_X_BEGIN + GRID_SIZE * 7 &&
                x < GRID_X_BEGIN + GRID_SIZE * 8)
            col = 4'b0111;
        else if (x >= GRID_X_BEGIN + GRID_SIZE * 8 &&
                x < GRID_X_BEGIN + GRID_SIZE * 9)
            col = 4'b1000;
        else if (x >= GRID_X_BEGIN + GRID_SIZE * 9 &&
                x < GRID_X_BEGIN + GRID_SIZE * 10)
            col = 4'b1001;
        else if (x >= GRID_X_BEGIN + GRID_SIZE * 10 &&
                x < GRID_X_BEGIN + GRID_SIZE * 11)
            col = 4'b1010;
        else if (x >= GRID_X_BEGIN + GRID_SIZE * 11 &&
                x < GRID_X_BEGIN + GRID_SIZE * 12)
            col = 4'b1011;
        else if (x >= GRID_X_BEGIN + GRID_SIZE * 12 &&
                x < GRID_X_BEGIN + GRID_SIZE * 13)
            col = 4'b1100;
        else if (x >= GRID_X_BEGIN + GRID_SIZE * 13 &&
                x < GRID_X_BEGIN + GRID_SIZE * 14)
            col = 4'b1101;
        else if (x >= GRID_X_BEGIN + GRID_SIZE * 14 &&
                x < GRID_X_BEGIN + GRID_SIZE * 15)
            col = 4'b1110;
        else
            col = 4'b1111;

        delta_x = GRID_X_BEGIN + col * GRID_SIZE + GRID_SIZE/2 - x;
        delta_y = GRID_Y_BEGIN + row * GRID_SIZE + GRID_SIZE/2 - y;
    end
    always @ (posedge clk) begin                          //计算颜色
        if (x >= GRID_X_BEGIN && x <= GRID_X_END &&
            y >= GRID_Y_BEGIN && y <= GRID_Y_END) begin
            // Draw the chessboard
            if (display_black[col] &&
                chess_piece_data[delta_x + GRID_SIZE/2])
```

```verilog
                    rgb <= 12'h000;                                //布黑子
                else if (display_white[col] &&
                        chess_piece_data[delta_x + GRID_SIZE/2])
                    rgb <= 12'hfff;                                //布白子
                else if (row == cursor_i && col == cursor_j &&
                        (delta_x == GRID_SIZE/2 || delta_x ==- (GRID_SIZE/2) ||
                        delta_y == GRID_SIZE/2 || delta_y ==- (GRID_SIZE/2)))
                    rgb <= 12'hf00;                                //布红框作光标
                else if (delta_x == 0 || delta_y == 0)
                    rgb <= 12'hda6;                                //画栅格亮边界
                else if (delta_x == 1 || delta_y == 1)
                    rgb <= 12'h751;                                //画栅格边界
                else
                    rgb <= 12'hc81;
            end
        else if (x >= CRT_BLACK_X_BEGIN && x <= CRT_BLACK_X_END &&
                y >= CRT_BLACK_Y_BEGIN && y <= CRT_BLACK_Y_END) begin
            // Draw the current player pointer for black side
            rgb <= game_running && crt_player == BLACK &&
                    black_ptr_data[CRT_BLACK_X_END - x] ? 12'h000:12'hc81;
        end
        else if (x >= CRT_WHITE_X_BEGIN && x <= CRT_WHITE_X_END &&
                y >= CRT_WHITE_Y_BEGIN && y <= CRT_WHITE_Y_END) begin
            // Draw the current player pointer for white side
            rgb <= game_running && crt_player == WHITE &&
                    white_ptr_data[CRT_WHITE_X_END - x] ? 12'hfff:12'hc81;
        end
        else if (x >= SIDE_BLACK_X_BEGIN && x <= SIDE_BLACK_X_END &&
                y >= SIDE_BLACK_Y_BEGIN && y <= SIDE_BLACK_Y_END) begin
            if (black_is_player)                                   //画谁执黑子

                rgb <= black_player_data[SIDE_BLACK_X_END - x] ? 12'h000:12'hc81;
            else
                rgb <= black_ai_data[SIDE_BLACK_X_END - x] ? 12'h000:12'hc81;
        end
        else if (x >= SIDE_WHITE_X_BEGIN && x <= SIDE_WHITE_X_END &&
                y >= SIDE_WHITE_Y_BEGIN && y <= SIDE_WHITE_Y_END) begin
            if (white_is_player)                                   //画谁执白子
                rgb <= white_player_data[SIDE_WHITE_X_END - x] ?
                        12'hfff:12'hc81;
            else
                rgb <= white_ai_data[SIDE_WHITE_X_END - x] ? 12'hfff:12'hc81;
        end
        else if (x >= INS_X_BEGIN && x <= INS_X_END &&
                y >= INS_Y_BEGIN && y <= INS_Y_END) begin
            if (!game_running)                                     //画指令
                rgb <= ins_start_data[INS_X_END - x] ? 12'h000:12'hc81;
            else if ((black_is_player && crt_player == BLACK) ||
                    (white_is_player && crt_player == WHITE))
                rgb <= ins_player_data[INS_X_END - x] ? 12'h000:12'hc81;
            else
                rgb <= ins_ai_data[INS_X_END - x] ? 12'h000:12'hc81;
        end
        else if (x >= RES_X_BEGIN && x <= RES_X_END &&
```

```
                    y > = RES_Y_BEGIN && y < = RES_Y_END) begin
              case (winner)                           //画结果
              2'b00: rgb < = 12'hc81;
              2'b01: rgb < = black_wins_data[RES_X_END−x] ? 12'h000:12'hc81;
              2'b10: rgb < = white_wins_data[RES_X_END−x] ? 12'hfff:12'hc81;
              2'b11: rgb < = res_draw_data[RES_X_END−x] ? 12'hfff:12'hc81;
              endcase
          end
          else if (二 x > = TITLE_X_BEGIN && x < = TITLE_X_END &&
                    y > = TITLE_Y_BEGIN && y < = TITLE_Y_END) begin
              rgb < = title_data[TITLE_X_END−x] ? 12'hfff : 12'hc81;    // 画标题
          end
          else   rgb < = 12'hc81;                          // 画背景
      end
      endmodule
```

coe 文件的编制方法(一)步骤如下：

（1）在 Vivado 设计项目界面下，由 file 菜单选择 New File，File Name 拦输入要建立 coe 文件名称，例如 new. coe，单击 save 保存此将打开的空白文件。

（2）在空白文件的前两行输入：memory_initialization_radix = 2；
                              memory_initialization_vector =

（3）按照 ROM 存储器的宽度和深度输入相应个数的 0，再按照设计的显示内容将 0 改为 1 后保存即可。

图 6-19 为设计 player. mem 存储器需要的 player. coe 文件，采用了方法(一)。

Tital. coe 文件的编制方法(二)的步骤如下：

按照 6.2 节介绍的方法，利用 MATLAB 的 img2coe 函数，对在图画界面中生成的图片进行转换。

例如，在画图界面生成如图 6-20 所示的 141 × 357 像素的 gobang. jpg 图片，到 MATLAB 中转换 coe 文件。但要对读取 JPG 图片进行灰度化处理和二植化处理得到一位的二进制数值，并且一行为 141 像素的数值要整合在一起成为一个宽度为 141 的数值。程序见表 6-7。对应图 6-20 生成的 coe 文件如图 6-21 所示，对弈结果如图 6-22 所示。

```
memory_initialization_radix=2;
memory_initialization_vector=
000000□11111100000000000000000000000000000000000000000000000000,
000011111111110000000000000000000000000000000000000000000000000,
000111111111111110000000000000000000000000000000000000000000000,
001111111111111111110000000111100001000100000101111111101111100,
011111111111111111000000010010010000010001000001010000001000010,
011111111111111000000010000100000101000010001001000000001000001,
111111111111111000000100000100001010000100010010000000001000001,
111111111111111000000100000100001010000101000100000000001000010,
111111111111111000001111100001000010001000011111101111111111100,
111111111111111000010000000100010010100010100000000000001111100,
111111111111111000010000000100010001111000010000000000000000010,
011111111111111000100000000100010000100000010000000000000010010,
011111111111111000100000000100010000100000100000000000000010001,
001111111111111000001000001000000111111010001000100001111111110001,
000111111111111000010000001000001000000100010010000011111110001,
000011111111110000100000000011111100000000000000000000000000000,
000000111111110000000000000000000000000000000000000000000000000;
```

图 6-19 采用方法(一)生成 player. coe 文件   图 6-20 gobang. jpg 图片

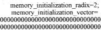

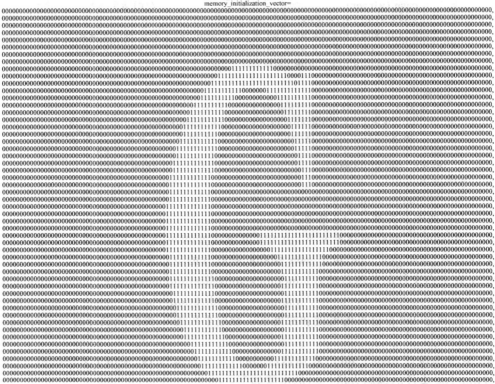

图 6-21　对应图 6-20 的 coe 文件头和尾选段

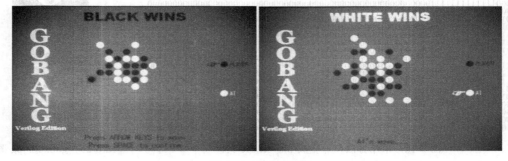

图 6-22　对弈结果

习题

6.1　选择学校或公司的 Logo,完成扫描显示 Logo 的设计。

6.2　自选设计课题,在 640×480 VGA 显示屏幕显示设计结果,例如贪吃蛇、俄罗斯方块、避障、赛车和五子棋等。

6.3　在嵌入式系统中,实现很多设计项目需要的 PWM 外设,例如智能小车、机械臂、双足机器人和电动机控制等。

6.4　在电子琴设计项目中,完成 PS2 键盘输入控制和弹奏,VGA 显示器显示琴键与演奏的协同变化,音频放大的输出效果等。

附录 A
APPENDIX A

EGO1 用户手册

A.1 概述

EGO1 是依元素科技基于 Xilinx Artix-7 FPGA 研发的便携式数模混合基础教学平台，如图 A-1 所示。EGO1 配备的 FPGA（XC7A35T-1CSG324C）具有大容量、高性能等特点，能实现较复杂的数字逻辑设计；在 FPGA 内可以构建 MicroBlaze 处理器系统，可进行 SoC 设计。该平台拥有丰富的外设以及灵活的通用扩展接口，如表 A-1 所示。

图 A-1　EGO1 教学平台

表 A-1　EGO1 平台外设概览

编　号	描　　述	编　号	描　　述
1	VGA 接口	9	1 个 8 位 DIP 开关
2	音频接口	10	5 个按键
3	USB 转 UART 接口	11	1 个模拟电压输入
4	USB 转 JTAG 接口	12	1 个 DAC 输出接口
5	USB 转 PS2 接口	13	SRAM 存储器
6	2 个 4 位数码管	14	SPI Flash 存储器
7	16 个 LED 灯	15	蓝牙模块
8	8 个拨码开关	16	通用扩展接口

A.2　FPGA

EGO1 采用 Xilinx Artix-7 系列 XC7A35T-1CSG324C FPGA,其资源如表 A-2 所示。

表 A-2　XC7A35T-1CSG324C FPGA 资源

资　　源	部件序号	XC7A12T	XC7A15T	XC7A25T	XC7A35T
逻辑资源	逻辑单元	12 800	16 640	23 360	33 280
	晶片分割	2000	2600	3650	5200
	CLB 触发器	16 000	20 800	29 200	41 000
存储资源	最大分布式 RAM(Kb)	171	200	313	400
	Block RAM/FIFO w/ECC(每个 36Kb)	20	25	45	50
	总 Block RAM(Kb)	720	900	1620	1800
时钟资源	CMTs(1 MMCM+1 PLL)	3	5	3	5
I/O 资源	最大单端 I/O	150	250	150	250
	最大差分 I/O 对	72	120	72	120
嵌入式硬 IP 资源	DSP48E1	40	45	80	90
	PCIe Gen2	1	1	1	1
	模拟混合信号(AMS)/XADC	1	1	1	1
	配置 AES/HMAC 块	1	1	1	1
	GTP 收发机(6.6Gb/s 最大速率)	2	4	4	4
速率等级	商业	−1,−2	−1,−2	−1,−2	−1,−2
	扩展	−2L,−3	−2L,−3	−2L,−3	−2L,−3
	工业	−1,−2,−1L	−1,−2,−1L	−1,−2,−1L	−1,−2,−1L

A.3　板卡供电

EGO1 提供两种供电方式:Type-C 和外接直流电源。EGO1 提供了一个 Type-C 接口,功能为 UART 和 JTAG,该接口可以用于为板卡供电。板卡上提供电压转换电路将 Type-C 输入的 5V 电压转换为板卡上各类芯片需要的工作电压。上电成功后红色 LED 灯(D18)点亮。

A.4　系统时钟

EGO1 搭载一个 100MHz 的时钟芯片,输出的时钟信号直接与 FPGA 全局时钟输入引脚(P17)相连,如表 A-3 所示。若设计中还需要其他频率的时钟,可以采用 FPGA 内部的

MMCM 生成。

表 A-3　EGO1 时钟引脚和标号

名　　称	原理图标号	FPGA IO PIN
时钟引脚	SYS_CLK	P17

A.5　FPGA 配置

EGO1 在开始工作前必须先配置 FPGA,板上提供以下方式配置 FPGA:

(1) USB 转 JTAG 接口 J22;

(2) 6-pin JTAG 连接器接口 J3;

(3) SPI Flash 上电自启动。

FPGA 的配置文件为后缀名 .bit 的文件,用户可以通过上述三种方法将该 .bit 文件写入 FPGA 中,该文件可以通过 Vivado 工具生成,.bit 文件的具体功能由用户的原始设计文件决定。

在使用 SPI Flash 配置 FPGA 时,需要提前将配置文件写入 Flash 中。Xilinx 开发工具 Vivado 提供了写入 Flash 的功能。板上 SPI Flash 型号为 N25Q32,支持 3.3V 电压配置,如图 A-2 所示。FPGA 配置成功后 D24 将点亮。

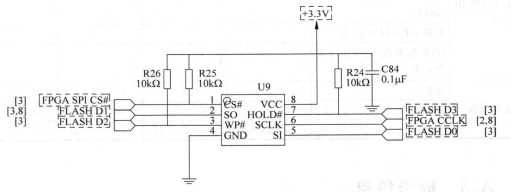

图 A-2　SPI Flash 配置 FPGA 电路图

A.6　通用 I/O 接口

通用 I/O 接口外设包括 2 个专用按键、5 个通用按键、8 个拨码开关、1 个 8 位 DIP 开关、16 个 LED 灯、8 个七段数码管。

A.6.1　按键

两个专用按键分别用于逻辑复位 RST(S6)和清除 FPGA 配置 PROG(S5)如图 A-3 所示。当设计中不需要外部触发复位时,RST 按键可以用作其他逻辑触发功能。

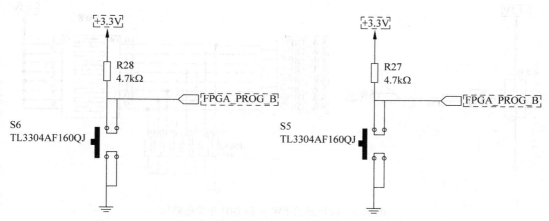

图 A-3　RST 逻辑复位 S6（左图）和 PROG 擦除按键 S5（右图）

表 A-4 为逻辑复位的 FPGA 输入引脚。

表 A-4　逻辑复位的 FPGA 输入引脚

名　称	原理图标号	FPGA IO PIN
复位引脚	FPGA_RESET	P15

五个通用按键，默认为低电平，按键按下时输出高电平。图 A-4 给出了 S0 按键的电路图，其他四个按键的电路是相同的。

五个通用按键连接 FPGA 的引脚如表 A-5 所示。

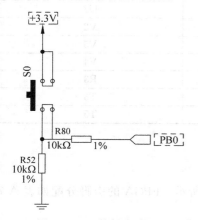

图 A-4　S0 按键电路图

表 A-5　通用按键的 FPGA 引脚分配

名　称	原理图标号	FPGA IO PIN
S0	PB0	R11
S1	PB1	R17
S2	PB2	R15
S3	PB3	V1
S4	PB4	U4

A.6.2　开关

开关包括 8 个拨码开关和一个 8 位 DIP 开关。电路如图 A-5 所示，引脚分配如表 A-6 所示。

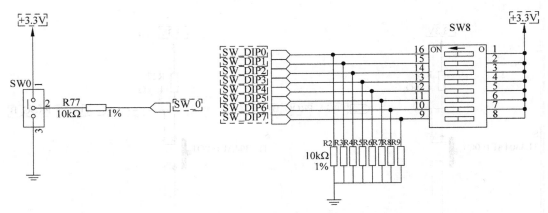

图 A-5　拨码开关 SW_0 和 DIP 开关电路图

表 A-6　拨码开关引脚分配表

名　称	原理图标号	FPGA IO PIN
SW0	SW_0	P5
SW1	SW_1	P4
SW2	SW_2	P3
SW3	SW_3	P2
SW4	SW_4	R2
SW5	SW_5	M4
SW6	SW_6	N4
SW7	SW_7	R1
SW8	SW_DIP0	U3
	SW_DIP1	U2
	SW_DIP2	V2
	SW_DIP3	V5
	SW_DIP4	V4
	SW_DIP5	R3
	SW_DIP6	T3
	SW_DIP7	T5

A.6.3　LED

LED 在 FPGA 输出高电平时被点亮,电路图如图 A-6 所示。FPGA 的引脚分配如表 A-7 所示。颜色全部为绿色。

表 A-7　LED 的 FPGA 引脚分配

名　称	原理图标号	FPGA IO PIN
D0	LED0	F6
D1	LED1	G4
D2	LED2	G3
D3	LED3	J4

续表

名　称	原理图标号	FPGA IO PIN
D4	LED4	H4
D5	LED5	J3
D6	LED6	J2
D7	LED7	K2
D8	LED8	K1
D9	LED9	H6
D10	LED10	H5
D11	LED11	J5
D12	LED12	K6
D13	LED13	L1
D14	LED14	M1
D15	LED15	K3

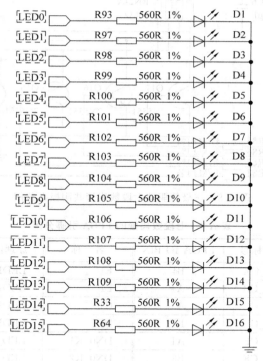

图 A-6　LED 电路图

A.6.4　七段数码管

数码管为共阴极数码管,即公共极输入低电平。共阴极由三极管驱动,FPGA 需要提供正向信号。同时,段选端连接高电平,数码管上的对应位置才可以被点亮。因此,FPGA 输出有效的片选信号和段选信号都应该是高电平。

七段数码管的电路图如图 A-7 所示,4 对七段数码管的段选信号电路图如图 A-8 所示。七段数码管的 FPGA 引脚分配如表 A-8 所示。

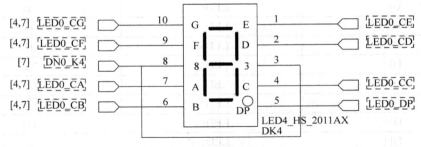

图 A-7　七段数码管电路图

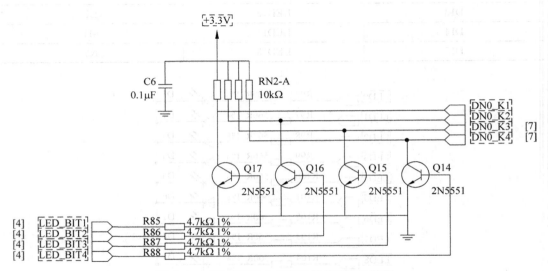

图 A-8　三极管驱动七段数码管共阴极电路图

表 A-8　七段数码管的 FPGA 引脚分配

名　称	原理图标号	FPGA IO PIN	名　称	原理图标号	FPGA IO PIN
A0	LED0_CA	B4	E1	LED1_CE	F3
B0	LED0_CB	A4	F1	LED1_CF	E2
C0	LED0_CC	A3	G1	LED1_CG	D2
D0	LED0_CD	B1	DP1	LED1_DP	H2
E0	LED0_CE	A1	DN0_K1	LED_BIT1	G2
F0	LED0_CF	B3	DN0_K2	LED_BIT2	C2
G0	LED0_CG	B2	DN0_K3	LED_BIT3	C1
DP0	LED0_DP	D5	DN0_K4	LED_BIT4	H1
A1	LED1_CA	D4	DN0_K5	LED_BIT5	G1
B1	LED1_CB	E3	DN1_K6	LED_BIT6	F1
C1	LED1_CC	D3	DN1_K7	LED_BIT7	E1
D1	LED1_CD	F4	DN1_K8	LED_BIT8	G6

A.7 VGA 接口

EGO1 上的 VGA 接口(J1)通过 14 位信号线与 FPGA 连接,红、绿、蓝三个颜色信号各占 4 位,另外还包括行同步和场同步信号。表 A-9 为 VGA 接口的 FPGA 引脚分配。图 A-9 为 VGA 接口电路图。

表 A-9 VGA 接口的 FPGA 引脚分配

名 称	原理图标号	FPGA IO PIN	名 称	原理图标号	FPGA IO PIN
RED	VGA_R0	F5	BLUE	VGA_B0	C7
	VGA_R1	C6		VGA_B1	E6
	VGA_R2	C5		VGA_B2	E5
	VGA_R3	B7		VGA_B3	E7
GREEN	VGA_G0	B6			
	VGA_G1	A6	H-SYN	VGA_HSYNC	D7
	VGA_G2	A5	V-SYNC	VGA_VSYNC	C4
	VGA_G3	D8			

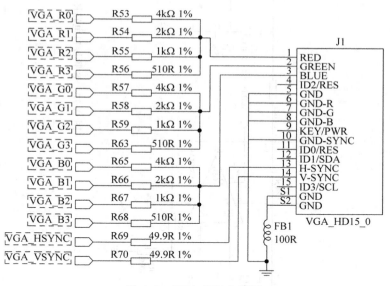

图 A-9 VGA 接口电路图

A.8 音频接口

EGO1 上的单声道音频输出接口(J12)由图 A-10 所示的低通滤波器电路驱动。滤波器的输入信号(AUDIO_PWM)是由 FPGA 产生的脉冲宽度调制信号(PWM)或脉冲密度调制信号(PDM)。低通滤波器将输入的数字信号转化为模拟电压信号输出到音频插孔上。

脉冲宽度调制信号是一连串频率固定的脉冲信号,每个脉冲的宽度都可能不同。这种数字信号在通过一个简单的低通滤波器后,被转化为模拟电压信号,电压的大小跟一定区间

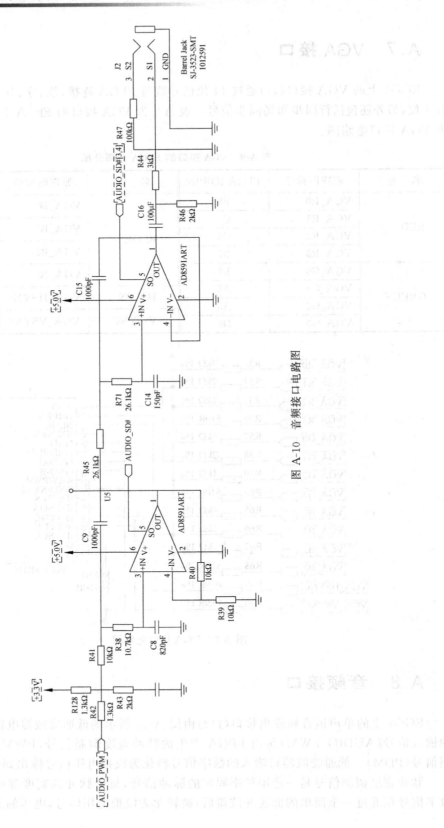

图 A-10 音频接口电路图

内的平均脉冲宽度成正比。这个区间由低通滤波器的 3dB 截止频率和脉冲频率共同决定。例如,脉冲为高电平的时间占有效脉冲周期的 10%,滤波电路产生的模拟电压值就是 Vdd 电压的 1/10。

图 A-11 是一个简单的 PWM 信号波形。

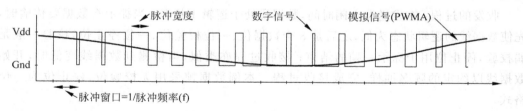

图 A-11　PWM 信号的波形

低通滤波器 3dB 频率要比 PWM 信号频率低一个数量级,这样 PWM 频率上的信号能量才能从输入信号中过滤出来。例如,要得到一个最高频率为 5kHz 的音频信号,那么 PWM 信号的频率至少为 50kHz 或者更高。通常,考虑到模拟信号的保真度,PWM 信号的频率越高越好。图 A-12 是 PWM 信号整合之后输出模拟电压的过程示意图,可以看到滤波器输出信号幅度与 Vdd 的比值等于 PWM 信号的占空比。

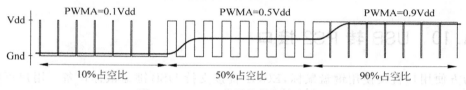

图 A-12　PWM 信号的模拟输出波形

表 A-10 为音频 PWM 的 FPGA 引脚分配。

表 A-10　音频 PWM 的 FPGA 引脚分配

名　称	原理图标号	FPGA IO PIN
AUDIO PWM	AUDIO_PWM	T1
AUDIO SD	AUDIO_SD#	M6

A.9　USB-UART/JTAG 接口

USB-UART/JTAG 模块将 UART/JTAG 转换成 USB 接口,用户可以非常方便地直接使用 USB 线缆连接板卡与 PC 的 USB 接口,通过 Xilinx 的配置软件如 Vivado 完成对板卡的配置。同时,也可以通过串口功能与上位机进行通信。

表 A-11 为串口信号的 FPGA 引脚分配。

表 A-11　串口信号的 FPGA 引脚分配

名　称	原理图标号	FPGA IO PIN
UART RX	UART_RX	T4(FPGA 串口发送端)
UART TX	UART_TX	N5(FPGA 串口接收端)

UATR 的全称是通用异步收发器,是实现设备之间低速数据通信的标准协议。"异步"指不需要额外的时钟线进行数据的同步传输,双方约定在同一个频率下收发数据,此接口只需要两条信号线(RXD、TXD)就可以完成数据的相互通信,接收和发送可以同时进行,也就是全双工。

收发的过程:在发送器空闲时间,数据线处于逻辑 1 状态;当提示有数据要传输时,首先使数据线的逻辑状态为低,之后是 8 个数据位、一位校验位、一位停止位,校验一般是奇偶校验,停止位用于标示一帧的结束;接收过程亦类似,当检测到数据线变低时,开始对数据线以约定的频率抽样,完成接收过程。本例数据帧采用无校验位、停止位为一位的格式。

UART 的数据帧格式如图 A-13 所示。

图 A-13　UART 的数据帧格式

A.10　USB 转 PS2 接口

为方便用户直接使用键盘鼠标,EGO1 直接支持 USB 键盘鼠标设备。用户可将标准的 USB 键盘鼠标设备直接接入板上 J4 USB 接口,通过 PIC24FJ128 转换为标准的 PS2 协议接口。该接口不支持 USB 集线器,只能连接一个鼠标或键盘。鼠标和键盘通过标准的 PS2 接口信号与 FPGA 进行通信。表 A-12 为 USB 转 PS2 键盘信号的 FPGA 引脚分配。

表 A-12　USB 转 PS2 键盘信号的 FPGA 引脚分配

PIC24FJ128	原理图标号	FPGA IO PIN
15	PS2_CLK	K5
12	PS2_DATA	L4

A.11　SRAM 接口

板卡搭载的 IS61WV12816BLL SRAM 芯片,总容量为 8Mbit。该 SRAM 为异步式 SRAM,最高存取时间可达 8ns,操控简单,易于读写。SRAM 接口的电路图如图 A-14 所示。

SRAM 写操作时序如图 A-15 所示(详细请参考 SRAM 用户手册)。

SRAM 读操作时序如图 A-16 所示(详细请参考 SRAM 用户手册)。

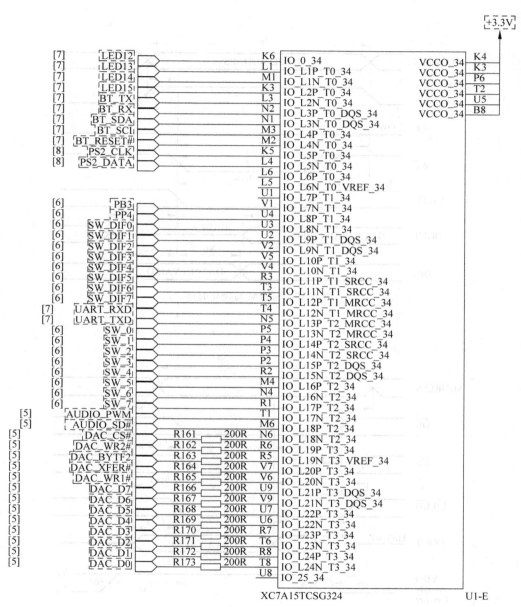

图 A-14　SRAM 接口的电路图

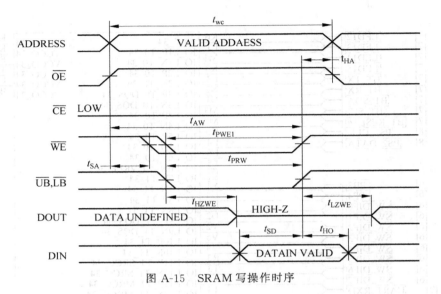

图 A-15　SRAM 写操作时序

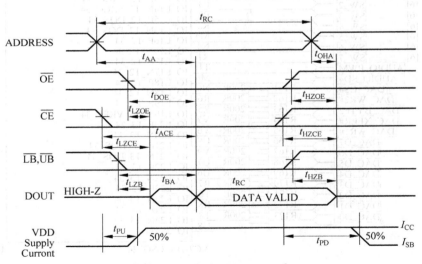

图 A-16　SRAM 读操作时序

表 A-13 为 SRAM 信号的 FPGA 引脚分配。

表 A-13　SRAM 信号的 FPGA 引脚分配

SRAM 引脚标号	原理图标号	FPGA IO PIN	SRAM 引脚标号	原理图标号	FPGA IO PIN
I/O0	MEM_D0	B4	A00	MEM_A00	G2
I/O1	MEM_D1	A4	A01	MEM_A01	C2
I/O2	MEM_D2	A3	A02	MEM_A02	C1
I/O3	MEM_D3	B1	A03	MEM_A03	H1
I/O4	MEM_D4	A1	A04	MEM_A04	G1
I/O5	MEM_D5	B3	A05	MEM_A05	F1
I/O6	MEM_D6	B2	A06	MEM_A06	E1
I/O7	MEM_D7	D5	A07	MEM_A07	G6
I/O8	MEM_D8	D4	A08	MEM_A08	C1
I/O9	MEM_D9	E3	A09	MEM_A09	H1
I/O10	MEM_D10	D3	A10	MEM_A10	G1
I/O11	MEM_D11	F4	A11	MEM_A11	F1
I/O12	MEM_D12	F3	A12	MEM_A12	E1
I/O13	MEM_D13	E2	A13	MEM_A13	G6
I/O14	MEM_D14	D2	A14	MEM_A14	F1
I/O15	MEM_D15	H2	A15	MEM_A15	E1
OE	SRAM_OE#	G1	A16	MEM_A16	G6
CE	SRAM_CE#	F1	A17	MEM_A17	C1
WE	SRAM_WE#	E1	A18	MEM_A18	H1
UB	SRAM_UB	G6	LB	SRAM_LB	G6

A.12　模拟电压输入

　　Xilinx 7 系列的 FPGA 芯片内部集成了两个 12bit 位宽、采样率为 1MSPS 的 ADC,拥有多达 17 个外部模拟信号输入通道,为用户的设计提供了通用的、高精度的模拟输入接口。

　　图 A-17 是 XADC 模块的方框图。

　　XADC 模块有一个专用的支持差分输入的模拟通道输入引脚(VP/VN),另外还最多有 16 个辅助的模拟通道输入引脚(ADxP 和 ADxN,x 为 0～15)。

　　XADC 模块也包括一定数量的片上传感器用来测量片上的供电电压和芯片温度,这些测量转换数据存储在一个叫状态寄存器(Status Registers)的专用寄存器内,可由 FPGA 内部的动态配置端口(Dynamic Reconfiguration Port,DRP)的 16 位的同步读写端口访问。ADC 转换数据也可以由 JTAG TAP 访问,这种情况下并不需要直接例化 XADC 模块,因为这是一个已经存在于 FPGA JTAG 结构的专用接口。此时,因为没有在设计中直接例化

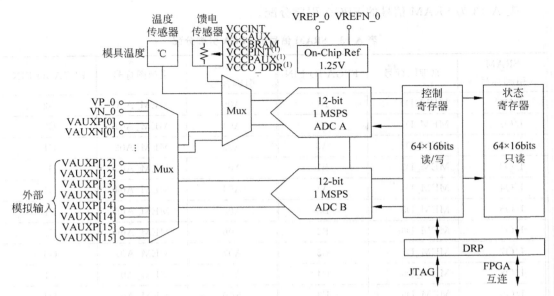

图 A-17　XADC 模块的方框图

XADC 模块，XADC 模块就工作在一种预先定义好的模式，即默认模式，默认模式下 XADC 模块专用于监视芯片上的供电电压和芯片温度。

　　XADC 模块的操作模式是由用户通过 DRP 或 JTAG 接口写控制寄存器来选择的，控制寄存器的初始值有可能在设计中例化 XADC 模块时的块属性（Block Attributes）指定。模式选择是由控制寄存器 41H 的 SEQ3 到 SEQ0 比特决定，具体如表 A-14 所示。

表 A-14　XADC 模式选择及其功能

SEQ3	SEQ2	SEQ1	SEQ0	功　　能
0	0	0	0	默认模式
0	0	0	1	单通序列
0	0	1	0	连续序列模式
0	0	1	1	单通道模式（序列发生器关闭）
0	1	X	X	同步采样模式
1	0	X	X	独立 ADC 模式
1	1	X	X	默认模式

　　XADC 模块的使用方法有两种，一是直接使用 FPGA JTAG 专用接口访问，这时 XADC 模块工作在默认模式；二是在设计中例化 XADC 模块，这是可以通过 FPGA 逻辑或 Zynq 器件的 PS 到 ADC 模块的专用接口访问（详细请参考 XADC 用户手册 ug480_7Series_XADC.pdf）。

　　EGO1 通过电位器（W1）向 FPGA 提供模拟电压输入，输入的模拟电压随着电位器的旋转在 0～1V 变化。输入的模拟信号与 FPGA 的 C12 引脚相连，最终通过通道 1 输入内部 ADC。图 A-18 为电位器 W1 的电路图。

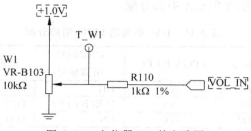

图 A-18 电位器 W1 的电路图

A.13 DAC 输出接口

EGO1 上集成了 8 位的模数转换芯片（DAC0832），DAC 输出的模拟信号连接到接口 J2 上。DAC 的电路图如图 A-19 所示。

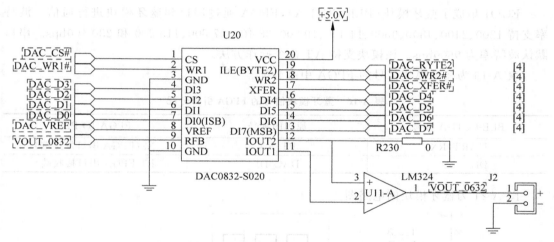

图 A-19 数模转换 DAC 的电路图

图 A-20 是 DAC0832 的操作时序图（详细请参考 DAC0832 用户手册）。

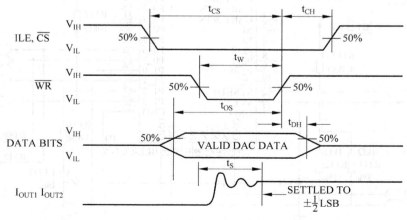

图 A-20 DAC0832 的操作时序图

表 A-15 为 DAC 信号的 FPGA 引脚分配。

表 A-15　DAC 信号的 FPGA 引脚分配

DAC0832 引脚标号	原理图标号	FPGA IO PIN	DAC0832 引脚标号	原理图标号	FPGA IO PIN
DI0	DAC_D0	T8	DI7	DAC_D7	U9
DI1	DAC_D1	R8	ILE(BYTE2)	DAC_BYTE2	R5
DI2	DAC_D2	T6	CS	DAC_CS#	N6
DI3	DAC_D3	R7	WR1	DAC_WR1#	V6
DI4	DAC_D4	U6	WR2	DAC_WR2#	R6
DI5	DAC_D5	U7	XFER	DAC_XFER#	V7
DI6	DAC_D6	V9			

A.14　蓝牙模块

EGO1 集成了蓝牙模块(BLE-CC41-A)，FPGA 通过串口和蓝牙模块进行通信。波特率支持 1200、2400、4800、9600、14 400、19 200、38 400、57 600、115 200 和 230 400bps。串口默认波特率为 9600bps。该模块支持 AT 命令操作方法。

表 A-16 为蓝牙模块信号的 FPGA 引脚分配。

表 A-16　蓝牙模块信号的 FPGA 引脚分配

BLE-CC41-A 标号	原理图标号	FPGA IO PIN
UART_RX	BT_RX	N2(FPGA 串口发送端)
DI1	DAC_D1	L3(FPGA 串口接收端)

图 A-21 为蓝牙模块的电路图。

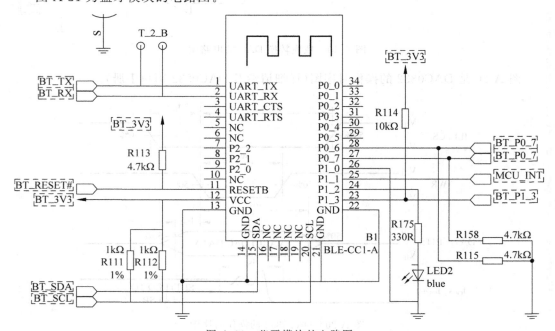

图 A-21　蓝牙模块的电路图

A.15 通用扩展 I/O

EGO1 为用户提供了灵活的通用接口(J5)用作 I/O 扩展,提供 32 个双向 I/O,每个 I/O 支持过流过压保护。

表 A-17 为通用接口 J5 信号的 FPGA 引脚分配。

表 A-17 通用接口 J5 信号的 FPGA 引脚分配

2x18 标号	原理图标号	FPGA IO PIN	2x18 标号	原理图标号	FPGA I/O PIN
1	AD2P_15	B16	17	I/O_L11P	E15
2	AD2N_15	B17	18	I/O_L11N	E16
3	AD10P_15	A15	19	I/O_L12P	D15
4	AD10N_15	A16	20	I/O_L12N	C15
5	AD3P_15	A13	21	I/O_L13P	H16
6	AD3N_15	A14	22	I/O_L13N	G16
7	AD11P_15	B18	23	I/O_L14P	F15
8	AD11N_15	A18	24	I/O_L14N	F16
9	AD9P_15	F13	25	I/O_L15P	H14
10	AD9N_15	F14	26	I/O_L15N	G14
11	AD8P_15	B13	27	I/O_L16P	E17
12	AD8N_15	B14	28	I/O_L16N	D17
13	AD0P_15	D14	29	I/O_L17P	K13
14	AD0N_15	C14	30	I/O_L17N	J13
15	I/O_L4P	B11	31	I/O_L18P	H17
16	I/O_L4N	A11	32	I/O_L18N	G17

通用接口 J5 的 33 和 34 引脚接地 GND,35 和 36 引脚接 3.3V。

图 A-22 为通用扩展 I/O 接口的信号连接图。

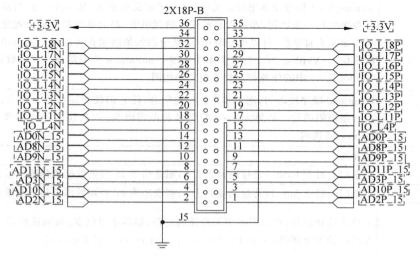

图 A-22 通用扩展 I/O 接口的信号连接图

Verilog HDL(IEEE 1364—2001)
关键词表及说明

表 B-1 列出了 Verilog-2001 的所有关键词。在 Verilog HDL 中，所有的关键词都是事先定义好的确认符，用来组织语言结构。关键词是用小写字母定义的，因此在编写源程序时要注意关键词的书写，源程序中的变量、结点等不要与其同名，以避免出错。

以下关键词表按英文字母表顺序排列。

表 B-1 Verilog-2001 的所有关键词及说明

关　键　词	说　　明
always	在 Verilog 中有两种结构化的过程语句：always 语句与 initial 语句。它们是行为级建模的两种基本语言，其他所有的行为语句只能出现在这两种结构化过程语句里。always 过程语句/块既可以描述组合逻辑也可以描述时序逻辑。如果 always 块中包含超过一条语句，这些语句要放在 begin-end 或 fork-join 块中。always 块中的语句是不断重复执行的，不包含定时控制的 always 将无限循环。always 一般赋值寄存器类型变量。always 为顺序语句，因为过程内部是顺序执行的
and	与门
assign	assign 为持续赋值语句，主要用于对 wire 型变量的赋值。例如，c＝a&b，上述 a、b、c 均为 wire 型变量，a、b 信号的任何变化都将随时反映到 c 上来。连续赋值语句须放在 initial 或 always 块外
automatic	Verilog-2001 标准中新增加的关键字，用于定义可重入(Re-entry)的自动任务。自动任务中的每一条语句，在每次当前任务的调用中，都会进行动态的分配定位。函数也可以定义为自动的，可以递归调用(函数中的每条语句在每次递归调用中都将动态分配定位)。Verilog-2001 标准中不用关键字 automatic 声明的任务或函数是静态的，与 Verilog-1995 中的任务和函数表现完全相同
begin ⋮ end	begin-end 顺序块语句，用于多个语句的组合，使它们按顺序执行。例如，always 中只有一条声明语句。如果 always 需要多条声明语句，那么这些语句就要包含在一个 begin-end 块内
buf	缓冲器
bufif0	三态门。对于 bufif0，若控制输入为 1，则输出为 z；否则数据被传输至输出端
bufif1	三态门。对于 bufif1，若控制输入为 0，则输出为 z；否则数据被传输至输出端
case ⋮ endcase	多分支选择语句，可以用于多条件译码电路，如描述译码器、数据选择器、状态机及微处理器的指令译码。case 语句有 case、casex、casez 三种表示方式

续表

关　键　词	说　　　明
casex ⋮ endcase	在 case 语句中,控制表达式与分支表达式的比较是一种全比较,必须保证二者的对应位全等。casex 是 case 语句的变形体,在 casex 语句中,如果分支表达式的某些位的值为 z 或 x,那么对这些位的比较就不需要考虑,只需关注其他位的比较结果
casez ⋮ endcase	在 case 语句中,控制表达式与分支表达式的比较是一种全比较,必须保证二者的对应位全等。casez 是 case 语句的变形体,在 casez 语句中,如果分支表达式的某些位的值为高阻 z,那么对这些位的比较就不需要考虑,只需关注其他位的比较结果
cell	Verilog-2001 标准中新增加的关键字,参见 config 库单元
cmos	MOS 开关,这类门用来为单向开关建模,即数据从输入流向输出,并且可以通过设置合适的控制输入关闭数据流
config ⋮ endconfig	Verilog-2001 标准中新增加的关键字,配置块内容都位于 config 和 endconfig 两个语句之间。Verilog-2001 中增加了配置块(configuration block),它属于新版本 Verilog 语言的一部分,可以用它对每一个 Verilog 模型指定其具体版本和其源代码的位置。出于可移植性的考虑,在配置模块中,可以使用多个模型库,还需要配合独立的库映像文件指出其具体物理位置。配置块定位于模块定义外。配置块的名字和模块名、原语块名存在于同一个命名空间中。在 Verilog-2001 标准中新增加了关键字:config、endconfig、design、instance、cell、use 和 liblist 留给配置块使用
deassign	由 assign 定义组合逻辑、透明寄存器和时序电路异步控制等电平敏感行为的持续赋值语句,一直到 deassign 出现(或另一个持续赋值语句开始执行)被撤销
default	默认值。为了使仿真顺利进行,常常用 default 作为 case 语句的最后一个分支,以控制无法与分支表达式匹配的 case 变量(case 控制表达式)
defparam	编译时可以重新定义参数值。如果是分层次命名的参数,可以在该设计层次内部或外部的任何地方被重新定义。尽量不要使用 defparam 语句,该语句过去常用于布线后的时延参数反标中,但现在通常使用指定的程序块和编程语言接口实现。对要重新定义的参数在模块实例化时使用♯号后跟参数的语法
design	Verilog-2001 标准中新增加的关键字,参见 config
disable	能使已经激活的任务或命名的块,在执行完该块所有语句前,终止该块的运行。用 disable 可以作为一种及早跳出的方法,以便能跳出循环或继续下一步的循环
edge	edge 语句
event	用于在行为模型中描述通信和同步。事件没有值,也没有延时,它们被事件触发语句触发,由跳变沿敏感定时控制启动检测。在测试程序和系统级模块中,命名事件通常用于相同模块的 always 或不同模块(使用层次名)的 always 之间的通信
for	一般用途的循环语句,允许一条或多条语句重复执行。开始执行 for 循环时,循环计数变量已赋予初始值。在每次循环执行前(包括第一次)都要检验表达式的值,如果是 false(例如 0、x 或 z)则循环终止。而每次循环重复执行后,都要对迭代次数寄存器重新赋值
force	force 和过程连续赋值类似。可以对线网(net)变量和寄存器(reg)类型变量实行强制赋值。主要用于调试。force 优先级别高于过程连续赋值 assign
forever	使一条或多条语句无限循环地执行。无限循环应包含定时控制或能够使其自身停止循环,否则它将无限循环进行下去。forever 循环语句常用于产生周期性的波形,作为仿真测试信号。forever 一般用于 initial 过程语句中,若要用它进行模块描述,可用 disable 语句进行中断

续表

关 键 词	说 明
fork ⋮ joun	fork-join 并行块语句,用于多个语句的组合,使它们并发执行。fork-join 块必须包含至少一个语句。fork-join 块内语句的顺序无关紧要。定时控制与进入模块的时间有关,当 fork-join 块的所有语句都执行完后,fork-join 块也执行完毕。begin-end 和 fork-join 块可以在自己内部或者互相嵌套
function ⋮ endfunction	函数定义在关键字 function 和 endfunction 之间,函数的目的是返回一个用于表达式的值。用于多条语句的组合,来定义新的数学或逻辑函数。函数通常在模块内声明,而且通常只在该模块中调用,也可以按模块层次分级命名的函数名从其他模块中调用。函数至少有一个输入变量,不能有任何输出或输入/输出双向变量。 函数不能包含时间控制语句。通过赋值函数名,函数可以返回一个值,与寄存器一样。函数不能启动任务,函数不能被禁用,每次调用函数都被综合为独立的组合逻辑块
generate ⋮ endgenerate	Verilog-2001 标准中新增加的关键字。Verilog-2001 标准中增加了生成循环(generate loop),允许生成多个模块和原型的实例,同时生成多个变量、网络、任务、函数、连续赋值、初始化过程块以及 always 过程块。可以使用 if-else 语句或 case 语句有条件地生成声明语句和实例引用语句。生成语句内容要放在关键字 generate 和 endgenerate 之间
genvar	Verilog-2001 标准中新增加的关键字,是一种新的数据类型,这个数据类型用于存储正的整型变量。与其他 Verilog 变量不同,它的值可以在编译和详细描述时改变。生成循环中的索引变量必须定义成 genvar 类型
highz0 highz1	信号的强度级别
if ⋮ else	if-else 语句,根据条件表达式的逻辑值(真/假)来执行两条语句或两个语句块的其中一条/个。如果表达式的值非 0,表达式的逻辑值则为真;如果值是 0、x 或 z,表达式的逻辑值则为假。如果 if 或 else 分支要执行超过一条语句,这些语句必须包含在 begin-end 或 fork-join 块内。要特别注意省略了 else 部分的嵌套 if-else 语句,else 与前面最近的 if 相关联。Verilog 不能判别程序中省略的 else 分支。对于某些条件需要先进行测试的情况下,应选用嵌套的 if-else 语句。如果所有的条件优先级一样,则应使用 case 语句
ifnone incdir include	Verilog-2001 标准中新增加的关键字
initial	参见 always 的说明。所有在 initial 语句内的语句构成了一个 initial 块。initial 块从仿真 0 时刻开始执行,在整个仿真过程中只执行一次。如果一个模块中包括若干个 initial 块,则这些 initial 块从仿真 0 时刻开始并发执行,且每个块的执行是各自独立的。如果在块内包含了多条行为语句,那么需要将这些语句组成一组,一般是使用 begin-end 语句将它们组合为一个块语句
inout	输入/输出端口,双向端口
input	输入端口
instance	实例是模块、UDP 或门的唯一复制。通过实例的应用可以生成设计的各个层次。设计的行为也能通过引用 UDP、门和其他模块的实例,并用电路连接(net)将它们连接起来,从结构上加以描述

关　键　词	说　　　明
integer	整数寄存器包含整数值。整数寄存器可以作为普通寄存器使用,典型应用为高层次行为建模。使用整数型说明形式如下: integer integer1, integer2,…, integerN [msb:1sb]; msb 和 lsb 是定义整数数组界限的常量表达式,数组界限的定义是可选的。注意允许无位界限的情况。一个整数最少容纳 32 位,但是具体实现可提供更多的位
large	信号的强度级别
liblist	Verilog-2001 标准中新增加的关键字,参见 config
library	Verilog-2001 标准中新增加的关键字,库模型的位置说明
localparam	Verilog-2001 标准中新增加的关键字,表示一个常数,和 parameter 类似,但是 localparam 与 parameter 的不同点在于,localparam 不能够使用参数重定义来改变赋值
macromodule	模块也可以使用 macromodule 来定义,其语法与用 module 来定义模块是完全一样的
medium	信号的强度级别
module ⋮ endmodule	模块是 Verilog 的基本描述单位,用于描述某个设计的功能或结构及其与其他模块通信的外部端口。一个设计的结构可使用开关级原语、门级原语和用户定义的原语方式描述;设计的数据流行为使用连续赋值语句进行描述;时序行为使用过程结构描述。一个模块可以在另一个模块中使用
nand	与非门
negedge	下降沿。常用于描述低电平有效的置位、复位或下降沿触发的时钟信号
nmos	参见 cmos 说明。N 类型 MOS 管。nmos 开关有一个输出、一个输入和一个控制输入。nmos 开关的控制输入为 0,则开关关闭,即输出为 z;如果控制是 1,输入数据传输至输出
nor	或非门
noshowcancelled	参见 showcancelled,负脉冲传播功能取消
not	非门
notif0	三态门。对于 notif0,如果控制输出为 1,那么输出为 z;否则输入数据值的非传输到输出端
notif1	三态门。对于 notif1,若控制输入为 0,则输出为 z。否则输入数据值的非传输到输出端
or	或门
output	输出端口
parameter	用 parameter 为关键词,指定一个标识符(即名字)来代表一个常数,参数的定义常用在信号位宽定义、延迟时间定义等位置,增加程序的可读性,方便程序的更改
pmos	参见 cmos 说明。P 类型 MOS 管。pmos 开关有一个输出、一个输入和一个控制输入。pmos 开关的控制为 1,则开关关闭,即输出为 z;如果控制是 1,输入数据传输至输出
posedge	上升沿。常用于描述高电平有效的置位、复位或上升沿触发的时钟信号
primitive ⋮ endprimitive	用于描述 UDP(用户定义的原语)模块。UDP 的结构与一般模块类似,只是不用 module 而改用 primitive 关键词开始,以 endprimitive 作为结束。用户可以利用 UDP 定义自己设计的基本逻辑元件的功能,也就是说,可以利用 UDP 来定义有自己特色的用于仿真的基本逻辑元件模块并建立相应的原语库。这样,就可以用调用 Verilog HDL 基本逻辑元件同样的方法来调用原语库中相应的元件模块,并进行仿真。UDP 只能描述简单的能用真值表表示的组合或时序逻辑

关 键 词	说 明
pull0 pull1	信号的强度级别
pulldown	上拉电阻。这类门设备没有输入只有输出。上拉电阻输出置为 1
pullup	下拉电阻。这类门设备没有输入只有输出。下拉电阻输出置为 0
pulsestyle_onevent	Verilog-2001 标准中新增加关键字
pulsestyle_ondetect	Verilog-2001 标准中新增加关键字
rcmos	参见 cmos 说明。r 代表电阻
real	实数寄存器,使用如下方式说明：real real_reg1, real_reg2, …, real_regN; real 说明的变量的默认值为 0。不允许对 real 声明值域、位界限或字节界限。当将值 x 和 z 赋予 real 类型寄存器时,这些值作 0 处理。 real RamCnt; ⋮ RamCnt = `b01x1Z;  RamCnt 在赋值后的值为 `b01010

realtime	实数时间寄存器,使用如下方式说明：
	    realtime realtime_reg1, realtime_reg2, … ,realtime_regN;
	realtime 与 real 类型完全相同。例如：
	    real Swing, Top;
	    realtime CurrTime;

reg	寄存器数据类型 reg 是最常见的数据类型。reg 类型使用保留字 reg 加以说明,形式如下： reg [msb: lsb] reg1, reg2, … , regN
releses	releses 语句
repeat	repeat 语句执行其表达式所确定的固定次数的循环操作,其表达式通常是常数,也可以是一个变量,或者一个信号。如果是变量或者信号,循环次数是循环开始时刻变量或信号的值,而不是循环执行期间的值
rnmos	参见 cmos 说明。r 代表电阻,rnmos 开关有一个输出、一个输入和一个控制输入。rnmos 开关的控制输入为 0,则开关关闭,即输出为 z;如果控制是 1,输入数据传输至输出。与 nmos、rnmos 在输入引线和输出引线之间存在高阻抗(电阻),因此当数据从输入传输至输出时,对于 rmos,存在数据信号强度衰减
rpmos	参见 cmos 说明。r 代表电阻,rpmos 开关有一个输出、一个输入和一个控制输入。rpmos 开关的控制为 1,则开关关闭,即输出为 z;如果控制是 1,则输入数据传输至输出。与 pmos 相比,rpmos 在输入引线和输出引线之间存在高阻抗(电阻)。因此当数据从输入传输至输出时,对于 rpmos,存在数据信号强度衰减
scalared	用于定义向量线网
showcancelled	Verilog-2001 标准中新增加的关键字。当脉冲的下降沿比上升沿先到即为负脉冲,由于路径延时大于脉冲维持时间,输入负脉冲也可能得到 bu 定态(逻辑值为 x)的扰动输出。Verilog-1995 中,负脉冲通常被忽略。Verilog-2001 提供一个机制,可将不定态传播到输出,表明负脉冲已经产生。增加了两个关键字 showcancelled 和 noshowcancelled,在 specify 块定义时,可以用它们让负脉冲传播功能启动或取消

关　键　词	说　　　明
signed	Verilog-1995 标准中保留了一个关键字 signed,但是没有用到。Verilog-2001 标准使用了这个关键字,使得寄存器数据类型、网络数据类型、端口以及函数都可以定义成带符号的类型
small	信号的强度级别
specify ⋮ endspecify	指定的块延时。用于描述从模块的输入到输出的路径延时以及定时约束,例如信号的建立和保持时间。用指定延时块可以在设计时把模块的信号传输延时与行为或结构分开来描述。 Verilog 语言可以对模块中某一指定的路径进行延迟定义,这一路径连接模块的输入端口(或双向端口)与输出端口(或双向端口)延迟定义块在一个独立的块结构中定义模块的时序部分,这样功能验证就可以与时序验证相独立。这是时序驱动设计的关键部分,因为包含时序信息的程序在不同的抽象层次上可以保持不变。在延迟定义块中要完成的典型任务有:①描述模块中的不同路径并给这些路径赋值;②描述时序核对以确认硬件设备的时序约束是否能得到满足。 延迟定义块的内容要放在关键字 specify 和 endspecify 之间,而且必须在某一模块内部。在定义块中还可以使用 specparam 关键字定义参数
specparam	延时参数,像参数一样但只在指定的块内使用
strength	除了逻辑值外,线网(net)类型的变量还可定义强度,因而可以更精确地建模。线网(net)强度来自动态 net 驱动器的强度。在开关级仿真时,当 net 由多个驱动器驱动且其值相互矛盾时,常用强度(strength)的概念来描述这种逻辑行为。strength0 表示和 strength1 输出逻辑值为 0 和 1 时的强度
strong0 strong1	信号的强度级别
supply0	信号的强度级别。supply0 线网用于对"地"建模,即低电平 0;例如: 　　supply0 Gnd, ClkGnd
supply1	信号的强度级别。supply1 线网用于对电源建模,即高电平 1。例如: 　　supply1 [2:0] Vcc
table ⋮ endtable	UDP 模块中的真值列表语句,真值列表定义的内容位于 table 与 endtable 两个语句之间。在 table 表项中,只能出现 0、1、x 三种状态,不能出现 z 状态
task ⋮ endtask	任务定义在关键字"task…endtask"之间,可以看成一个 Verilog 的子程序,任务中可以包括延迟、时序控制、事件触发等时间控制语句。任务只有在被调用时才执行。当任务被调用时,任务被激活;一个任务可以同时调用别的任务或函数
time	time 类型的寄存器用于存储和处理时间。time 类型的寄存器使用下述方式加以说明: time time_id1, time_id2, ⋯, time_idN [msb:1sb];msb 和 lsb 是表明范围界限的常量表达式。如果未定义界限,每个标识符存储一个至少 64 位的时间值。时间类型的寄存器只存储无符号数

续表

关　键　词	说　　明
tran/rtran	双向开关。双向开关有 tran、rtran、tranif0、rtranif0、tranif1、rtranif1。这些开关是双向的，即数据可以双向流动，并且当数据在开关中传播时没有延时。后 4 个开关能够通过设置合适的控制信号来关闭。tran 和 rtran 开关不能被关闭。tran 或 rtran(tran 的高阻态版本)开关实例语句的语法如下： 　　(r)tran [instance_name] (SignalA, SignalB); 端口表只有两个端口，并且无条件地双向流动，即从 SignalA 向 SignalB，反之亦然
tranif0/rtranif0	参见 tran。tranif0、rtranif0、tranif1、rtranif1 开关实例语句的语法如下： 　　gate_type[instance_name] (SignalA, SignalB, ControlC); 前两个端口是双向端口，即数据从 SignalA 流向 SignalB，反之亦然。第三个端口是控制信号。如果对 tranif0 和 tranif0，ControlC 是 1，对 tranif1 和 rtranif1，ControlC 是 0，则禁止双向数据流动。对于 rtran、rtranif0 和 rtranif1，当信号通过开关传输时，信号强度减弱
tranif1/rtranif1	参见 tran 及 tranif0
tri	三态线是线网类型的一种。三态线可以用于描述多个驱动源驱动同一根线的线网类型。如果三态线网上出现竞争现象，可以用强度级别予以解决。如果两个信号的逻辑值相反，强度级别相同，则三态线网的输出逻辑值为不确定(x)
tri0	用来为电阻性的下拉(pulldown)和上拉(pullup)器件建立模型。当没有驱动源时，tri0 型线网的逻辑值为 0。其默认强度级别为 pull
tri1	用来为电阻性的下拉(pulldown)和上拉(pullup)器件建立模型。当没有驱动源时，tri1 型线网的逻辑值为 1。其默认强度级别为 pull
triand	当线网存在多个驱动源且出现逻辑竞争时，设计人员希望不用强度级别就能解析出最后的逻辑值，关键字 wor、wand、triand、trior 可以用来解决这个难题。triand 对多个逻辑驱动源的值进行与操作。只要有一个驱动源的逻辑值为 0，triand 型线网的逻辑值就为 0。wand 型线网的语法与功能与 triand 相同
trior	参见 triand。trior 对多个逻辑驱动源的值进行或操作。只要有一个驱动源的逻辑值为 1，trior 型线网的逻辑值就为 1。wor 型线网的语法与功能与 trior 相同
trireg	用来为能够存储值的电容性线网建模。trireg 型线网的默认强度级别为 medium(即中等)。trireg 型线网只能处于以下两种状态的一种：①驱动状态，至少有一个驱动器对该线网输出的一个逻辑值(即逻辑值 0、1、x 或 z 中的任意一种)，该值寄存在 trireg 型线网中，它的强度级别就是驱动器的强度级别；②电容状态，驱动该线网的所有信号源都居于高阻抗(z)值，该线网能保持最后的驱动值，其强度级别可以是 small(小)、medium(中)或 large(大)，默认值是 medium(中)
unsigned	Verilog-2001 标准中新增加的关键字
use	Verilog-2001 标准中新增加的关键字，参见 config
vectored	用于定义向量线网。如果一个线网定义时使用了关键词 vectored，那么就不允许位选择和部分选择该线网。换句话说，必须对线网整体赋值
wait	等待语句。如果等待的表达式为假，则中断运行直到通过其他程序语句的执行表达式值变为真
wand	参见 triand。具有线与特性的连线，线与指如果某个驱动源为 0，那么线网的值为 0
weak0	信号的强度级别

关　键　词	说　　明
weak1	信号的强度级别
while	while 条件循环语句,只要控制表达式为真(即不为 0),循环语句就重复执行
wire	wire 和 tri 在语法和功能上是相同的。wire 表明线网只有一个驱动源,tri 表示有多个驱动源而连线是线网类型的一种。用于连接单元的连线是最常见的线网类型
wor	参见 trior。具有线与特性的连线,线或指如果某个驱动源为 1,那么线网的值为 1
xnor	异或非门(同或门)
xor	异或门

参 考 文 献

［1］ 马建国，孟宪元. FPGA 现代数字系统设计［M］. 北京：清华大学出版社，2010.

［2］ 孟宪元，陈彰林，陆佳华. Xilinx 新一代 FPGA 设计套件 Vivado 应用指南［M］. 北京：清华大学出版，2014.

［3］ 马建国，孟宪元. 电子设计自动化技术基础［M］. 北京：清华大学出版社，2004.

［4］ 孟宪元，钱伟康. FPGA 嵌入式系统设计［M］. 北京：电子工业出版社，2007.

［5］ Ciletti M D. VerilogHDL 高级数字设计［M］. 张雅绮，李锵，等译. 北京：电子工业出版社，2005.

［6］ 徐光辉，程东旭，黄如，等. 基于 FPGA 的嵌入式开发和应用［M］. 北京：电子工业出版社，2006.

［7］ 马光胜，冯刚. SoC 设计与 IP 核重用技术［M］. 北京：国防工业出版社，2006.

［8］ Pucknell D A，Eshraghian K. 超大规模集成电路设计基础——系统与电路［M］. 王正华，等译. 北京：科学出版社，1993.

［9］ 刘明章. 基于 FPGA 的嵌入式系统设计［M］. 北京：国防工业出版社，2007.

［10］ 夏宇闻. Verilog 数字系统设计教程［M］. 北京：北京航空航天大学出版社，2003.

［11］ 潘松，黄继业，王国栋. 现代 DSP 技术［M］. 西安：西安电子科技大学出版社，2003.

［12］ 任爱锋，初秀琴，常存，等. 基于 FPGA 的嵌入式系统设计［M］. 西安：西安电子科技大学出版社，2004.

［13］ 张志刚. FPGA 与 SOPC 设计教程——DE2 实践［M］. 西安：西安电子科技大学出版社，2007.

［14］ 程佩青. 数字信号处理教程［M］. 3 版. 北京：清华大学出版社，2007.

图 书 资 源 支 持

感谢您一直以来对清华大学出版社图书的支持和爱护。为了配合本书的使用，本书提供配套的资源，有需求的读者请扫描下方的"书圈"微信公众号二维码，在图书专区下载，也可以拨打电话或发送电子邮件咨询。

如果您在使用本书的过程中遇到了什么问题，或者有相关图书出版计划，也请您发邮件告诉我们，以便我们更好地为您服务。

我们的联系方式：

地　　址：北京市海淀区双清路学研大厦 A 座 701

邮　　编：100084

电　　话：010-83470236　　010-83470237

资源下载：http://www.tup.com.cn

客服邮箱：tupjsj@vip.163.com

QQ：2301891038（请写明您的单位和姓名）

用微信扫一扫右边的二维码，即可关注清华大学出版社公众号。

科技传播·新书资讯

电子电气科技荟

资料下载·样书申请

书圈

图片资源支持

感谢您一直以来对清华大学出版社出版的图书的支持，为了配合本书的使用，本书提供配套的资源，有需求的读者请扫描下方的"书圈"二维码，关注后输入本书 ISBN 的后 6 位数字，即可下载。如果有疑问，请发送电子邮件至 408411962@qq.com。

我们的联系方式：

地　址：北京市海淀区双清路学研大厦 A 座 701

邮　编：100084

电　话：010-83470236　010-83470237

网址下载：http://www.tup.com.cn

电子邮件：tupjsj@vip.163.com

QQ：2301835058（请写明您的单位和姓名）